"十二五"国家计算机技能型紧缺人才培养培训教材
教育部职业教育与成人教育司
全国职业教育与成人教育教学用书行业规划教材

新编中文版

SolidWorks 2012 标准教程

编著/白立明　杨恒东　朱希伟

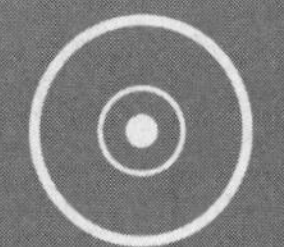

光盘内容

本书光盘包括范例源文件、相关素材以及项目实训的视频文件

海洋出版社

2012・北京

内 容 简 介

本书是专为想在较短时间内学习并掌握三维机械设计软件 SolidWorks 2012 的使用方法和技巧而编写的标准教程。本书语言平实，内容丰富、专业，并采用了由浅入深、图文并茂的叙述方式，从最基本的技能和知识点开始，辅以大量的上机实例作为导引，帮助读者轻松掌握中文版 SolidWorks 2012 的基本知识与操作技能，并做到活学活用。

本书内容：全书共分为 9 章，着重介绍了 SolidWorks 2012 的核心概念和软件界面；创建草图、参照图、3D 草图；草图的编辑方法、添加形状约束和尺寸标注对象；实体特征的创建；编辑实体特征；曲线和曲面特征的创建与编辑；装配体的创建方法；创建完整的工程图、标准视图和派生工程图；最后介绍了在 SolidWorks 2012 中使用 PhotoView 360 对模型进行后期处理的方法。

本书特点：1. 基础知识讲解与范例操作紧密结合贯穿全书，边讲解边操练，学习轻松，上手容易。2. 提供重点实例设计思路，激发读者动手欲望，注重学生动手能力和实际应用能力的培养。3. 实例典型、任务明确，由浅入深、循序渐进、系统全面，为职业院校和培训班量身打造。4. 每章后都配有练习题，利于巩固所学知识和创新。5.书中项目实训均收录于光盘中，采用视频讲解的方式，一目了然，学习更轻松！

适用范围：适用于职业院校 SolidWorks 三维机械设计专业课教材；社会培训机构 SolidWorks 培训教材；用 SolidWorks 从事三维机械产品设计等从业人员实用的自学指导书。

图书在版编目(CIP)数据

新编中文版 SolidWorks 2012 标准教程/白立明，杨恒东，朱希伟编著. -- 北京 ：海洋出版社，2012.10

ISBN 978-7-5027-8390-7

Ⅰ. ①新… Ⅱ.①白…②杨…③朱… Ⅲ. ①计算机辅助设计－应用软件－教材 Ⅳ.①TP391.72

中国版本图书馆 CIP 数据核字（2012）第 226643 号

总 策 划：刘 斌
责任编辑：刘 斌
责任校对：肖新民
责任印制：赵麟苏
排 版：海洋计算机图书输出中心 晓阳
出版发行：海洋出版社
地 址：北京市海淀区大慧寺路 8 号（716 房间）100081
经 销：新华书店
技术支持：（010）62100055

发 行 部：（010）62174379（传真）（010）62132549
（010）68038093（邮购）（010）62100077
网 址：www.oceanpress.com.cn
承 印：北京画中画印刷有限公司
版 次：2018 年 3 月第 1 版第 3 次印刷
开 本：787mm×1092mm 1/16
印 张：13.75
字 数：330 千字
印 数：7001-10000 册
定 价：28.00 元 （含 1CD）

前　言

SolidWorks 是由美国 SolidWorks 公司推出的一款功能强大的三维机械设计软件。SolidWorks 软件以参数化特征造型为基础，具有强大、易学易用等特点，并成为主流三维 CAD 软件市场的标准。最新版 SolidWorks 2012 针对设计中的多项功能进行了大量补充和更新，使设计过程更加便捷。

本书系统完整，由浅入深，为了使读者更快地掌握该软件的基本功能，书中结合大量的范例来对 SolidWorks 2012 软件中一些抽象的概念、命令和功能进行讲解。每章最后的项目实训和习题，便于读者进一步巩固所学知识。

在写作方式上，本书紧贴软件的实际操作界面，采用软件中真实的对话框、属性面板和按钮等进行讲解，使初学者能够直观、准确地操作软件进行学习，从而尽快地上手，提高学习效率。

本书共分为 9 章，主要内容介绍如下：

第 1 章讲述了 SolidWorks 2012 的特点、功能、软件界面以及软件的基本操作等。

第 2 章讲述了在草图环境下，创建草图、创建参照图、创建 3D 草图等。

第 3 章讲述了草图的编辑方法、添加形状约束以及尺寸标注对象等。

第 4 章讲述了在实体特征的创建，包括基础特征、切除特征、孔特征以及辅助特征等。

第 5 章讲述了编辑实体特征，包括变形、阵列、组合以及分割等。

第 6 章讲述了曲线和曲面特征的创建与编辑操作。

第 7 章讲述了装配体的创建方法以及装配功能中的干涉检查和爆炸实体等功能。

第 8 章讲述了使用工程图模块创建完整的工程图、标准视图、派生工程图等。

第 9 章详细讲述了在 SolidWorks 2012 中使用插件 PhotoView 360 对模型进行后期处理。

本书可作为职业院校 SolidWorks 三维机械设计专业课教材，社会 SolidWorks 培训班教材，使用 SolidWorks 进行三维机械产品设计的从业人员的自学指导书。

本书的所有实例及在制作实例时所用到的素材以及源文件都收录在随书光盘中。

本书由白立明、杨恒东、朱希伟编著，参与编写的还有王蓓、王墨、包启库、李飞、郝边远、田立群、董敏捷、郭永顺、李彦蓉、唐赛、安培、李传家、王晴、郭飞、徐建利、张余、艾琳、陈腾、左超红、奚金、蒋学军、牛金鑫等。

编　者

目 录

第 1 章 SolidWorks 2012 基础知识 1
1.1 初识 SolidWorks 2012 1
1.1.1 SolidWorks 2012 的特点 1
1.1.2 SolidWorks 2012 的功能模块 1
1.1.3 SolidWorks 2012 的应用领域 2
1.2 SolidWorks 2012 界面简介 2
1.2.1 菜单栏 2
1.2.2 常用工具栏 3
1.2.3 命令管理器 3
1.2.4 管理器窗口 3
1.2.5 任务窗口 5
1.2.6 绘图区 5
1.2.7 状态栏 5
1.3 掌握文件基本操作 6
1.3.1 新建文件 6
1.3.2 打开文件 7
1.3.3 保存文件 8
1.3.4 关闭文件 8
1.4 掌握视图基本操作 9
1.4.1 移动视图 9
1.4.2 旋转视图 10
1.4.3 缩放视图 10
1.4.4 删除对象 11
1.4.5 翻滚视图 12
1.4.6 局部放大视图 12
1.4.7 视图定向对象 13
1.4.8 设置视图显示 13
1.5 参考点 15
1.6 参考基准轴 15
1.6.1 基础轴的属性设置 15
1.6.2 显示参考基础轴 16
1.7 参考基准面 16
1.7.1 参考基准面的属性设置 16
1.7.2 修改参考基准面 17
1.8 参考坐标系 18
1.8.1 原点 18
1.8.2 坐标系的属性设置 18
1.9 本章小结 18
1.10 本章习题 19
第 2 章 创建草图对象 20
2.1 初识草图环境 20
2.1.1 草图基本介绍 20
2.1.2 进入草图绘制界面 20
2.1.3 草图捕捉工具 20
2.2 创建草图元素 21
2.2.1 创建圆 21
2.2.2 创建直线 22
2.2.3 创建矩形 23
2.2.4 创建圆弧 23
2.2.5 创建文字 24
2.2.6 创建中心线 25
2.2.7 创建多边形 25
2.2.8 创建样条曲线 26
2.3 创建参照图 27
2.3.1 引用实体创建 27
2.3.2 相交创建草图 28
2.3.3 偏距创建草图 29
2.3.4 转换构造线 30
2.4 创建 3D 草图对象 31
2.4.1 创建 3D 直线 31
2.4.2 创建 3D 圆 32
2.4.3 创建 3D 样条曲线 32
2.4.4 创建面部曲线 33
2.5 项目实训 34
2.6 本章小结 37
2.7 本章习题 37
第 3 章 编辑草图对象 39
3.1 编辑草图对象 39
3.1.1 创建圆角 39
3.1.2 创建倒角 40
3.1.3 删除草图 41
3.1.4 延伸草图 42
3.1.5 旋转草图 43
3.1.6 镜向草图 44
3.1.7 阵列草图 45
3.1.8 缩放草图 46
3.1.9 修剪草图 47
3.1.10 移动与复制草图 48
3.2 添加形状约束 50
3.2.1 水平约束 50
3.2.2 垂直约束 51
3.2.3 竖直约束 52
3.2.4 共线约束 53
3.2.5 平行约束 54

3.2.6 相等约束......55
3.2.7 同心约束......56
3.2.8 相切约束......56
3.3 编辑形状约束......57
3.3.1 显示与删除约束......58
3.3.2 完全定义草图......58
3.4 尺寸标注草图对象......60
3.4.1 智能尺寸标注......60
3.4.2 水平尺寸标注......61
3.4.3 竖直尺寸标注......62
3.4.4 尺寸链标注......63
3.5 项目实训......64
3.6 本章小结......70
3.7 本章习题......70
第 4 章 创建实体特征......71
4.1 创建基础特征......71
4.1.1 创建拉伸特征......71
4.1.2 创建旋转特征......72
4.1.3 创建扫描特征......73
4.1.4 创建放样特征......74
4.2 创建切除特征......75
4.2.1 创建拉伸切除特征......75
4.2.2 创建旋转切除特征......76
4.2.3 创建放样切除特征......77
4.2.4 创建扫描切除特征......77
4.3 创建孔特征......78
4.3.1 创建简单直孔特征......78
4.3.2 创建异型孔向导特征......79
4.4 创建辅助特征......80
4.4.1 创建筋特征......80
4.4.2 创建倒角特征......81
4.4.3 创建圆角特征......82
4.4.4 创建拔模特征......83
4.4.5 创建抽壳特征......84
4.4.6 创建圆顶特征......85
4.5 项目实训......86
4.6 本章小结......92
4.7 本章习题......92
第 5 章 编辑实体特征......93
5.1 变形实体特征......93
5.1.1 弯曲实体特征......93
5.1.2 变形实体特征......94
5.1.3 压凹实体特征......95
5.1.4 缩放实体特征......95
5.2 阵列实体特征......96
5.2.1 镜向实体特征......96
5.2.2 线性阵列特征......97
5.2.3 圆周阵列特征......98
5.2.4 填充阵列特征......99
5.2.5 表格驱动阵列......101
5.2.6 曲线驱动阵列......103
5.2.7 草图驱动阵列......104
5.3 组合编辑实体特征......104
5.3.1 组合实体特征......105
5.3.2 分割实体特征......105
5.3.3 删除实体特征......106
5.3.4 移动/复制实体特征......107
5.4 项目实训......107
5.5 本章小结......111
5.6 本章习题......111
第 6 章 创建曲线和曲面......112
6.1 创建曲线特征......112
6.1.1 创建分割线......112
6.1.2 创建螺旋线......113
6.1.3 创建涡状线......115
6.1.4 组合曲线对象......116
6.1.5 投影曲线对象......117
6.1.6 通过参考点创建曲线......118
6.1.7 通过 XYZ 点创建曲线......119
6.2 创建曲面特征......120
6.2.1 创建拉伸曲面......120
6.2.2 创建旋转曲面......122
6.2.3 创建延伸曲面......122
6.2.4 创建扫描曲面......123
6.2.5 创建等距曲面......124
6.2.6 创建放样曲面......125
6.2.7 创建直纹曲面......126
6.2.8 创建边界曲面......126
6.3 编辑曲面特征......127
6.3.1 删除面......127
6.3.2 替换面......128
6.3.3 填充曲面......129
6.3.4 剪裁曲面......130
6.3.5 圆角曲面......131
6.4 项目实训......131
6.5 本章小结......135
6.6 本章习题......135
第 7 章 创建装配体对象......136
7.1 插入装配体文件......136
7.1.1 新建装配体文件......136
7.1.2 插入零部件......137
7.1.3 随配合复制......139
7.2 配合装配体对象......140
7.2.1 添加同心配合......140
7.2.2 添加对称配合......141
7.2.3 添加路径配合......141

7.3 编辑零部件......142
7.3.1 移动零部件......142
7.3.2 旋转零部件......143
7.3.3 阵列零部件......144
7.3.4 镜向零部件......146
7.3.5 显示控制装配体......147
7.4 创建爆炸视图......147
7.4.1 创建爆炸视图......148
7.4.2 编辑爆炸视图......149
7.4.3 动画爆炸视图......150
7.4.4 删除爆炸视图......150
7.5 检查装配体......151
7.5.1 干涉检查......151
7.5.2 孔对齐......152
7.5.3 测量距离......152
7.5.4 计算质量属性......153
7.5.5 计算剖面属性......154
7.6 项目实训......154
7.7 本章小结......159
7.8 本章习题......159

第 8 章 创建工程图对象......161
8.1 创建工程图......161
8.1.1 工程图概述......161
8.1.2 创建工程图文件......161
8.2 创建标准视图......162
8.2.1 创建标准三视图......162
8.2.2 创建模型视图......164
8.2.3 创建相对视图......164
8.2.4 创建空白视图......165
8.2.5 创建预定义视图......166
8.3 派生工程图......167
8.3.1 投影视图......167
8.3.2 辅助视图......167
8.3.3 局部视图......168
8.3.4 剪裁视图......169
8.3.5 断裂视图......169
8.3.6 剖面视图......170
8.3.7 旋转剖视图......170
8.3.8 断开剖视图......171
8.4 编辑工程图......173
8.4.1 更新视图......173
8.4.2 移动视图......174
8.4.3 对齐视图......174
8.4.4 旋转视图......175
8.4.5 隐藏和显示视图......176
8.4.6 复制和粘贴视图......177
8.5 标注工程图......177
8.5.1 注释文本......177
8.5.2 注解孔标注......178
8.5.3 注解中心线......179
8.5.4 注解零件序号......179
8.5.5 注解形位公差......180
8.5.6 注解焊接符号......181
8.5.7 注解基准特征......182
8.5.8 注解区域剖面线......183
8.5.9 注解中心符号线......184
8.5.10 注解表面粗糙度符号......184
8.6 项目实训......185
8.7 本章小结......190
8.8 本章习题......190

第 9 章 渲染与输入输出......191
9.1 激活 PhotoView 360 插件......191
9.2 布景......191
9.3 光源......194
9.3.1 线光源......194
9.3.2 点光源......195
9.3.3 聚光源......195
9.3.4 使用与编辑光源......195
9.4 外观......197
9.4.1 设置外观......197
9.4.2 添加与编辑外观......198
9.5 贴图......200
9.5.1 设置贴图......200
9.5.2 使用与编辑贴图......200
9.6 渲染与输出图像......201
9.7 输入输出其他格式的文件......206
9.7.1 输入 DWG 文件......207
9.7.2 输入 PRT 文件......209
9.7.3 输出 PDF 文件......210
9.8 本章小结......210
9.9 本章习题......211

习题参考答案......212

第 1 章　SolidWorks 2012 基础知识

教学目标

本章主要介绍中文版 SolidWorks 2012 的概况及其界面、菜单栏的功能、简单的文件操作、视图的基本操作等。

教学重点与难点

- SolidWorks 2012 界面组成
- 文件基本操作
- 参考点
- 参考坐标系

1.1　初识 SolidWorks 2012

SolidWorks 是一款功能强大的三维 CAD 设计软件，由美国 SolidWorks 公司开发，它是基于 Windows 操作系统的设计软件，SolidWorks 相对于其他 CAD 软件来说，主要应用于产品的机械设计中。

1.1.1　SolidWorks 2012 的特点

功能强大、易学易用和技术创新是 SolidWorks 的三大特点，使得 SolidWorks 成为设计领域领先的、主流的三维设计软件。SolidWorks 能够提供不同的设计方案，减少设计过程中的错误以及提高产品质量，SolidWorks 不仅提供了强大的功能，同时对每个工程师和设计者来说，其操作简单方便、易学易用。

使用 SolidWorks 时，整个产品设计是百分之百可编辑的，零件设计、装配设计和工程图之间是完全相关的。

1.1.2　SolidWorks 2012 的功能模块

SolidWorks 2012 在用户界面、草图绘制、特征、零件、装配体、工程图、钣金设计、输出和输入以及网络协同等方面都得到了增强，比之前的版本至少增强了 250 个功能，使用户可以更方便地使用该软件。其中，SolidWorks 2012 的基本功能模块有 7 个：零件建模、曲面建模、钣金设计、帮助文件、数据转换和 PhotoView 360 高级渲染。

不同模块的功能是不相同的，各模块的功能如下：

- 零件建模：SolidWorks 提供了无与伦比的、基于特征的实体建模功能。通过拉伸、旋转、薄壁特征、高级抽壳、特征阵列以及打孔等操作来实现产品的设计。
- 曲面建模：通过带有控制线的扫描、放样、填充以及拖动，可以控制相切操作以产生复杂的曲面，并可以直观地对曲面进行修剪、延伸、倒角和缝合等编辑操作。

- 钣金设计：SolidWorks 提供了顶尖的、全新的钣金设计能力，可以直接使用各种类型的法兰、薄片等特征。
- 帮助文件：SolidWorks 配有一套强大的、基于 HTML 的全中文帮助文件系统，包括超文本链接、动画示教、在线教程，以及设计向导和术语等。
- 数据转换：SolidWorks 提供了当今市场上几乎所有 CAD 软件的输入与输出格式转换器，有些格式还提供了不同版本的转换。
- PhotoView 360 高级渲染：使用高级渲染可以有效地展示概念设计，以减少样品的制作费用，并快速地将产品投放市场。

1.1.3 SolidWorks 2012 的应用领域

SolidWorks 简单易用并具有强大的辅助分析功能，已广泛应用于各个行业中，如机械设计、电装设计、消费品产品及通信器材设计、汽车制造设计、航空航天的飞行器设计等。

用户可以根据需要，方便地进行零部件设计、装配体设计、钣金设计、焊件设计及模具设计等。

1.2 SolidWorks 2012 界面简介

SolidWorks 2012 的操作界面是创建文件进行操作的基础，如图 1-1 所示为一个零件文件的操作界面，包括菜单栏，常用工具栏、命令管理器、管理群集、前导视图工具栏、任务空格、绘图区域及状态栏等。

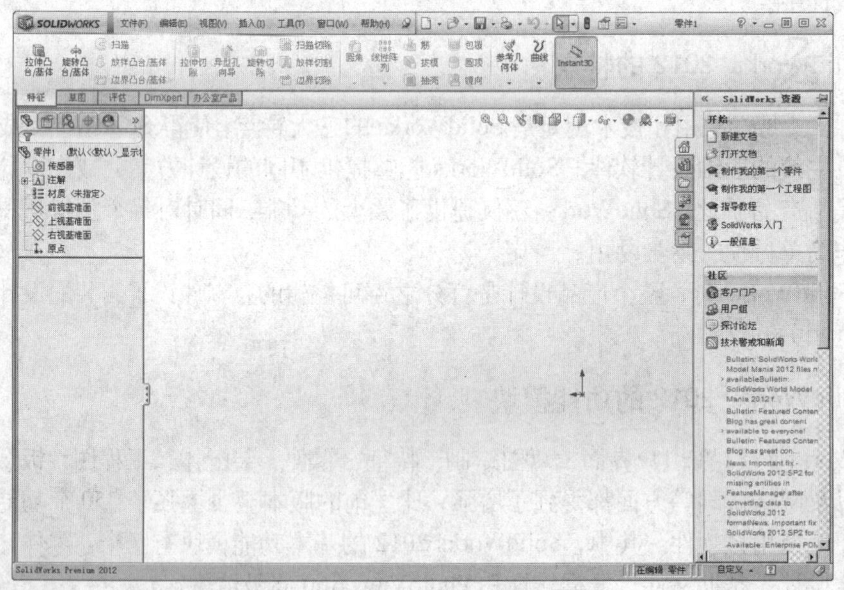

图 1-1　SolidWorks 2012 的操作界面

1.2.1 菜单栏

菜单栏位于操作界面的最上方。菜单中的命令如果带有省略号，表示会弹出相应的对话框，带有小箭头的表示还有下一级的菜单，如图 1-2 所示。

文件(F)　编辑(E)　视图(V)　插入(I)　工具(T)　窗口(W)　帮助(H)

图 1-2　菜单栏

菜单栏中大多数命令都可以在相应的命令面板、工具栏或快捷菜单找到，远比在菜单栏中执行命令方便得多。

单击或使用快捷键即可打开并执行相应的菜单命令，各菜单的含义如下：

- 【文件】菜单：该菜单用于对文件进行常规操作，包括新建、打开和关闭文件、保存和另存为、页面设置和打印、浏览最近文档以及退出等。
- 【编辑】菜单：该菜单用于对文件进行编辑操作，包括剪切、复制、粘贴、删除、压缩与解压缩、折弯系数表以及外观等。
- 【视图】菜单：该菜单用于对文件当前视图进行操作，包括荧屏捕获、显示、修改、隐藏所有类型、草图几何关系、外观标注以及显示工具栏等。
- 【插入】菜单：该菜单用于继续创建新的特征等操作，包括零件的特征建模、参考几何体、钣金、焊件、模具的编辑、草图绘制、三维草图以及注解等。
- 【工具】菜单：在该菜单中列出了对文件进行编辑和修改的工具，包括草图绘制实体、草图绘制、样条曲线、标注尺寸以及几何关系等工具。
- 【窗口】菜单：该菜单用于设置文件在工作区的排列方式，以及显示工作区的文件列表，包括视口、新建窗口、横向平铺以及排列图标等。
- 【帮助】菜单：该菜单用于提供在线帮助以及软件的其他信息，包括 SolidWorks 帮助、SolidWorks 指导教程、API 主题以及新增功能等。

1.2.2　常用工具栏

常用工具栏位于菜单栏的右边，如图 1-3 所示。主要包括一些常用的命令按钮，如【新建】、【打开】以及【保存】等。可以根据需要通过【工具】菜单中的【自定义】命令，在【自定义】对话框中自行定义工具栏的显示。

图 1-3　常用工具栏

1.2.3　命令管理器

命令管理器将各种命令图标集合在【特征】、【草图】、【曲面】、【钣金】、【焊件】和【模具工具】等选项卡中，系统默认显示的有【特征】、【草图】、【评估】、DimXpert 和【办公室产品】等 5 个选项卡，如图 1-4 所示。

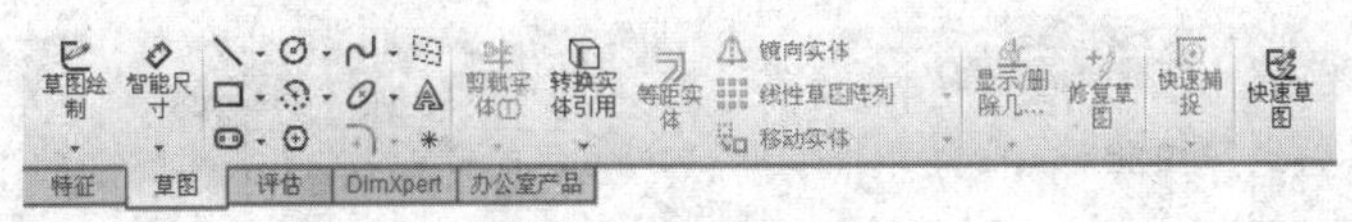

图 1-4　命令管理器

在 SolidWorks 2012 中，还可以根据自己需要，在这 5 个选项卡上单击鼠标右键，在弹出的快捷菜单（如图 1-5 所示）中选中需要显示的选项，即可将该选项添加至界面选项卡中。

1.2.4　管理器窗口

管理器窗口在界面的左侧，包括特征管理器设计树、属性管理器、配置管理器、公差管理器和外观管理 5 个选项，每个管理器负责管理不同的内容。

1. 特征管理器设计树

【特征管理器设计树】在管理器窗口的最左侧，提供了零件、装配体或工程图的大纲视图，使观察零件或者装配体的生成，以及检查工程图图纸和视图变得更加容易，如图 1-6 所示。

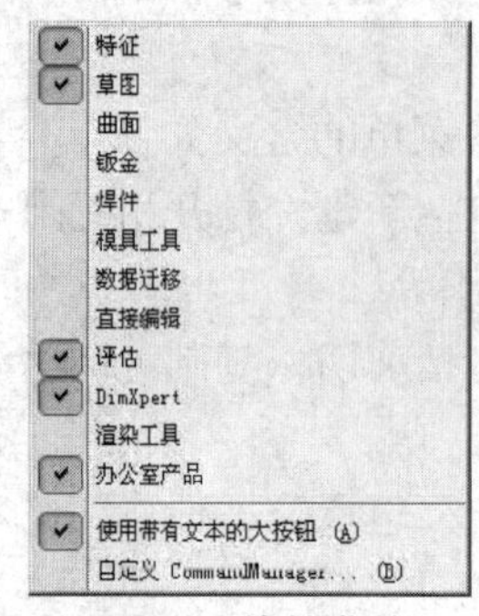

图 1-5　快捷菜单

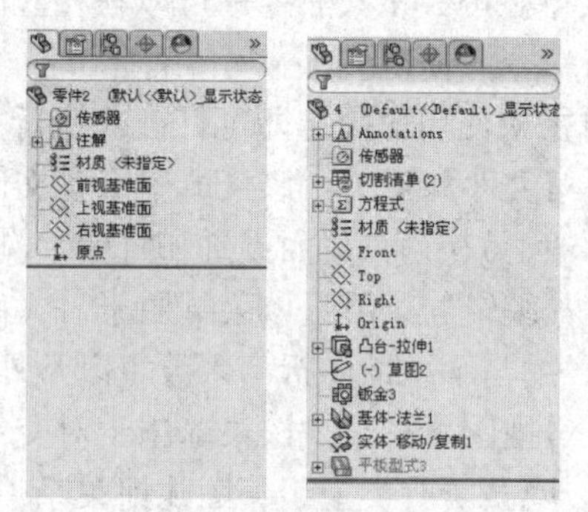

图 1-6　【特征管理器设计树】窗口

【特征管理器设计树】能让以下的操作更为方便：

(1) 以名称来选择模型中的项目。

(2) 确认和更改特征的生成顺序，可以在【特征管理器设计树】中拖动项目来重新调整特征的生成顺序，并将更改重建模型时特征重建的顺序。

(3) 通过在特征的名称上双击鼠标左键，以显示特征的尺寸。

(4) 如果要更改项目的名称，可以在名称上双击鼠标左键，以选择该名称，并输入新的名称。

(5) 压缩和解除压缩零件特征和装配体零部件。

(6) 在特征上单击鼠标右键，然后选择父子关系以查看父子关系。

(7) 显示以下项目：特征说明、零部件说明、零部件配置名称、零部件配置说明。

(8) 找出与模型或特征关联，并在工具提示以及说明中给出错误和警告信息。

2. 属性管理器

【属性管理器】选项在【特征管理器设计树】的右侧，当选择在【属性管理器】中定义实体或命令时，将弹出相应的属性设置框，如图 1-7 所示。【属性管理器】可以显示草图、零件或者特征的属性。

3. 配置管理器

该管理器可以查看在文档中生成、选择和查看零件及装配体的配置方式，如图 1-8 所示。

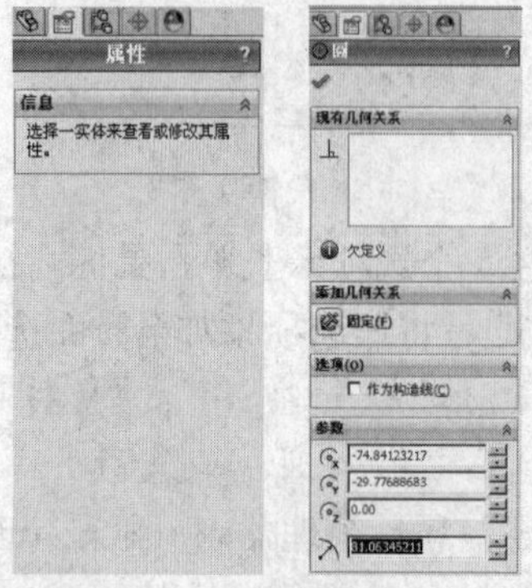

图 1-7　【属性管理器】窗口

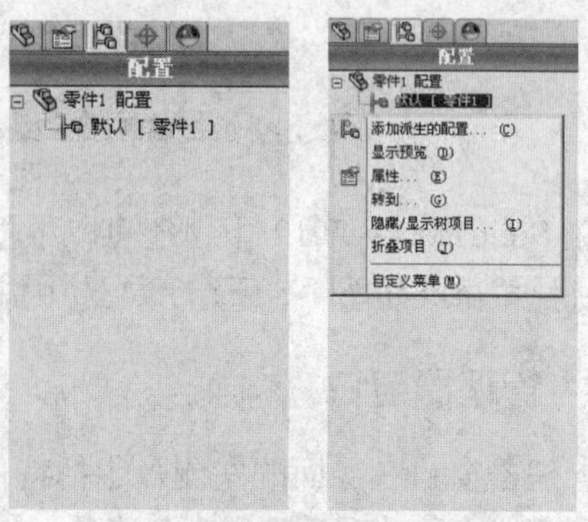

图 1-8　【配置管理器】窗口

1.2.5 任务窗口

在 SolidWorks 2012 的任务窗口中有 SolidWorks 资源、设计库、文件搜索器、查看调色板、外观／布景和自定义属性等多个面板，其中自定义属性面板是 SolidWorks 2012 新增加的，如图 1-9 所示。

图 1-9　任务窗口

1.2.6 绘图区

绘图区是用户绘制图形时的工作区域，可以根据需要关闭其他窗口，如工具栏、选项板等，以增大绘图区在屏幕上的面积。如果图纸比较大，需要查看未显示部分时，可以单击窗口右边或下边滚动条上的箭头，或者直接拖曳滚动条上的滑块移动图纸。

当没有操作文档时，绘图区是空白区域；当有文档操作时，绘图区是模型的可视化操作区域。所有模型可视化的操作过程与结果都会显示在绘图区里。

1.2.7 状态栏

状态栏位于 SolidWorks 2012 操作界面的底部，用于显示与当前执行命令的相关信息，如图 1-10 所示。

图 1-10　状态栏

状态栏中显示以下几类信息：

（1）将指针移到一个工具上时或单击相应菜单项目时的简要说明。

（2）如果对要求重建零件的草图或零件进行更改，重建模型图标。

（3）当操作草图时，草图状态及指针坐标。

（4）为所选实体常用的测量值，如边线长度。

（5）表示正在装配体中编辑零件的信息。

（6）在使用协作选项时访问重装对话框的图标。

（7）表示已选择暂停自动重建模型的信息。

（8）打开或关闭快速提示的图标。

（9）显示或隐藏标签文本框的图标。

1.3 掌握文件基本操作

文件的基本操作是 SolidWorks 中最为基础的操作，包括文件的新建、打开、保存和关闭等。

1.3.1 新建文件

启动 SolidWorks 2012 程序时，进入的是程序的初始界面，这也是它与其他软件的不同之处，必须新建文件或打开文件后才能进行操作。

上机实战 新建文件

1 单击菜单栏上的【文件】/【新建】命令，弹出【新建 SolidWorks 文件】对话框，单击【零件】按钮，如图 1-11 所示。

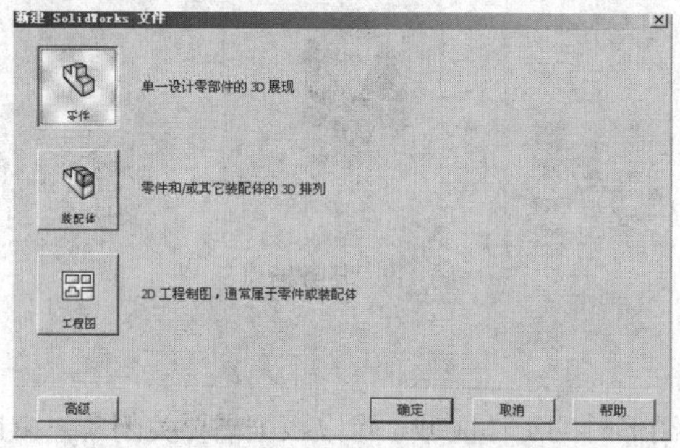

图 1-11 【新建 SolidWorks 文件】对话框

2 单击【确定】按钮，即可新建文件，如图 1-12 所示。

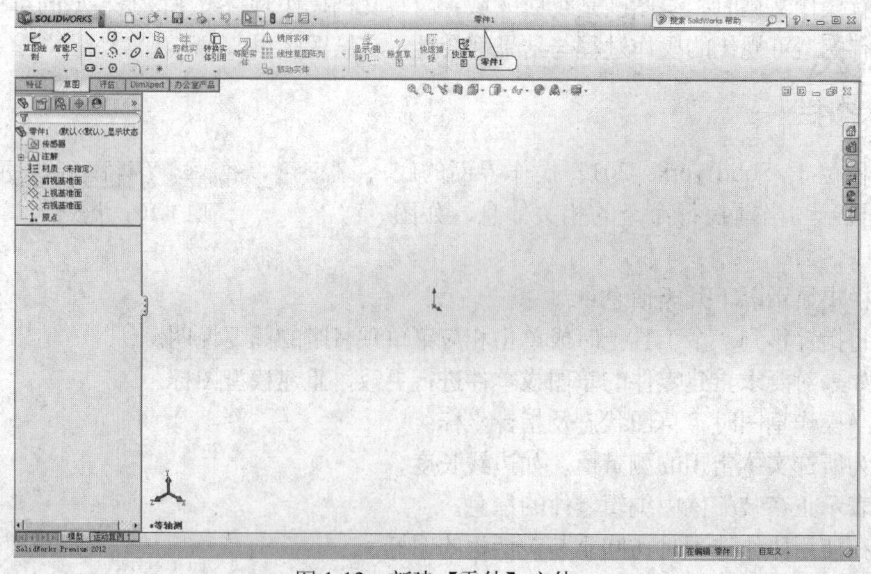

图 1-12 新建【零件】文件

提示： 新建文件主要有3种类型，分别是零件、装配体和工程图，如果单击【高级】按钮，将弹出【新建 SolidWorks 文件】对话框的高级界面，在其中可作更多的选择，如图1-13所示。

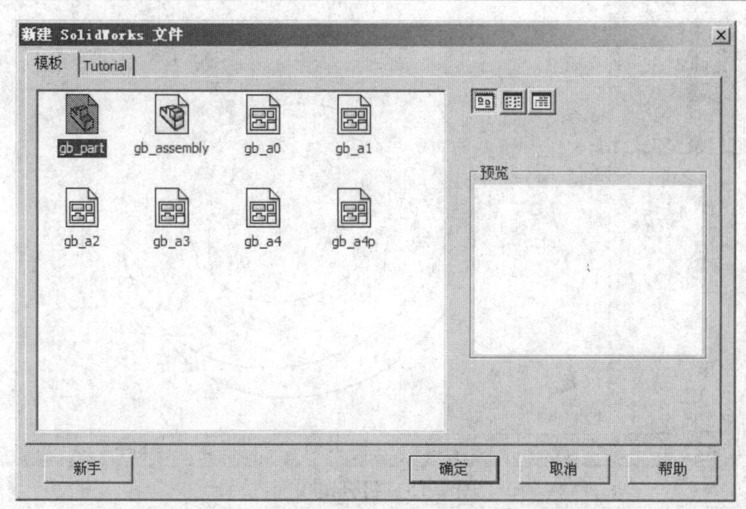

图1-13 【新建 SolidWorks 文件】对话框

1.3.2 打开文件

在SolidWorks 2012中，使用【打开】命令，可以打开已创建的SolidWorks文件，重新进行编辑或浏览。

上机实战 打开文件

1 单击菜单栏上的【文件】/【打开】命令，弹出【打开】对话框，在【打开】对话框右侧的列表框中选择模型文件，如图1-14所示。

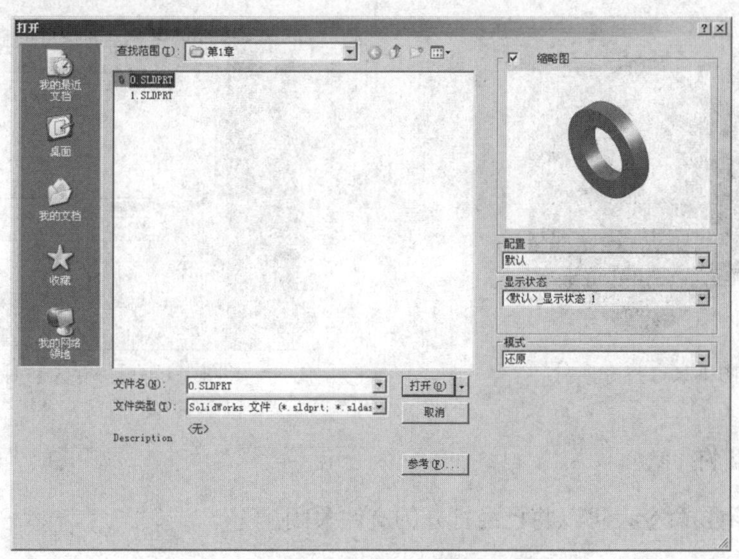

图1-14 【打开】对话框

2 单击【打开】按钮，即可打开文件，如图1-15所示。

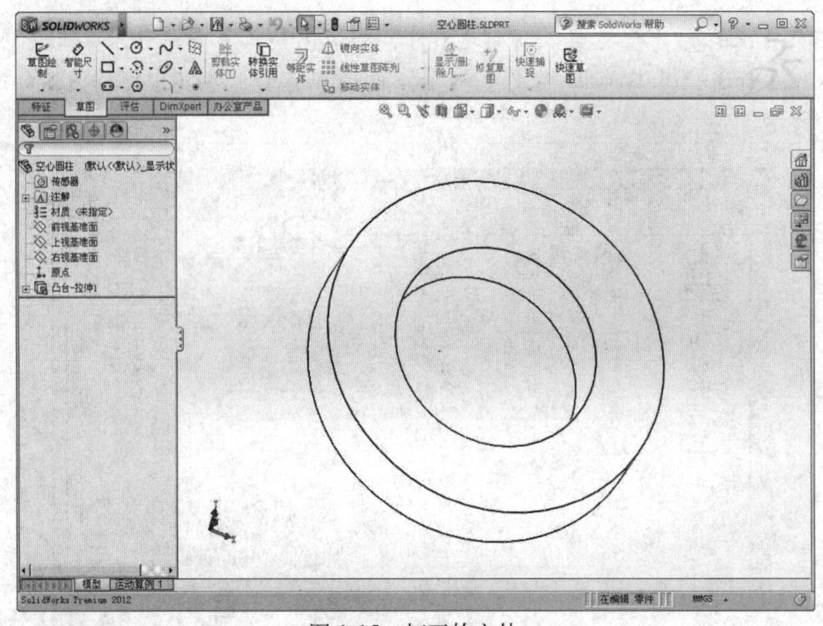

图 1-15　打开的文件

1.3.3　保存文件

在 SolidWorks2012 中，可以在新建文件之前保存文件，以便在建模过程中可以对文件及时进行保存，也可以在零件创建或修改完成后，通过【另存为】命令对零件进行储存处理。

上机实战　保存文件

1　单击【文件】/【打开】命令，打开素材模型，如图 1-16 所示。

2　单击菜单栏上的【文件】/【另存为】命令，弹出【另存为】对话框，设置文件名和存储路径，单击【保存】按钮，即可保存文件，如图 1-17 所示

图 1-16　打开素材

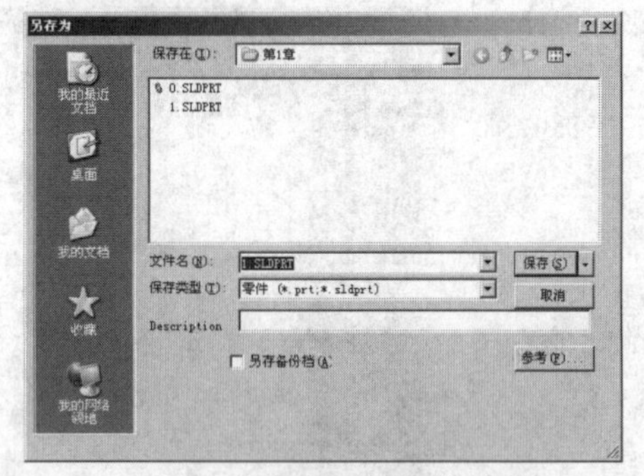

图 1-17　【另存为】对话框

1.3.4　关闭文件

使用【关闭】命令，可以将已经打开的文件关闭。

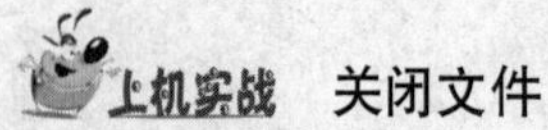

上机实战　关闭文件

1　单击【文件】/【打开】命令，打开素材模型，如图 1-18 所示。

2 单击菜单栏上的【文件】/【关闭】命令即可关闭文件，并返回到初始界面。如图 1-19 所示。

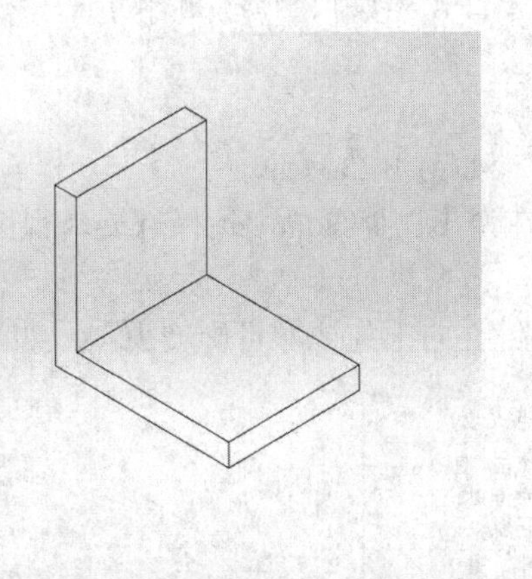

图 1-18 打开素材

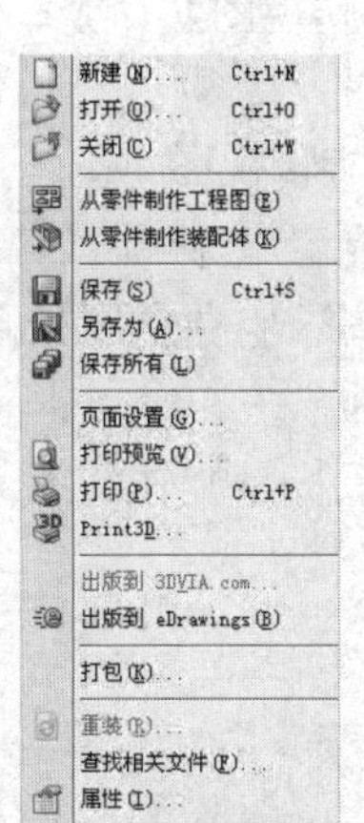

图 1-19 单击【关闭】命令

1.4 掌握视图基本操作

为了方便观察与操作视图，在绘图区中可以进行移动视图、旋转视图、缩放视图、删除视图、翻滚视图、局部放大视图和视图定向等操作。

1.4.1 移动视图

在 SolidWorks 2012 中，为了将视图调整到最佳的位置，可以根据需要对视图进行移动操作。

上机实战 移动视图

1 单击【文件】/【打开】命令，打开光盘/素材/第 1 章/3.SLDPRT 文件，如图 1-20 所示。

2 在绘图区中的空白处单击鼠标右键，在弹出快捷菜单中选择【平移】选项，如图 1-21 所示。

3 在绘图区中鼠标指针呈平移状态，拖动模型进行移动，如图 1-22 所示。

图 1-20 打开素材

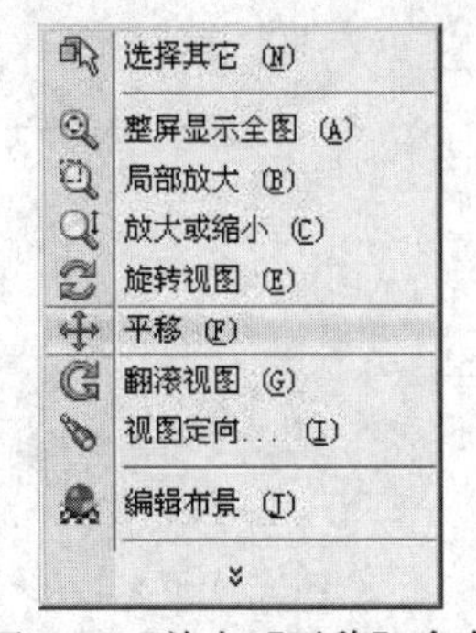

图 1-21 单击【平移】命令

图 1-22 移动视图

提示：按下【Ctrl】键的同时按下鼠标中键拖动进行移动操作。

1.4.2 旋转视图

使用【旋转视图】命令，可以根据需要将零件模型旋转至最佳的视角。

旋转视图

1 打开光盘/素材/第 1 章/4.SLDPRT 文件，如图 1-23 所示。

2 在绘图区空白位置处单击鼠标右键，在弹出快捷菜单中选择【旋转视图】选项，如图 1-24 所示。

3 此时鼠标呈旋转状态，按住鼠标左键并向上拖拽即可旋转视图，如图 1-25 所示。

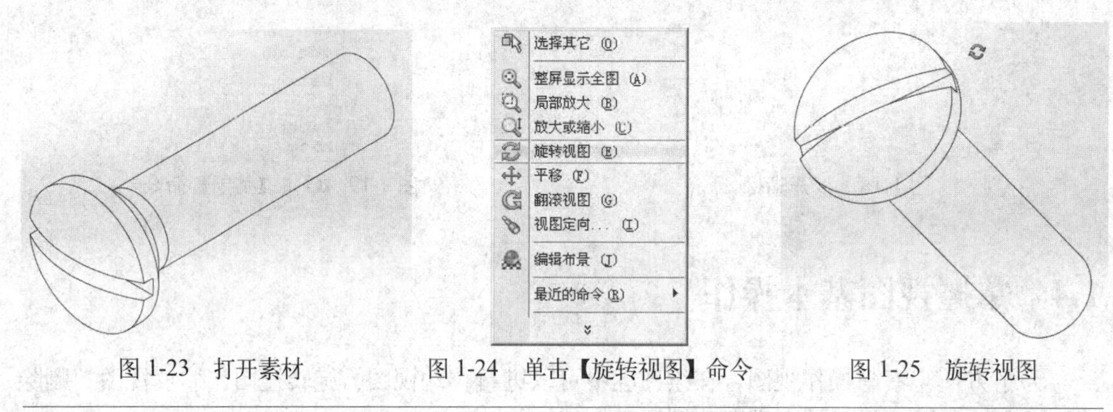

图 1-23 打开素材　　图 1-24 单击【旋转视图】命令　　图 1-25 旋转视图

提示：按下鼠标中键可旋转视图。

1.4.3 缩放视图

为了对象始终保持最佳的视图比例，常会对视图进行缩放。

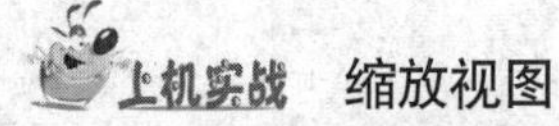
缩放视图

1 打开光盘/素材/第 1 章/5.SLDPRT 文件，如图 1-26 所示。

2 单击鼠标右键，在弹出的快捷菜单中选择【放大或缩小】选项，如图 1-27 所示。

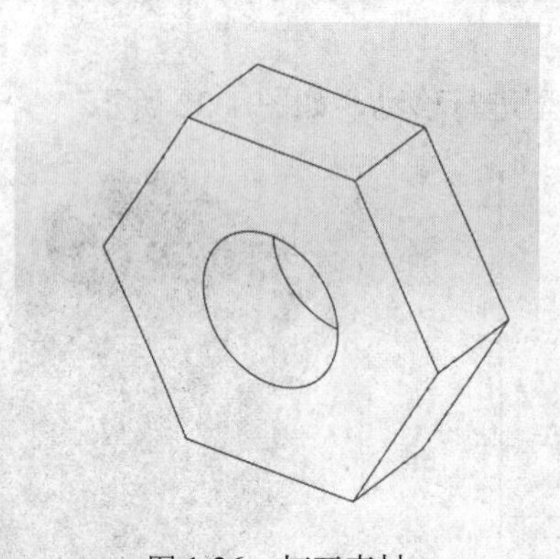

图 1-26 打开素材

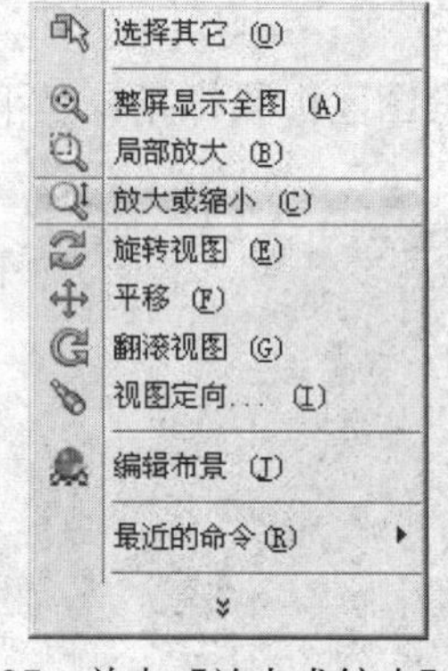

图 1-27 单击【放大或缩小】命令

3 此时鼠标指针呈放大镜状态，按住鼠标左键并向上拖拽，此时会放大视图，如图 1-28 所示。

4 在合适点上，单击并按住鼠标左键并向下拖拽，此时会缩小视图，如图 1-29 所示。

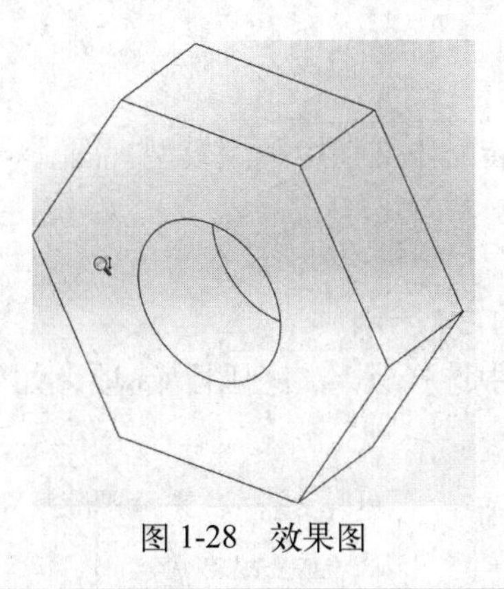

图 1-28　效果图

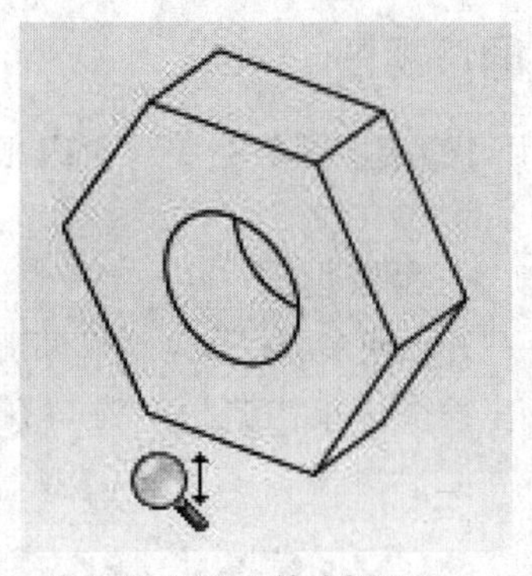

图 1-29　缩小视图

提示： 按下【Shift】键同时按下鼠标中键可放大缩小视图。

1.4.4　删除对象

使用【删除】命令，可以删除多余对象和辅助对象，以节省模型空间并提高显示速度。

上机实战　删除对象

1　打开光盘/素材/第 1 章/6.SLDPRT 文件，如图 1-30 所示。

2　选择所有直线对象，单击鼠标右键，在弹出快捷菜单中选择【删除】选项，如图 1-31 所示。

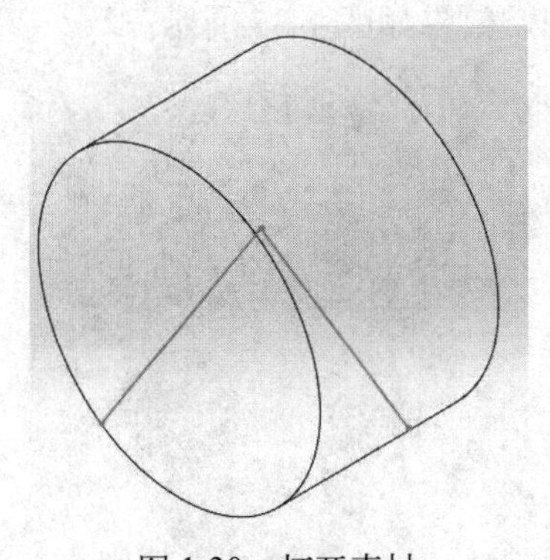

图 1-30　打开素材

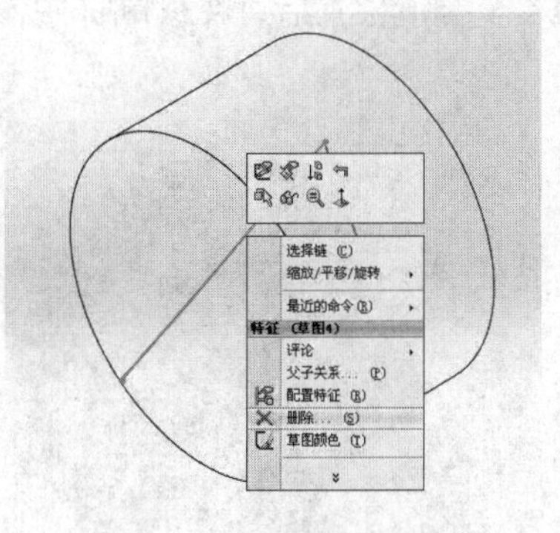

图 1-31　单击【删除】命令

3　弹出【确认删除】对话框，单击【是】按钮，如图 1-32 所示。

4　执行操作后，即可删除对象，效果如图 1-33 所示。

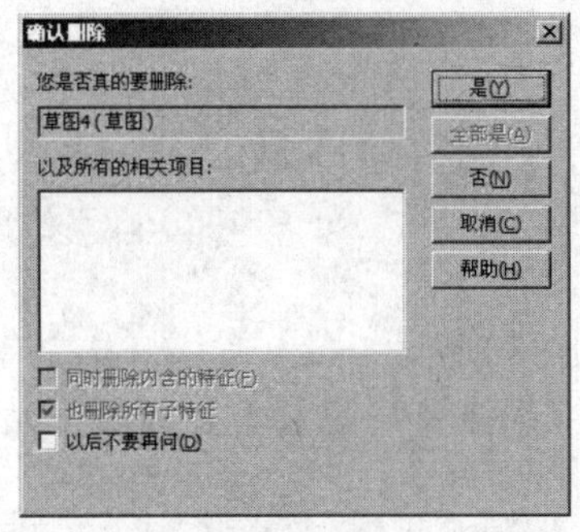

图 1-32　【确认删除】对话框

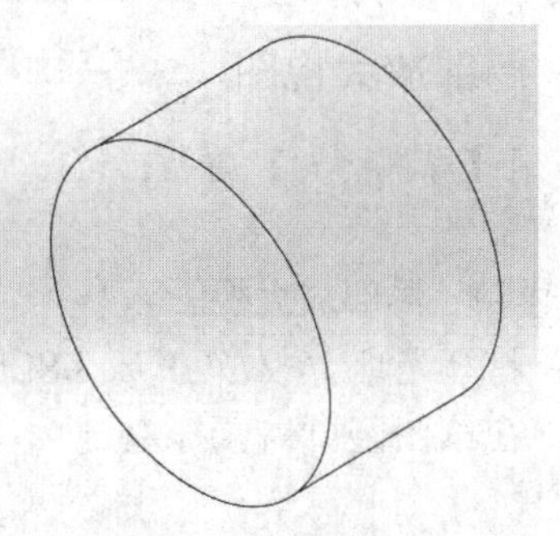

图 1-33　删除后的效果

1.4.5 翻滚视图

使用【翻滚视图】命令，可以根据需要在零件和装配体文档中翻滚模型视图。

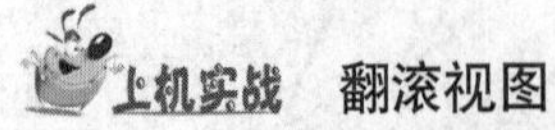

翻滚视图

1 打开光盘/素材/第1章/7.SLDPRT文件，如图1-34所示。

2 在绘图区单击鼠标右键，在弹出的快捷菜单中选择【翻滚视图】选项，如图1-35所示。

图1-34 打开素材

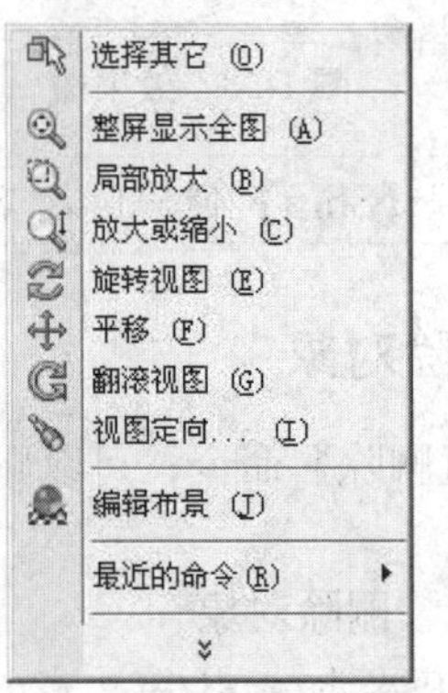

图1-35 单击【翻滚视图】命令

3 此时鼠标指针呈翻滚形状，按住鼠标左键并向下拖拽，如图1-36所示。

4 至合适位置后，释放鼠标左键，即可翻滚视图，效果如图1-37所示。

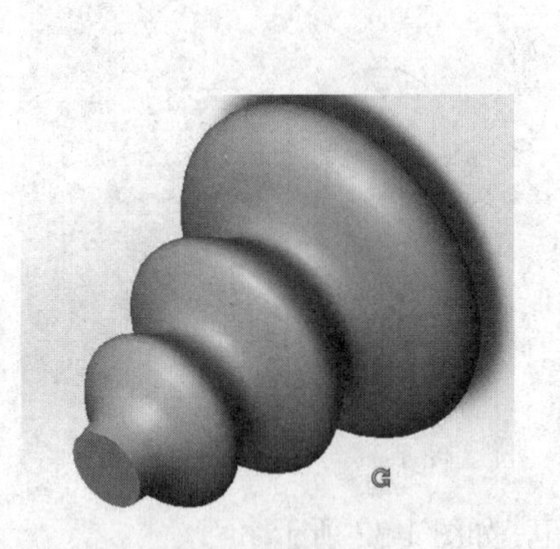

图1-36 拖拽鼠标

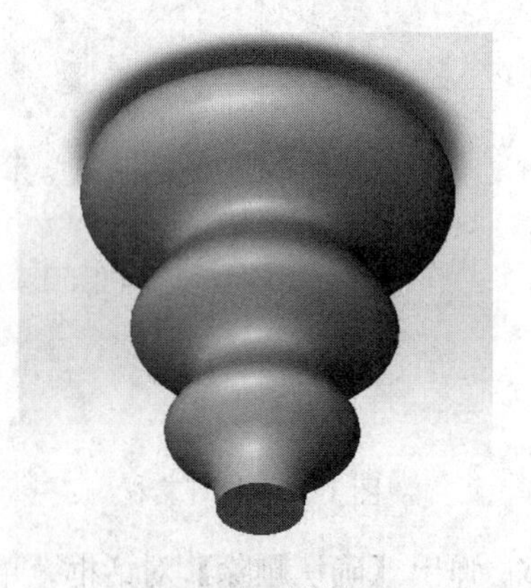

图1-37 翻滚视图

1.4.6 局部放大视图

使用【局部放大】命令，可以放大到通过拖动边界框而选择的区域。

上机实战 **局部放大视图**

1 打开光盘/素材/第1章/8.SLDPRT文件，如图1-38所示。

2 在绘图区单击鼠标右键，在弹出的快捷菜单中选择【局部放大】选项，如图1-39所示。

图 1-38 打开素材

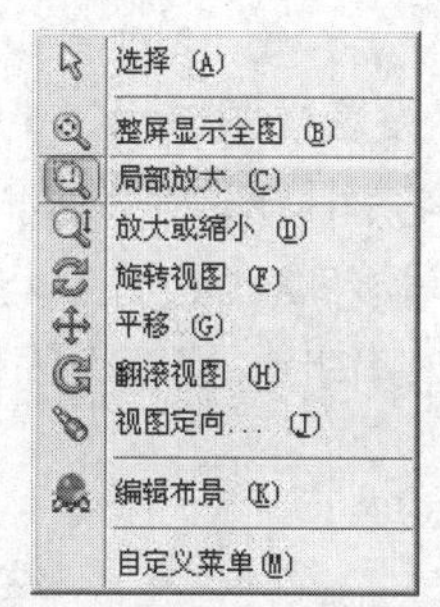

图 1-39 单击【局部放大】命令

3 此时鼠标指针呈放大镜，按住鼠标左键并向下方拖拽，如图 1-40 所示。

4 至合适位置后，释放鼠标左键，即可局部放大视图，效果如图 1-41 所示。

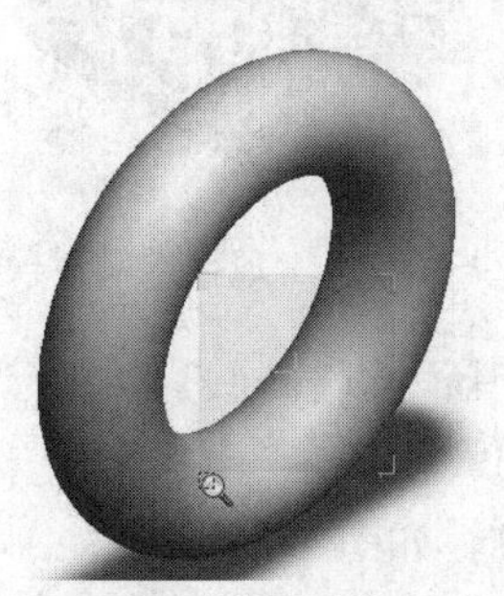

图 1-40 选择放大区域

图 1-41 局部放大效果

1.4.7 视图定向对象

使用【视图定向】命令，可以更改当前视图定向或视口数。

上机实战 视图定向对象

1 打开光盘/素材/第 1 章/1.SLDPRT 文件，如图 1-42 所示。

2 单击【视图定向】按钮，在列表框中单击【等轴测】按钮，如图 1-43 所示。

3 执行操作后，即可视图定向对象，如图 1-44 所示。

图 1-42 打开素材

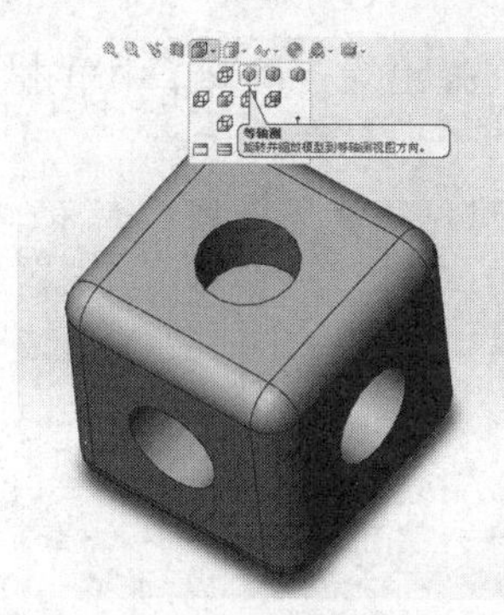

图 1-43 单击【等轴测】命令

图 1-44 视图定向对象

1.4.8 设置视图显示

设置视图显示，主要用于更改视图区域中模型对象的显示样式。

上机实战 设置视图显示

1 以1.4.7小节素材为例，单击前导视图工具栏中的【显示样式】按钮，弹出列表框，单击【上色】按钮，如图1-45所示。

2 执行操作后，视图中的模型对象将以上色样式显示模型对象，效果如图1-46所示。

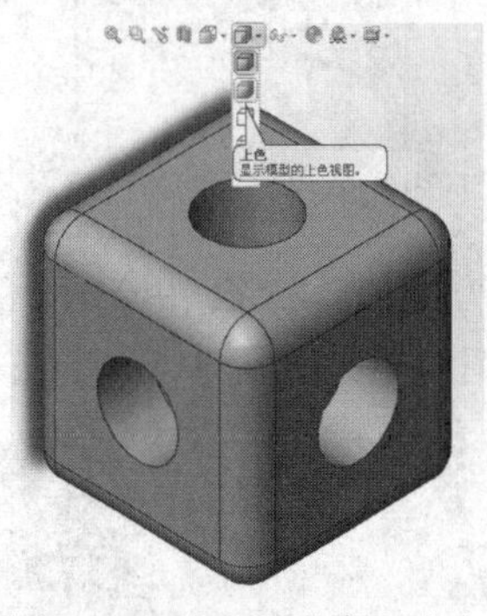

图1-45 单击【上色】命令

图1-46 以上色样式显示模型

3 单击【显示样式】按钮，在弹出的下拉菜单中单击【消除隐藏线】按钮，如图1-47所示。

4 执行操作后，即可消除隐藏线样式显示出模型对象，如图1-48所示。

图1-47 单击【消除隐藏线】命令

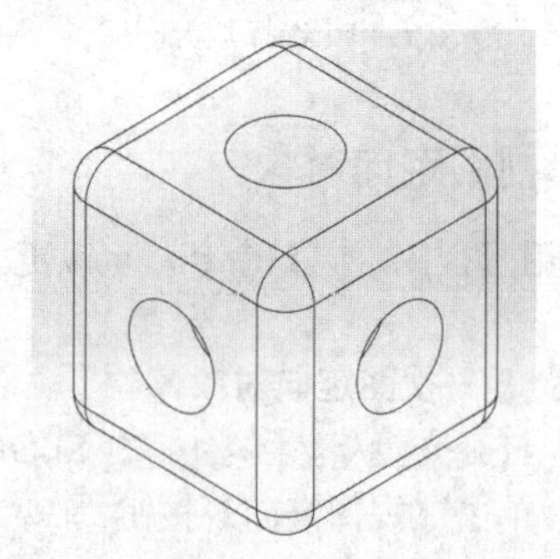

图1-48 以消除隐藏线样式显示模型

5 单击【显示样式】按钮，在弹出的下拉菜单中单击【隐藏线可见】按钮，如图1-49所示。

6 执行操作后，即可隐藏线可见样式显示模型对象，如图1-50所示。

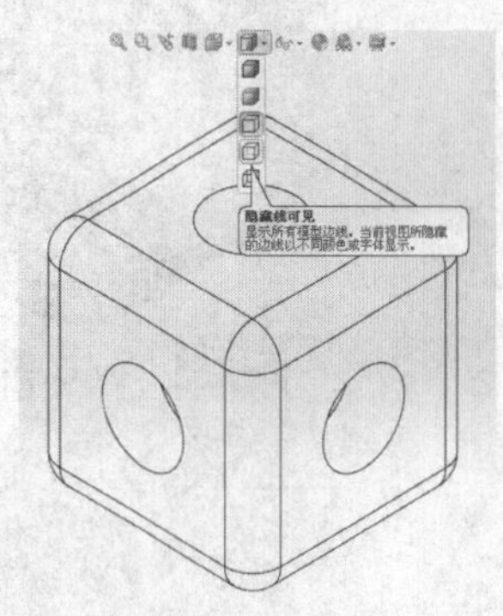

图1-49 单击【隐藏线可见】命令

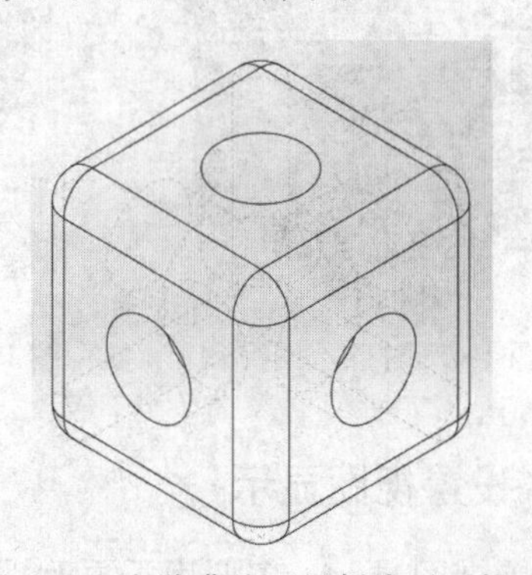

图1-50 以隐藏线可见样式显示模型

1.5　参考点

SolidWorks 可以生成多种类型的参考点以用作构造对象，还可以在彼此间已指定距离分割的曲线上生成指定数量的参考点。通过选择【视图】|【点】菜单命令，切换参考点的显示。

单击【参考几何体】工具栏中的 【点】按钮，在【属性管理器】中弹出【点】属性设置，如图 1-51 所示。

在【选择】选项组中单击【参考实体】选择框，在图形区域中选择用以生成点的实体。

- 【圆弧中心】：在圆弧的中心生成参考点。
- 【面中心】：在面的中心生成参考点。
- 【交叉点】：在两条线的交叉点处生成参考点。
- 【投影】：在面的投影处生成参考点。
- （沿曲线距离或多个参考点）：可以沿边线、曲线或者草图线段生成一组参考点，输入距离或者百分比数值。

属性设置完成后，单击【确定】按钮，生成参考点，如图 1-52 所示。

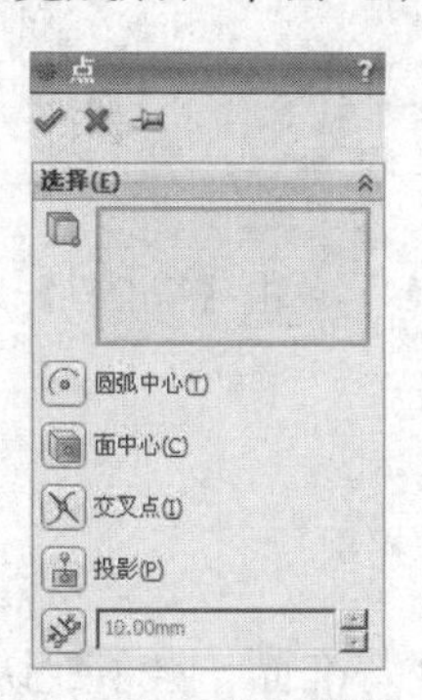

图 1-51　【点】属性

图 1-52　生成参考点

1.6　参考基准轴

参考基准轴是参考几何体中的重要组成部分。在生成草图几何体或者圆周阵列时常使用参考基准轴。

参考基准轴的用途较多，概括起来为以下 3 项。

（1）将参考基准轴作为中心线。基准轴可以作为圆柱体、圆孔、回转体的中心线。

（2）作为参考轴辅助生成圆周阵列等特征。

（3）将基准轴作为同轴度特征的参考轴。当两个均包含基准轴的零件需要生成同轴度特征时，可以选择各个零件的基准轴作为几何约束条件，使两个基准轴在同一轴上。

1.6.1　基础轴的属性设置

单击【参考几何体】工具栏中的【基准轴】按钮，在【属性管理器】中弹出【基准轴】的属性设置，如图 1-53 所示。

在【选择】选项组中进行选择，以生成不同类型的基准轴。

- 【一直线 / 边线 / 轴】：选择一条草图直线或者边线作为基准轴。

- 【两平面】：选择两个平面，利用两个面的交叉线作为基准轴。
- 【两点／顶点】：选择两个顶点、两个点或者中点之间的连线作为基准轴。
- 【圆柱／圆锥面】：选择一个圆柱或者圆锥面，利用其轴线作为基准轴。
- 【点和面／基准面】：选择一个平面（或者基准面），然后选择一个顶点（或者点、中点等），由此所生成的轴通过所选择的顶点（或者点、中点等）垂直于所选的平面（或者基准面）。

1.6.2 显示参考基础轴

选择【视图】/【基准轴】命令，可以看到菜单命令左侧的图标凹下去，如图1-54所示，表示基准轴可见，再次选择该命令，该图标恢复为关闭基准轴的显示。

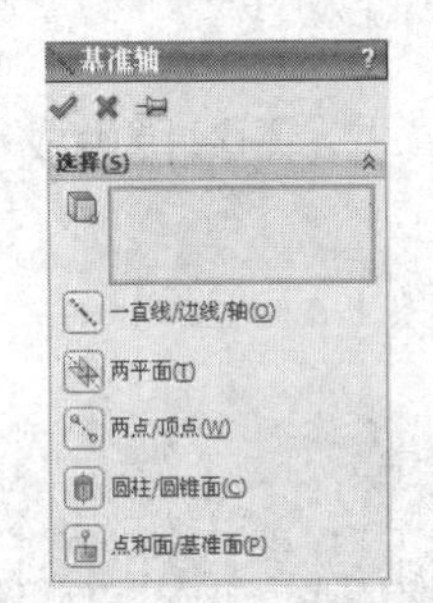

图1-53 【基准轴】属性

图1-54 单击【基准轴】命令

1.7 参考基准面

在【特征管理器设计树】中默认提供前视、上视以及右视基准面，除了默认的基准面外，可以生成参考基准面。参考基准面用来绘制草图和为特征生成几何体。

1.7.1 参考基准面的属性设置

单击【参考几何体】工具栏中的【基准面】按钮，在【属性管理器】中弹出【基准面】的属性设置，如图1-55所示。在【第一参考】选项组中，可以选择需要生成的基准面类型及项目。

【基准面】属性面板中各选项说明如下：

- 【平行】：通过模型的表面生成一个基准面，如图1-56所示。
- 【垂直】：可以生成垂直于一条边线、轴线或者平面的基准面，如图1-57所示。
- 【重合】：通过一个点、线和面生成基准面。
- （两面夹角）：通过一条边线（或者轴线，草图线等）与一个面（或者基准面）成一定夹角生成基准面。
- （等距距离）：在平行于一个面（或者基准面）的指定距离生成等距基准面，如图1-58所示。
- 【反转】：选择此复选框，在相反的方向生成基准面。

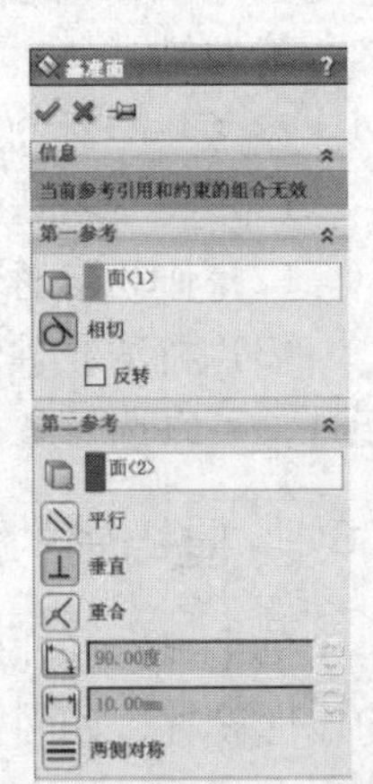

图1-55 【基准面】属性面板

图 1-56　平行生成效果

图 1-57　垂直生成效果

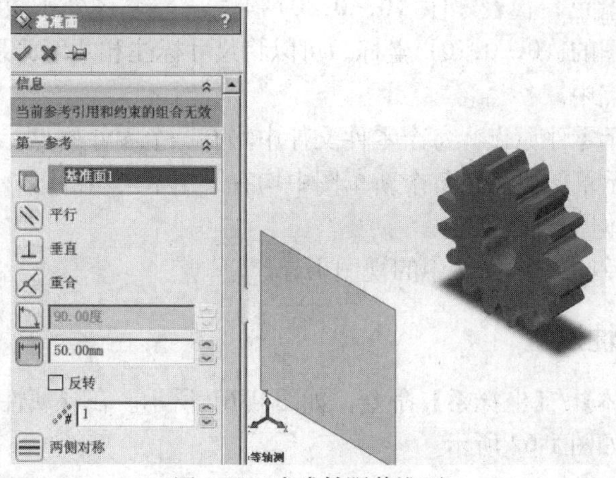

图 1-58　生成等距基准面

1.7.2　修改参考基准面

1. 修改参考基准面之间的距离或等者角度

双击基准面，显示等距距离或者角度。双击尺寸或者角度的数值，在弹出的【修改】对话框中输入新的数值，也可以在【特征管理器设计树】中用鼠标右键单击已生成的基准面的图标，在弹出的快捷菜单中选择【编辑特征】命令，在【属性管理器】中弹出【基准面】的属性设置，在【选择】选项组中输入新的数值以定义基准面，单击【确定】按钮。如图 1-59 所示。

2. 调整参考基准面的大小

可以使用基准面控标和边线来移动、复制基准面或者调整基准面的大小。要显示基准面控标，可以在【特征管理器设计树】中单击已生成的基准面的图标，或者在图形区域中单击基准面的名称，也可以选择基准面的边线，然后就可以进行调整了，如图 1-60 所示。

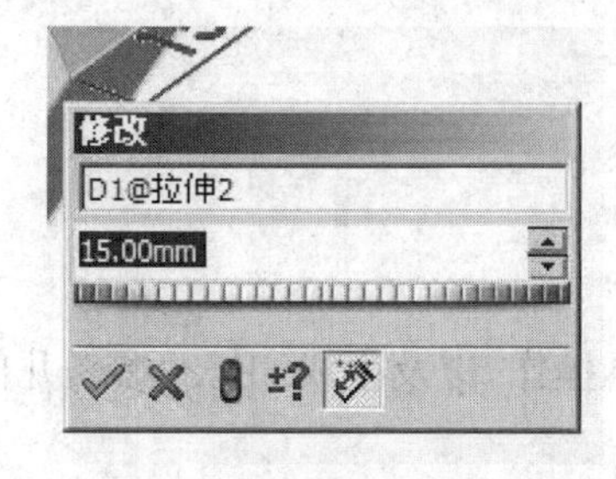

图 1-59　【修改】对话框

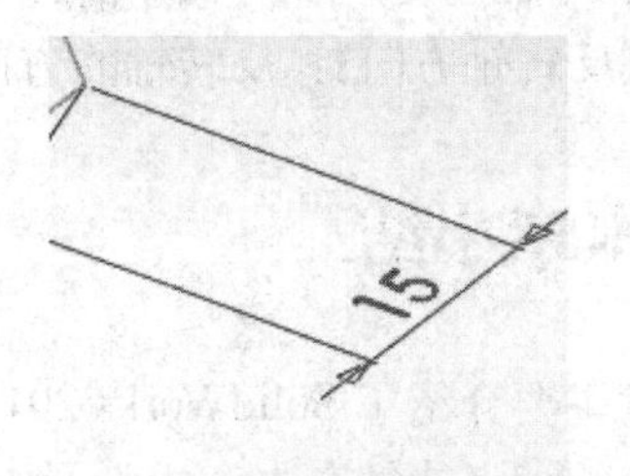

图 1-60　调整基准面大小

1.8 参考坐标系

SolidWorks使用带原点的坐标系统，零件文件包含原有原点。当选择基准面或者打开一个草图并选择某一面时，将生成一个新的原点，与基准面或者面对齐。原点可以用作草图实体的定位点，并有助于定向轴心透视图。三维的视图引导可以快速定向到零件和装配体文件中的X、Y、Z轴方向。

1.8.1 原点

零件原点显示为蓝色，代表零件（0，0，0）坐标。当草图处于激活状态时，草图原点显示为红色，代表草图的（0，0，0）坐标。可以将尺寸标注和几何关系添加到零件原点中，但不能添加到草图原点中。

- ⊥：蓝色，表示零件原点，每个零件文件中均有一个零件原点。
- ⊥：红色，表示草图原点，每个新草图中均有一个草图原点。
- ⊥：表示装配体原点
- ⅄：表示零件和装配体文件中的视图引导。

1.8.2 坐标系的属性设置

单击【参考几何体】/【坐标系】命令，如图1-61所示。在【属性管理器】中弹出【坐标系】的属性设置，如图1-62所示。

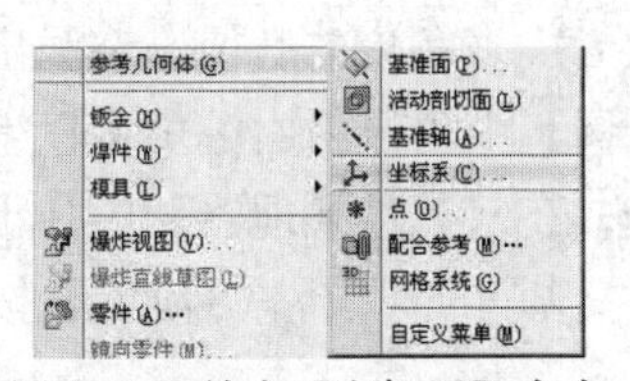

图1-61　单击【坐标系】命令

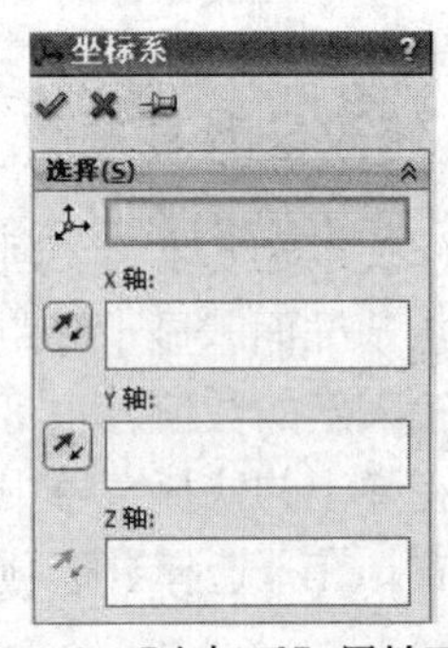

图1-62　【坐标系】属性面板

【坐标系】命令中各选项意义如下：

- 【原点】：定义原点。单击其选择框，在图形区域中选择零件或者装配体中的一个顶点、点、中点或者默认的原点。
- 【X轴】/【Y轴】/【Z轴】：定义各轴。
- 【反转轴方向】：反转轴的方向。

1.9 本章小结

本章主要介绍了SolidWorks 2012的软件界面和基本操作，以及生成和修改参考几何本的方法，希望读者能够在本章中学习中掌握这部分内容。

1.10　本章习题

1. 填空题

（1）SolidWorks是一款功能强大的________设计软件，由美国________公司开发。

（2）SolidWorks主要应用于产品的________中。

（3）状态栏用于显示与用户________的相关信息，

2. 简答题

（1）简述SolidWorks的应用领域？

（2）简述管理器窗口的功能？

（3）视图基本操作包括哪些？

（4）如何切换参考点的显示？

第 2 章　创建草图对象

教学目标

草图是创建特征的基础，在 SolidWorks 三维零件的模型生成中是非常重要的。在 SolidWorks 中大部分的实体及曲面特征都是由一个或者多个草绘截面构成的。

教学重点与难点

- 了解草图环境
- 创建草图元素
- 创建参照图
- 创建 3D 草图

2.1　初识草图环境

在使用草图绘制命令时，首先要了解草图绘制的基本环境，以便于更好地掌握草图绘制的方法。

2.1.1　草图基本介绍

草图一般是由点、线、圆弧、圆和抛物线等基本图形构成的封闭或不封闭的几何图形，是三维实体建模的基础。

一个完整的草图包括几何形状、几何关系和尺寸标注 3 个方面的信息。如有必要，应尽可能避免在草图上创建工程细节特征。可以先创建草图大体形状，然后通过形状尺寸、位置尺寸等约束条件精确定义视图。

2.1.2　进入草图绘制界面

草图必须创建在平面上，创建的平面可以是基准面，也可以是三维模型上的平面，初始进入草图绘制界面时，系统默认的有 3 个基准面。

上机实战　进入草图绘制界面

1　单击常用工具栏中的【新建】按钮，新建一个空白的零件文档对象。

2　单击【草图】选项卡中的【草图绘制】按钮，选取前视基准面，进入草图绘制界面，效果如图 2-1 所示。

2.1.3　草图捕捉工具

草图捕捉工具在默认状态下为激活，在创建草图时，捕捉图标会显示，在创建草图的过程中，建议开启草图捕捉，这样会有助于提高创建效率。

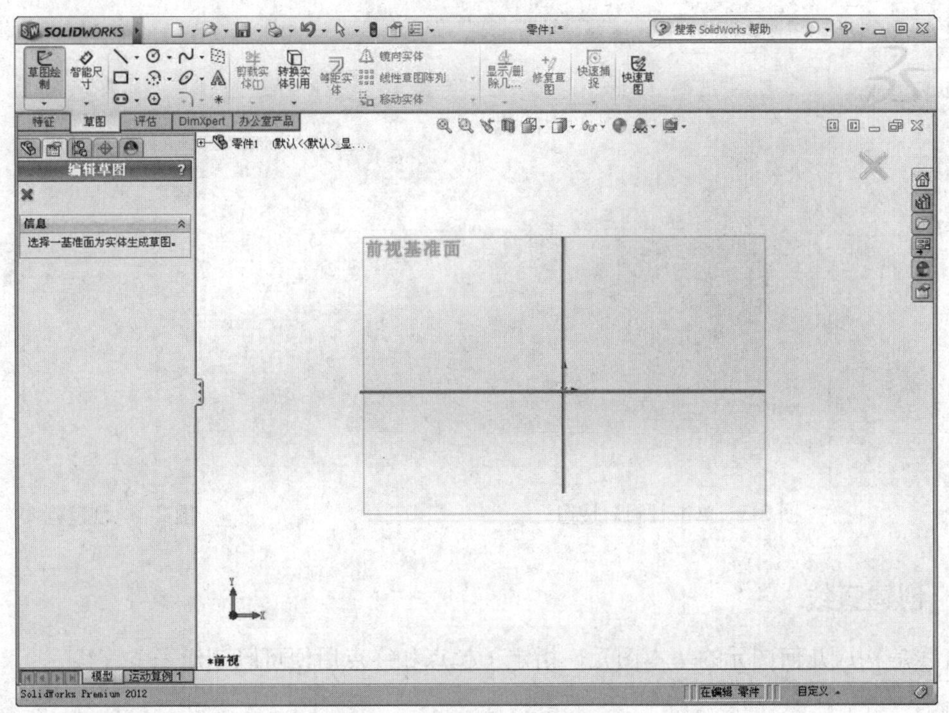

图 2-1 【草图绘制】界面

2.2　创建草图元素

草图通常由若干常用的几何图形组成，如直线，矩形，圆，圆弧，椭圆，多边形，样条曲线等。下面介绍绘制草图常用的几种几何图形元素的使用方法。

2.2.1　创建圆

在 SolidWorks 2012 中，圆的绘制方法主要根据圆心和圆与其他对象的位置关系来确定。圆是一种简单的几何图形，可以用来表示柱、孔、轴等特征。在绘图过程中，圆是使用最多的基本图形元素之一。

上机实战　创建圆

1　单击【文件】/【打开】命令，打开光盘/素材/第 2 章/1.SLDPRT 文件，如图 2-2 所示。

2　切换至【草图】选项卡，单击【圆】按钮，如图 2-3 所示。

3　在绘图区的圆心点上，单击鼠标并拖曳至适合位置后释放鼠标，然后在左侧【参数】选项区中，设置【半径】为 7.5，即可创建圆，效果如图 2-4 所示。

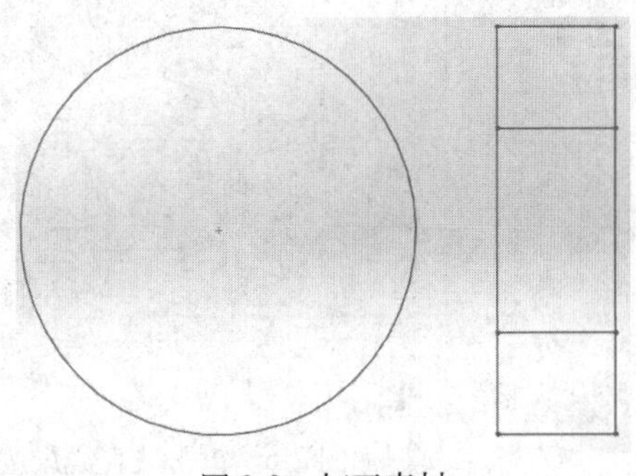

图 2-2　打开素材

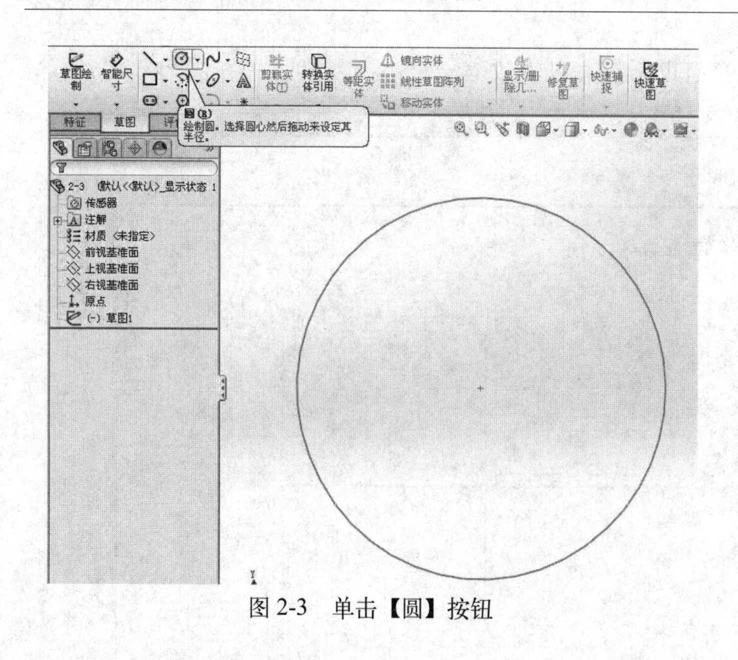

图 2-3 单击【圆】按钮

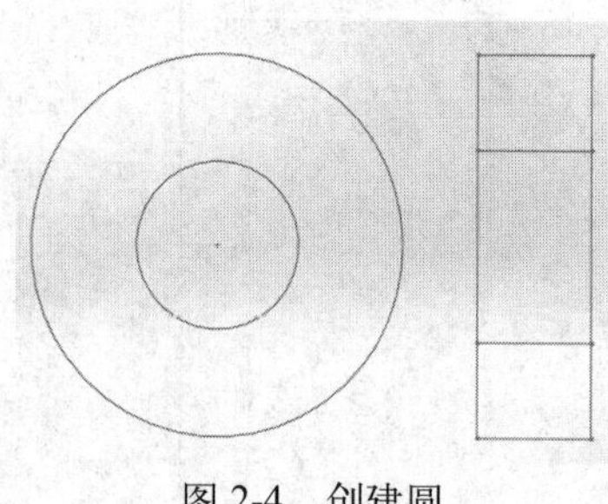

图 2-4 创建圆

2.2.2 创建直线

直线是构成几何图元的基本图元，指定了起点和终点后便可以创建一条直线。

上机实战 创建直线

1 单击常用工具栏中的【打开】按钮，打开光盘/素材/第2章/2.SLDPRT文件，如图2-5所示。

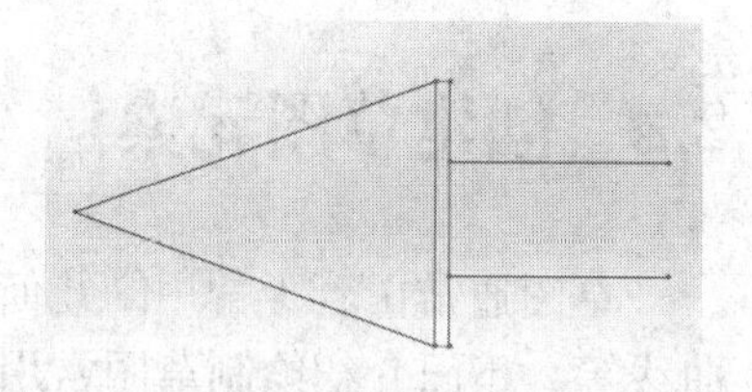

图 2-5 打开素材

2 单击【草图】选项卡中的【直线】按钮。如图2-6所示。

3 在图形右侧双击鼠标，向下移动光标至合适的位置后单击鼠标即可创建直线，如图2-7所示。

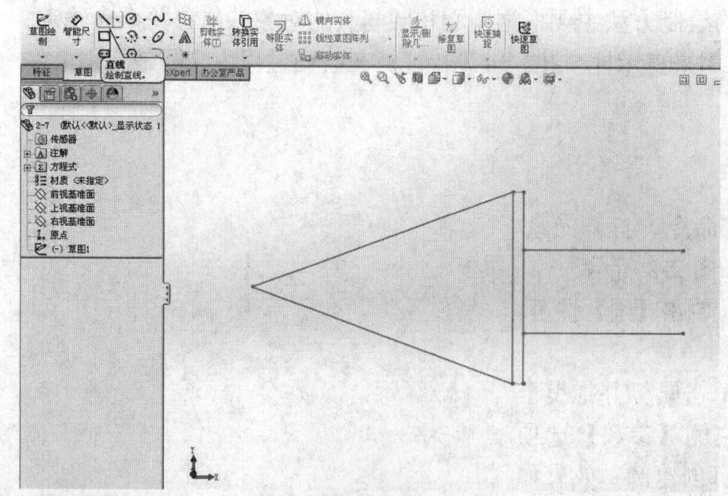

图 2-6 单击【直线】按钮

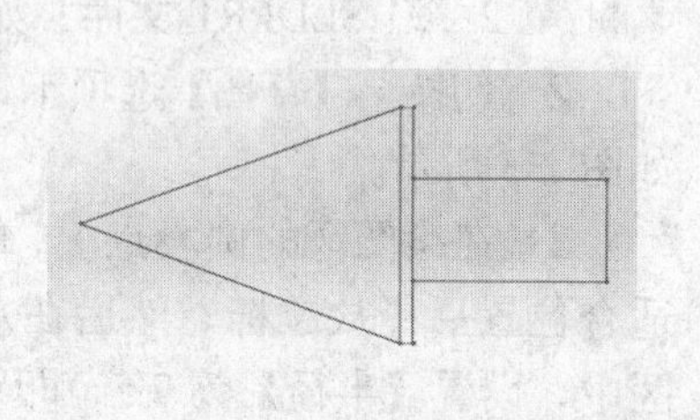

图 2-7 创建直线

2.2.3　创建矩形

使用【矩形】命令创建矩形时，需要确定对角线上的两个点，这两个点不能在同一水平线或者垂直线上。

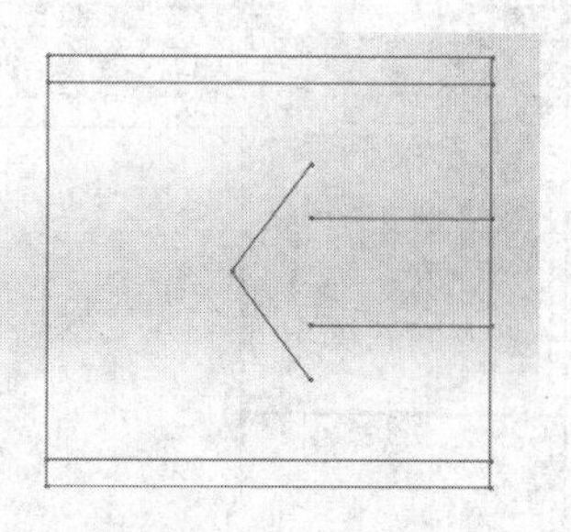

图 2-8　打开素材

上机实战　创建矩形

1　打开光盘/素材/第 2 章/3.SLDPRT 文件，如图 2-8 所示。

2　单击【草图】选项卡中的【边角矩形】按钮。如图 2-9 所示。

3　在图形合适点上，单击两次鼠标左键，向右下方移动光标，在右下方合适端点上，单击鼠标即可创建矩形，如图 2-10 所示。

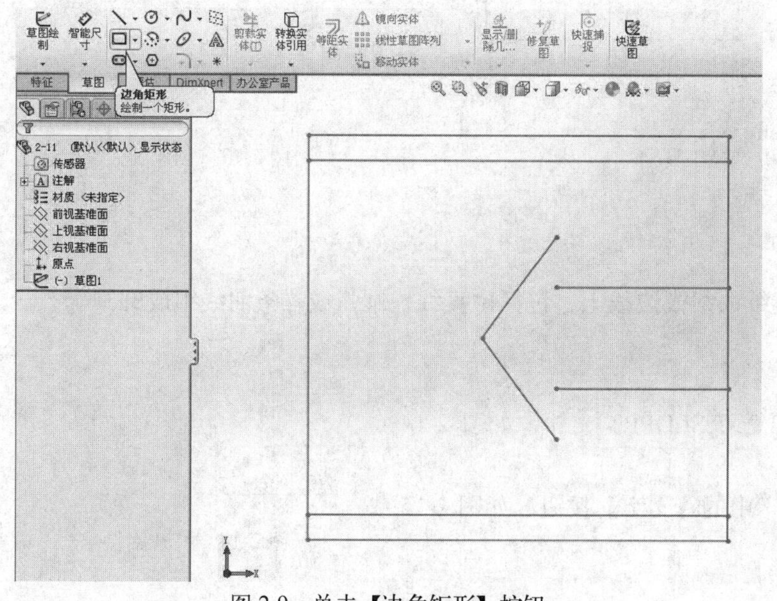

图 2-9　单击【边角矩形】按钮

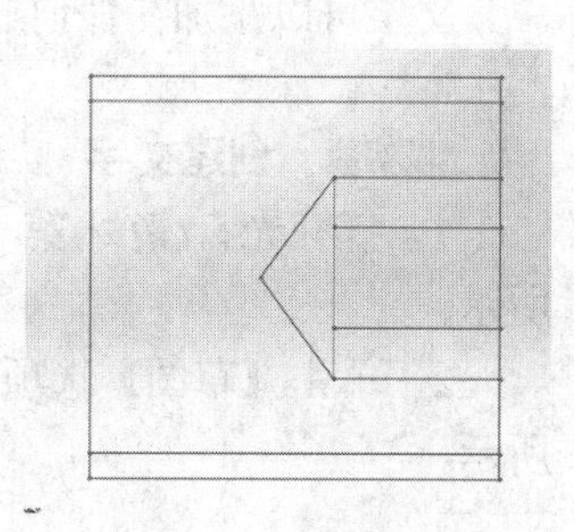

图 2-10　创建矩形

2.2.4　创建圆弧

圆弧是圆的一部分，创建圆弧除了指定圆心和半径外，还需要指定起始角和终止角，所以圆弧的创建相对于圆的创建要困难一些。

图 2-11　打开素材

上机实战　创建圆弧

1　打开光盘/素材/第 2 章/4.SLDPRT 文件，如图 2-11 所示。

2　单击【草图】选项卡中的【圆心／起／终点画弧】按钮，如图 2-12 所示。

3　在模型右侧中点上，单击两次鼠标，出现一个虚线圆，在右侧直线的上下端点上，依次单击鼠标，即可创建圆弧，如图 2-13 所示。

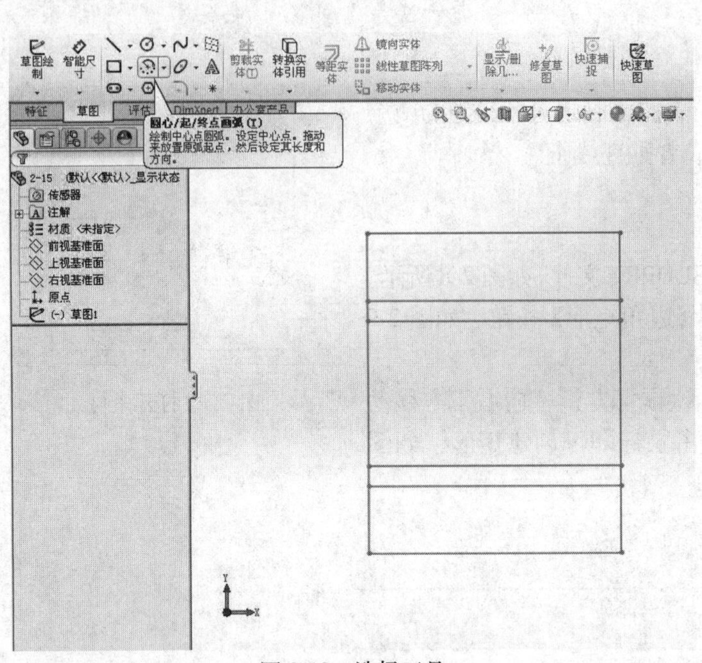

图 2-12 选择工具

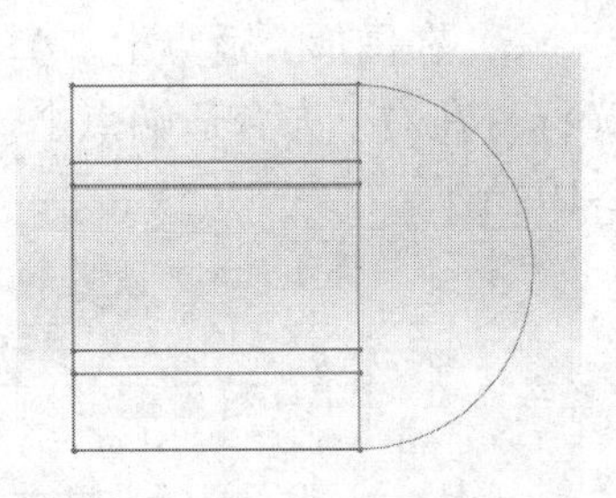

图 2-13 创建圆弧

2.2.5 创建文字

文字可以添加在任何连续曲线或边线上，包括由直线，圆弧或样条曲线组成的圆上。

上机实战 创建文字

1 打开光盘/素材/第 2 章/5.SLDPRT 文件，如图 2-14 所示。

2 单击【草图】选项卡中的【文字】按钮。如图 2-15 所示。

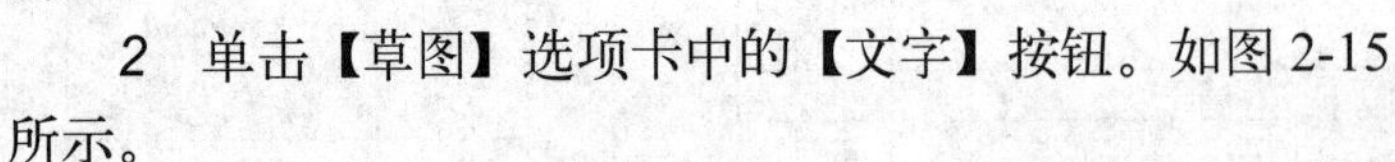

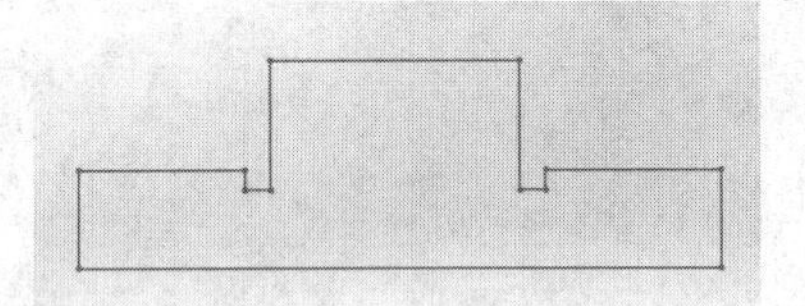

图 2-14 打开素材

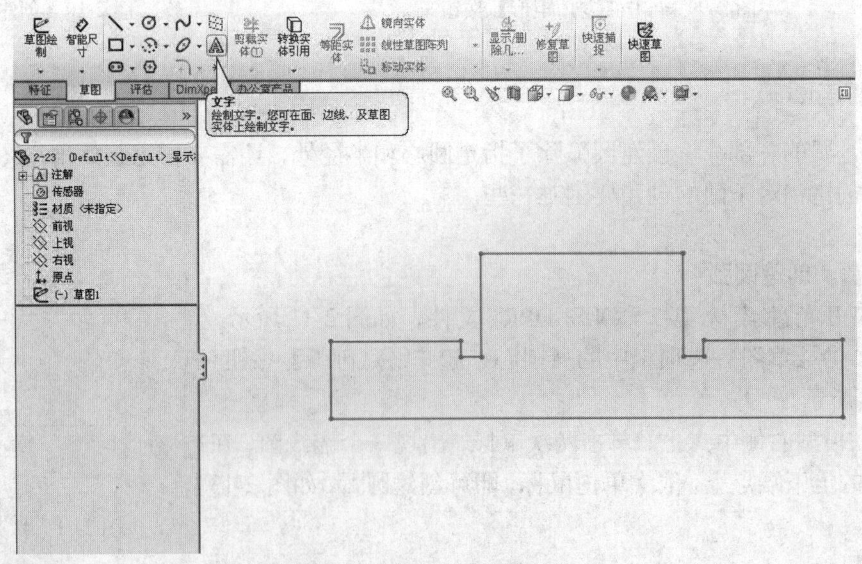

图 2-15 单击【文字】按钮

3　在左侧弹出相应的【草图文字】属性设置面板，在文字输入框中输入文字，单击【确定】按钮 ✓，即可创建文字，如图 2-16 所示。

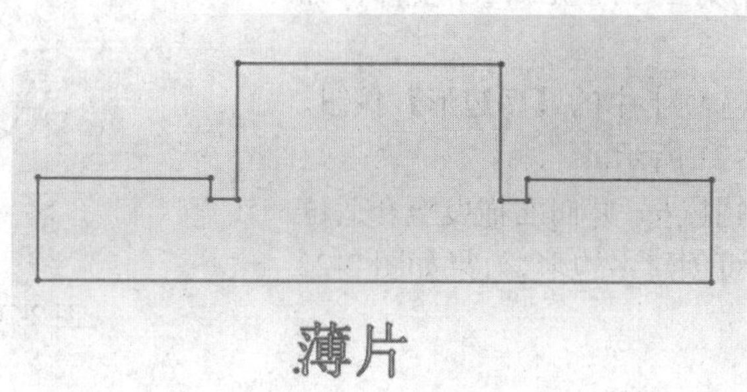

图 2-16　效果图

2.2.6　创建中心线

中心线虽然不能构成图元，但它具有辅助绘图作用，同时也是执行一些命令所必需的元素。可以在草图或工程图中创建中心线。

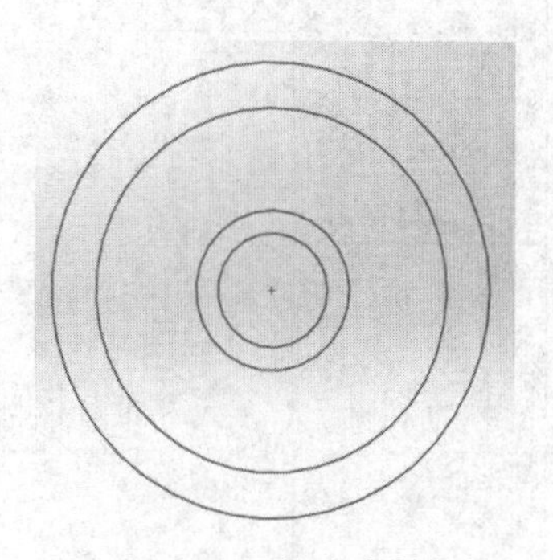

图 2-17　打开素材

上机实战　创建中心线

1　打开光盘/素材/第 2 章/6.SLDPRT 文件，如图 2-17 所示。

2　单击【草图】选项卡中的【中心线】按钮。进入草绘状态，如图 2-18 所示。

3　依次捕捉上下圆的象限点，创建垂直中心线，再依次捕捉左右圆的象限点，创建水平中心线，如图 2-19 所示。

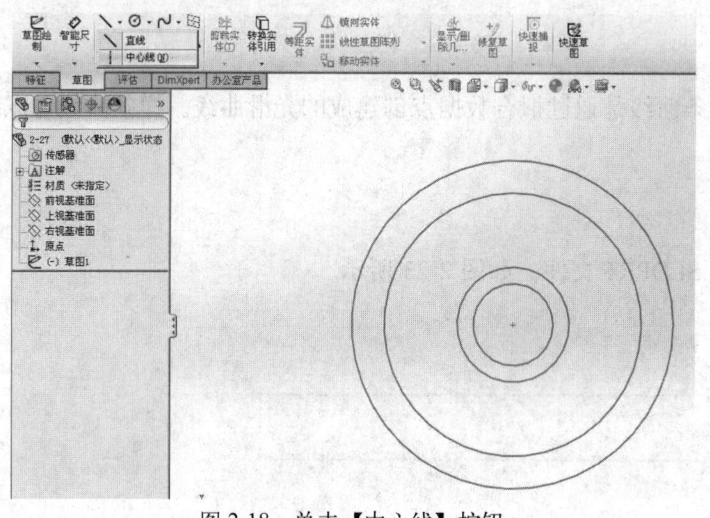

图 2-18　单击【中心线】按钮

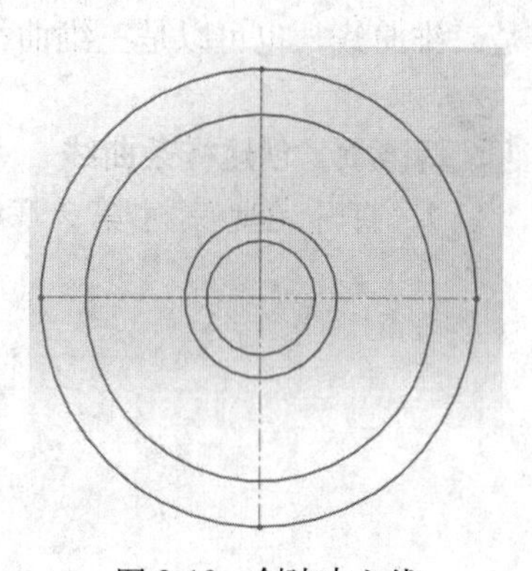

图 2-19　创建中心线

2.2.7　创建多边形

多边形也是比较常用的闭合图形之一，多边形可以由 3～40 条等边长的多段线组成。

上机实战　创建多边形

1 打开光盘/素材/第 2 章/7.SLDPRT 文件，如图 2-20 所示。

2 单击【草图】选项卡中的【多边形】按钮。进入草绘状态，如图 2-21 所示。

3 在圆心点上单击鼠标，并向右拖曳至合适位置后单击鼠标左键，即可创建多边形，效果如图 2-22 所示。

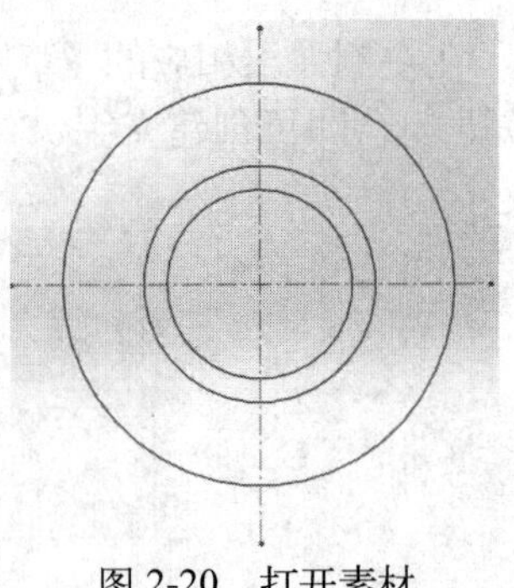

图 2-20　打开素材

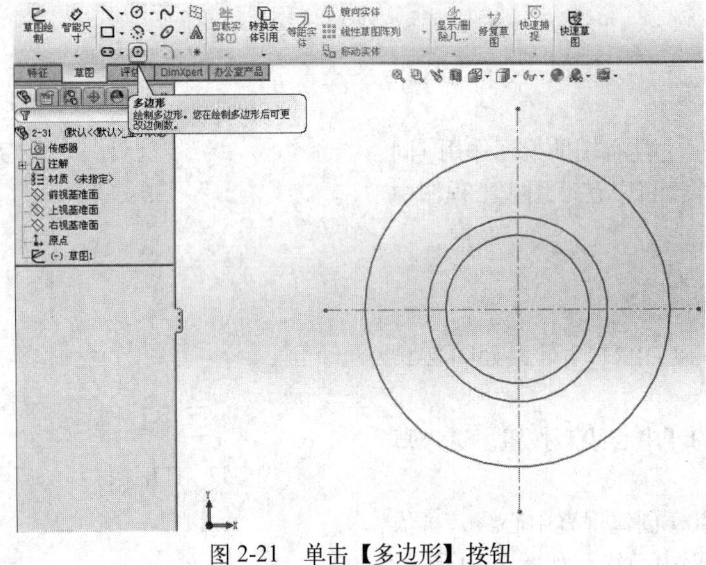

图 2-21　单击【多边形】按钮

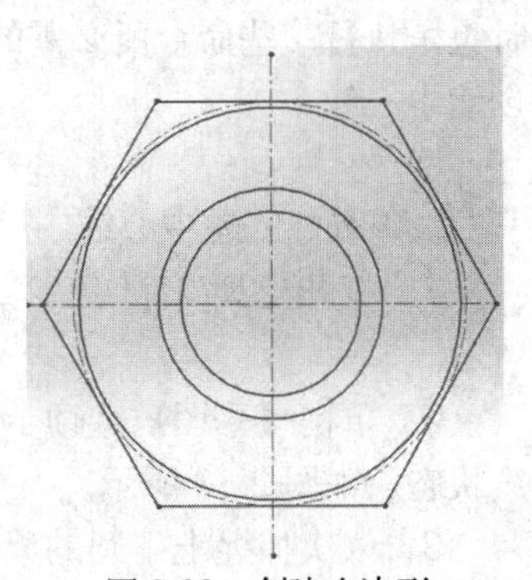

图 2-22　创建多边形

2.2.8　创建样条曲线

在 SolidWorks 2012 中，样条曲线是通过拟合数据点创建成的光滑曲线。样条曲线可以是二维曲线，也可以是三维曲线。

上机实战　创建样条曲线

1 打开光盘/素材/第 2 章/8.SLDPRT 文件，如图 2-23 所示。

图 2-23　打开素材

2 单击【草图】选项卡中的【样条曲线】按钮，如图 2-24 所示。

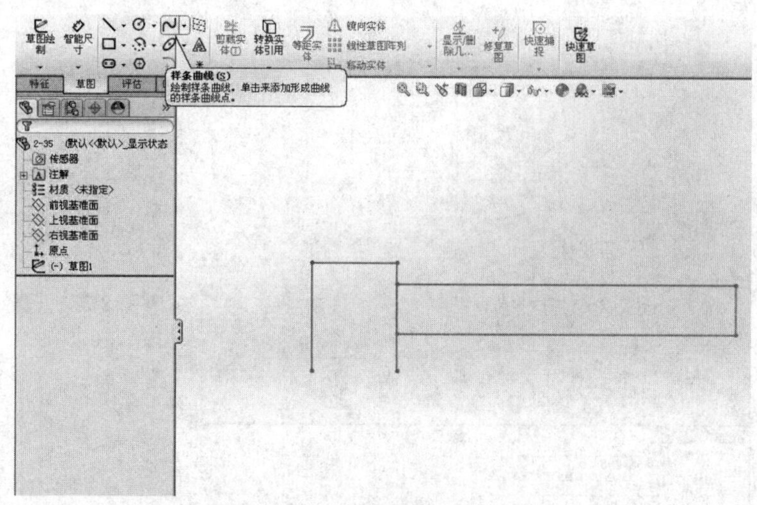

图 2-24　单击【样条曲线】按钮

3　在绘图区中模型的右下方点上单击鼠标确定样条曲线起始点，依次捕捉合适的点，捕捉左下方点为终点，即可创建样条曲线，效果如图 2-25 所示。

图 2-25　创建样条曲线

2.3　创建参照图

除了直接创建草图外，在 SolidWorks 2012 中可以借助已有的实体参照创建新的草图几何特征，比如直接引用原实体棱边进行偏移合建草图等。

2.3.1　引用实体创建

引用实体创建草图是指借用已创建的实体特征的棱边作为草图界面，创建出草图。

上机实战　引用实体创建草图

1　打开光盘/素材/第 2 章/9.SLDPRT 文件，如图 2-26 所示。

2　单击【草图绘制】按钮，选择合适的面，进入草绘状态，依次选择合适的边线，如图 2-27 所示。

3　在【草图】选项卡中单击【转换实体引用】按钮，如图 2-28 所示。

4　弹出【转换实体引用】面板，单击【确定】按钮，即可引用实体创建草图，效果如图 2-29 所示。

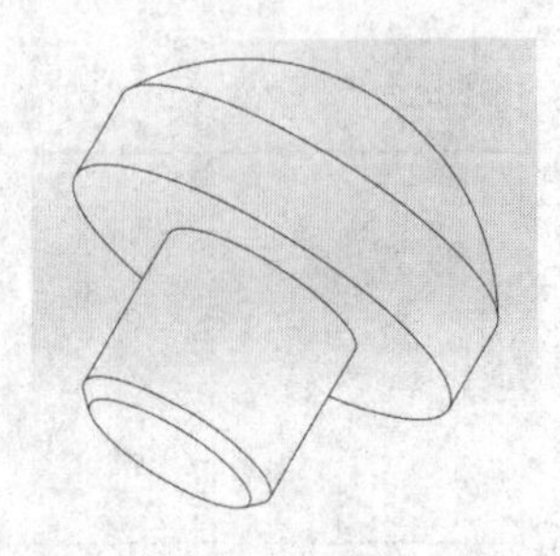

图 2-26　打开素材

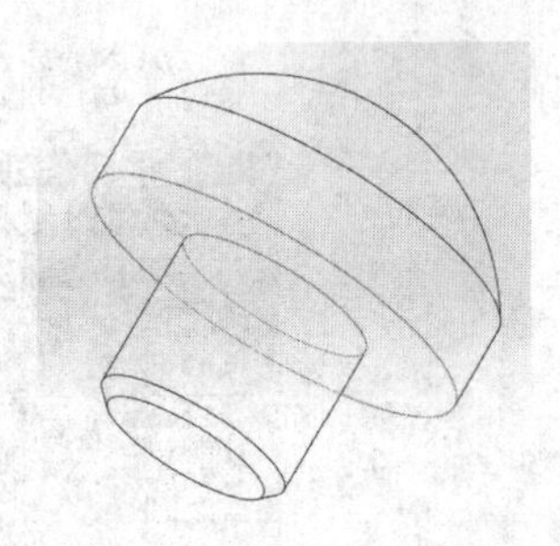

图 2-27　选择合适的边线

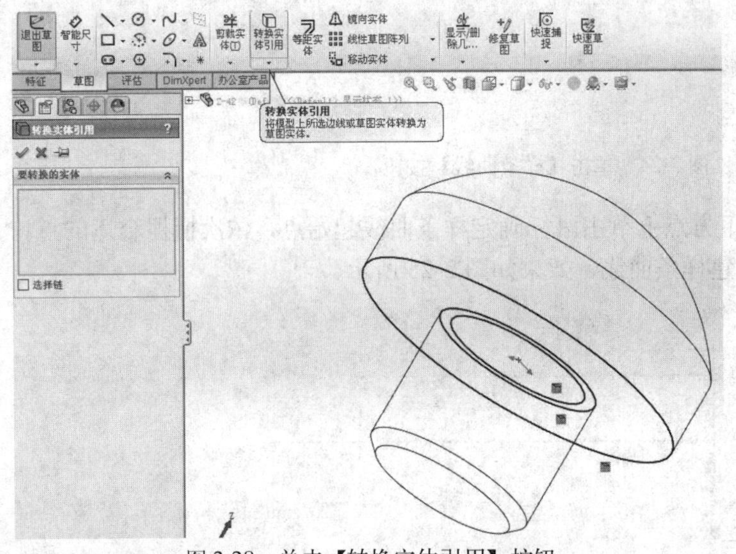

图 2-28　单击【转换实体引用】按钮

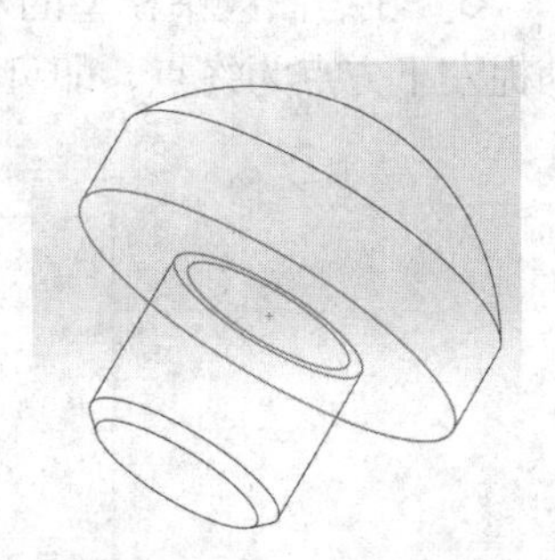

图 2-29　引用实体创建草图

2.3.2　相交创建草图

使用【交叉曲线】命令，可以选择两个相交的表面，在相交处创建草图截面。草图的形状与相交处的共有特征有关，参与相交的特征可以是曲面、实体平面、基准面。

上机实战　相交创建草图

1　打开光盘/素材/第 2 章/10.SLDPRT 文件，如图 2-30 所示。

2　单击【草图绘制】按钮，选择合适的面，进入草绘状态，依次选择合适的曲面，如图 2-31 所示。

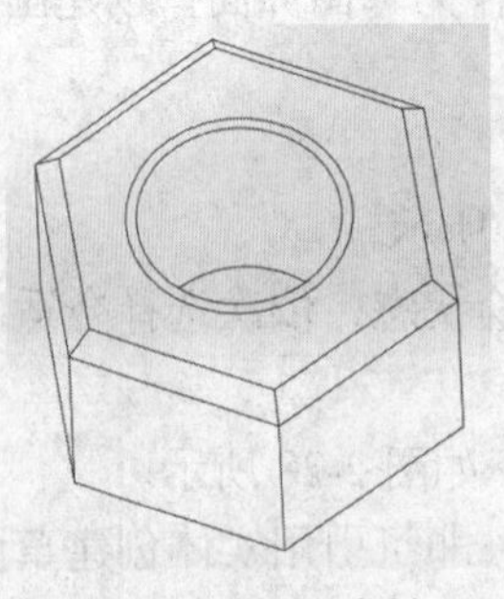

图 2-30　打开素材

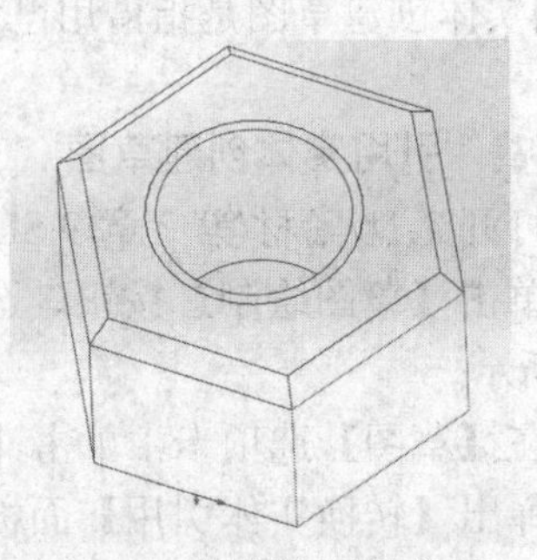

图 2-31　选择合适的曲面

3　单击【草图】选项卡中单击【交叉曲线】按钮，如图 2-32 所示。

4　执行操作后，退出草图状态，即可创建相交草图，如图 2-33 所示。

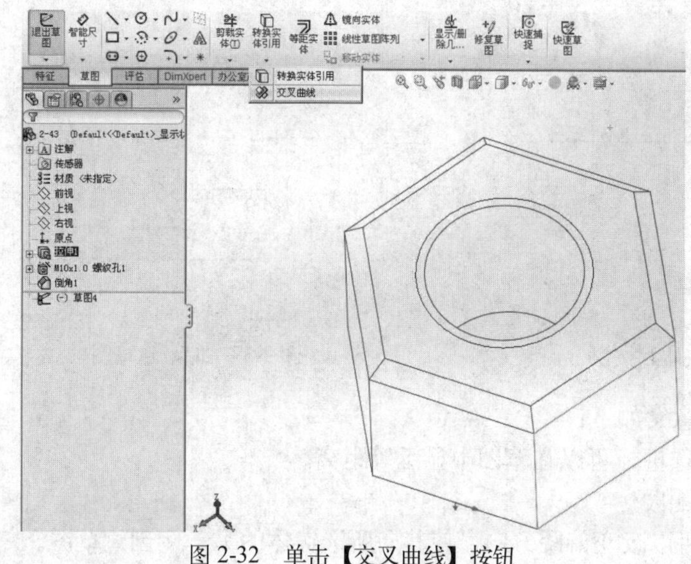

图 2-32　单击【交叉曲线】按钮

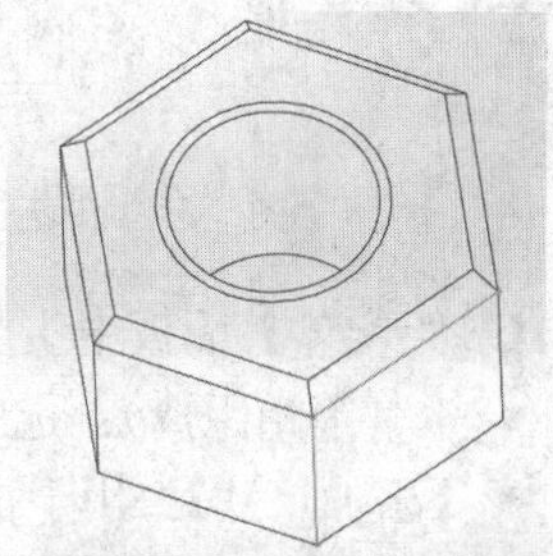

图 2-33　创建相交草图

在创建后的相交草图中可以执行以下操作：

（1）测量零件不同截面的厚度。

（2）创建代表基准面和零件交叉的扫描路径。

（3）从输入实体中创建部面以生成参数零件。

2.3.3　偏距创建草图

在 SolidWorks 2012 中，可以现有的实体棱边作为创建偏距草图的参照，根据设定的偏距方向以及偏距量参数创建草图。

上机实战　偏矩创建草图

1　打开光盘/素材/第 2 章/11.SLDPRT 文件，如图 2-34 所示。

2　单击【草图绘制】按钮，选择合适的边线，进入草绘状态，选择右上方的直线，如图 2-35 所示。

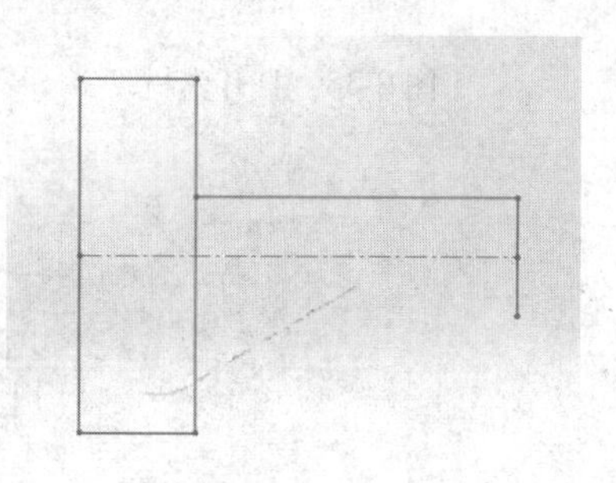

图 2-34　打开素材

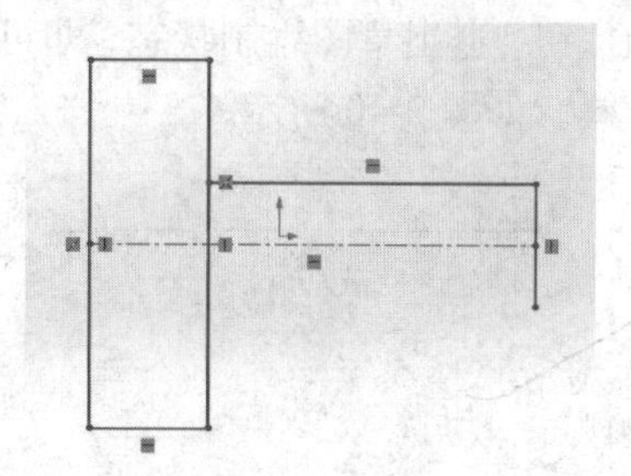

图 2-35　单击【草图绘制】按钮

3　单击【等距实体】按钮，弹出【等距实体】面板，设置【等距距离】为 25，选中【反向】复选框，取消选中【选择链】复选框，如图 2-36 所示。

4 在面板上方单击【确定】按钮，即可偏距创建草图对象，如图2-37所示。

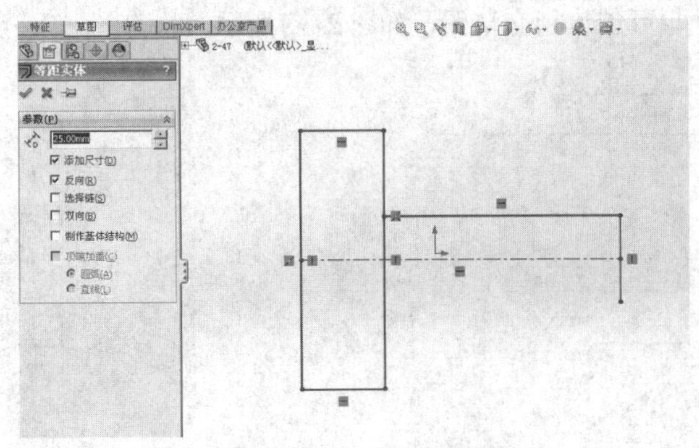

图2-36 单击【等距实体】按钮

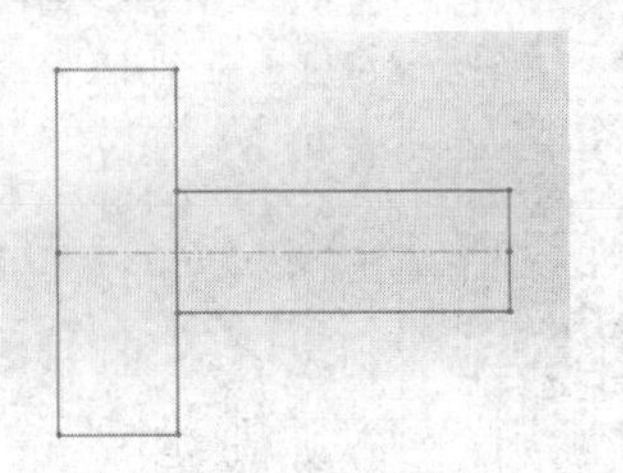

图2-37 偏距建草图

【等距实体】面板中主要选项意义如下：

- (等距距离)：选中该复选框，可以在草图中显示等距离。
- 【添加尺寸】：用于指定偏距的距离。
- 【反向】：选中该复选框，可以改变偏距方向，使其向所选实体的另一侧创建草图。

2.3.4 转换构造线

构造线在SolidWorks中主要用于参照，而不直接参与创建，如直线转换呈构造线状态，可用于镜向草图实体。可以将所有的几何图形转换为构造线，也可以将所有构造线还原成草图实体。

上机实战 转换构造线

1 打开光盘/素材/第2章/12.SLDPRT文件，如图2-38所示。

2 单击【草图绘制】按钮，选择合适的边线，进入草绘状态，选择两个圆对象，如图2-39所示。

3 单击鼠标右键，在弹出的快捷菜单中单击【构造几何线】按钮，执行操作后，单击相应的按钮，退出草图绘制状态，即可转换构造线对象，如图2-40所示。

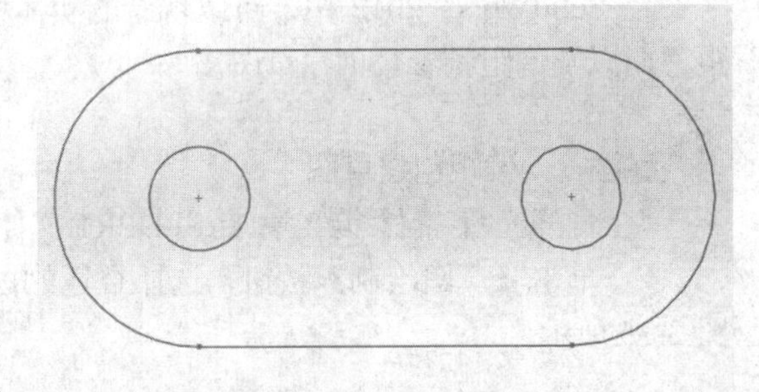

图2-38 打开素材

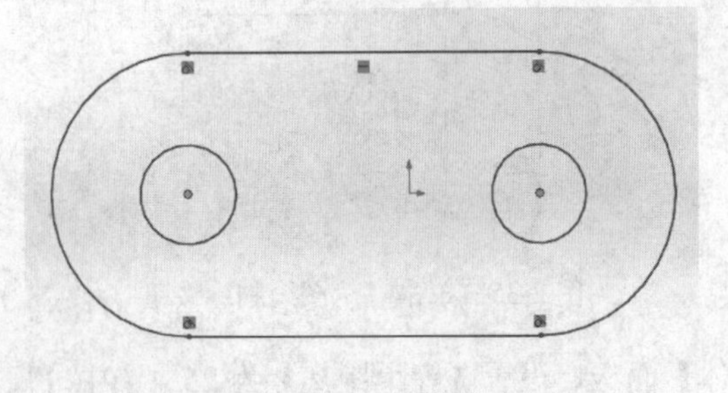

图2-39 进入【草绘状态】

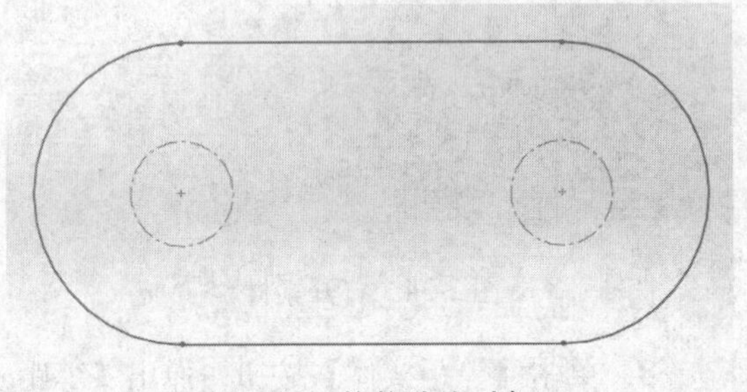

图2-40 换构造线对象

2.4　创建 3D 草图对象

3D 草图是指在不指定基准面的情况下创建图形，用 3D 草图命令可以创建点，直线，曲线，圆弧，圆，矩形和样条曲线等。

2.4.1　创建 3D 直线

在 3D 草图状态下，可以根据需要创建 3D 直线对象。

上机实战　创建 3D 直线

1　打开光盘/素材/第 2 章/13.SLDPRT 文件，如图 2-41 所示。

2　单击【草图】选项卡中的【3D 草图】按钮，如图 2-42 所示。

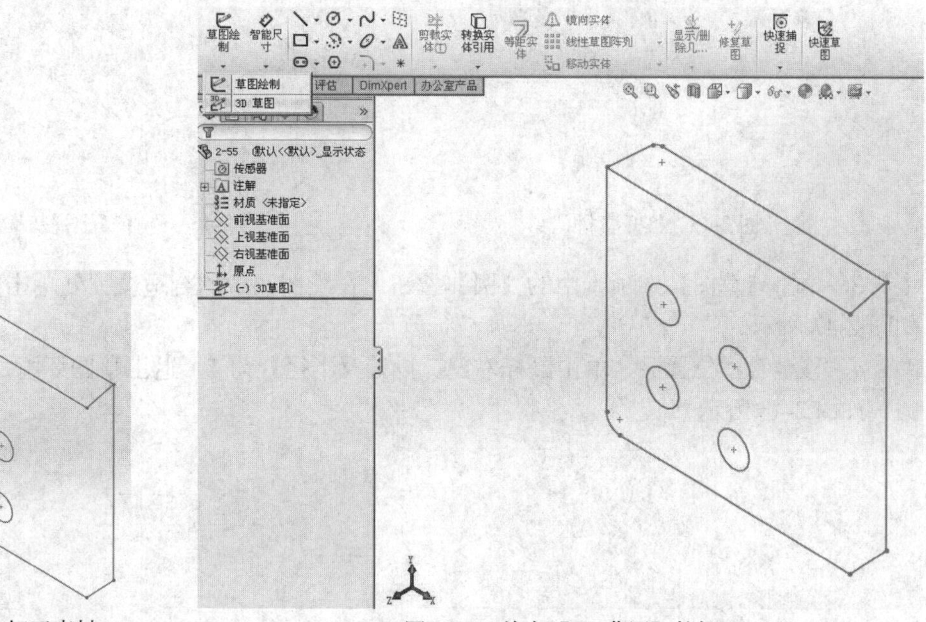

图 2-41　打开素材　　　　图 2-42　单击【3D 草图】按钮

3　进入 3D 草图绘制环境后，单击【直线】按钮，捕捉合适端点，如图 2-43 所示。

4　向下引导光标，捕捉合适端点，退出草图环境，即可创建 3D 直线，如图 2-44 所示。

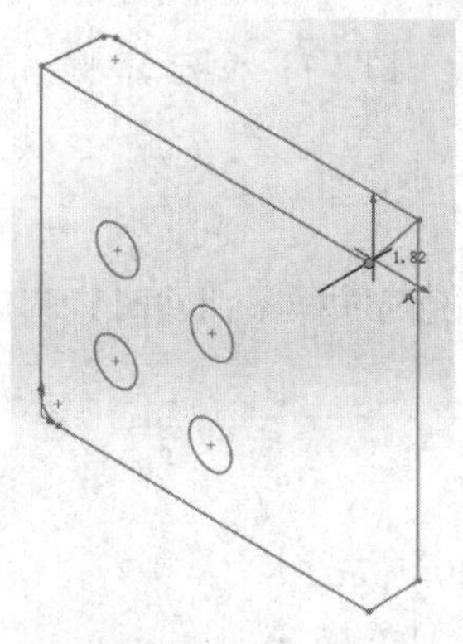

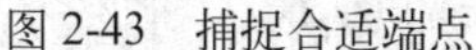

图 2-43　捕捉合适端点

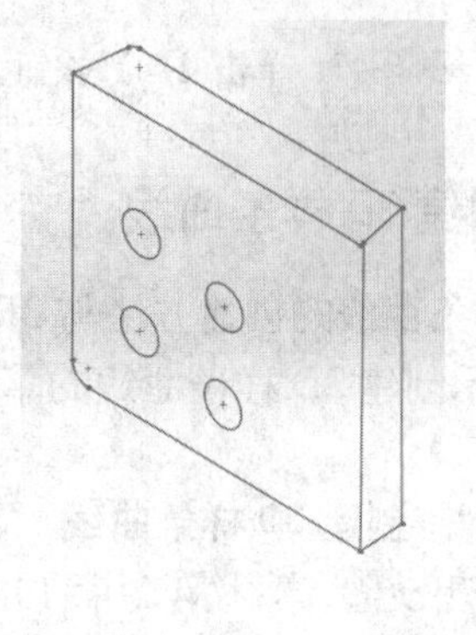

图 2-44　创建 3D 直线

2.4.2 创建3D圆

3D 圆的创建方法主要是根据圆心和圆与其他图形的位置关系来确定的，大体上可以将其分为圆和周边圆两种类型。

上机实战 创建3D圆

1 打开光盘/素材/第2章/14.SLDPRT文件，如图2-45所示。

2 单击【草图】选项卡中的【3D草图】按钮。进入3D草图绘制环境，在【特征管理器设计树】中选择【上视基准面】选项，如图2-46所示。

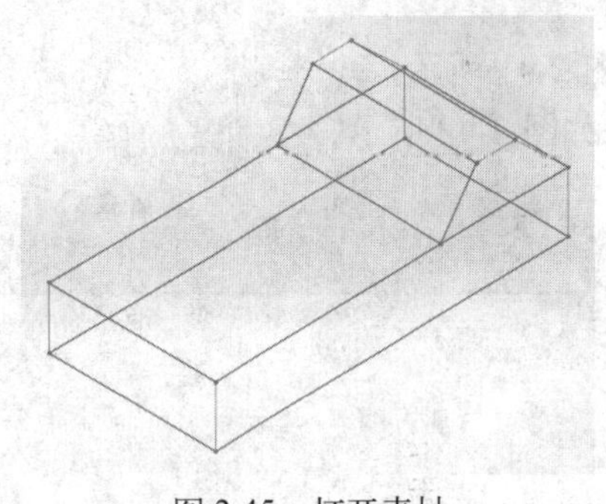

图2-45 打开素材

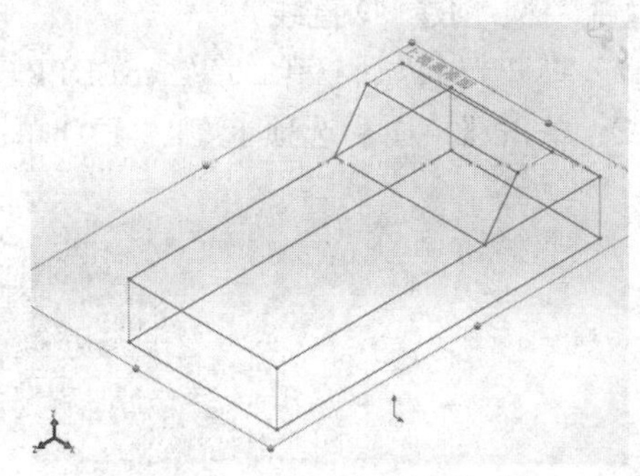

图2-46 选择【上视基准面】

3 单击【草图】选项卡中的【圆】按钮，在绘图区中的合适位置处单击鼠标并拖曳，如图2-47所示。

4 移至合适位置后，单击鼠标右键，设置【半径】为7，退出草图环境，即可创建3D圆，如图2-48所示。

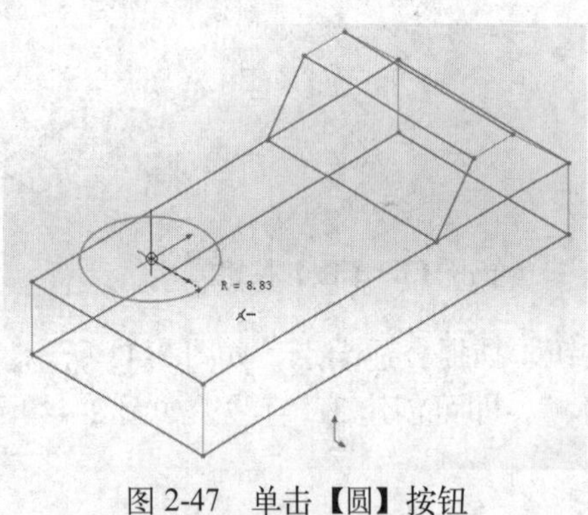

图2-47 单击【圆】按钮

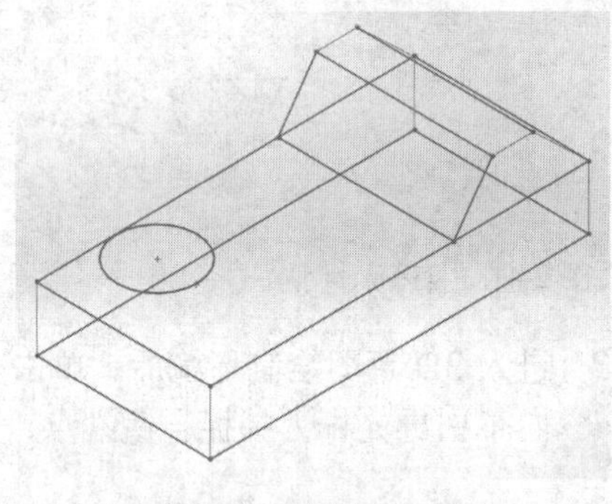

图2-48 创建3D圆

2.4.3 创建3D样条曲线

3D样条曲线的创建方法与3D圆的创建方法类似。创建3D样条曲线时，程序会自动在光标处显示创建3D样条曲线的草图平面。

上机实战 创建3D样条曲线

1 打开光盘/素材/第2章/15.SLDPRT文件，如图2-49所示。

2 单击【草图】选项卡中的【3D草图】按钮，如图2-50所示。

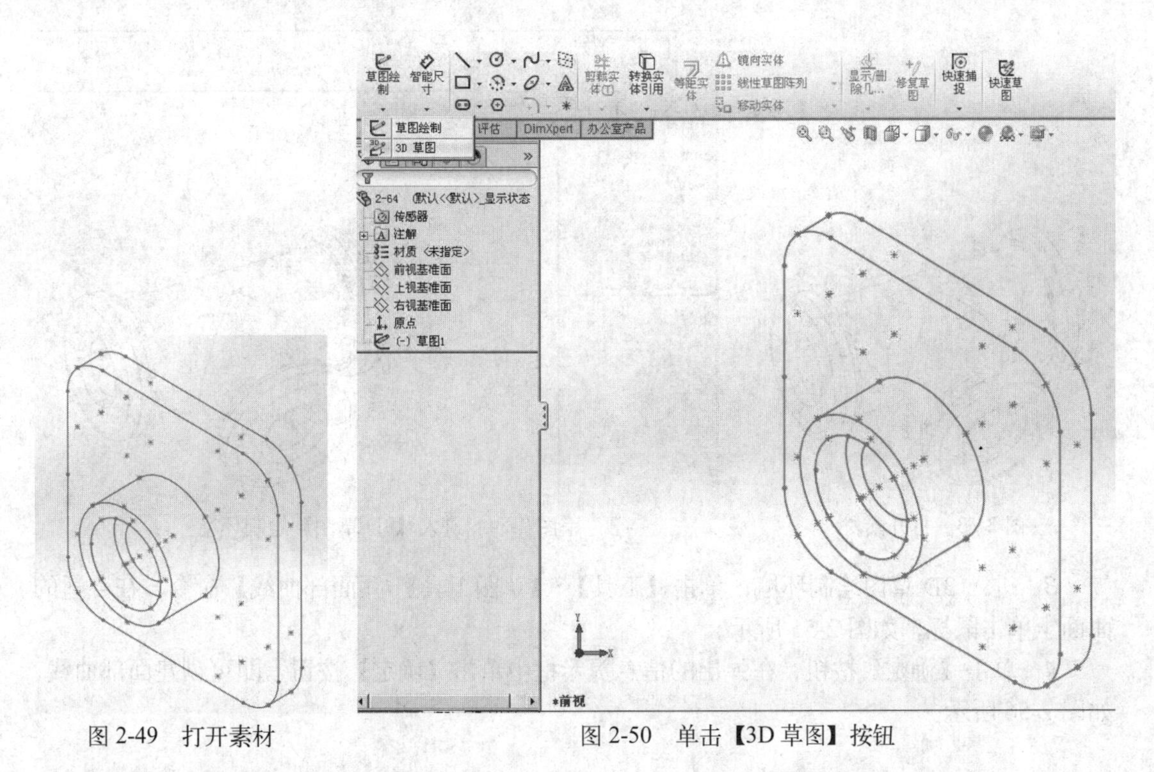

图 2-49　打开素材

图 2-50　单击【3D 草图】按钮

3　单击【草图】选项卡中的【样条曲线】按钮，在绘图区中合适位置处单击鼠标，确定起始点，如图 2-51 所示。

4　依次捕捉合适的端点，最后捕捉右下方垂直直线中点为结束点，退出创建环境，即可创建 3D 样条曲线，如图 2-52 所示。

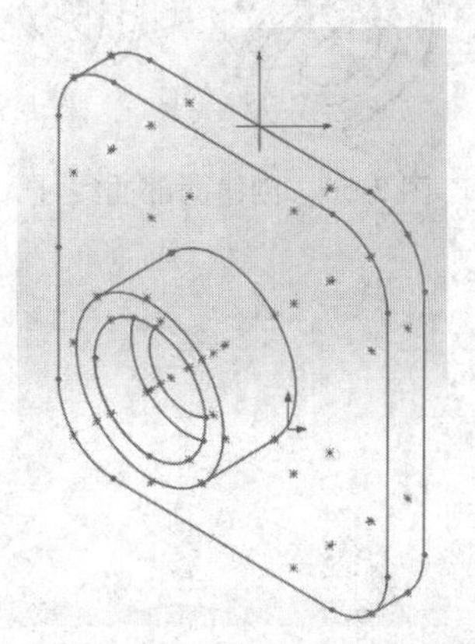

图 2-51　单击【样条曲线】按钮

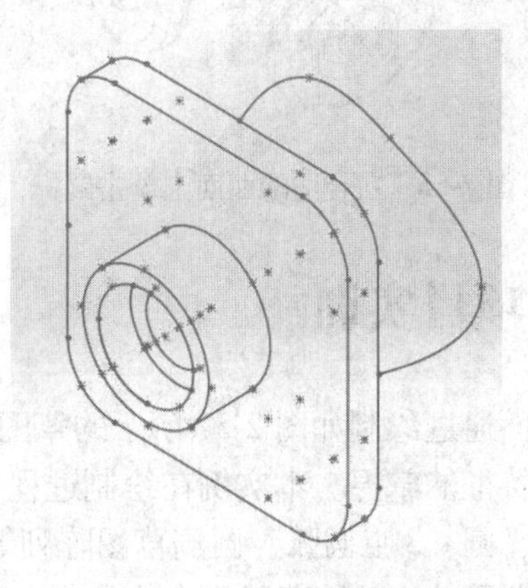

图 2-52　创建 3D 样条曲线

2.4.4　创建面部曲线

在 SolidWorks 中，使用【面部曲线】命令，可以从面或曲面中提取 ISO-参数（UV）曲线。

上机实战　创建面部曲线

1　打开光盘/素材/第 2 章/16.SLDPRT 文件，如图 2-53 所示。

2　单击【草图】选项卡中的【3D 草图】按钮，如图 2-54 所示。

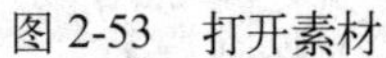

图 2-53 打开素材

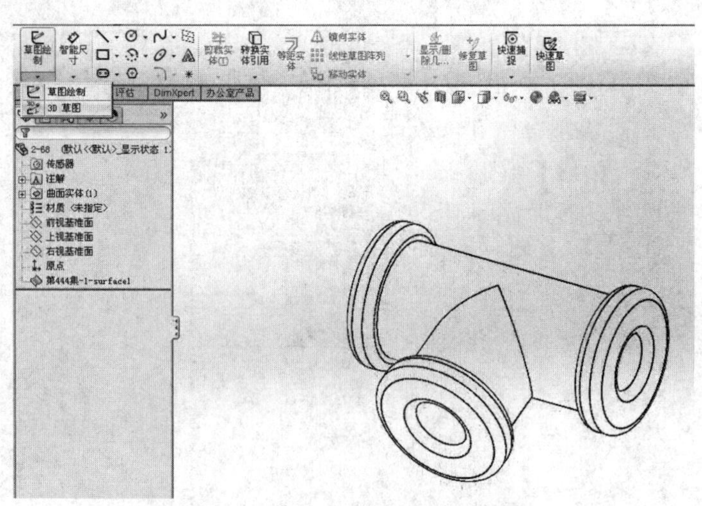

图 2-54 进入【3D 草图】绘制环境

3 进入 3D 草图绘制环境，单击【工具】/【草图工具】/【面部曲线】命令，在合适的曲面上单击鼠标，如图 2-55 所示。

4 单击【确定】按钮，在弹出的信息提示框中单击【确定】按钮，即可创建面部曲线，如图 2-56 所示。

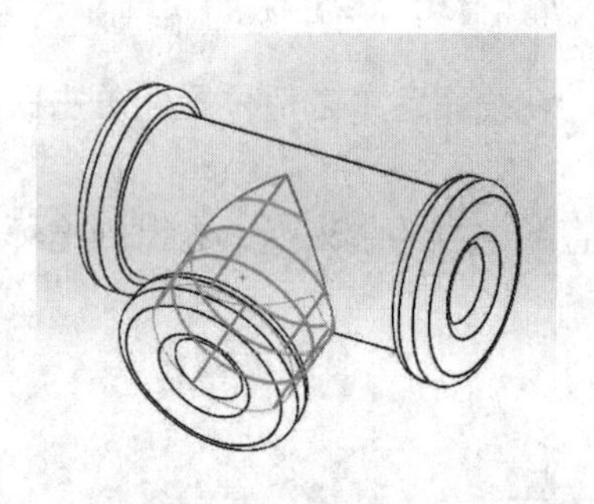

图 2-55 在合适的曲面上单击鼠标

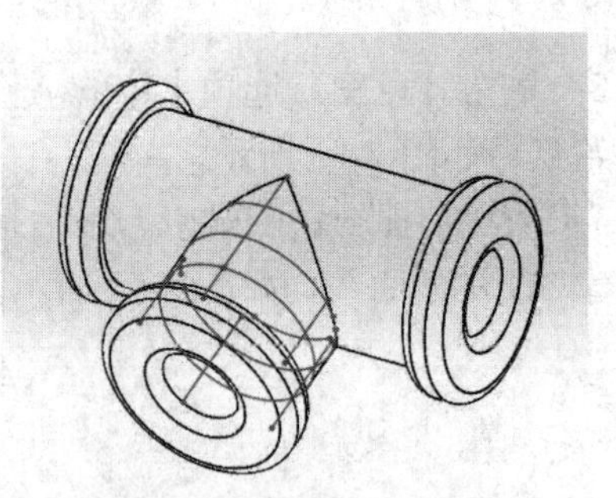

图 2-56 创建面部曲线

2.5 项目实训

下面通过绘制如图 2-57 所示的草图，加深读者对于钣金特征的掌握。本实例在绘制过程中主要使用了中心线、圆、3 点圆弧、圆周草图阵列等。

实训目的：熟练草图元素的绘制。

实训要求：能单独绘制各种几何图形。

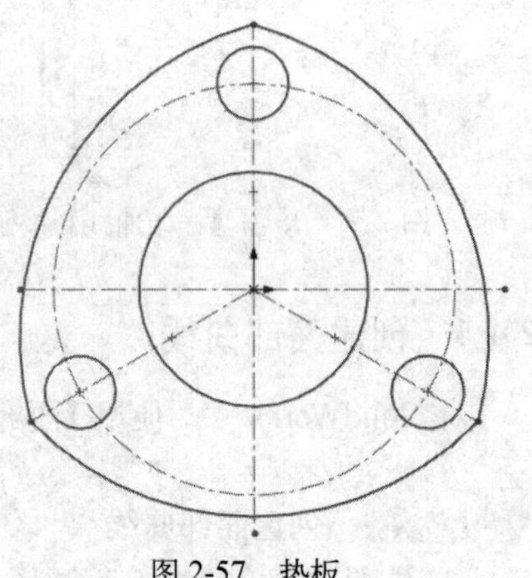

图 2-57 垫板

操作步骤

(1) 进入草图绘制状态

1 启动中文版 SolidWorks 2012，单击【标准】工具栏中的【新建】按钮，弹出【新建 SolidWorks 文件】对话框，单击【零件】按钮，然后单击【确定】按钮，生成新文件。

2　单击【草图】选项卡中的【草图绘制】按钮，进入草图绘制状态。在【特征管理器设计树】中单击【前视基准面】图标，使前视基准面成为草图绘制平面。

(2) 绘制草图

3　单击【草图】选项卡中的【中心线】按钮，在绘图区中移动鼠标，绘制水平和竖直方向的中心线。如图 2-58 所示。

4　单击【圆】按钮，在【属性管理器】中弹出【圆】面板，单击【中央创建】单选按钮，在图形区域中绘制圆形。移动鼠标至草图原点。拖动鼠标生成圆，单击结束圆的绘制，在【圆】面板中单击【确定】按钮。

5　使用同样方法生成第二个圆，如图 2-59 所示。

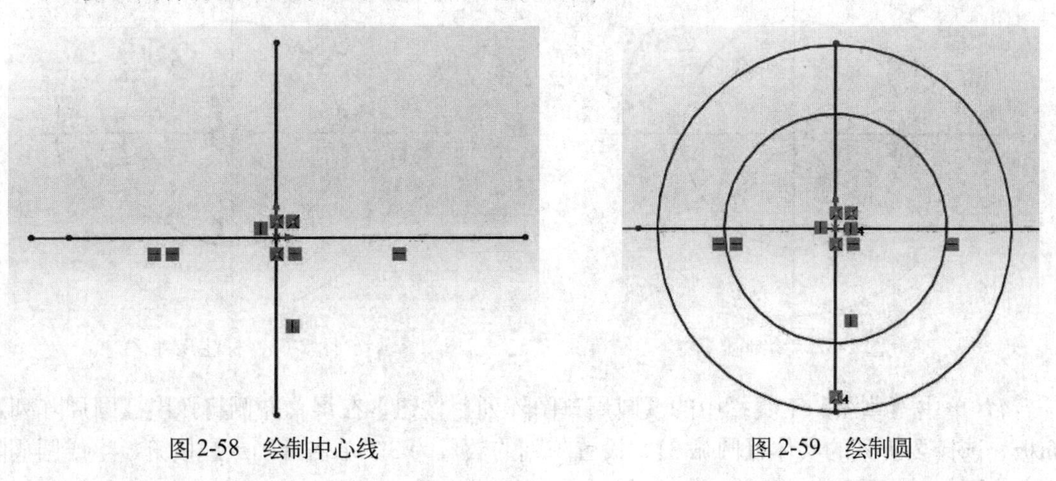

图 2-58　绘制中心线　　　　图 2-59　绘制圆

(3) 标注尺寸

6　单击【草图】选项卡中的【智能尺寸】按钮，单击要标注尺寸的圆，将鼠标指针移到放置尺寸的位置，然后单击添加尺寸，在修改框中输入 88，单击修改框中的【确定】按钮，接着单击图形区域。

7　使用同样方法标注第二个圆的尺寸，即 55。如图 2-60 所示。

8　单击外边的圆，使之高亮显示，屏幕左侧弹出圆的【属性管理器】，在选项处选择作为构造线，单击【确定】按钮，然后单击图形区域，生成一构造线，如图 2-61 所示。

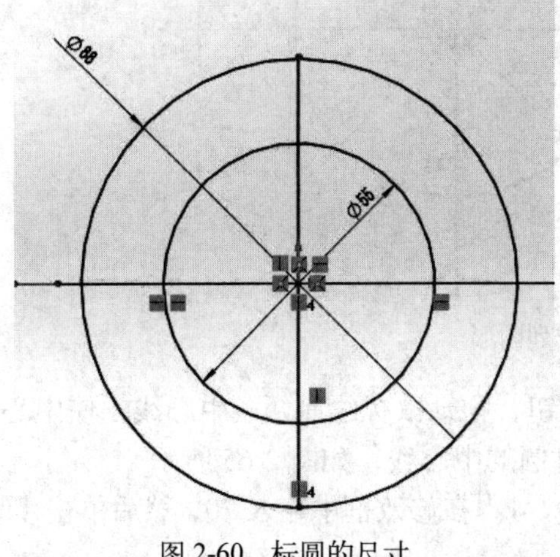

图 2-60　标圆的尺寸

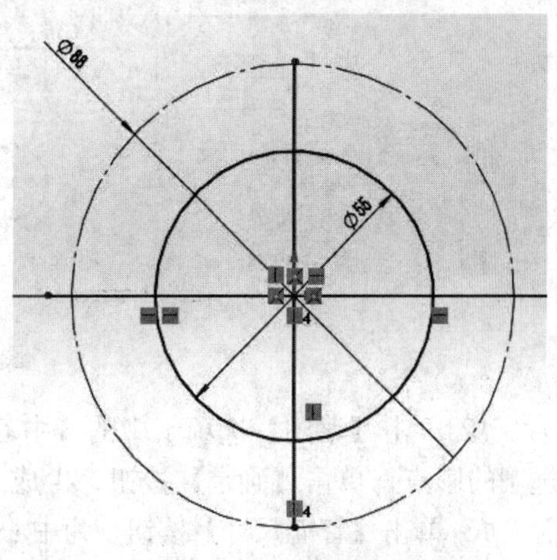

图 2-61　生成构造线

9 单击【圆】按钮，在【圆】面板中单击【中央创建】单选按钮，在图形区域中绘制圆，移动鼠标至竖直中心线上方与外圆的交汇处，拖动鼠标生成圆，在【属性管理器】中单击【确定】按钮，如图 2-62 所示。

10 单击【草图】工具栏中的【智能尺寸】按钮，单击要标注尺寸的圆，将鼠标指针移到放置尺寸的位置，然后单击添加尺寸。在修改框中输入 12，单击修改框中的【确定】按钮，如图 2-63 所示。

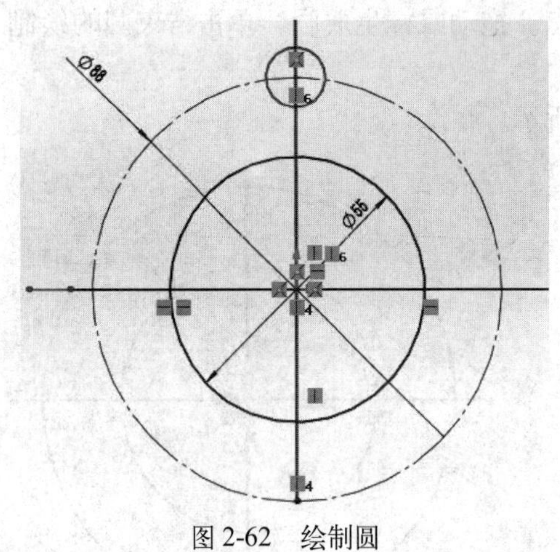

图 2-62　绘制圆

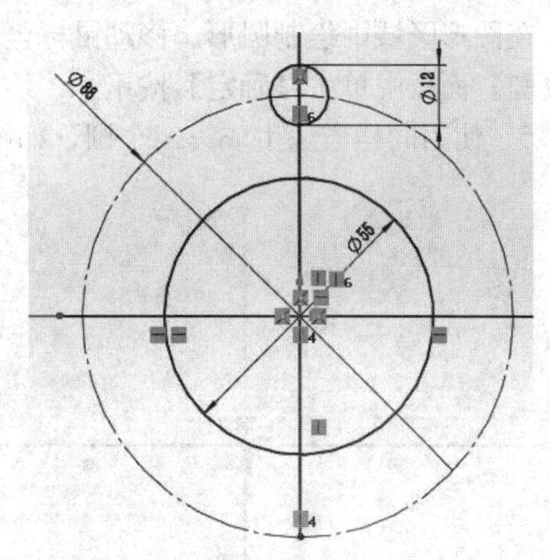

图 2-63　标注尺寸

11 单击【草图】工具栏中的【圆周草图阵列】按钮，在屏幕左侧将弹出【圆周阵列】面板，选择要阵列的实体【圆弧 3】，设置阵列的数量为 3，单击【确定】按钮，生成圆周阵列，如图 2-64 所示。

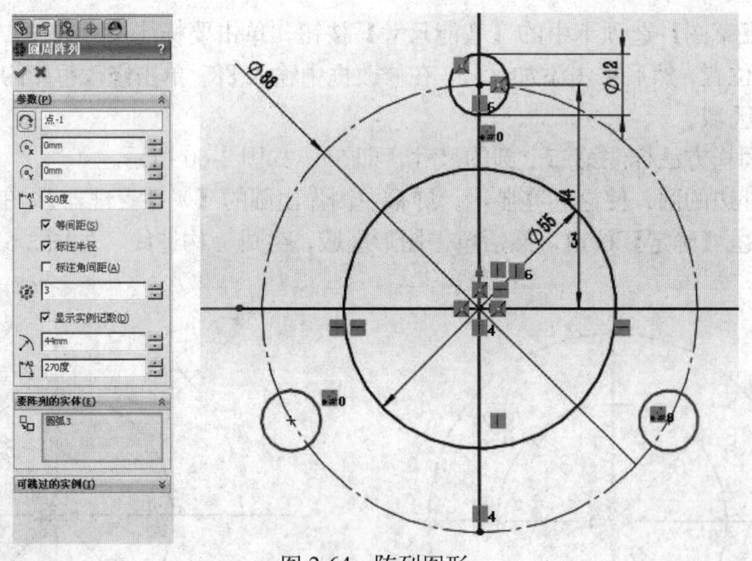

图 2-64　阵列图形

12 单击【草图】选项卡中的【中心线】按钮，拖动鼠标绘制两条中心线，使中心线经过圆的圆点，单击【确定】按钮，生成两条经过圆的中心线，如图 2-65 所示。

13 单击【智能尺寸】按钮，为中心线添加尺寸，在修改框中输入 70，然后单击【确定】按钮，如图 2-66 所示。

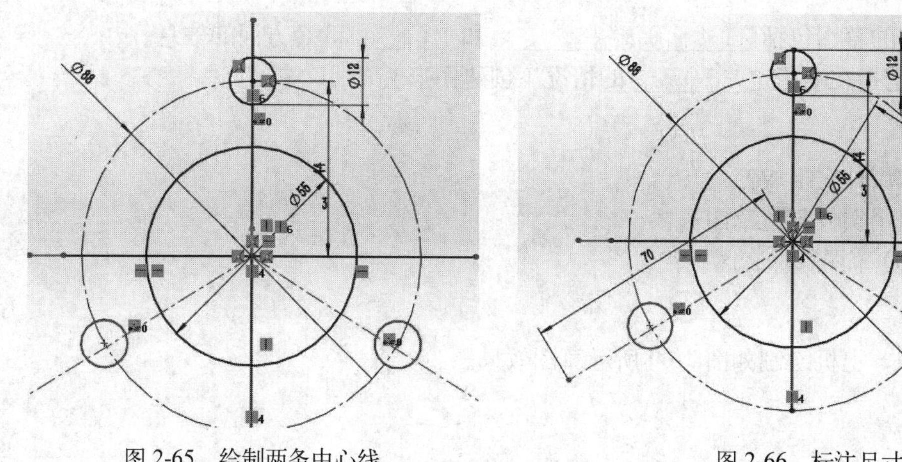

图 2-65　绘制两条中心线　　　　图 2-66　标注尺寸

14 单击【3 点圆弧】按钮，单击要生成圆弧的起点，沿着要生成的圆弧路线拖动鼠标，单击圆弧的终点，然后单击【确定】按钮，生成的圆弧如图 2-67 所示。

15 单击【圆周草图阵列】按钮，选择要阵列的实体【圆弧 6】，设置要阵列的数量为 3，其他选项保持默认，单击【确定】按钮，生成圆周阵列，如图 2-68 所示。

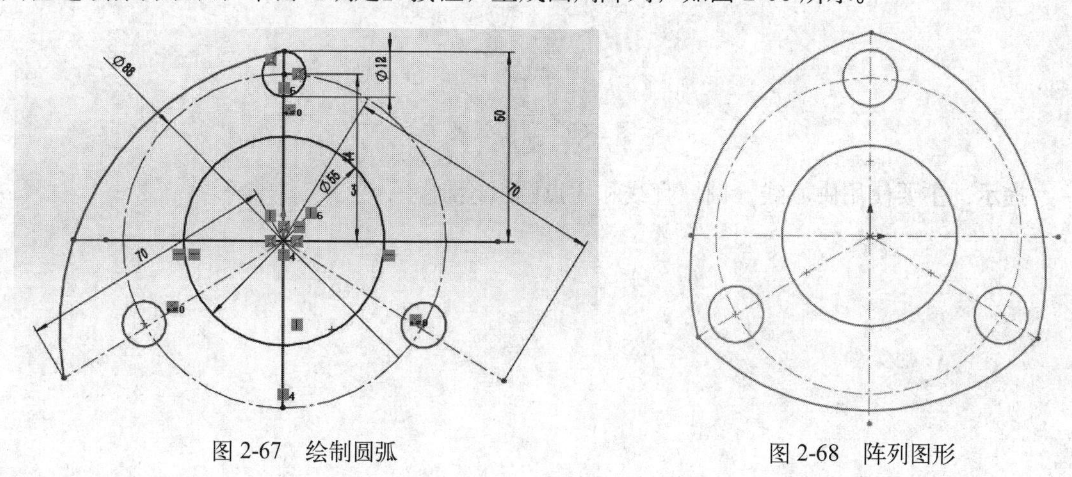

图 2-67　绘制圆弧　　　　图 2-68　阵列图形

2.6　本章小结

本章主要学习了各种草图对象的创建。通过本章的学习，应掌握各个基本图形的绘制方法，掌握好这些基础图形的创建方法，即可通过这些几何元素创建任何形式的草图界面，这有助于提高实战能力，同时也为以后的三维设计奠定扎实的基础。

2.7　本章习题

1. 填空题

（1）草图一般由点、线、圆弧、圆和抛物线等基本图形构成的__________或__________的几何图形。

(2) 一个完整的草图包括________、________和________3 个方面的信息。

(3) 3D 草图是指在不指定________的情况下创建图形。

2. 简答题

(1) 草图通常用什么组成?

(2) 什么是引用实体创建草图?

(3) 草图与 3D 草图有什么区别?

3. 上机操作

综合所学知识，上机绘制如图 2-69 所示草图效果。

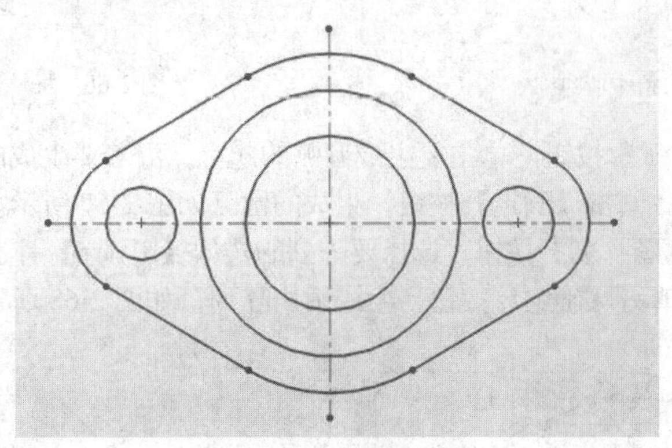

图 2-69　草图效果

提示：主要使用中心线、圆、直线和 3 点圆弧绘制。

第 3 章　编辑草图对象

教学目标

设计过程中的草图往往不是一次完成的，经常需要后期的修改或编辑才能达到使人满意的结果，SolidWorks 提供了比较完整的草图编辑命令，使草图的后期修改非常方便。

教学重点与难点

- 编辑草图对象
- 添加形状约束
- 编辑形状约束
- 尺寸标注草图对象

3.1　编辑草图对象

草图创建完成后，往往需要对草图进行编辑以符合要求。常用的草图编辑工具，包括创建圆角、创建倒角、删除草图、延伸草图、镜向草图、阵列草图及绽放草图等。

3.1.1　创建圆角

圆角是构成草图截面的元素之一，在创建平滑的截面时会经常使用它。圆角可以使创建的图形更加美观，更符合设计的理念。

上机实战　创建圆角

1　打开光盘/素材/第 3 章/1.SLDPRT 文件，如图 3-1 所示。

2　单击【草图绘制】按钮，进入草图环境，选择最上方的直线，如图 3-2 所示。

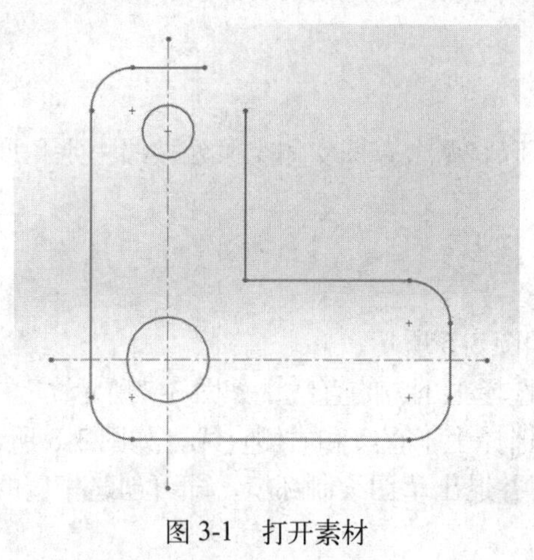

图 3-1　打开素材

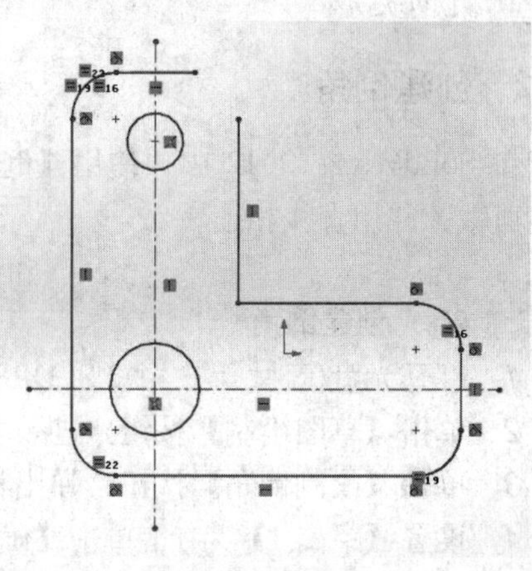

图 3-2　选择直线

3 在【草图】选项卡中单击【绘制圆角】按钮，弹出【绘制圆角】面板，在绘图区中选择图形右侧合适的垂直直线对象，如图 3-3 所示。

4 在【绘制圆角】面板的【圆角参数】选项区中，设置【圆角半径】为 8，如图 3-4 所示。

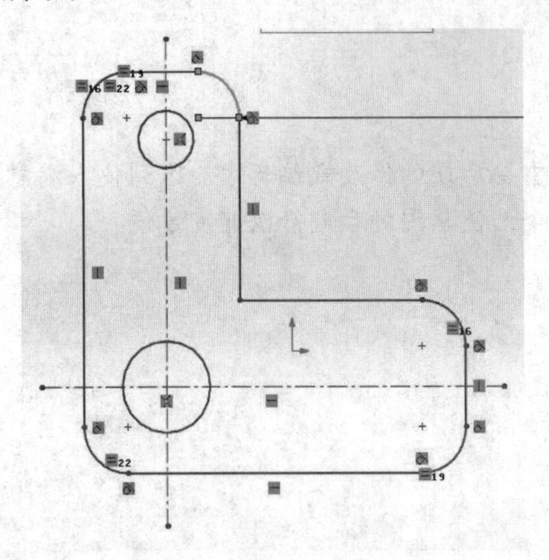

图 3-3 选择垂直直线对象

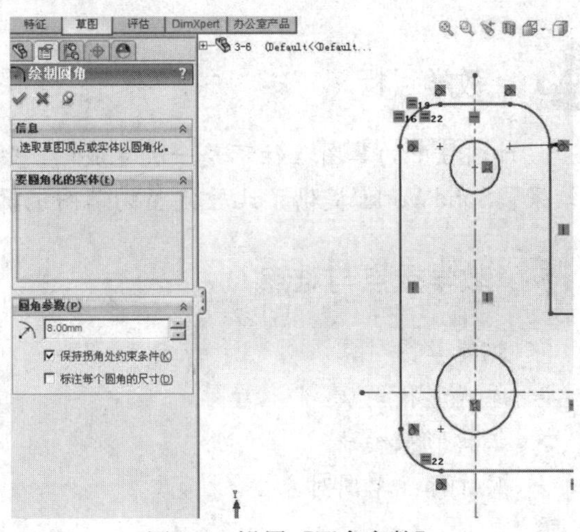

图 3-4 设置【圆角参数】

5 单击【绘制圆角】面板中的【确定】按钮，并退出草图绘制环境，即可创建圆角，如图 3-5 所示。

【绘制圆角】面板中各主要选项意义如下：

- ⌒（圆角半径）数值框：设置绘制圆角的半径大小。
- 【保持拐角处的约束条件】：选中该复选框后，在创建圆角后将保留虚拟交点。
- 【标注每个圆角的尺寸】：选中该复选框，可以将尺寸添加到每个圆角，当取消选中该复选框时，可以在圆角之间添加相等的几何关系。

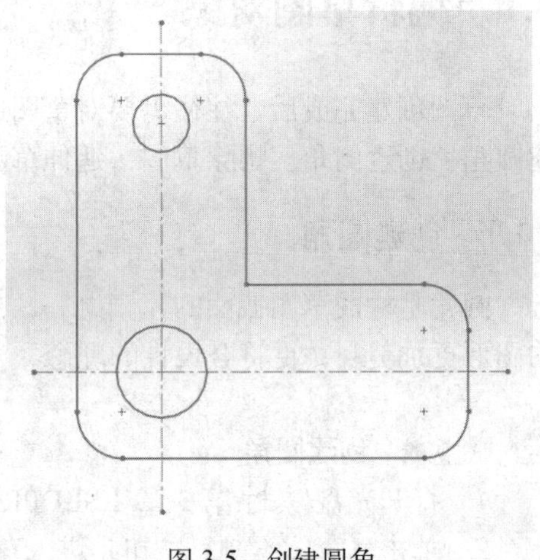

图 3-5 创建圆角

3.1.2 创建倒角

在 SolidWorks 2012 中，使用【倒角】命令可以将两个草图实体交叉处按照一定角度和距离剪裁，并用直线相连。

上机实战 创建倒角

1 打开光盘/素材/第 3 章/2.SLDPRT 文件，如图 3-6 所示。

2 单击【草图绘制】按钮，进入草图环境，选择上下方的直线，如图 3-7 所示。

3 单击【绘制倒角】按钮，弹出相应面板，选择上下直线和右侧直线，如图 3-8 所示。

4 设置【距离 1】为 1，单击【确定】按钮，并退出草图绘制环境，即可创建相应的倒角，如图 3-9 所示。

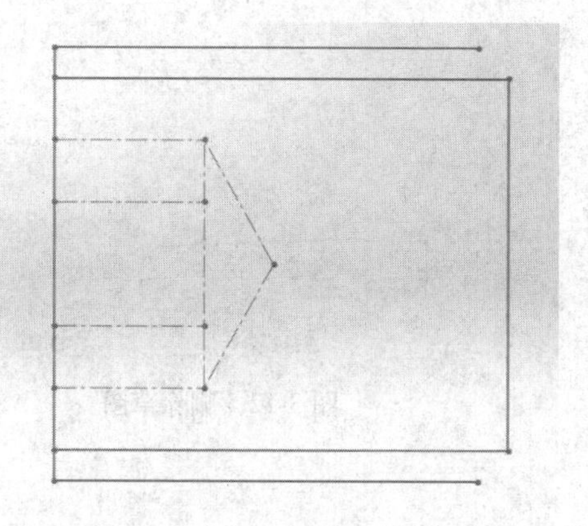
图 3-6 打开素材

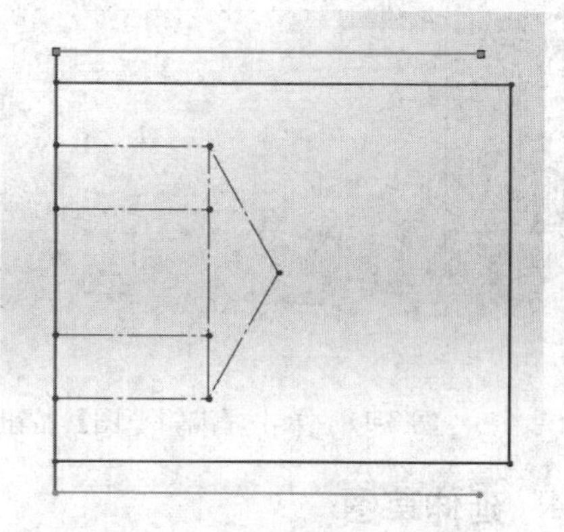
图 3-7 进入【草绘】环境

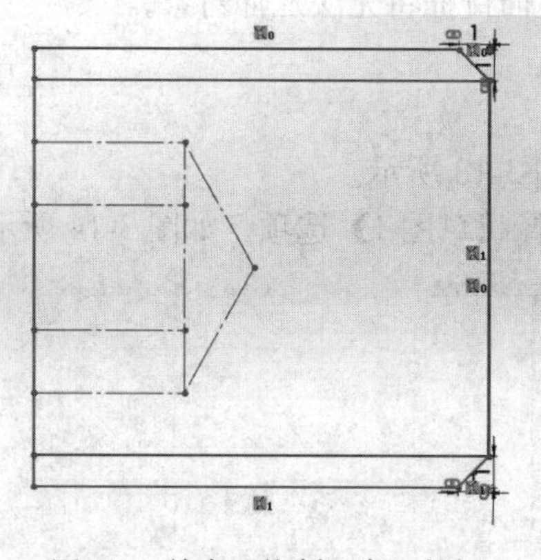
图 3-8 单击【绘制倒角】按钮

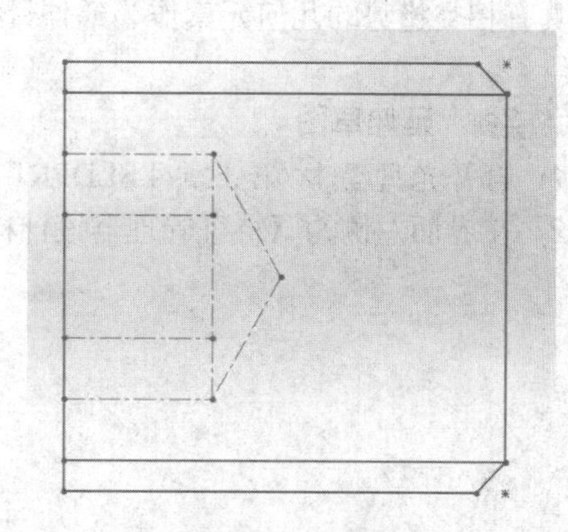
图 3-9 创建倒角

【绘制倒角】面板中各主要选项意义如下：

- 【角度距离】：在所选倒角边线的一侧输入距离值和角度值。
- 【距离—距离】：在所选倒角边线的一侧输入两个距离值。
- 【顶点】：在所选顶点的每侧输入 3 个距离值，或单击相等距离并指定一个单一数值。
- 【距离】：边线一侧的倒角距离。
- 【角度】：倒角的角度。

3.1.3 删除草图

在 SolidWorks 2012 中，当草图中有不需要的图形时，为了满足设计的需要，应将其删除。

上机实战 删除草图

1 打开光盘/素材/第 3 章/3.SLDPRT 文件，如图 3-10 所示。

2 在【特征管理器设计树】中选择【草图1】选项，弹出面板，单击【编辑草图】按钮，如图 3-11 所示。

3 进入草图环境，选择左侧的圆，按【Delete】键即可删除草图，效果如图 3-12 所示。

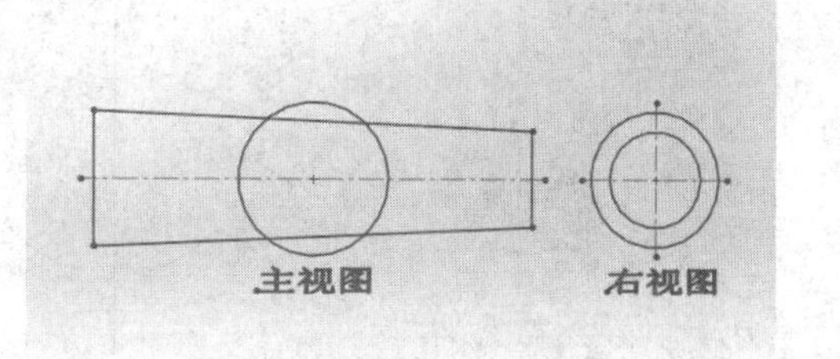

图 3-10 打开素材

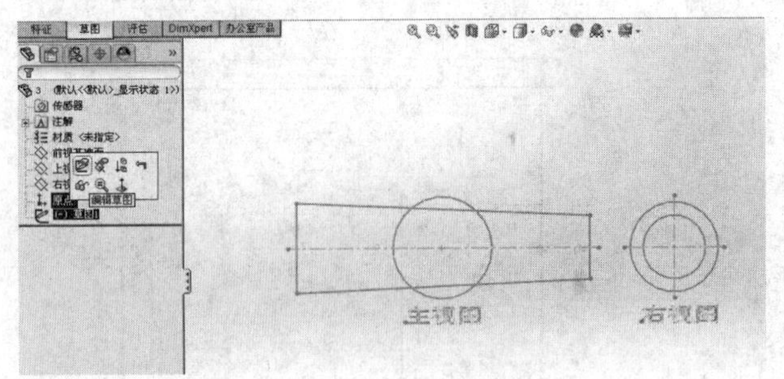

图 3-11 单击【编辑草图】按钮

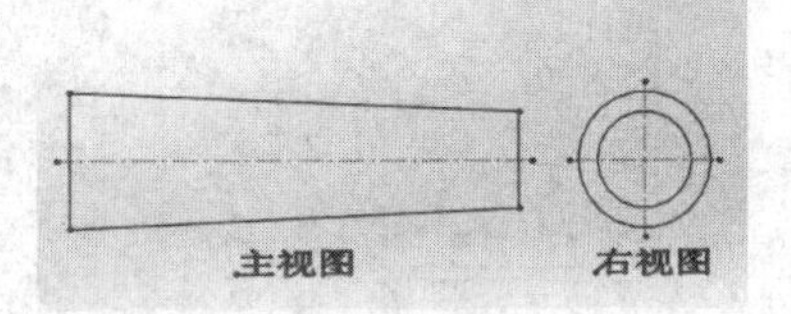

图 3-12 删除草图

3.1.4 延伸草图

当草图对象长度不够时，可以延伸草图几何。在延伸的过程中，延伸几何以延伸端最靠近且具有相交趋势的几何元素作为延伸目标，没有延伸目标将无法延伸对象。

上机实战 延伸草图

1 打开光盘/素材/第 3 章/4.SLDPRT 文件，如图 3-13 所示。

2 在界面左侧的【特征管理器设计树】中，选择【草图 1】选项，如图 3-14 所示。

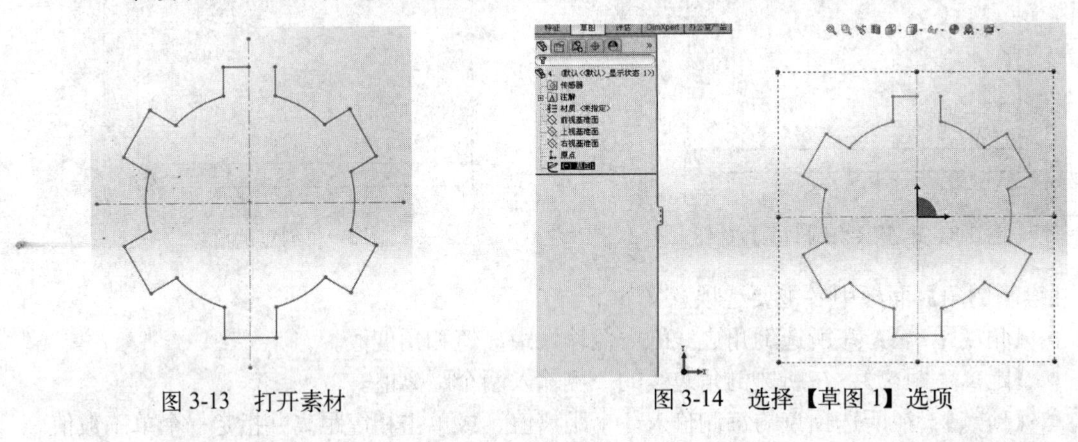

图 3-13 打开素材　　图 3-14 选择【草图 1】选项

3 弹出相应的面板，单击【编辑草图】按钮，进入草图环境，单击【延伸实体】按钮，如图 3-15 所示。

4 在最上方水平直线上，单击鼠标并退出草图环境，即可延伸草图对象，如图 3-16 所示。

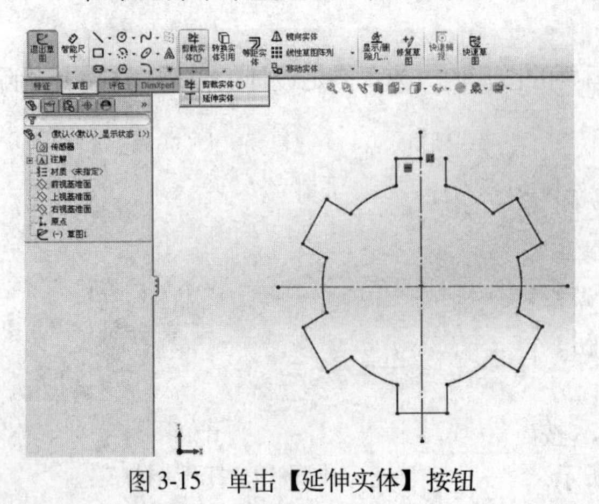

图 3-15 单击【延伸实体】按钮

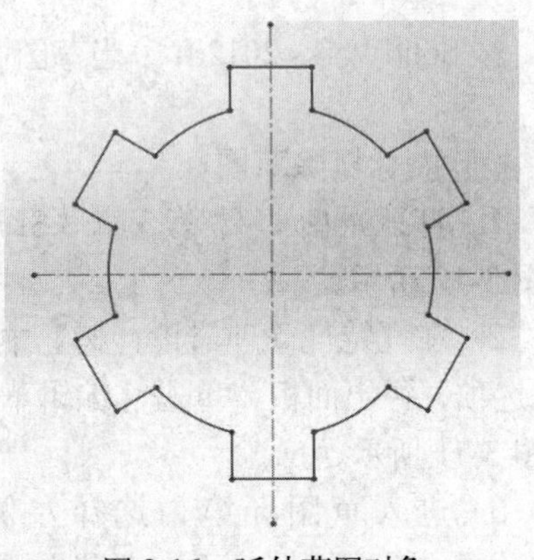

图 3-16 延伸草图对象

3.1.5 旋转草图

使用【旋转实体】命令，可以对直接处于角度上的草图进行旋转处理。

上机实战 旋转草图

1 打开光盘/素材/第 3 章/5.SLDPRT 文件，如图 3-17 所示。

2 在【特征管理器设计树】中选择【草图 1】选项，弹出对话框，单击【编辑草图】按钮，如图 3-18 所示。

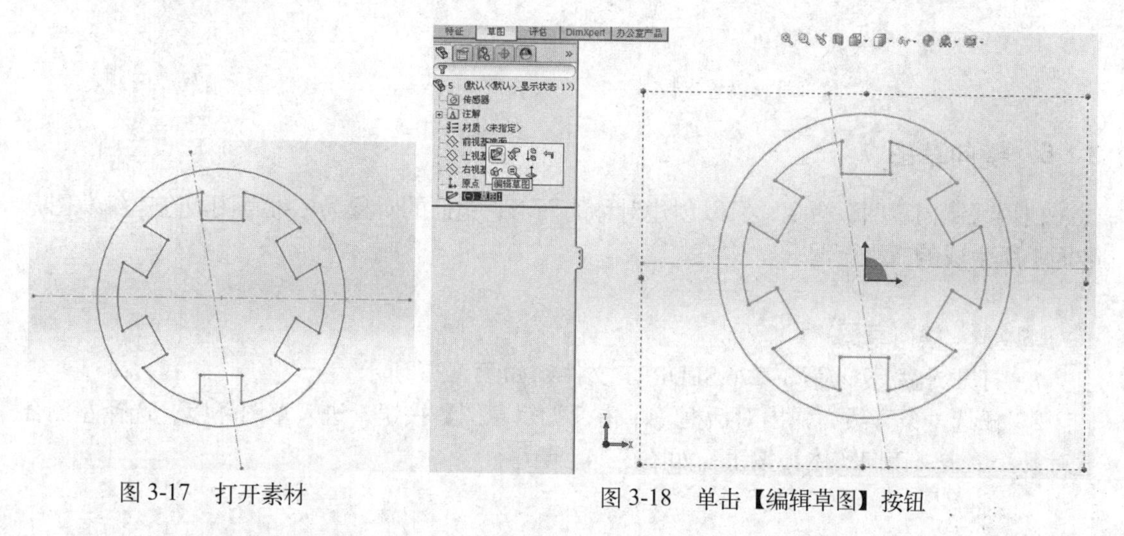

图 3-17 打开素材

图 3-18 单击【编辑草图】按钮

3 进入草图环境，选择垂直中心线对象，单击【旋转实体】按钮，如图 3-19 所示。

4 弹出相应面板，在右下方合适中点上，单击鼠标左键，弹出一个坐标系，如图 3-20 所示。

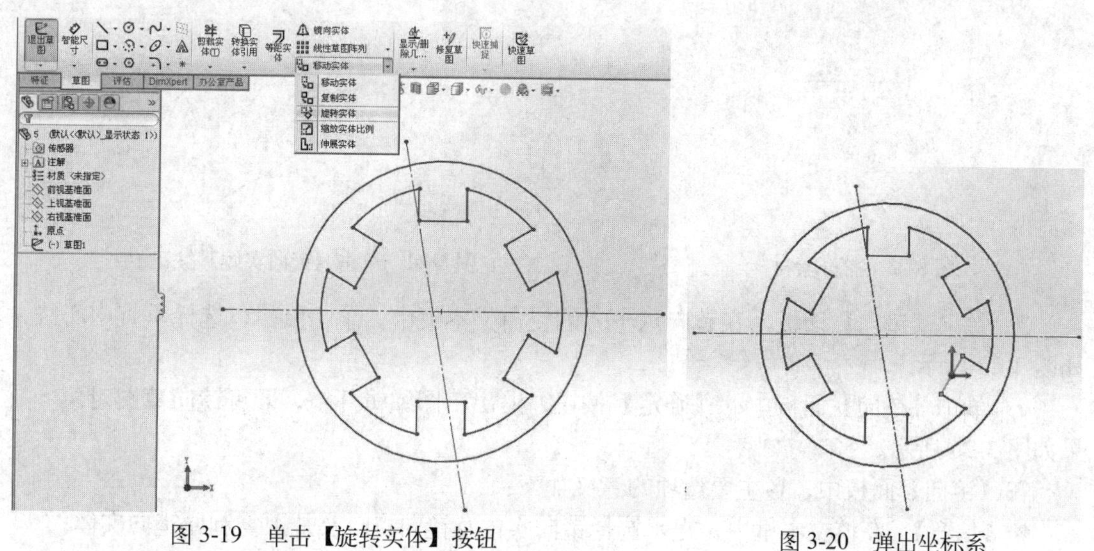

图 3-19 单击【旋转实体】按钮

图 3-20 弹出坐标系

5 在【旋转】对话框的【参数】选项区中，设置【角度】为–10，如图 3-21 所示。

6 在【旋转】对话框中，单击【确定】按钮，退出草图环境，即可旋转草图对象，效果如图 3-22 所示。

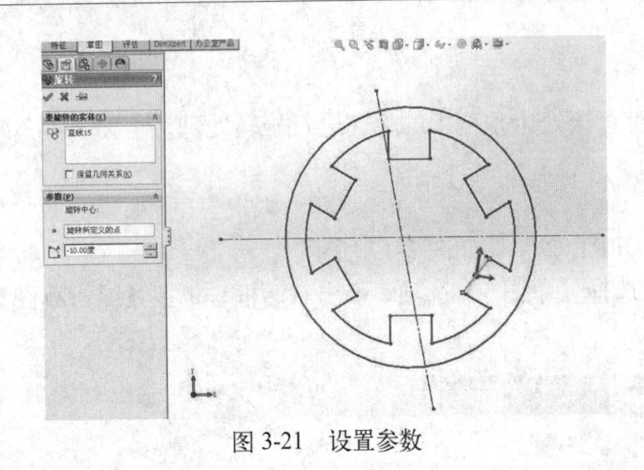

图3-21　设置参数

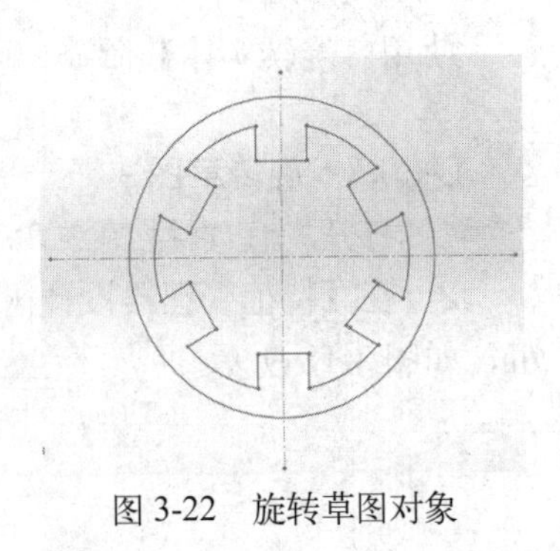

图3-22　旋转草图对象

3.1.6　镜向草图

使用【镜向草图】命令，可以创建对称的图形，镜向的对象为二维草图或在三维草图基准面上所生成的二维草图。

上机实战　镜向草图

1　打开光盘/素材/第3章/6.SLDPRT文件，如图3-23所示。

2　任选一条直线，弹出对话框，单击【编辑草图】按钮，进入草图环境，选择左侧合适对象，单击【镜向实体】按钮，如图3-24所示。

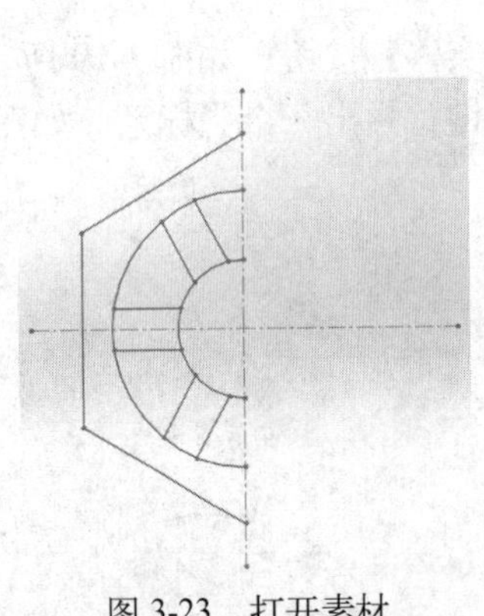

图3-23　打开素材

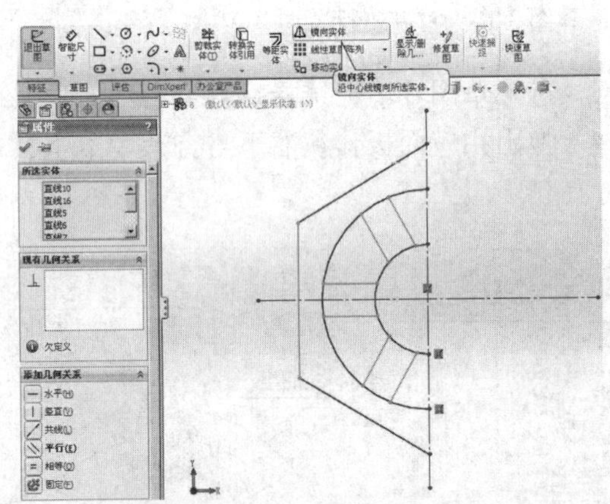

图3-24　单击【镜向实体】按钮

3　弹出【镜向】面板，在镜向点下方的空白文本框中，单击鼠标，选择垂直中心线，如图3-25所示。

4　单击【镜向】面板中的【确定】按钮，退出草图编辑环境，即可镜向草图对象，效果如图3-26所示。

在【镜向】面板中，各主要选项的意义如下：

- 【信息】：在该文本框中，提示选择镜向实体及镜向点以及是否复制原镜向实体。
- 【要镜向的实体】：该选项区用于显示需要镜向的草图对象。
- 【复制】：若选中该复选框，可以保留原始草图实体，若取消选中该复选框，可以删除原始草图实体对象。
- 【镜向点】：单击该选项区下方的文本框，可以选择边线或直线作为镜向点。

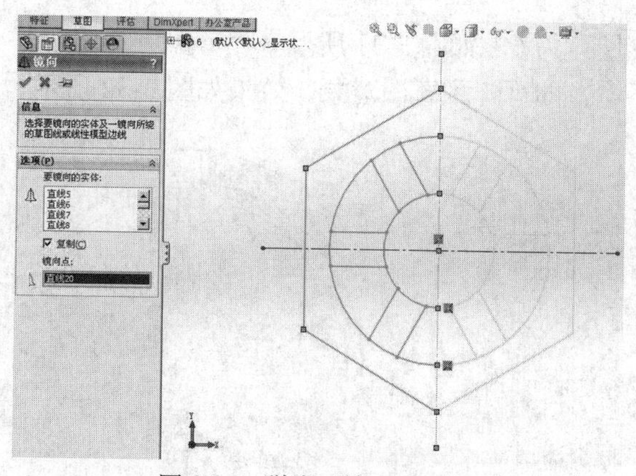
图 3-25　弹出【镜向】面板

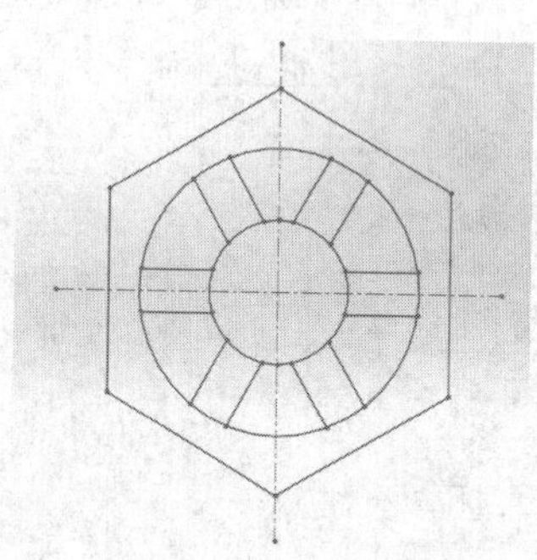
图 3-26　镜向草图对象

3.1.7　阵列草图

在草图中，若某个形状的几何图形以线性或圆周的形式反复出现时，可能通过【阵列】命令创建多个相同的几何截面。

上机实战　阵列草图

1　打开光盘/素材/第 3 章/7.SLDPRT 文件，如图 3-27 所示。

2　选择中间的圆对象，在弹出的面板中单击【编辑草图】按钮，如图 3-28 所示。

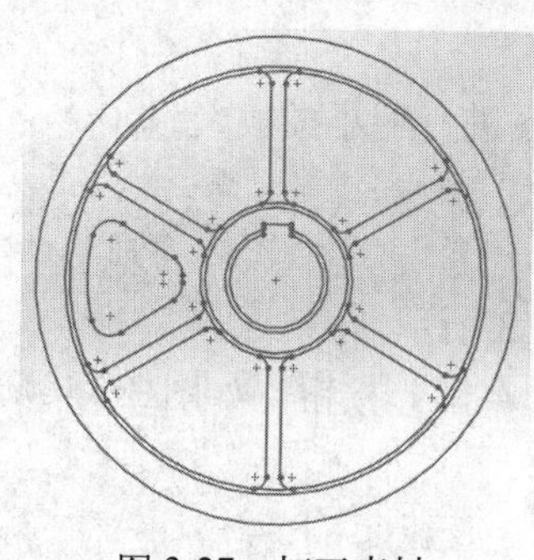
图 3-27　打开素材

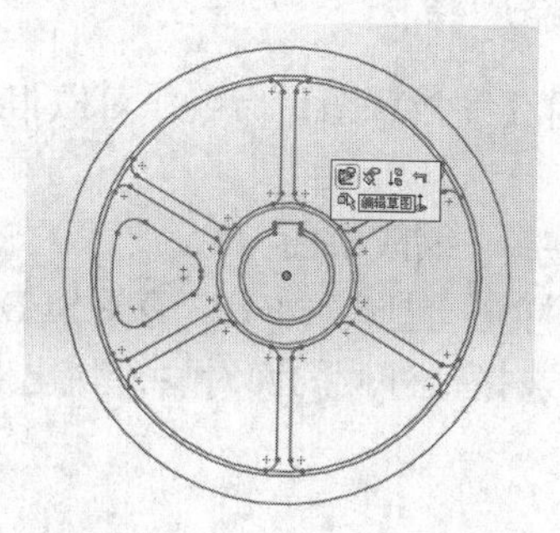
图 3-28　进入【草图】环境

3　进入草图环境，选择所需的阵列图形，单击【圆周草图阵列】按钮，如图 3-29 所示。

4　弹出【圆周阵列】面板，单击【点】按钮，选择圆心点，如图 3-30 所示。

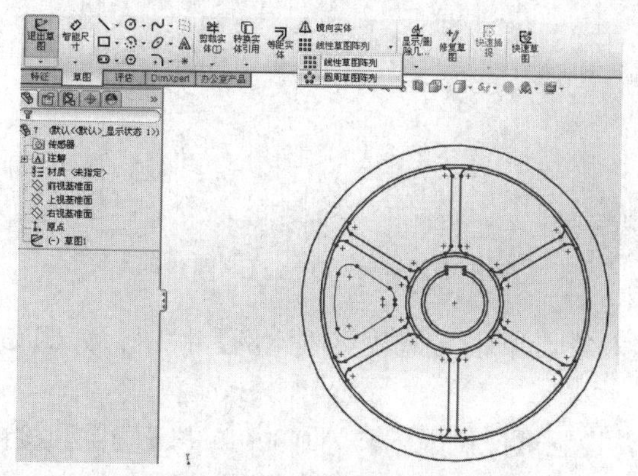
图 3-29　单击【圆周草图阵列】按钮

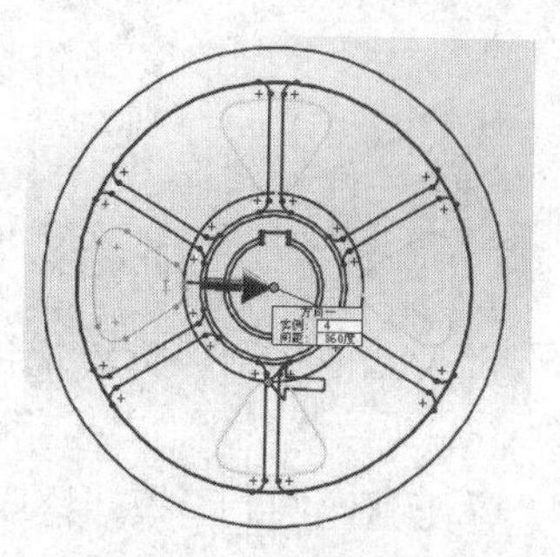
图 3-30　选择圆心点

5 在【参数】选项区中，设置【数量】为6，如图3-31所示。

6 单击【确定】按钮，退出草图环境，即可阵列草图对象，效果如图3-32所示。

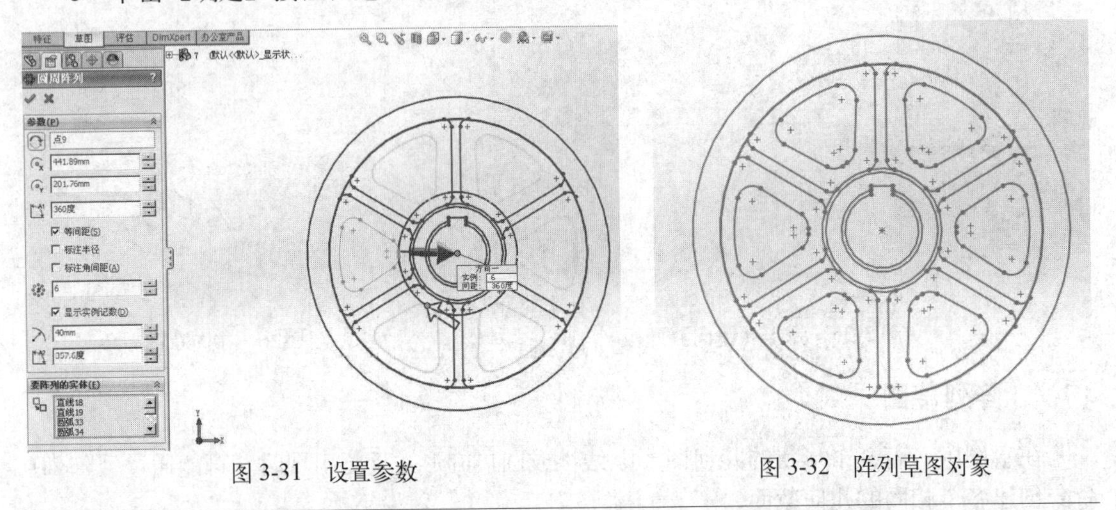

图3-31 设置参数　　图3-32 阵列草图对象

提示：阵列草图包括线性草图和圆周草图阵列两种类型，其中线性草图阵列是指将草图实体沿一根或者两根轴复制生成多个排列图形，圆周草图阵列是指将草图实体沿一条指定大小的圆弧进行环状阵列。

3.1.8 缩放草图

使用【缩放草图】命令，可以根据需要对现有的草图进行缩小或放大。

缩放草图

1 打开光盘/素材/第3章/8.SLDPRT文件，如图3-33所示。

2 选择最外侧的圆对象，弹出对话框，单击【编辑草图】按钮，如图3-34所示。

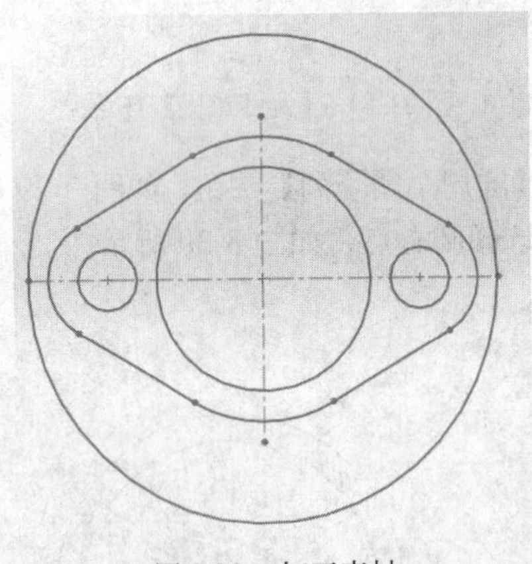

图3-33 打开素材

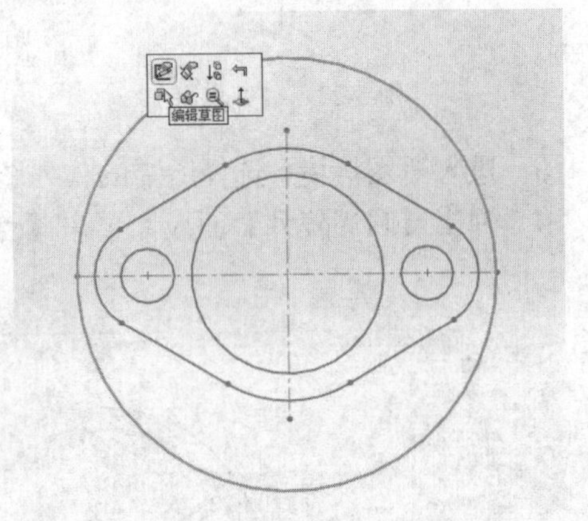

图3-34 进入【草图】环境

3 进入草图环境，再次选择最外侧圆对象，单击【缩放实体比例】按钮，如图3-35所示。

4 弹出【比例】面板，拾取圆心点，并设置【比例因子】为0.3，单击【确定】按钮，退出草图环境，即可缩放草图对象，效果如图3-36所示。

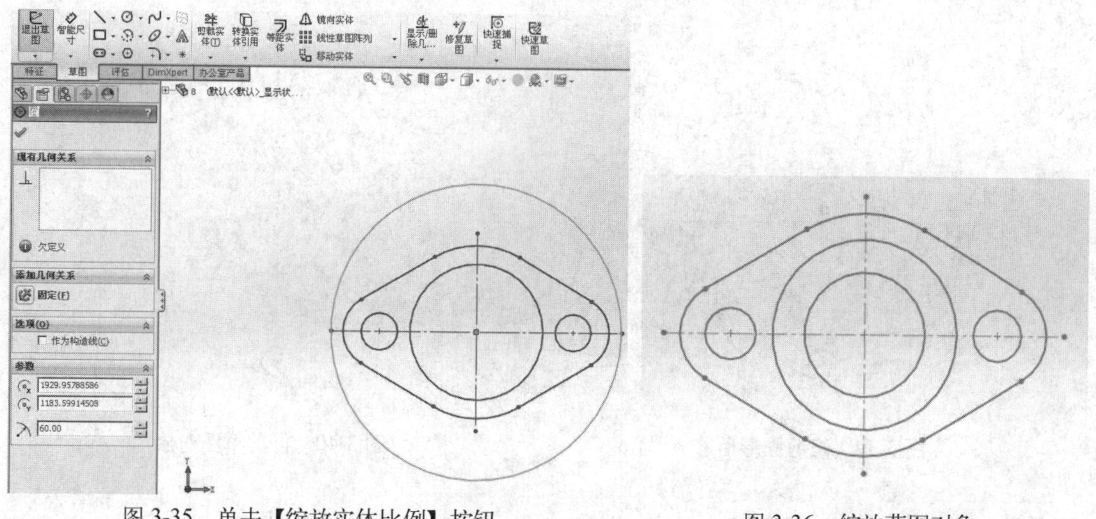

图 3-35　单击【缩放实体比例】按钮　　图 3-36　缩放草图对象

提示：执行缩放实体比例操作时，定义的比例因子小于1时为缩小草图几何，大于1时为放大草图几何。

3.1.9　修剪草图

使用【剪裁实体】命令，可以修剪相交或存在相交趋势的几何图形。

上机实战　修剪草图

1　打开光盘/素材/第3章/9.SLDPRT文件，如图3-37所示。

2　单击【编辑草图】按钮，进入草图环境，单击【剪裁实体】按钮，如图3-38所示。

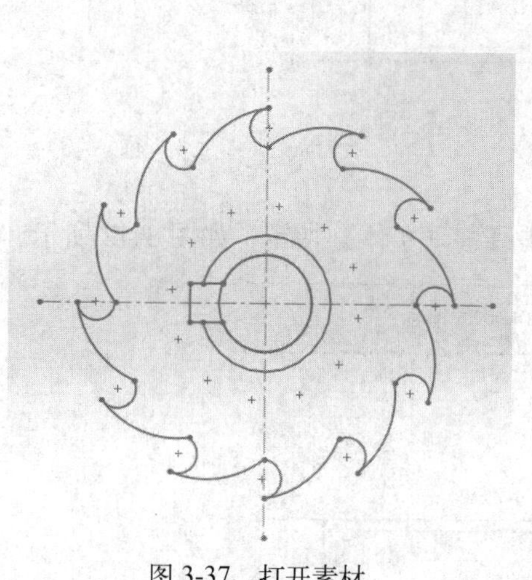

图 3-37　打开素材

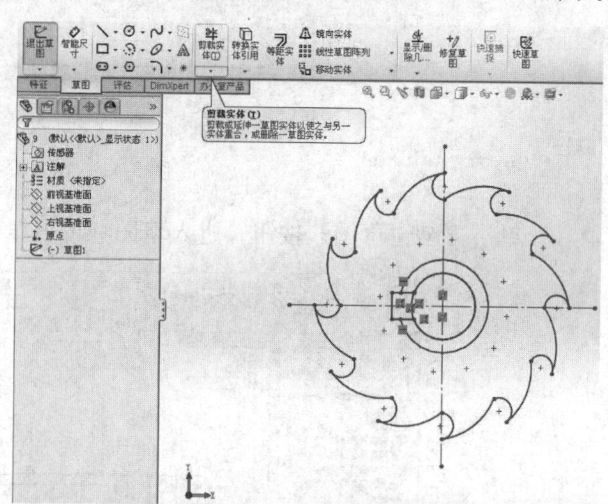

图 3-38　单击【剪裁实体】按钮

3　弹出【剪裁】面板，在绘图区中，选择水平直线对象，并在大圆和直线的交点处单击鼠标，修剪图形后的效果如图3-39所示。

4　选择下方的水平直线，在大圆和直线的交点处单击鼠标，然后单击【确定】按钮，退出草图环境，即可修剪草图对象，效果如图3-40所示。

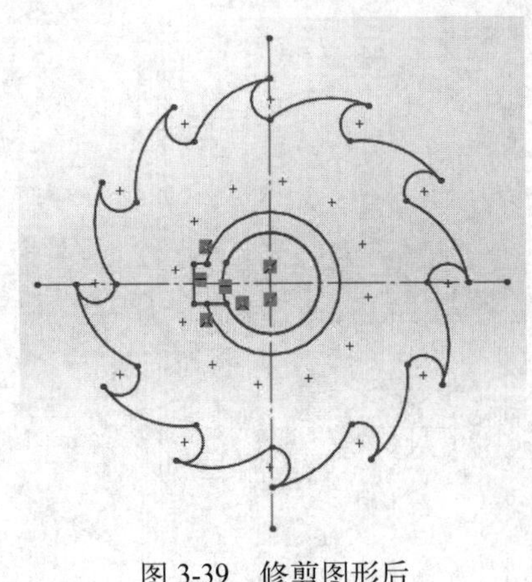

图 3-39 修剪图形后

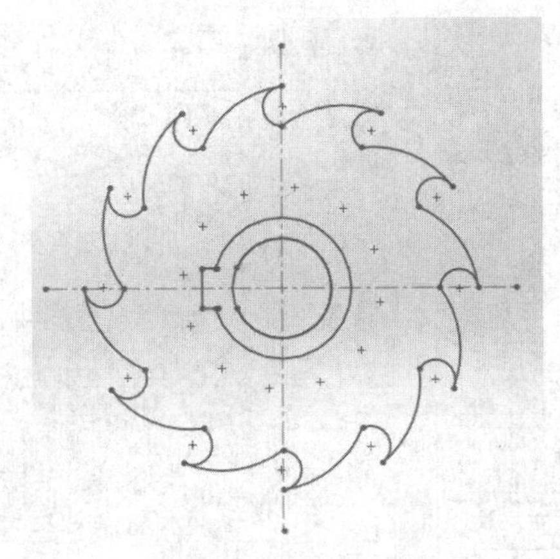

图 3-40 修剪草图对象

3.1.10 移动与复制草图

当草图中的几何对象，没有在设计的位置时，可以使用【移动实体】命令移动草图，当无几何规律且多处需绘制相同的几何对象时，可以使用【复制实例】命令复制草图。

上机实战 移动与复制草图

1 打开光盘/素材/第 3 章/10.SLDPRT 文件，如图 3-41 所示。

图 3-41 打开素材

2 单击【编辑草图】按钮，进入草图环境，单击【移动实体】按钮，如图 3-42 所示。

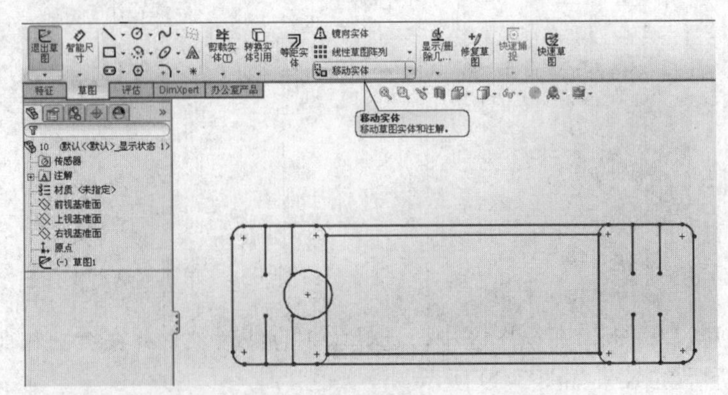

图 3-42 单击【移动实体】按钮

3 弹出【移动】面板，选择小圆，捕捉圆心点，设置 X 值为–15，如图 3-43 所示。

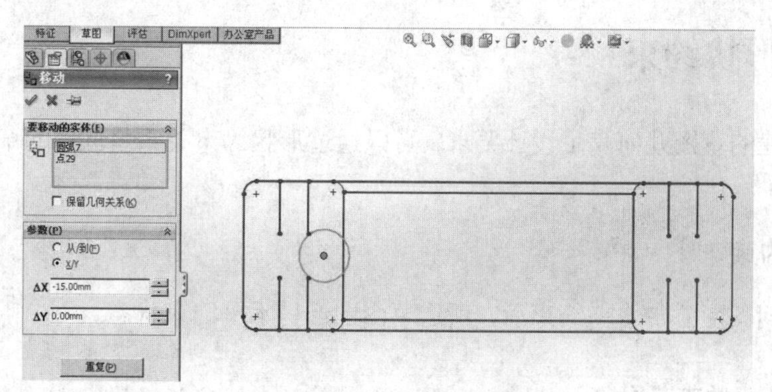

图 3-43　设置【移动】面板

4　单击面板中的【确定】按钮，移动草图对象，如图 3-44 所示。

图 3-44　移动草图对象

5　选择小圆对象，单击【复制实体】按钮，弹出【复制】面板，如图 3-45 所示。

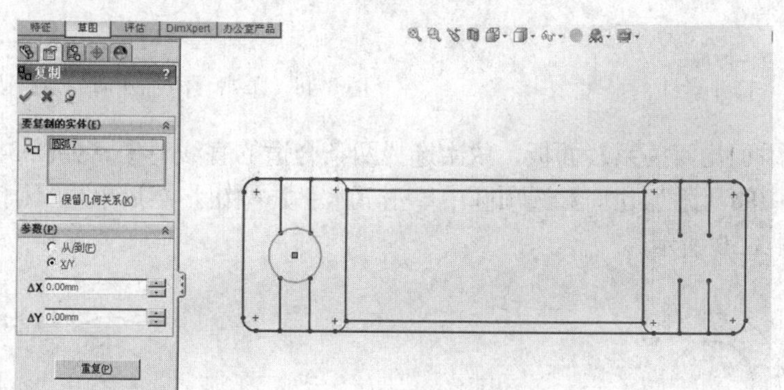

图 3-45　单击【复制实体】按钮

6　捕捉圆心点，设置 X 为 190，单击【确定】按钮，即可复制草图，效果如图 3-46 所示。

图 3-46　复制并移动草图

3.2 添加形状约束

为了让创建的草图几何满足设计要求，可以通过形状约束关系将创建的草图约束，达到设计需要的效果。

3.2.1 水平约束

为草图几何图形添加水平约束后，所选草图图形呈水平约束状态。

上机实战　水平约束草图

1　打开光盘/素材/第 3 章/11.SLDPRT 文件，如图 3-47 所示。

2　进入草图编辑环境，单击选项卡中的【添加几何关系】按钮，如图 3-48 所示。

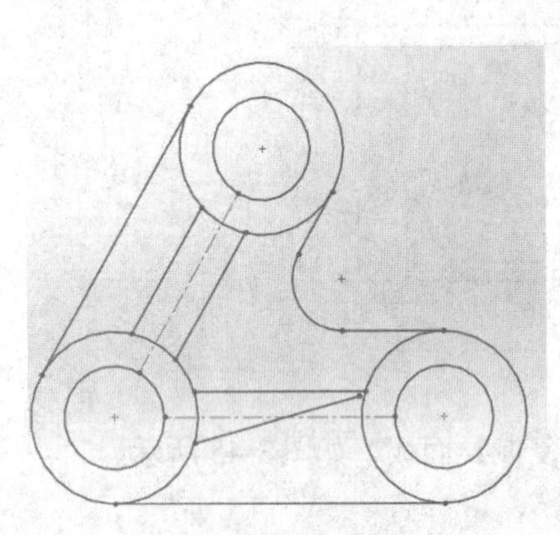

图 3-47　打开素材

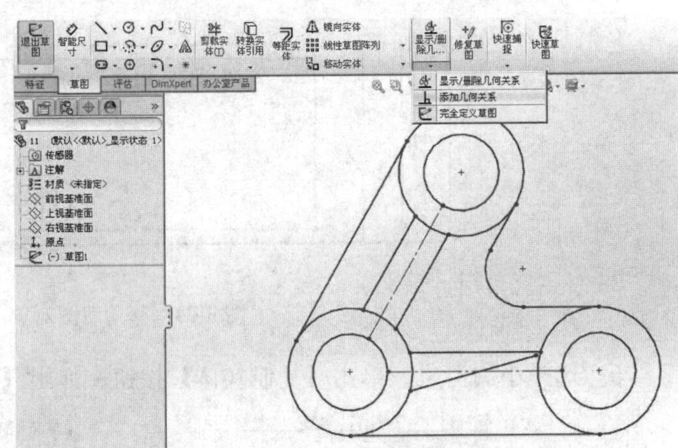

图 3-48　单击【添加几何关系】按钮

3　弹出【添加几何关系】面板，依次选择两条合适的直线对象，如图 3-49 所示。

4　在面板中的【添加几何】选项区中单击【水平】按钮，然后单击【确定】，即可水平约束草图，如图 3-50 所示。

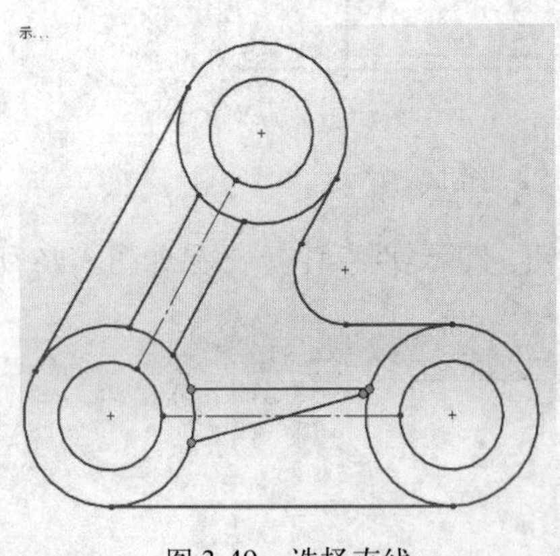

图 3-49　选择直线

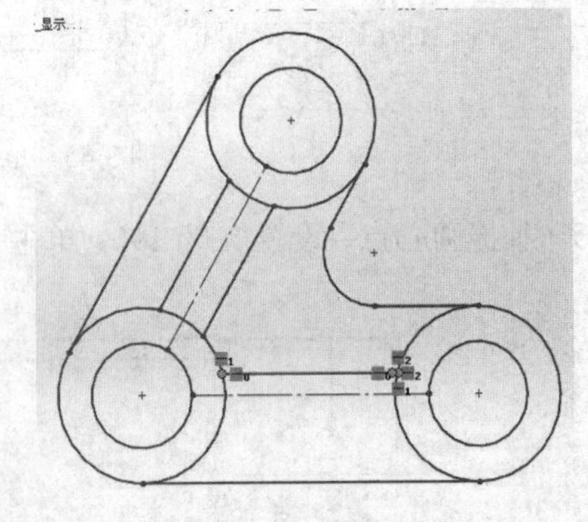

图 3-50　水平约束草图

5　单击【移动实体】按钮，弹出【移动】面板，选择下方的水平直线，设置 X 为 3、Y 为–30，如图 3-51 所示。

6 单击【确定】按钮，并退出草图编辑环境，即可移动对象，效果如图 3-52 所示。

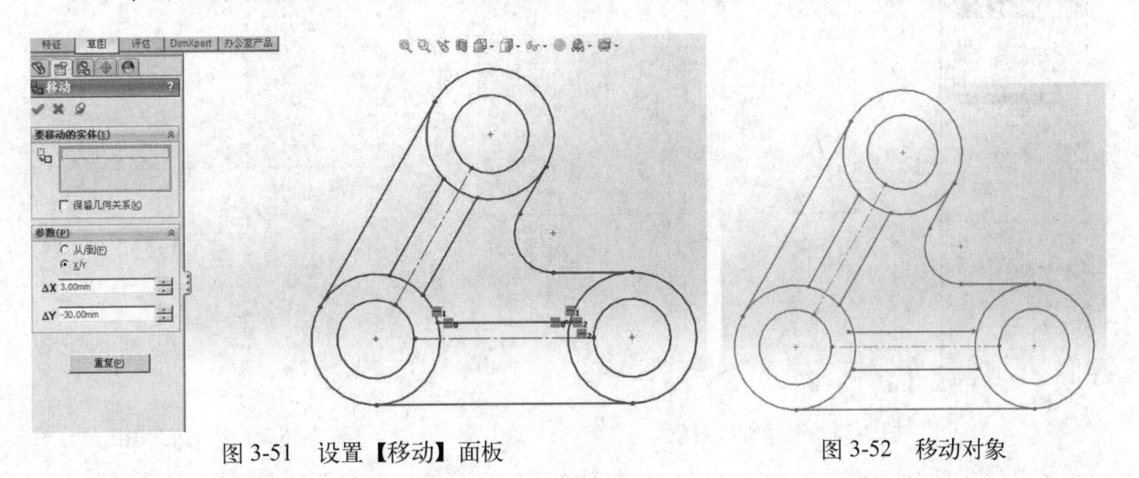

图 3-51 设置【移动】面板

图 3-52 移动对象

3.2.2 垂直约束

为草图几何图形添加垂直约束后，所选草图图形呈垂直约束状态。

上机实战 垂直约束草图

1 打开光盘/素材/第 3 章/12.SLDPRT 文件，如图 3-53 所示。

2 进入草图编辑环境，单击选项卡中的【添加几何关系】按钮，如图 3-54 所示。

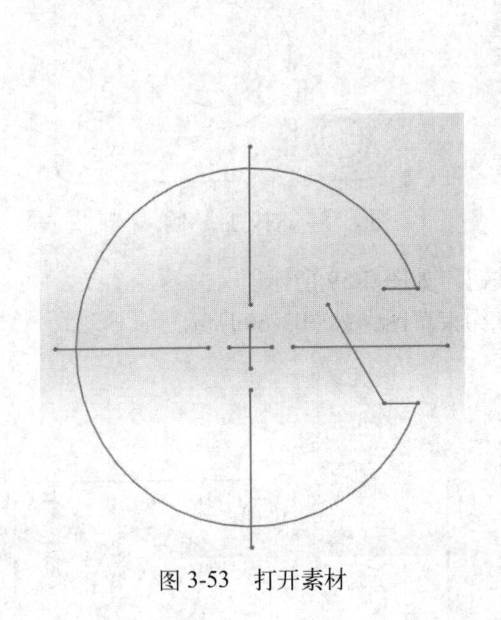

图 3-53 打开素材

图 3-54 单击【添加几何关系】按钮

3 弹出【添加几何关系】对话框，在绘图区中，依次选择两条需要进行约束的直线对象，单击【垂直】按钮，如图 3-55 所示。

4 单击【确定】按钮，并退出草图环境，即可垂直约束草图，效果如图 3-56 所示。

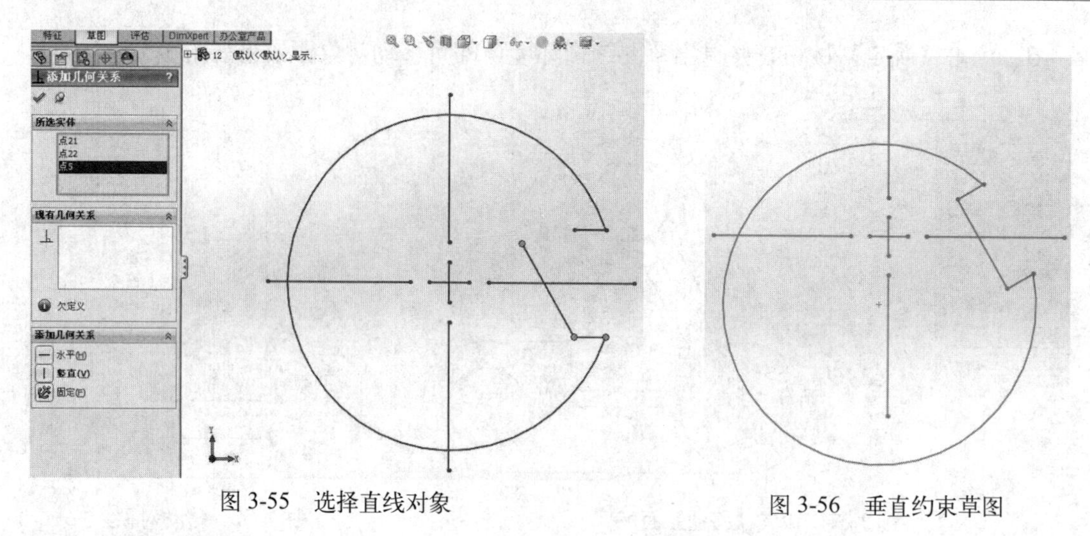

图 3-55　选择直线对象　　　　图 3-56　垂直约束草图

3.2.3　竖直约束

为草图图形添加竖直约束后，所选草图图形呈竖直约束状态。

上机实战　竖直约束草图

1　打开光盘/素材/第 3 章/13.SLDPRT 文件，如图 3-57 所示。

2　进入草图编辑环境，在绘图区中，选择需要约束的直线对象，如图 3-58 所示。

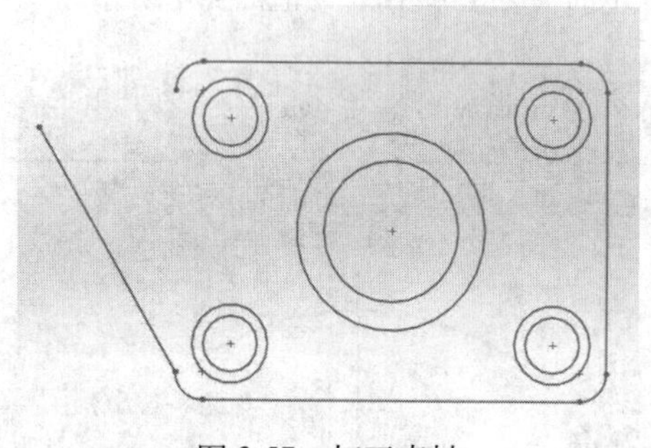

图 3-57　打开素材

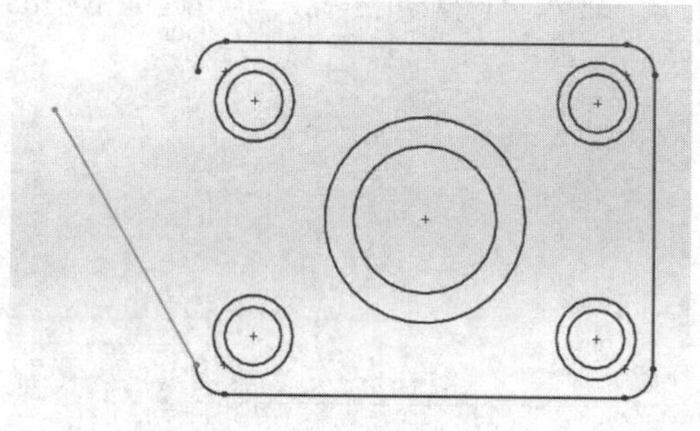

图 3-58　选择直线对象

3　弹出【线条属性】面板，单击【竖直】按钮，如图 3-59 所示。

4　在面板中，单击【确定】按钮，即可竖直约束草图，如图 3-60 所示。

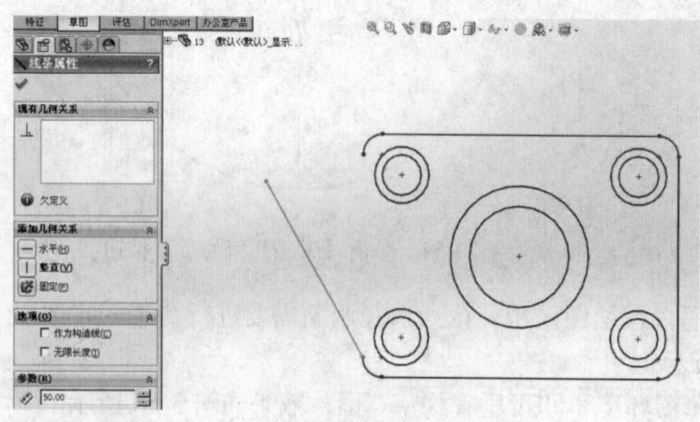

图 3-59　单击【竖直】按钮

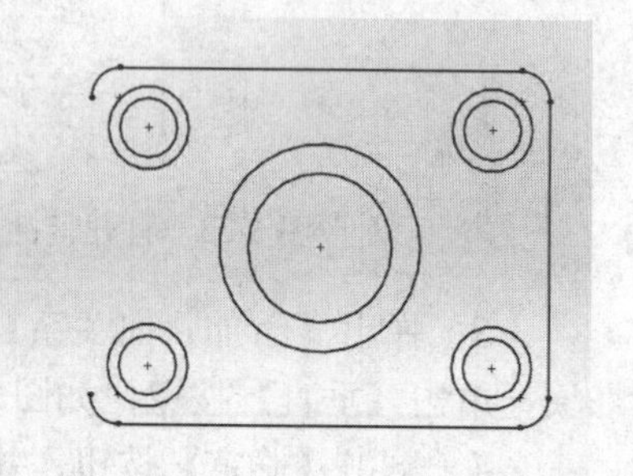

图 3-60　竖直约束草图

5 单击【移动实体】按钮，弹出【移动】面板，选择左侧的垂直直线，设置 X 为 25、Y 为 7，如图 3-61 所示。

6 单击【移动】面板中的【确定】按钮，退出草图编辑环境，效果如图 3-62 所示。

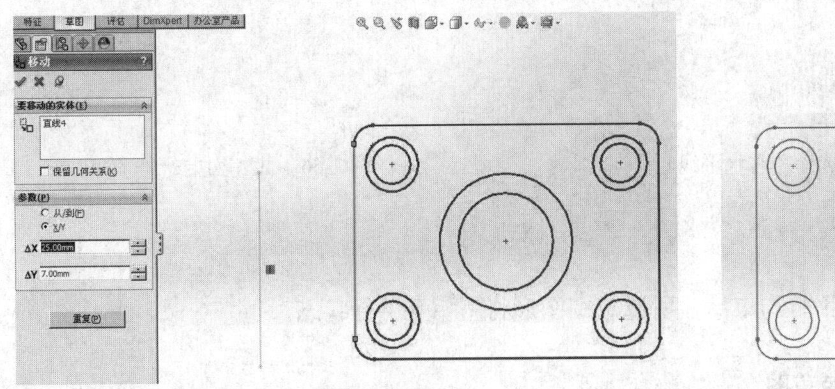

图 3-61 设置【移动】面板

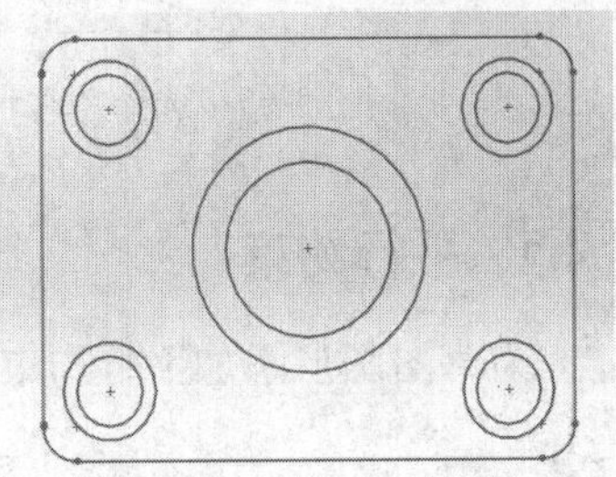

图 3-62 移动直线

3.2.4 共线约束

为草图图形添加共线约束后，可以将所选两个草图图形约束在同一直线上。

上机实战 共线约束草图

1 打开光盘/素材/第 3 章/14.SLDPRT 文件，如图 3-63 所示。

2 进入草图环境，选择需共线的对象，单击【添加几何关系】按钮，如图 3-64 所示。

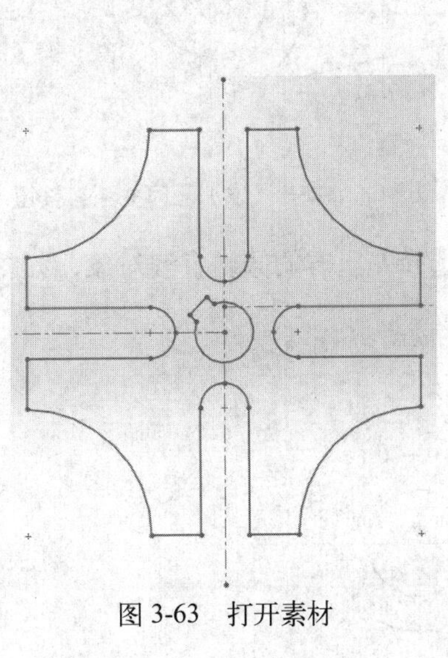

图 3-63 打开素材

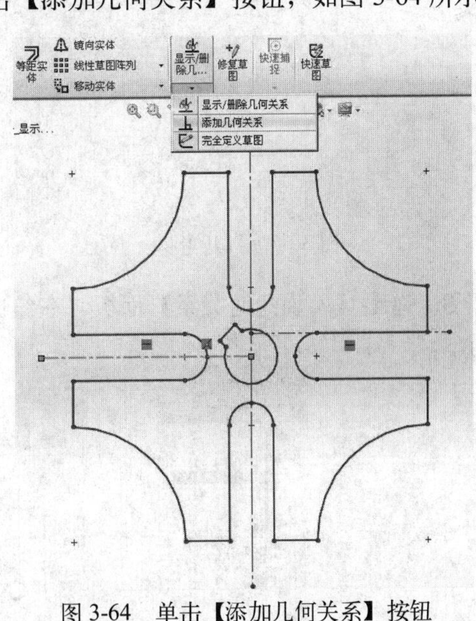

图 3-64 单击【添加几何关系】按钮

3 弹出【添加几何关系】面板，在绘图区中依次选择左右两条水平线对象，如图 3-65 所示。

4 在面板中，单击【共线】按钮，然后单击【确定】按钮，退出草图编辑环境，即可共线约束对象，如图 3-66 所示。

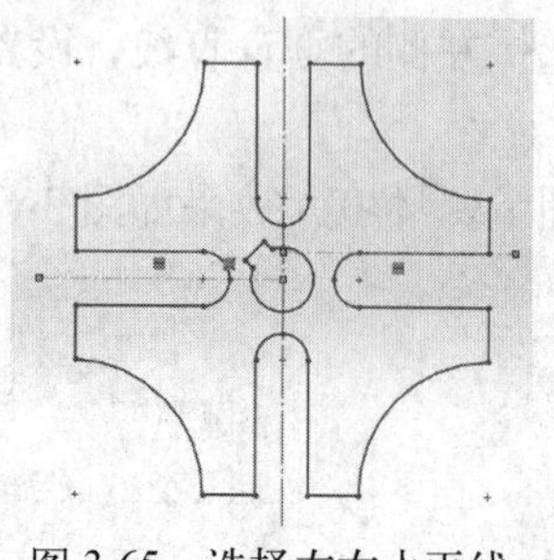

图3-65 选择左右水平线

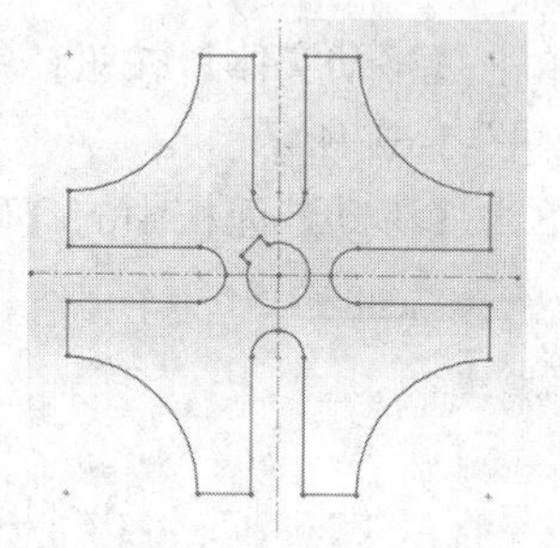

图3-66 共线约束对象

3.2.5 平行约束

为草图图形添加平行约束后，所选草图图形将呈相互平行状态。

上机实战 平行约束草图

1 打开光盘/素材/第3章/15.SLDPRT文件，如图3-67所示。

2 单击相应的按钮，选择需要约束的直线，单击【添加几何关系】按钮，如图3-68所示。

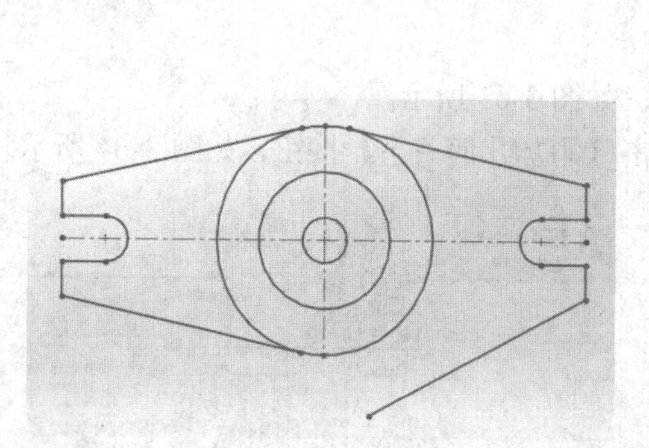

图3-67 打开素材

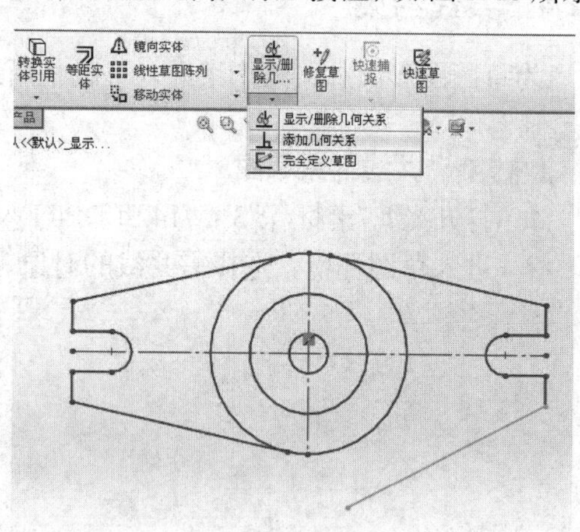

图3-68 单击【添加几何关系】按钮

3 弹出【添加几何关系】面板，在绘图区中，选择左上方的倾斜直线对象，如图3-69所示。

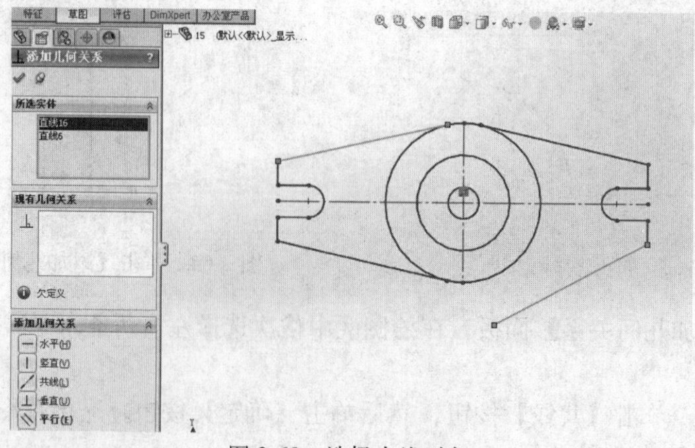

图3-69 选择直线对象

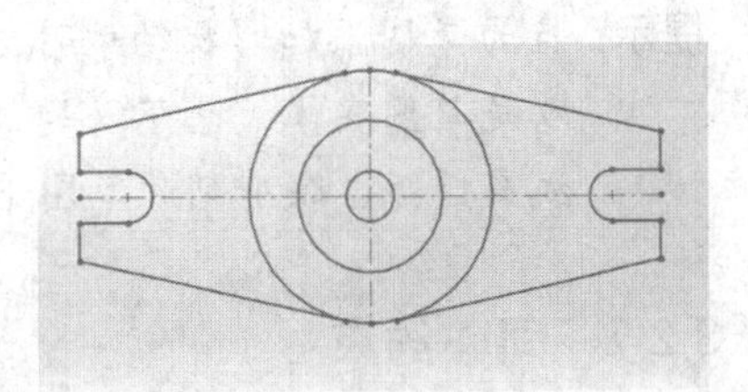

图 3-70　平行约束草图

4　在面板中单击【平行】按钮，然后单击【确定】按钮，退出草图编辑环境，即可平行约束草图，如图 3-70 所示。

在【添加几何关系】对话框中，各主要选项的意义如下：

- 【所选实体】：用于选择要添加几何关系的图形。
- 【添加几何关系】：用于显示所选草图几何图形可以使用的几何约束关系。

3.2.6　相等约束

在 SolidWorks 2012 中，使用【添加几何关系】命令添加相等约束后，可以使所选的几何图形呈相等约束状态。

上机实战　相等约束草图

1　打开光盘/素材/第 3 章/16.SLDPRT 文件，如图 3-71 所示。

2　单击【草图绘制】按钮，进入草图绘制环境，在绘图区中选择右上方的直线，如图 3-72 所示。

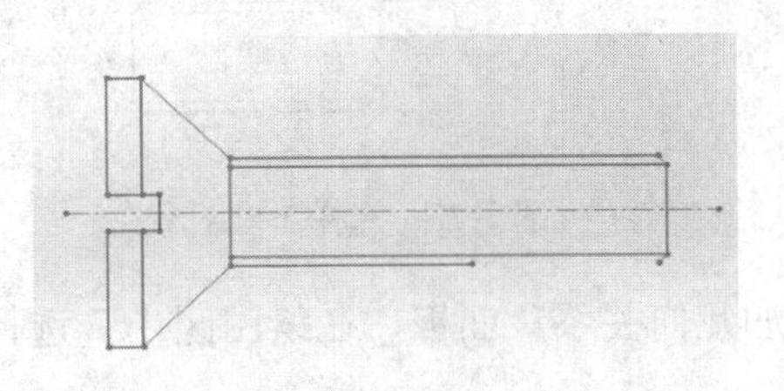

图 3-71　打开素材

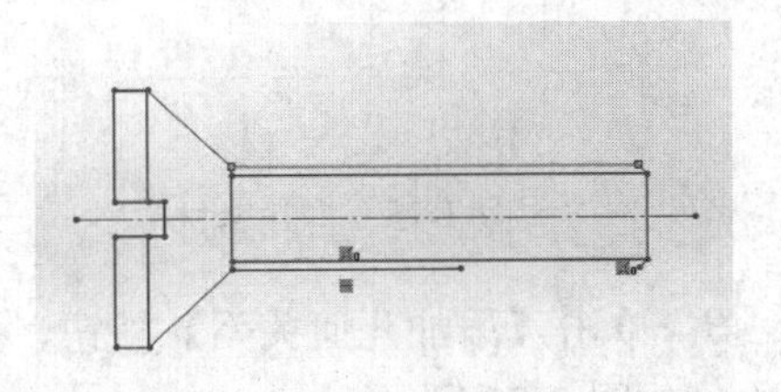

图 3-72　进入【草图绘制】环境

3　单击【添加几何关系】按钮，弹出【添加几何关系】面板，在绘图区中选择右下方的水平直线对象，如图 3-73 所示。

4　在面板中单击【相等】按钮，单击【确定】按钮，并退出草图编辑环境，即可相等约束草图，如图 3-74 所示。

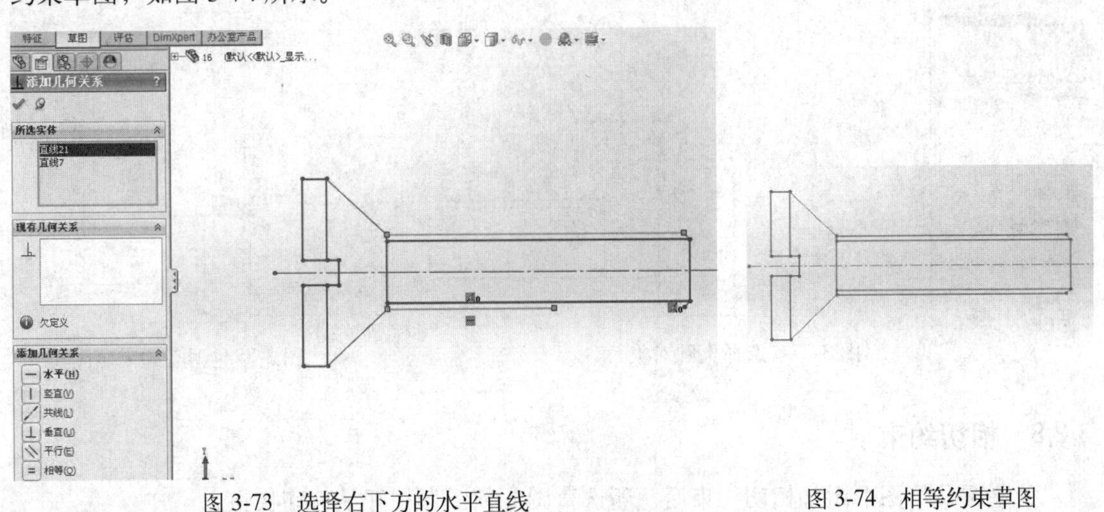

图 3-73　选择右下方的水平直线

图 3-74　相等约束草图

提示：在为草图添加形状约束时，所选实体中至少需要有一个项目是草图实体，其他项目可以是草图实体，也可以是一条边线、面、顶点、原点、基准面、轴，或从其他草图的线或圆弧，映射到此草图平面所形成的草图曲线。

3.2.7 同心约束

在 SolidWorks 2012 中，为草图几何图形添加同心约束后，所选草图几何图形将共用同一轴心。

上机实战　同心约束草图

1 打开光盘/素材/第 3 章/17.SLDPRT 文件，如图 3-75 所示。

2 单击【草图绘制】按钮，进入绘制环境，选择右侧的小圆对象，如图 3-76 所示。

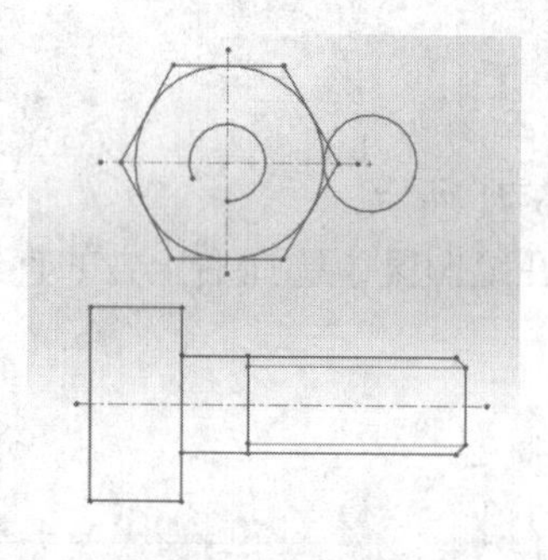

图 3-75　打开素材

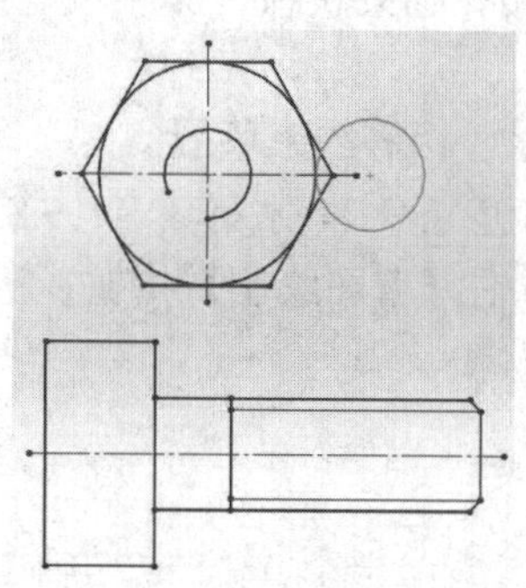

图 3-76　选择小圆对象

3 单击【添加几何关系】按钮，弹出【添加几何关系】面板，在绘图区中，选择大圆对象，如图 3-77 所示。

4 在面板中单击【同心】按钮，单击【确定】按钮，退出草图环境，即可同心约束草图，效果如图 3-78 所示。

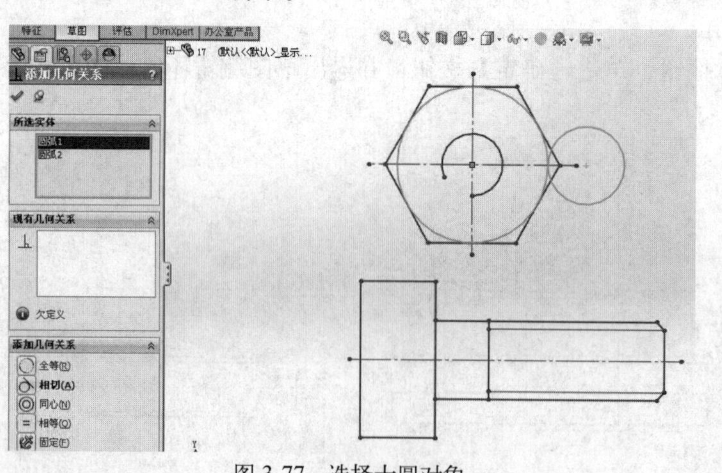

图 3-77　选择大圆对象

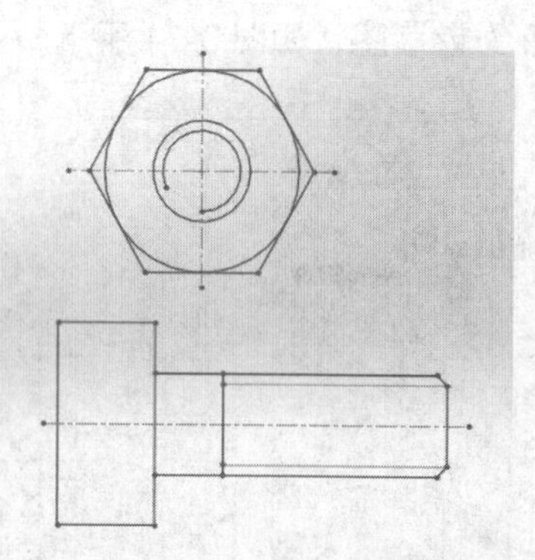

图 3-78　同心约束草图

3.2.8 相切约束

为草图几何图形添加相切约束后，所选草图几何图形相互呈相切状态。

上机实战 相切约束草图

1 打开光盘/素材/第3章/18.SLDPRT文件，如图3-79所示。

2 单击【草图绘制】按钮，进入绘制环境，选择一个对象，如图3-80所示。

3 单击【添加几何关系】按钮，弹出【添加几何关系】面板，在绘图区中，选择左侧的大圆弧对象，如图3-81所示。

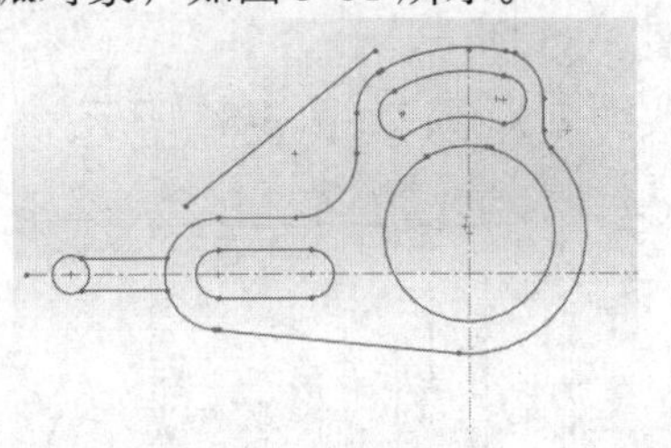

图3-79 打开素材

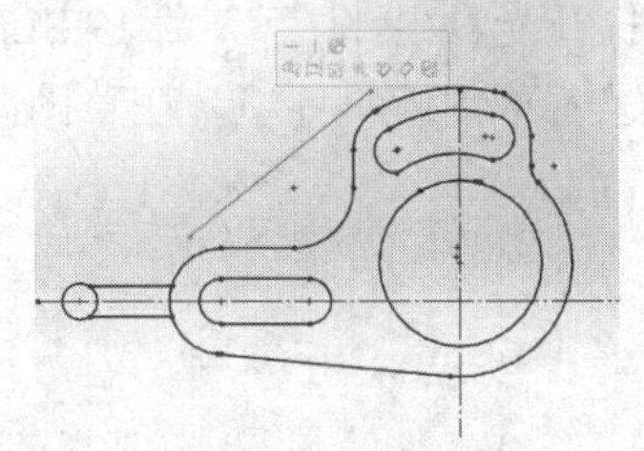

图3-80 选择对象

4 单击【相切】和【确定】按钮，退出草图环境，即可相切约束草图，效果如图3-82所示。

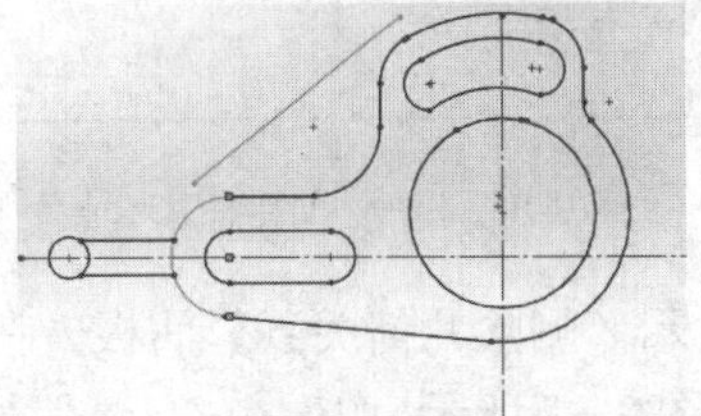

图3-81 选择左侧的大圆弧对象

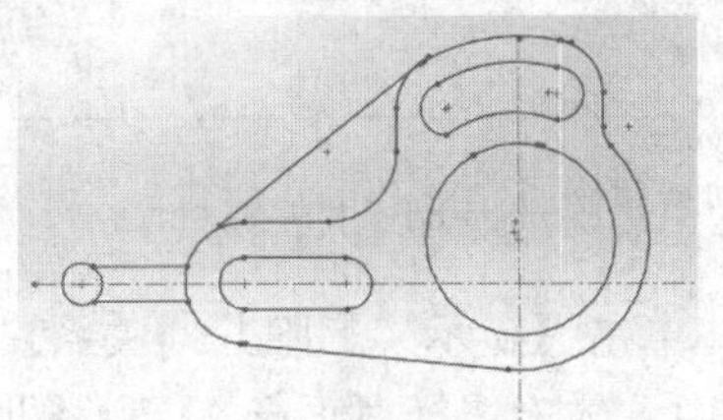

图3-82 相切约束草图

5 选择相切约束后的直线，单击【移动实体】按钮，弹出【移动】面板，选中【从/到】单选按钮，如图3-83所示。

6 单击直线的下端点，在合适位置处，单击鼠标左键，单击【确定】按钮，并退出草图编辑环境，移动实体，效果如图3-84所示。

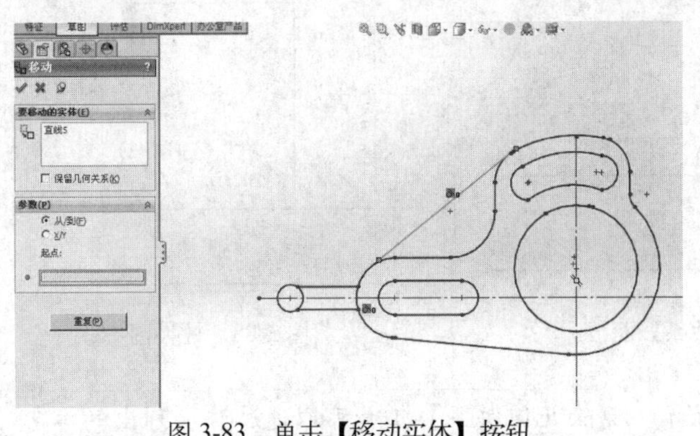

图3-83 单击【移动实体】按钮

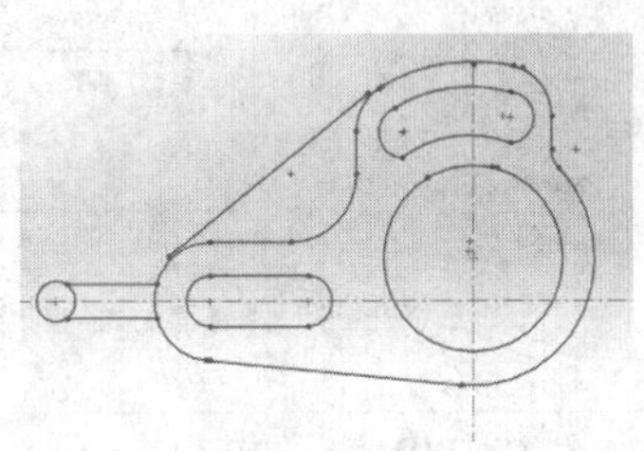

图3-84 效果图

3.3 编辑形状约束

在SolidWorks 2012中，添加形状约束状态后，可以根据需要对错误的几何约束进行编辑修改。

3.3.1 显示与删除约束

使用【显示 / 删除几何关系】命令，可以显示几何对象上相关的约束关系及约束状态，也可以对形状约束进行删除操作。

上机实战 显示与删除约束

1 打开光盘/素材/第 3 章/19.SLDPRT 文件，如图 3-85 所示。

2 进入草图编辑环境，在草图图形上将显示形状约束关系，如图 3-86 所示。

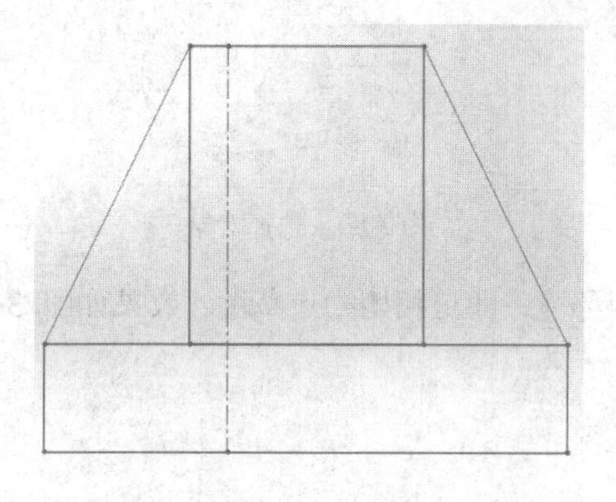

图 3-85 打开素材

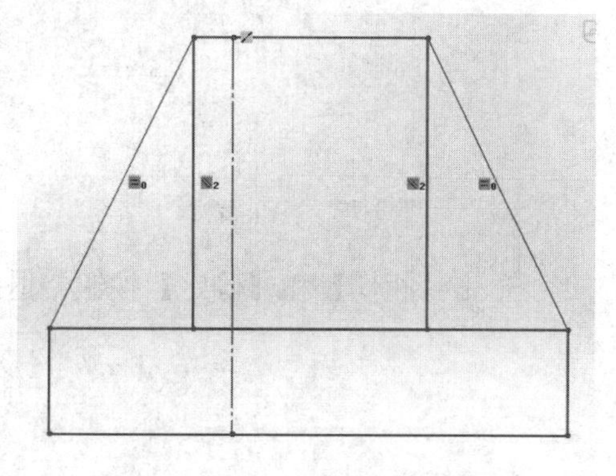

图 3-86 进入草图编辑环境

3 单击【显示 / 删除几何关系】按钮，弹出【显示 / 删除几何关系】面板，在相应的选项区中，依次选择【平行 2】和【共线 1】选项，如图 3-87 所示。

4 单击【删除】按钮，在面板中单击【确定】按钮，即可删除形状约束，并退出草图编辑环境，效果如图 3-88 所示。

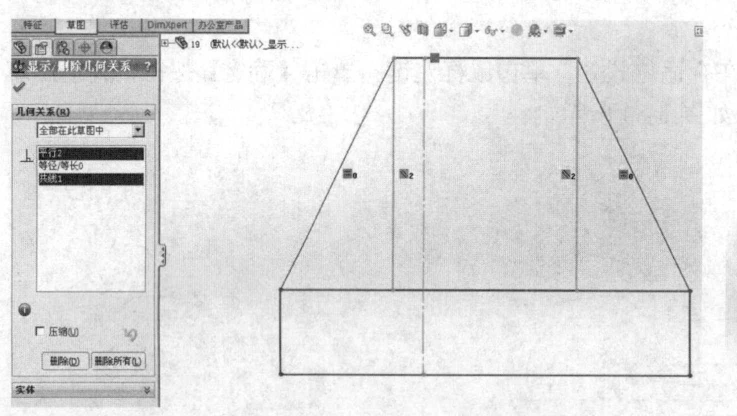

图 3-87 弹出【显示 / 删除几何关系】面板

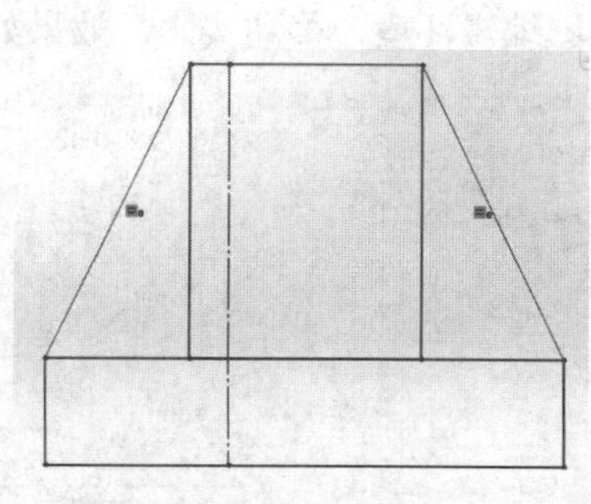

图 3-88 效果图

提示： 在 SolidWorks 2012 中，使用【显示 / 删除几何关系】工具可以通过替换列出的参考引用来修正错误的实体。

3.3.2 完全定义草图

使用【完全定义草图】命令，可以根据草图几何现有的状态，自动添加草图几何中相关的约束，如尺寸约束、几何约束等。

上机实战　完全定义草图

1　打开光盘/素材/第 3 章/20.SLDPRT 文件，如图 3-89 示。

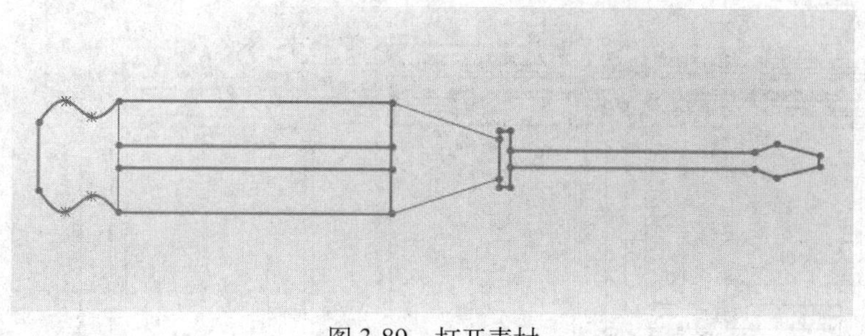

图 3-89　打开素材

2　进入草图编辑环境，单击选项卡中的【完全定义草图】按钮，如图 3-90 所示。

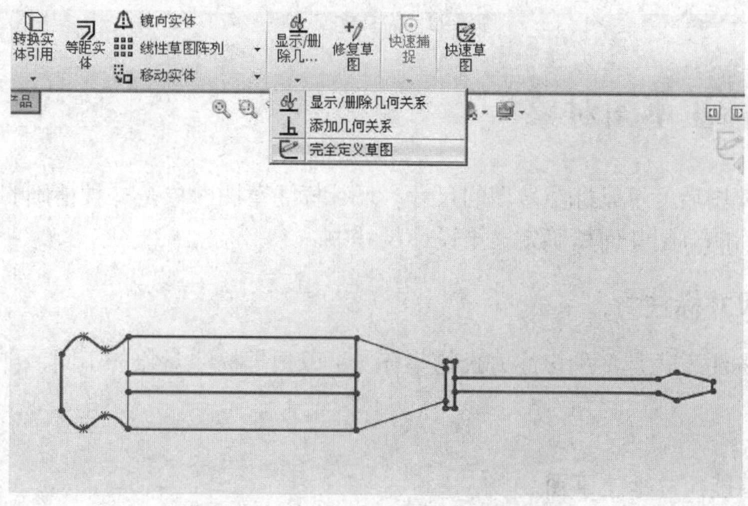

图 3-90　单击【完全定义草图】按钮

3　弹出【完全定义草图】面板，依次选择合适的直线对象，选中【草图左侧】和【在草图之下】单选按钮，如图 3-91 所示。

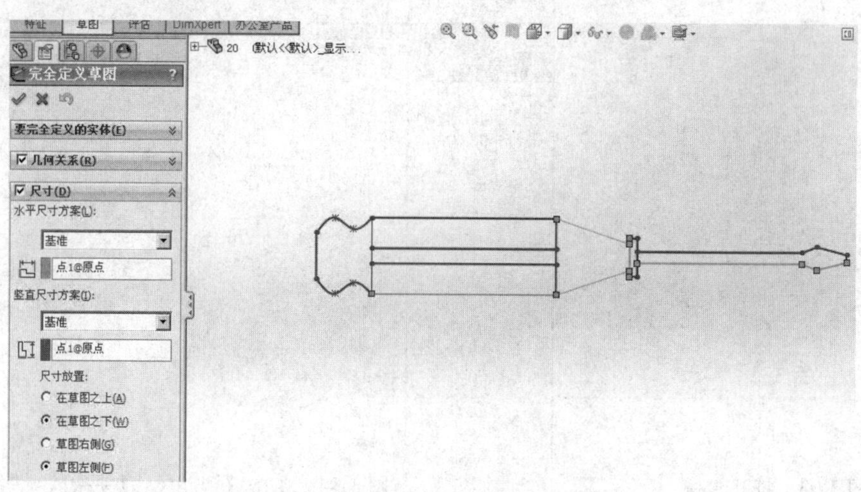

图 3-91　设置【完全定义草图】参数

4 单击【确定】按钮，并退出草图编辑环境，即可完全定义草图，如图 3-92 所示。

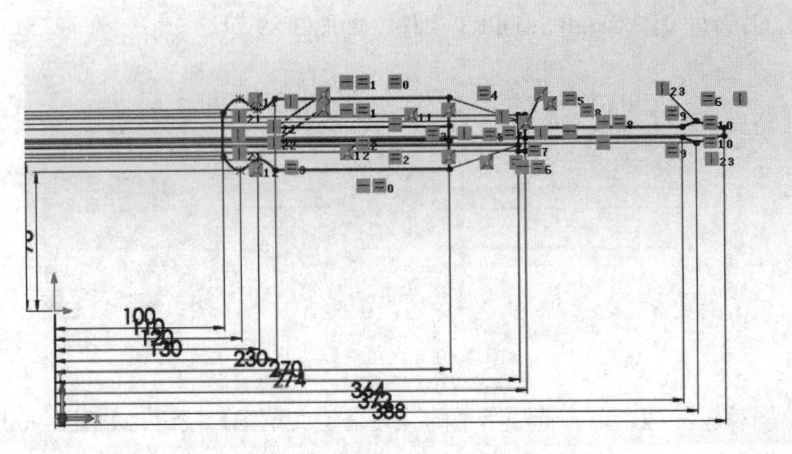

图 3-92 完全定义草图

3.4 尺寸标注草图对象

绘制完成草图后，可以标注草图的尺寸。尺寸标注草图对象是一种精确的约束方式，可以将几何约束后的草图几何精确定义至设计尺寸中。

3.4.1 智能尺寸标注

智能尺寸标注方式是多种标注方式的集合，可以根据标注对象的不同，自动标注相应的尺寸形式。

上机实战 智能尺寸标注草图

1 打开光盘/素材/第 3 章/21.SLDPRT 文件，如图 3-93 所示。

2 在【草图】选项卡中，单击【智能尺寸】按钮，如图 3-94 所示。

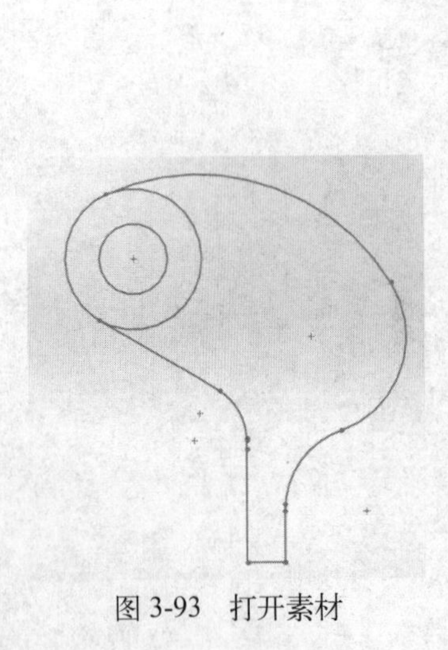

图 3-93 打开素材

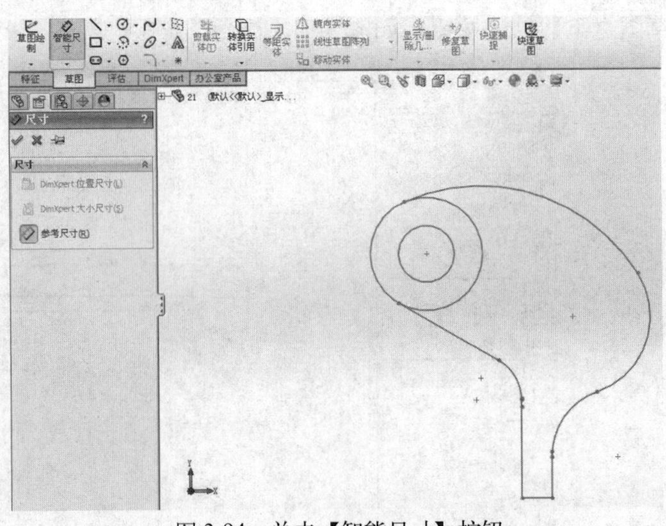

图 3-94 单击【智能尺寸】按钮

3 弹出【尺寸】面板，在小圆上单击鼠标并拖曳至合适位置后单击鼠标右键，创建智能标注，如图 3-95 所示。

4 用与上述相同的方法，依次选择大圆和左侧垂直直线，单击【确定】按钮，即可创建其他智能标注，效果如图 3-96 所示。

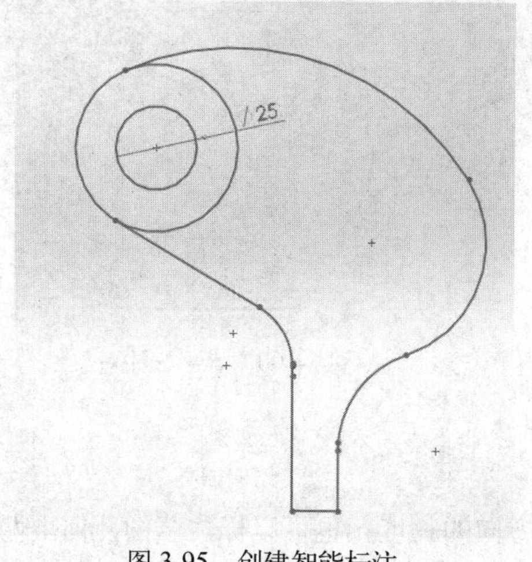

图 3-95 创建智能标注

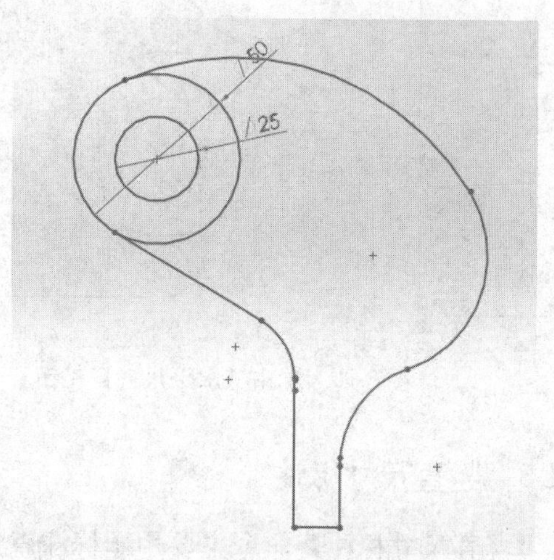

图 3-96 创建其他智能标注

3.4.2 水平尺寸标注

【水平尺寸标注】命令主要用于标注直线水平方向的长度，也可用于标注草图几何上两点间的水平距离。

上机实战 水平尺寸标注草图

1 打开光盘/素材/第 3 章/22.SLDPRT 文件，如图 3-97 所示。

2 进入草图编辑环境，在绘图区中的草图图形上选择最上方的水平直线对象，如图 3-98 所示。

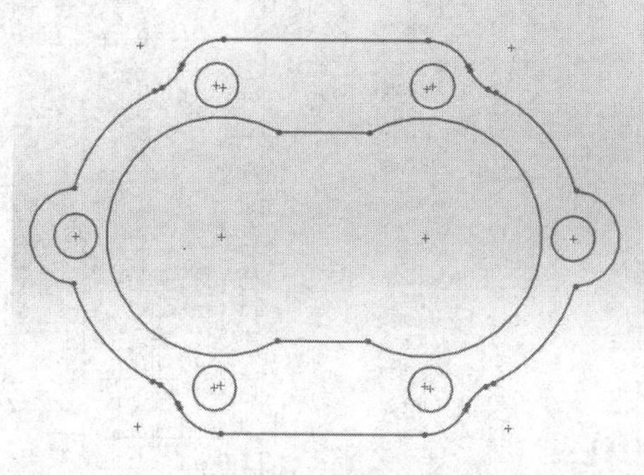

图 3-97 打开素材

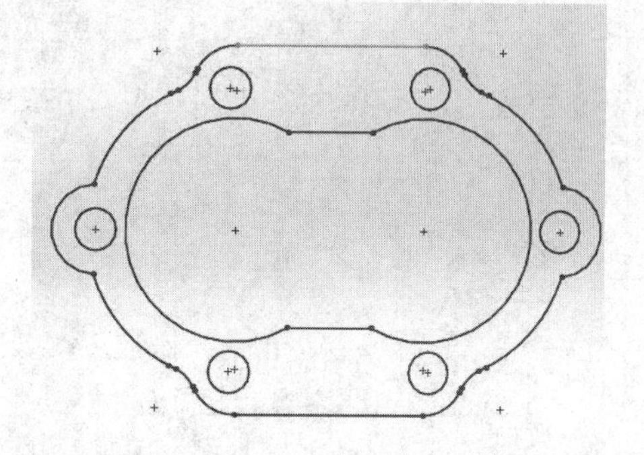

图 3-98 选择平直线

3 单击【智能尺寸】右侧的下拉按钮，在弹出的下拉菜单中单击【水平尺寸】按钮，再次选择最上方的直线，如图 3-99 所示。

4 向上拖曳至合适位置，单击鼠标弹出【修改】对话框，单击【确定】按钮，水平标注对象，如图 3-100 所示，然后退出草图环境。

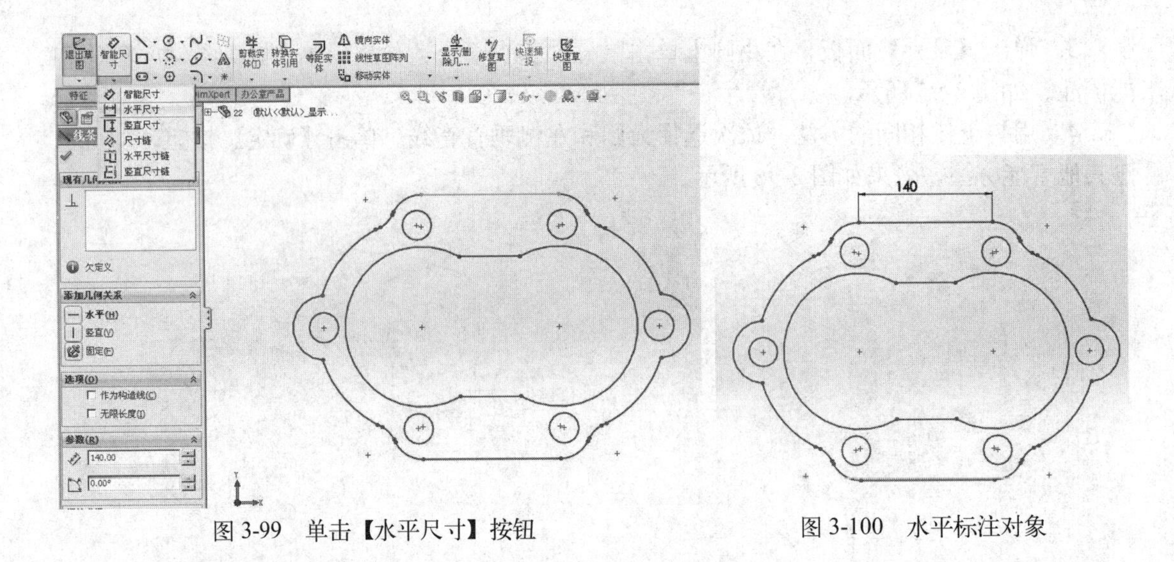

图 3-99　单击【水平尺寸】按钮　　　　图 3-100　水平标注对象

3.4.3 竖直尺寸标注

【竖直尺寸标注】命令主要用于标注直线竖直方向的长度，也可以标注草图几何上两点间的竖直距离。

上机实战　竖直尺寸标注草图

1　打开光盘/素材/第 3 章/23.SLDPRT 文件，如图 3-101 所示。

2　进入草图编辑环境，在菜单栏中单击【工具】/【标注尺寸】/【竖直尺寸】命令，如图 3-102 所示。

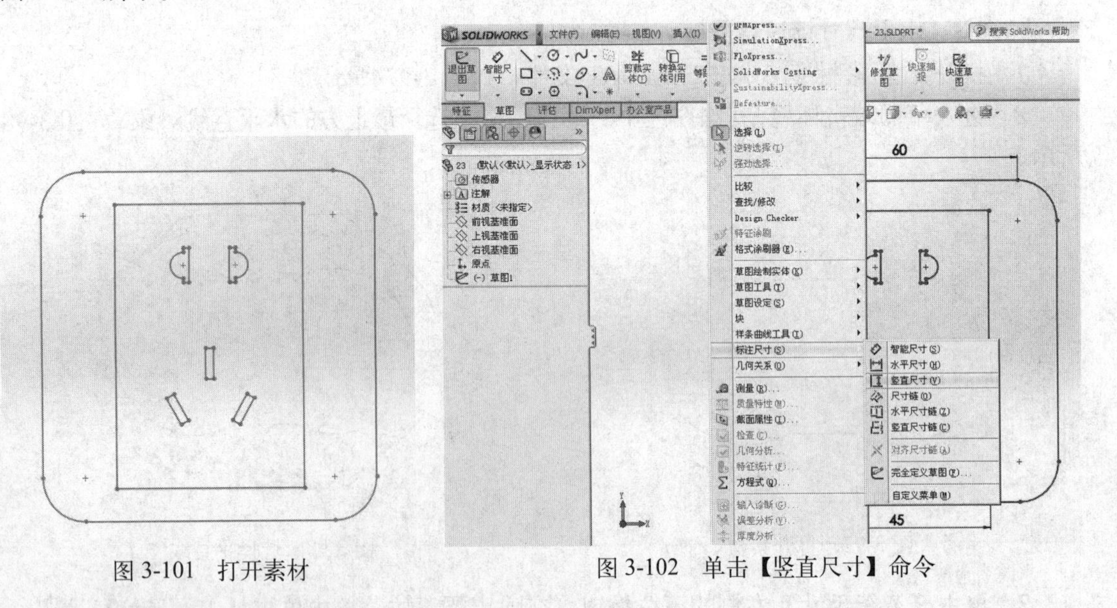

图 3-101　打开素材　　　　图 3-102　单击【竖直尺寸】命令

3　在绘图区的最左侧的竖直直线对象上单击鼠标左键，并向左拖曳鼠标至合适位置后，单击鼠标左键，如图 3-103 所示。弹出【修改】对话框，单击【确定】按钮，并退出草图环境，即可竖直尺寸标注对象，效果如图 3-104 所示。

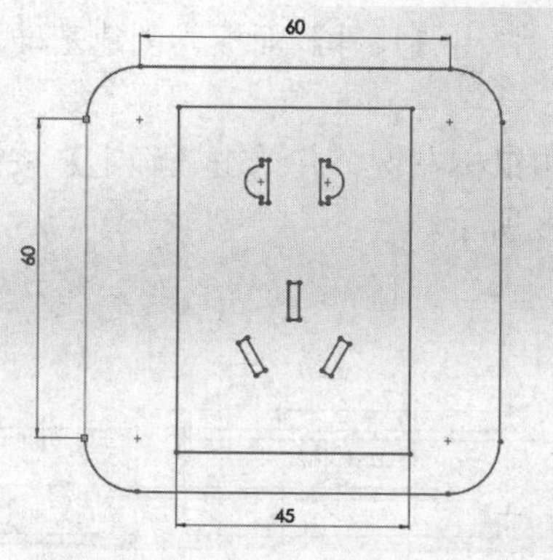

图 3-103　单击左侧的竖直直线

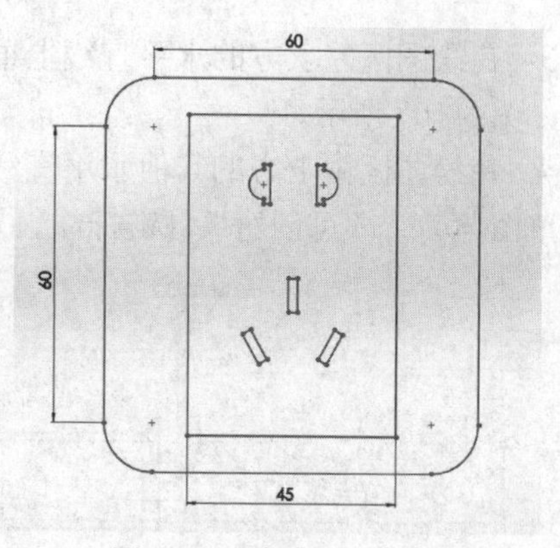

图 3-104　竖直尺寸标注

3.4.4　尺寸链标注

使用【尺寸链】命令，可以标注同一方向上多个基准相同的尺寸组，并以第一个选择的几何对象为尺寸基准，后续每选择一点都会在相应的位置上标注尺寸。

上机实战　尺寸链标注草图

1　打开光盘/素材/第 3 章/24.SLDPRT 文件，如图 3-105 所示。

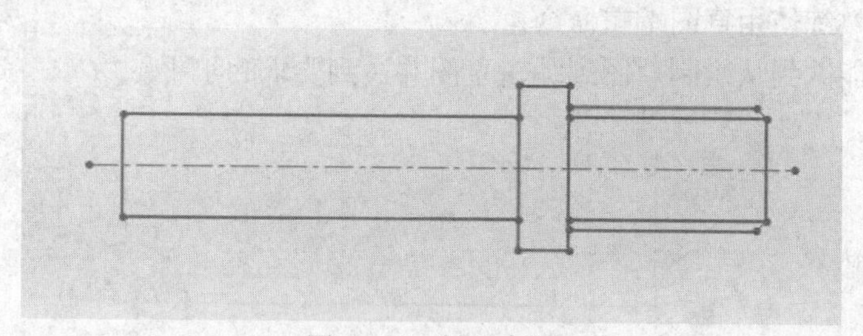
图 3-105　打开素材

2　进入草图编辑环境，在菜单栏上单击【工具】/【标注尺寸】/【尺寸链】命令，如图 3-106 所示。

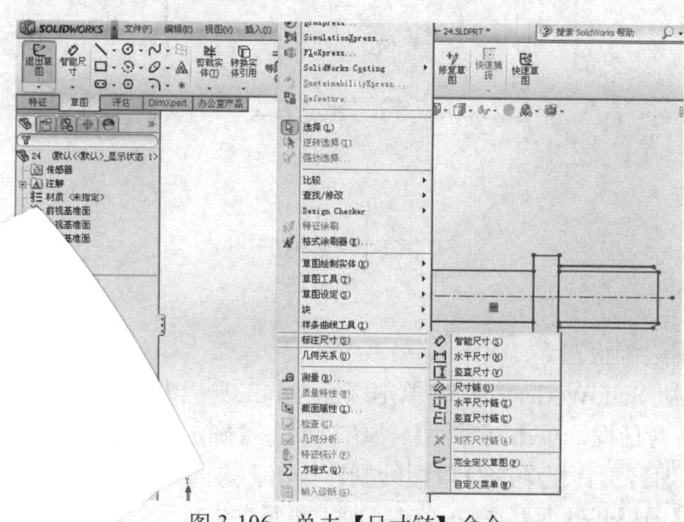

图 3-106　单击【尺寸链】命令

3 在绘图区左上方的水平直线上单击鼠标左键，弹出【尺寸】面板，创建基准尺寸标注，如图3-107所示。

4 在绘图区中上方的其他水平直线上，依次单击鼠标左键，并单击【确定】按钮，并退出草图环境，即可创建尺寸链标注，效果如图3-108所示。

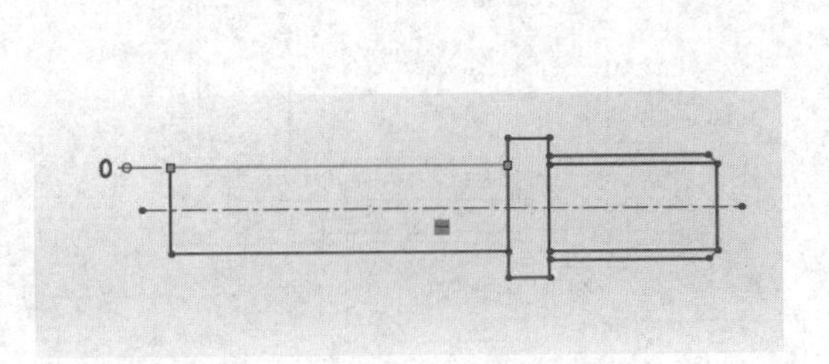

图3-107 单击左上方的水平直线

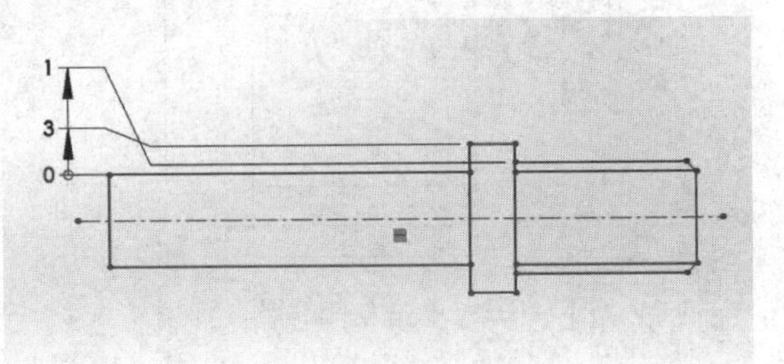

图3-108 创建尺寸链标注

3.5 项目实训

下面通过制作如图3-109所示的草图，加深读者对于几何图形的掌握。在制作过程中，主要使用了复制、镜向、修剪、圆周草图阵列、智能尺寸标注等命令。

实训目的：熟练使用草图编辑命令。

实训要求：能做到从绘制草图到编辑草图并达到要求的水平。

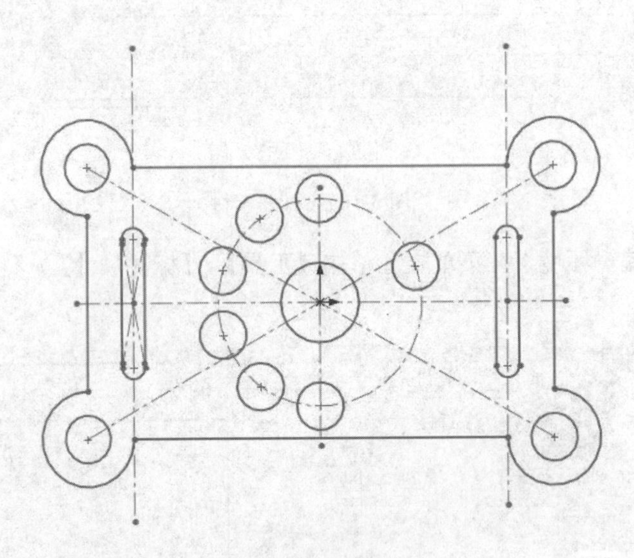

图3-109 草图

操作步骤

（1）进入草图绘制状态

1 启动中文版SolidWorks 2012，单击【标准】工具栏中的【新建】按钮，弹出【新建SolidWorks文件】对话框，单击【零件】按钮，单击【确定】按钮，生成新文件。

2 单击【草图】工具栏中的【草图绘制】按钮，进入草图绘制状态。在【特征管理器设计树】中单击【前视基准面】图标，使前视基准面成为草图绘制平面。

（2）绘制、标注与编辑草图

3　单击【草图】选项卡中的【中心线】按钮，绘制水平与竖直方向的中心线，如图 3-110 所示。

4　单击【中心矩形】按钮，移动鼠标至草图原点，拖动鼠标生成矩形，在【属性管理器】中单击【确定】按钮，以结束矩形，如图 3-111 所示。

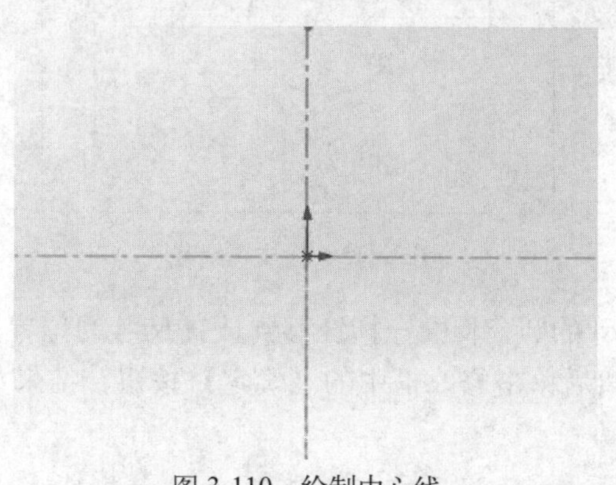
图 3-110　绘制中心线

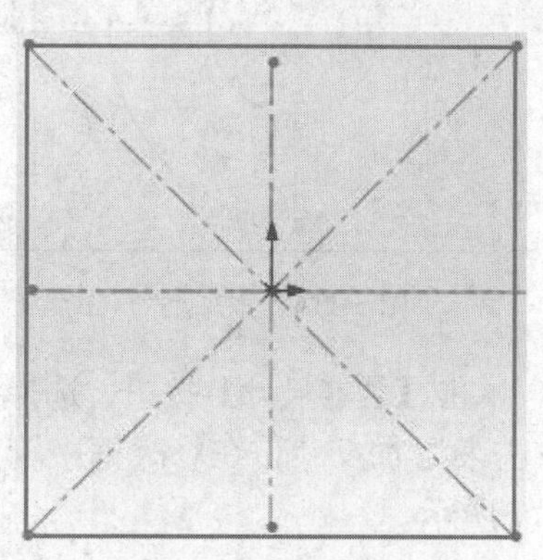
图 3-111　绘制矩形

5　单击【智能尺寸】按钮，选择要标注尺寸的边，将指针移到放置尺寸的位置，然后单击来添加尺寸，在修改框中输入 120，然后单击修改框中【确定】按钮，使用同样方法标注另一条边的尺寸，即 170，如图 3-112 所示。

6　单击【圆】按钮，在【属性管理器】中弹出【圆】的属性中单击【中央创建】单选按钮，在图形区域中绘制圆形草图，单击【确定】按钮，如图 3-113 所示。

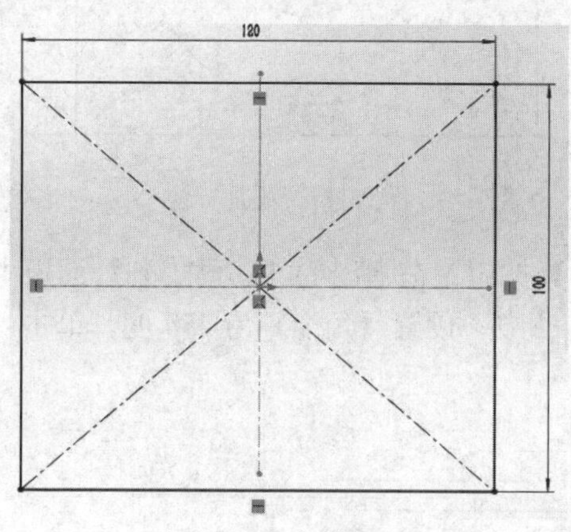

图 3-112　标注尺寸

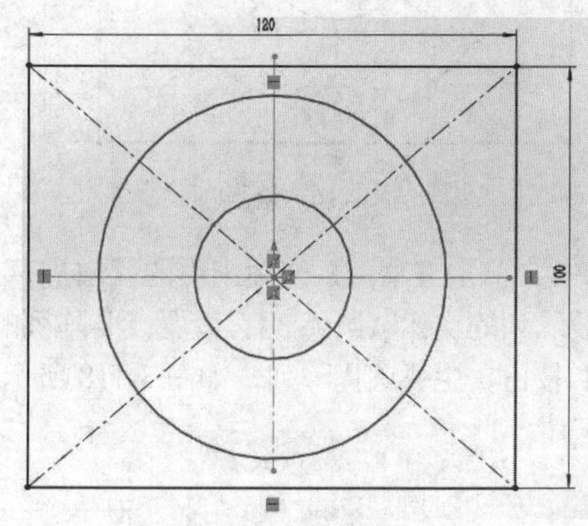

图 3-113　绘制圆

7　单击【智能尺寸】按钮，选择要标注尺寸的圆，将鼠标指针移到放置尺寸的位置，然后单击来添加尺寸，在修改框中输入 40，然后单击修改框中的【确定】按钮，使用同样方法标注其他圆的尺寸，即 50，如图 3-114 所示。

8　单击草图中的外圆，使之高亮，在【属性管理器】中弹出【圆】面板，单击【确定】按钮，生成的构造线如图 3-115 所示。

9　单击【圆】按钮，单击【中央创建】单选按钮，在图形区域中绘制圆形草图，移动鼠标至草图原点中心线以下，拖动鼠标生成圆，单击以结束圆的绘制，单击【确定】按钮，结果如图 3-116 所示。

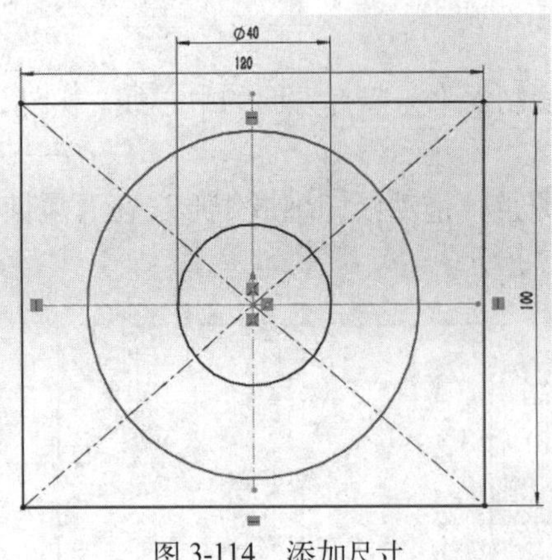

图 3-114　添加尺寸

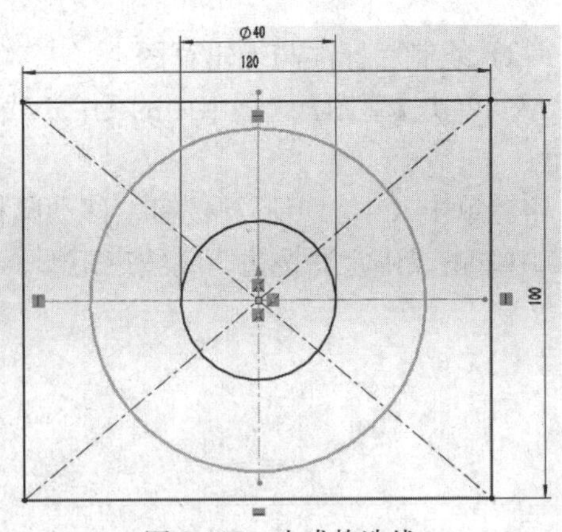

图 3-115　生成构造线

10 单击【智能尺寸】按钮，选择要标注尺寸的圆，将鼠标指针移到放置尺寸的位置，然后单击来添加尺寸，在修改框中输入 15，然后单击修改框中的【确定】按钮，结果如图 3-117 所示。

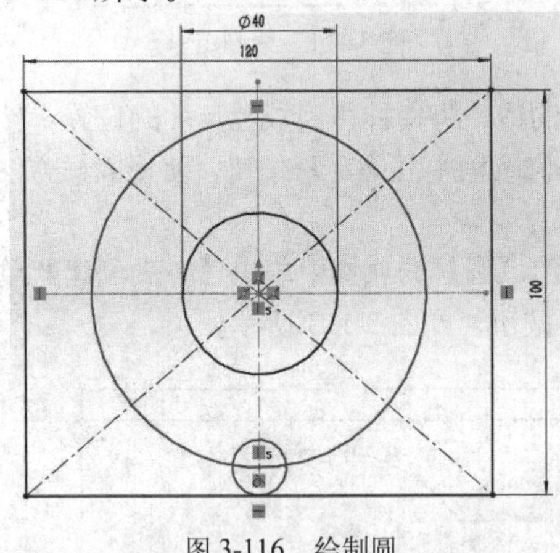

图 3-116　绘制圆

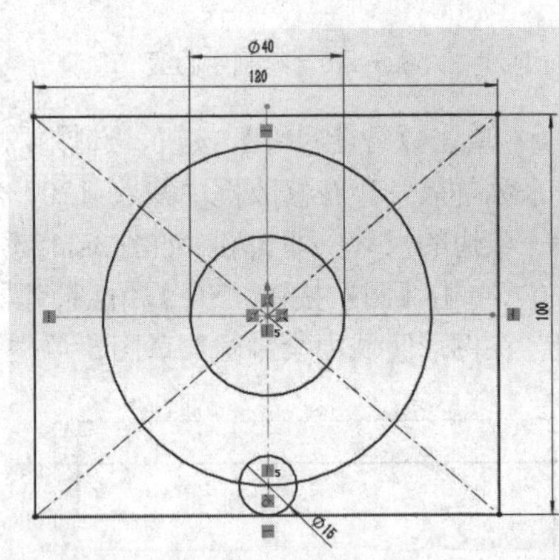

图 3-117　添加标注

11 单击【草图】选项卡中的【圆周草图阵列】按钮，在弹出的【圆周阵列】面板中选择要阵列的实体【圆弧 3】，设置【要阵列的数量】为 2，设置【角度】为 250 度，单击【确定】按钮，生成圆周阵列，如图 3-118 所示。

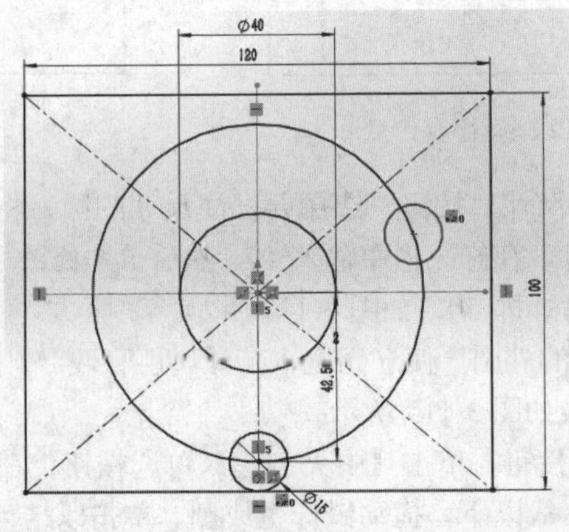

图 3-118　生成圆周阵列

12 继续生成圆周阵列。单击【草图】选项卡中的【圆周草图阵列】按钮，在屏幕左侧的【圆周阵列】面板中选择要阵列的实体【圆弧 3】，选择要阵列的数量 4，参数选择 180 度，单击【确定】生成圆周阵列，如图 3-119 所示。

13 单击【圆】按钮，在【属性管理器】中单击【中央创建】单选按钮，在图形区域中绘制圆形草图，移动鼠标至矩形顶点，拖动鼠标生成圆，单击以结束圆的绘制，然后单击【确定】按钮。使用同样方法生成另一个圆，如图 3-120 所示。

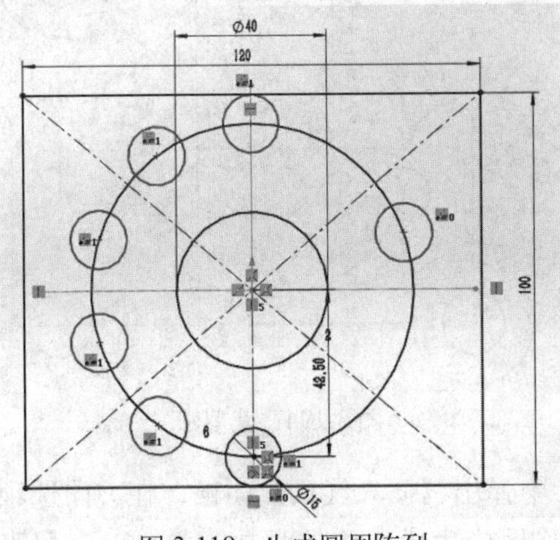

图 3-119　生成圆周阵列

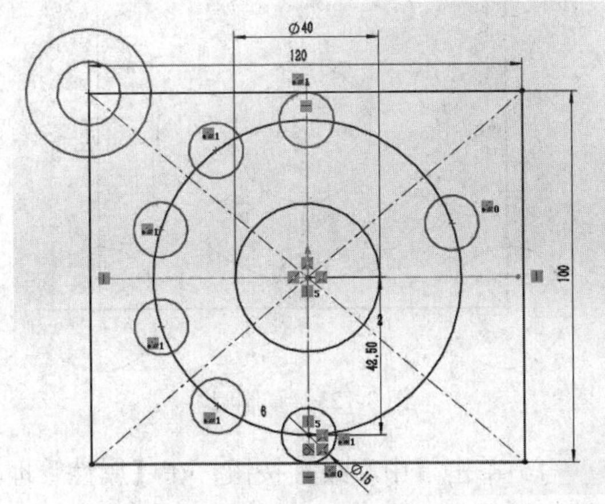

图 3-120　绘制圆

14 单击【智能尺寸】按钮，选择要标注尺寸的圆，将鼠标指针移到放置尺寸的位置，然后单击来添加尺寸，在修改框中输入 35，然后单击【确定】按钮，使用同样方法标注另一个圆的尺寸，如图 3-121 所示。

15 单击【镜向实体】按钮，在【镜向】面板中的要镜像的实体选择【圆弧 10】和【圆弧 11】，单击镜像点，然后单击竖直中心线，使之高亮，此时镜像点处显示【直线 4】，单击【确定】按钮，以结束镜像，如图 3-122 所示。

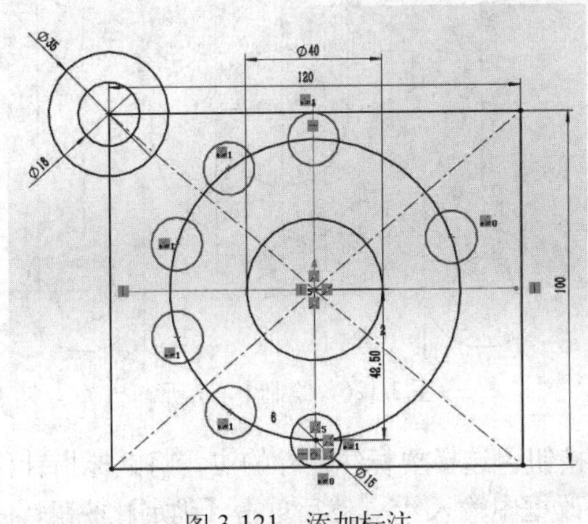

图 3-121　添加标注

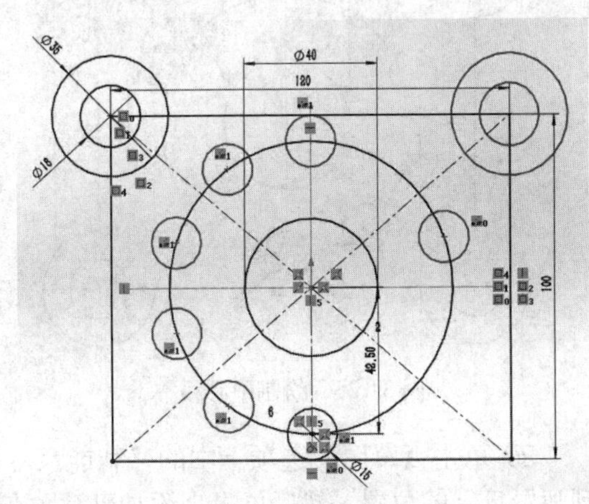

图 3-122　镜向圆

16 单击【草图】选项卡中的【复杂】按钮，在弹出的【复杂】面板中选择【圆弧 10】、【圆弧 11】、【圆弧 12】和【圆弧 13】作为要复制的实体，单击起点，然后拖动鼠标，沿水平线在矩形的顶点放置圆，单击生成圆。在【属性管理器】中单机【确定】按钮，以结束复制，

如图 3-123 所示。

17 单击【裁剪实体】按钮，弹出【裁剪】面板，移动鼠标至裁剪处，单击鼠标裁剪圆弧，在【属性管理器】单击【确定】按钮，以结束裁剪，如图 3-124 所示。

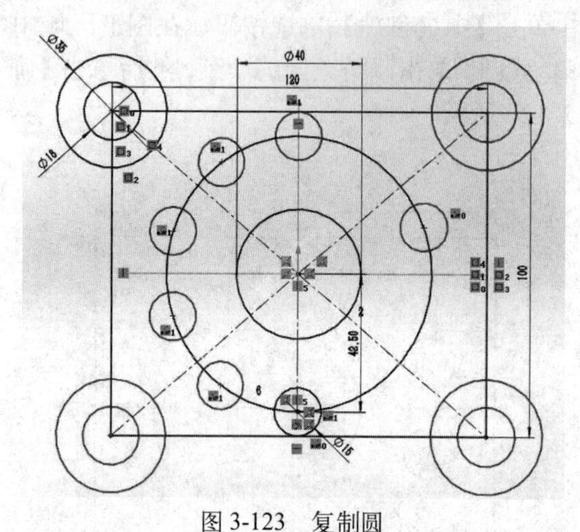

图 3-123　复制圆

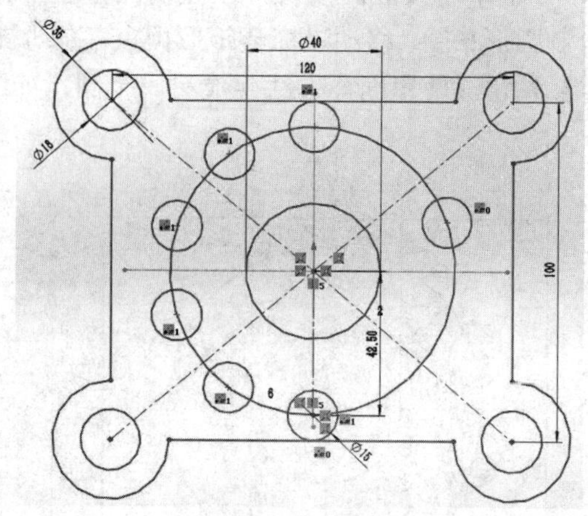

图 3-124　裁剪圆

18 单击【中心线】按钮，在【属性管理器】中弹出【插入线条】面板，在方向选项下选择【竖直】，在【作为构造线】处打勾号，在绘图区中生成一条竖直中心线，单击【确定】按钮，同样方法生成另一条竖直中心线，如图 3-125 所示。

19 单击【草图】选项卡中的【中心矩形】按钮，图形的左侧拖动鼠标生成矩形，在【属性管理器】中弹出【矩形】面板，单击【确定】按钮以结束矩形，如图 3-126 所示。

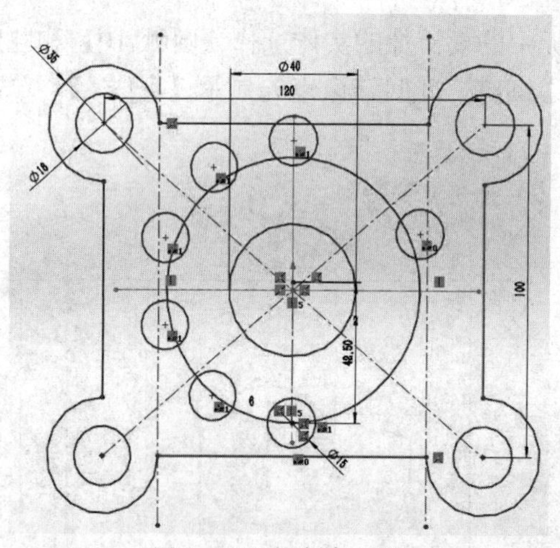

图 3-125　绘制中心线

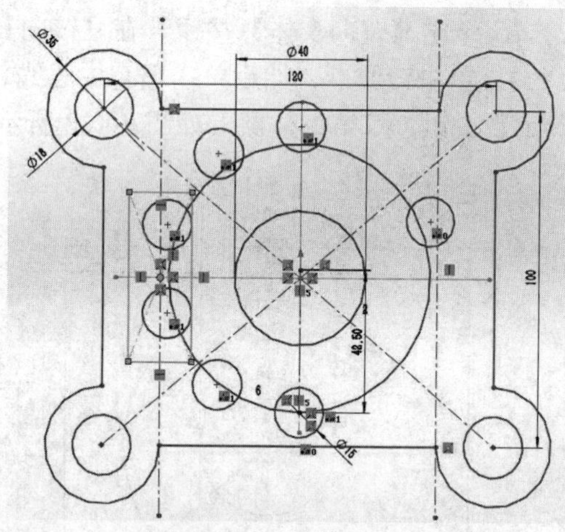

图 3-126　绘制中心矩形

20 单击【草图】选项卡中的【智能尺寸】按钮，选择要标注尺寸的边，将鼠标指针移到放置尺寸的位置，然后单击来添加尺寸，在修改框中输入 45，然后单击【确定】按钮，使用同样方法标注另一条边的尺寸，如图 3-127 所示。

21 单击【圆】按钮，在【圆】面板中单击【中央创建】单选按钮，移动鼠标指针至草图原点中心线下，拖动鼠标生成圆，单击以结束圆并在【属性管理器】中单击【确定】按钮，如图 3-128 所示。

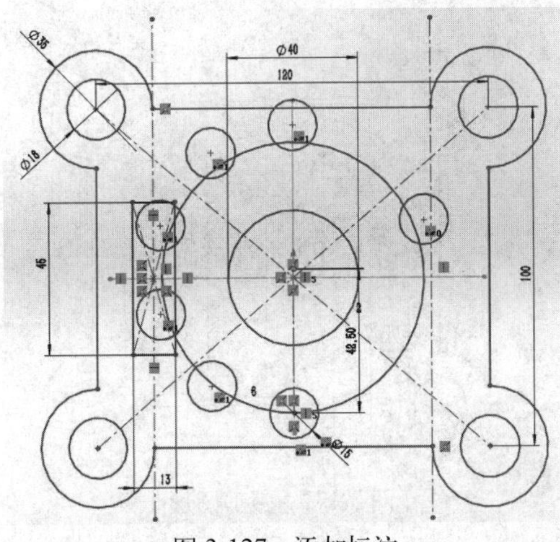

图 3-127　添加标注

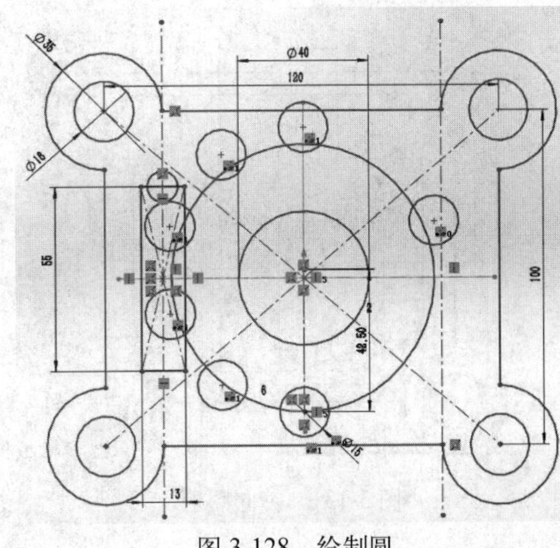

图 3-128　绘制圆

22 单击【智能尺寸】按钮，选择要标注尺寸的圆，将鼠标指针移到放置尺寸的位置，然后单击来添加尺寸，在修改框中输入 10，然后单击【属性管理器】中的【确定】按钮，如图 3-129 所示。

23 单击【草图】选项卡中的【复制】按钮，在【属性管理器】中弹出【复制】面板，选择【圆弧 18】作为要复制的实体，单击起点，拖动鼠标指针，沿水平线在矩形的另一边放置圆，单击生成圆。在【属性管理器】中单机【确定】按钮，以结束复制，如图 3-130 所示。

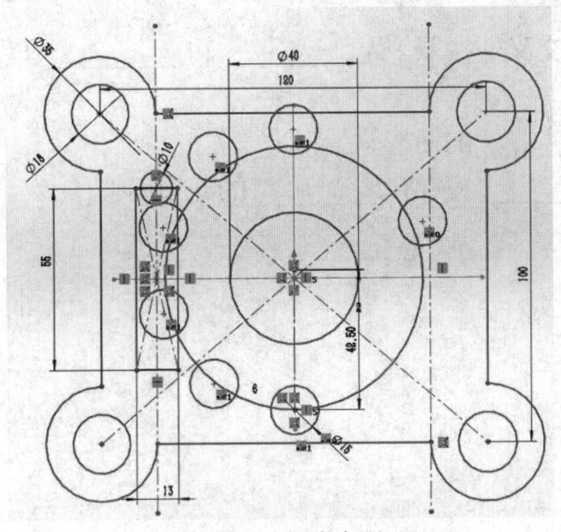

图 3-129　添加标注

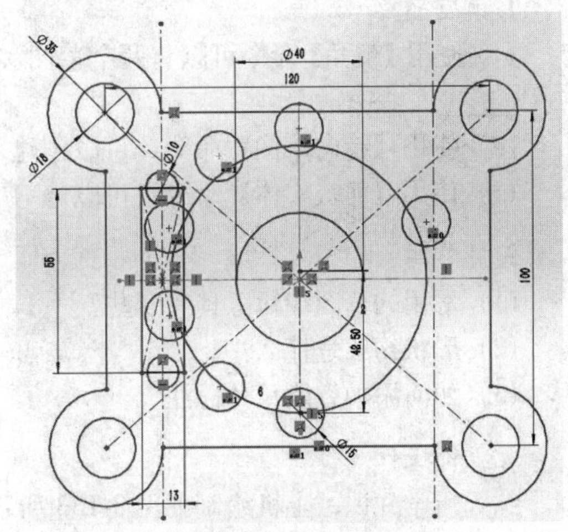

图 3-130　复制圆

24 单击【草图】选项卡中的【镜向实体】按钮，在【镜向】面板中，要镜向的实体选择【圆弧 18】、【圆弧 19】、【直线 19】、【直线 20】、【直线 21】和【直线 22】，单击镜像点，然后单击竖直中心线，使之高亮，此时镜像点处显示【直线 1】，在【属性管理器】中单击【确定】按钮，以结束镜像，如图 3-131 所示。

25 单击【草图】选项卡中的【裁剪实体】按钮，弹出【裁剪】面板，移动鼠标至裁剪处，单击鼠标裁剪圆弧、直线，在【属性管理器】中单击【确定】按钮，以结束裁剪，至此，草图范例全部完成，如图 3-132 所示。

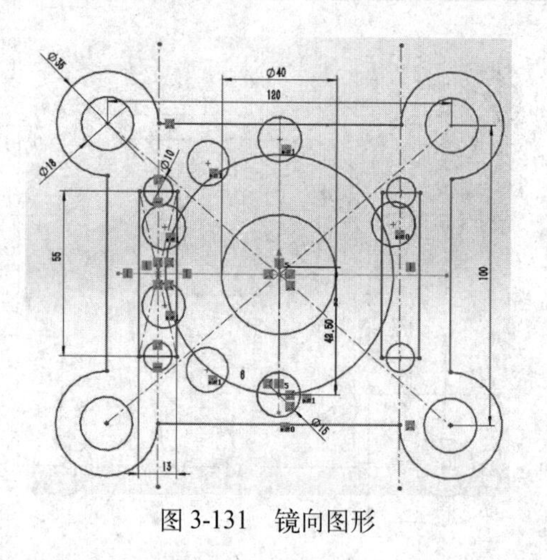
图 3-131 镜向图形

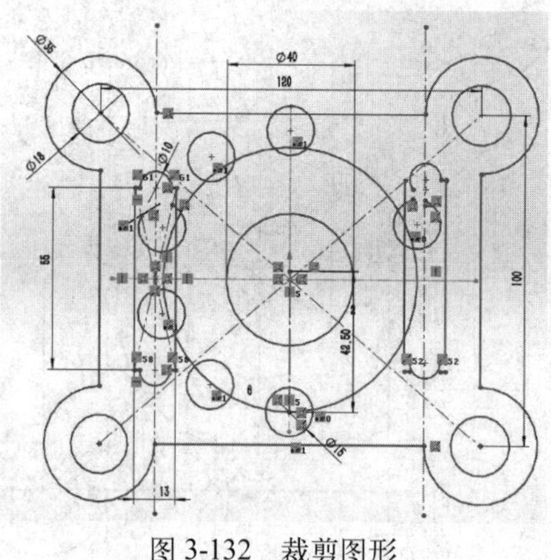
图 3-132 裁剪图形

3.6 本章小结

本章主要学习了草图对象的编辑方法。通过本章的学习，应掌握常用的草图编辑命令与为草图添加尺寸标注等，尤其要熟悉阵列草图形状约束的使用。

3.7 本章习题

1. 填空题

(1) 使用【倒角】命令可以将两个草图实体交叉处按照一定_________和_________剪裁，并用_________相连。

(2) 使用【镜向草图】命令，可以创建_________的图形。

(3) 使用【剪裁实体】命令，可以修剪_________或存在_________的几何图形。

2. 简答题

(1) 常用的草图编辑工具有哪些？

(2) 形状约束是什么？

(3) 如何添加智能尺寸标注？

3. 上机操作

综合所学知识，上机绘制如图 3-133 所示草图效果。

提示：使用矩形、圆、直线和 3 点圆弧等来绘制。

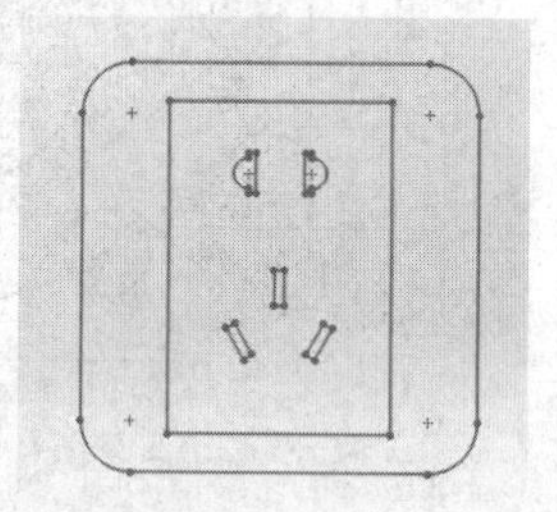
图 3-133 草图效果

第 4 章　创建实体特征

教学目标

实体特征在零件建模时应用得十分广泛，如创建零件的基本结构特征、切除特征。创建实体特征的方式有拉伸、旋转、扫描、放样等。本章将详细介绍使用拉伸、旋转、扫描等命令创建实体特征。

教学重点与难点

- 创建基础特征
- 创建切除特征
- 创建孔特征
- 创建辅助特征

4.1　创建基础特征

基础特征是创建复杂零件的基础，在创建过程中的应用频率非常高，常见的基础特征包括拉伸，旋转，切除、扫描，放样等。

4.1.1　创建拉伸特征

使用【拉伸凸台／基体】命令，可以通过向一个或两个方向拉伸一个草图或绘制的草图轮廓来创建拉伸特征。

上机实战　创建拉伸特征

1　打开光盘/素材/第 4 章/1.SLDPRT 文件，如图 4-1 所示。

2　单击【特征】选项卡中的【拉伸凸台／基体】按钮，如图 4-2 所示。

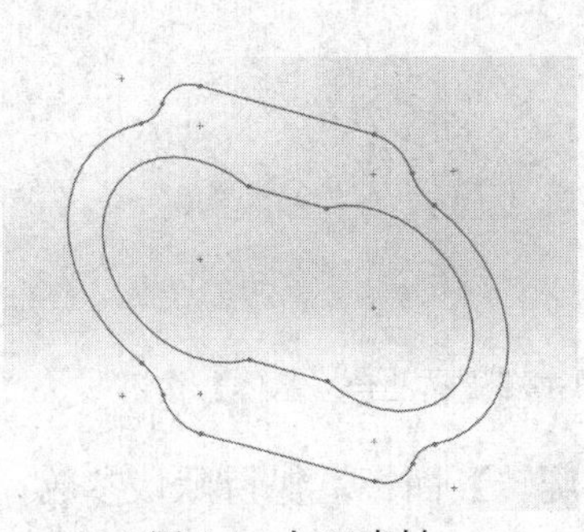

图 4-1　打开素材

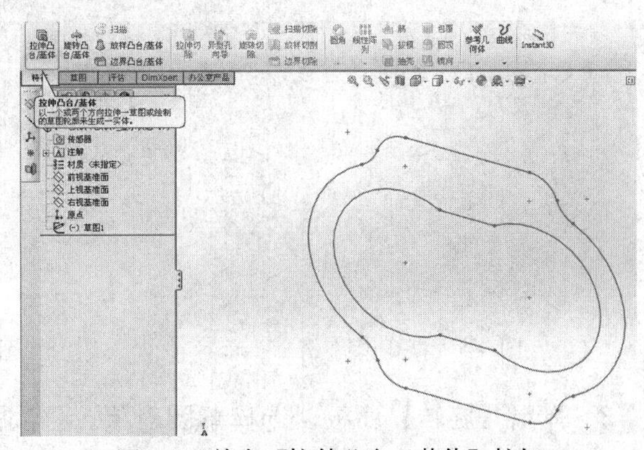

图 4-2　单击【拉伸凸台／基体】按钮

3 弹出【拉伸】面板，在绘图区中选择草图对象，弹出【凸台-拉伸】面板，设置【深度】为40，如图4-3所示。

4 在【凸台-拉伸】面板中单击【确定】按钮，即可创建拉伸特征，效果如图4-4所示。

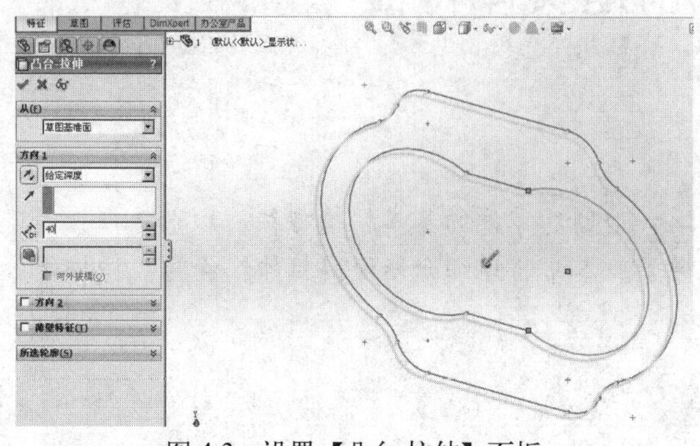

图4-3 设置【凸台-拉伸】面板

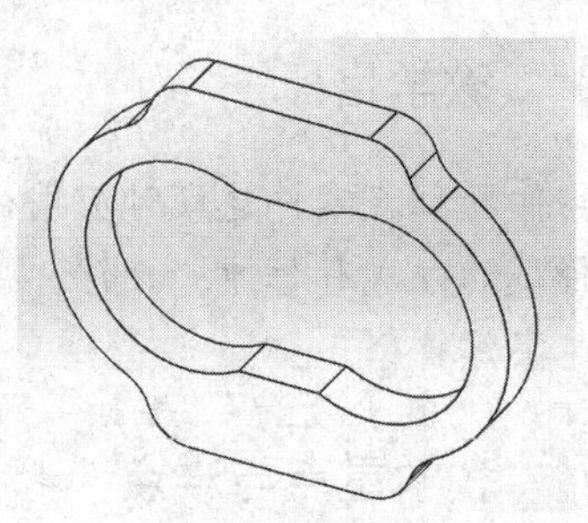

图4-4 创建拉伸特征

在【凸台-拉伸】面板中，各主要选项意义如下：

- 【细节预览】：用于预览当前参数特征的生成状态。
- 【从】：该选项区主要用于设置创建拉伸特征时的开始条件，包括草图基准面、曲面/面/基准面、顶点与等距4种。
- 【方向1】：该选项区主要用于定义方向1上的拉伸特征，如方向1上拉伸特征终止条件、方向、深度值和设计拔模。

4.1.2 创建旋转特征

旋转特征是将草图对象绕指定的旋转轴，旋转一定的角度而生成的回转体特征，系统默认的旋转角度为360度，可以根据需要自定义角度。

上机实战 创建旋转特征

1 打开光盘/素材/第4章/2.SLDPRT文件，如图4-5所示。

2 单击【特征】选项卡中的【旋转凸台／基体】按钮，如图4-6所示。

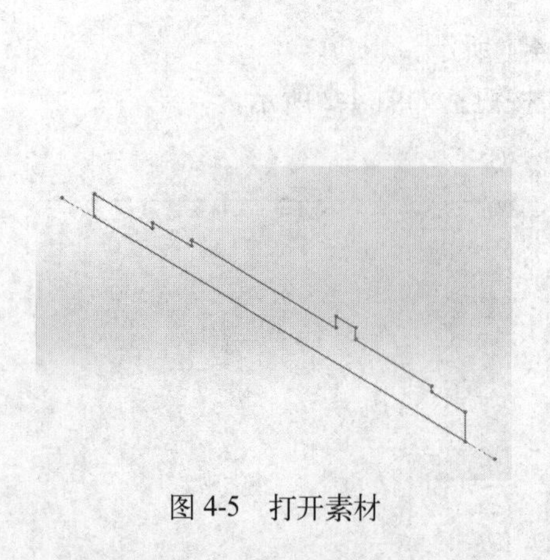

图4-5 打开素材

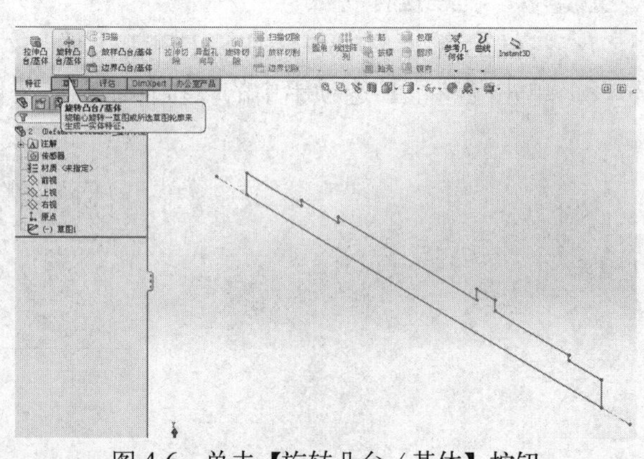

图4-6 单击【旋转凸台／基体】按钮

3 弹出【旋转】面板，选择草图对象，再次弹出【旋转】面板，保持默认参数，如图4-7所示。

4　在面板中单击【确定】按钮，即可创建旋转特征，效果如图 4-8 所示。

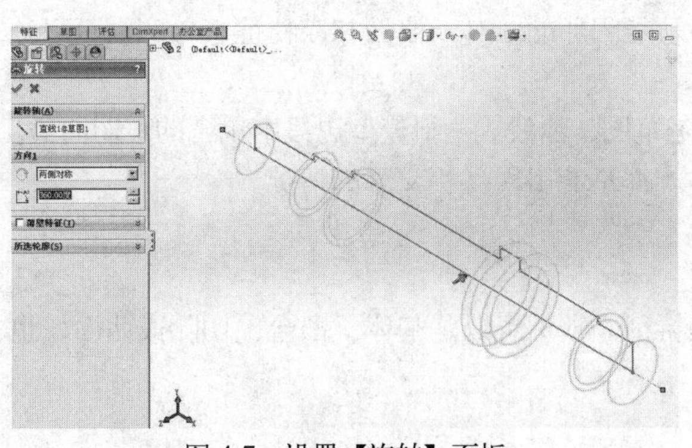

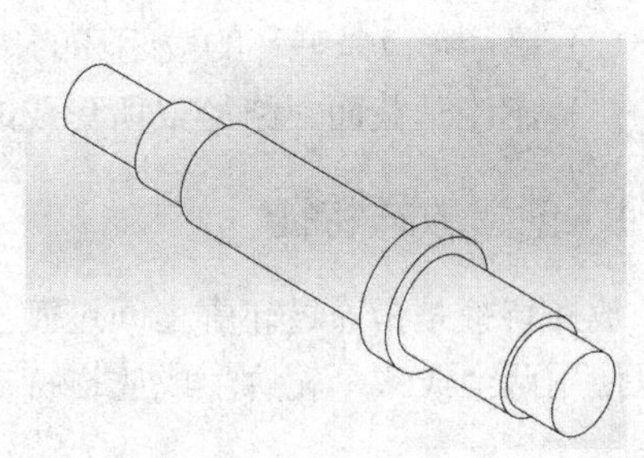

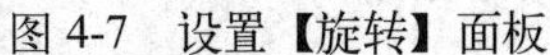

图 4-7　设置【旋转】面板　　　　图 4-8　创建旋转特征

4.1.3　创建扫描特征

扫描特征是通过沿着一条路径移动轮廓，以生成基体、凸台、切除或者曲面的一种特征。

上机实战　创建扫描特征

1　打开光盘/素材/第 4 章/3.SLDPRT 文件，如图 4-9 所示。

2　单击【特征】选项卡中的【扫描】按钮，如图 4-10 所示。

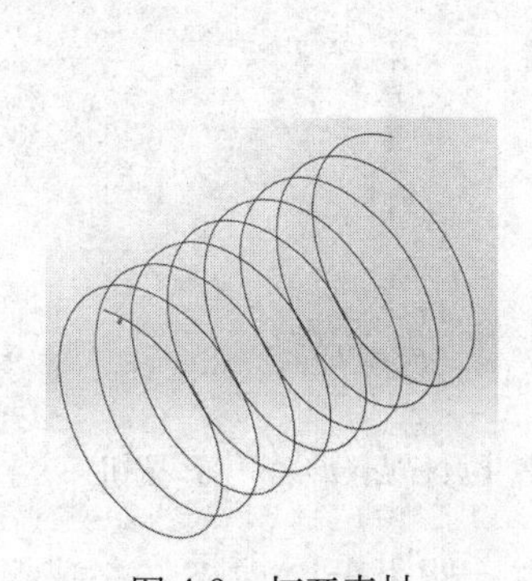

图 4-9　打开素材

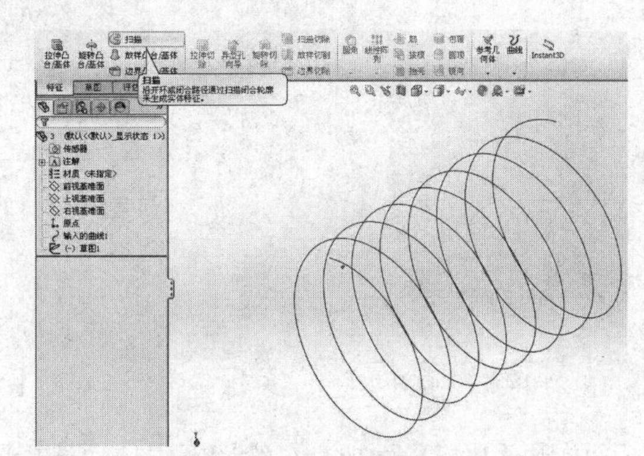

图 4-10　单击【扫描】按钮

3　弹出【扫描】面板，在绘图区中选择草图 1 为轮廓对象，选择输入的曲线 1 为路径对象，如图 4-11 所示。

4　在【扫描】面板中单击【确定】按钮，即可创建扫描特征，效果如图 4-12 所示。

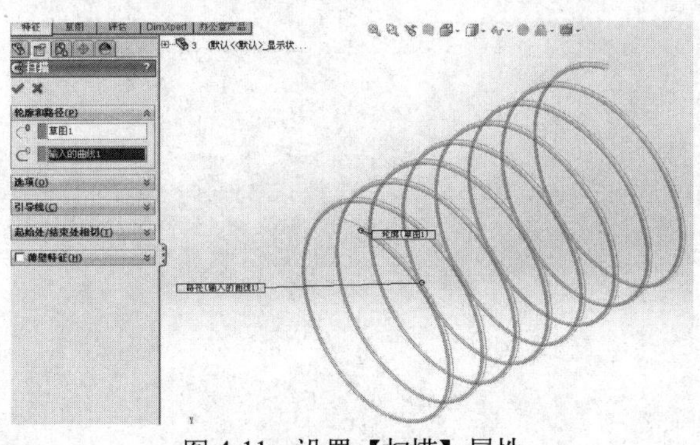

图 4-11　设置【扫描】属性

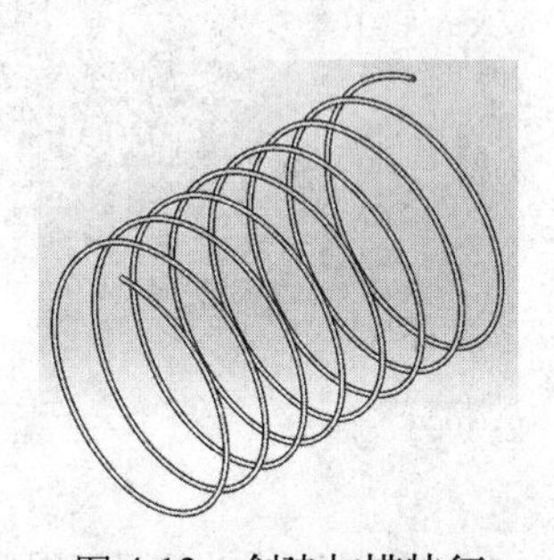

图 4-12　创建扫描特征

扫描特征的使用规则有以下 3 种：

（1）对于基体或凸台扫描特征，轮廓必须是闭环的，对于曲面扫描特征，轮廓则可以是闭环也可以是开环的。

（2）路径可以是开环的或闭环的，可以是草图、曲线或一组模型边线中包含的草图曲线。

（3）不论是截面、路径或所形成的实体，都不能出现自相交叉的情况。

4.1.4 创建放样特征

放样特征是指通过轮廓之间过渡生成的特征。放样可以是基体、凸台、切除或曲面，也可以使用两个或多个轮廓生成放样特征。

上机实战　创建放样特征

1 打开光盘/素材/第 4 章/4.SLDPRT 文件，如图 4-13 所示。

2 单击【特征】选项卡中的【放样凸台／基体】按钮，如图 4-14 所示。

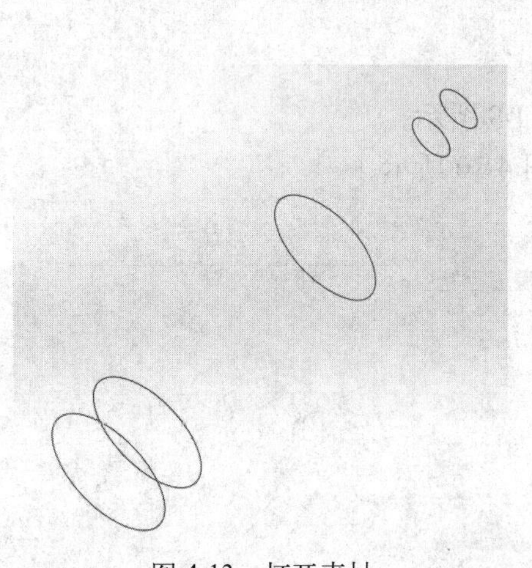

图 4-13　打开素材

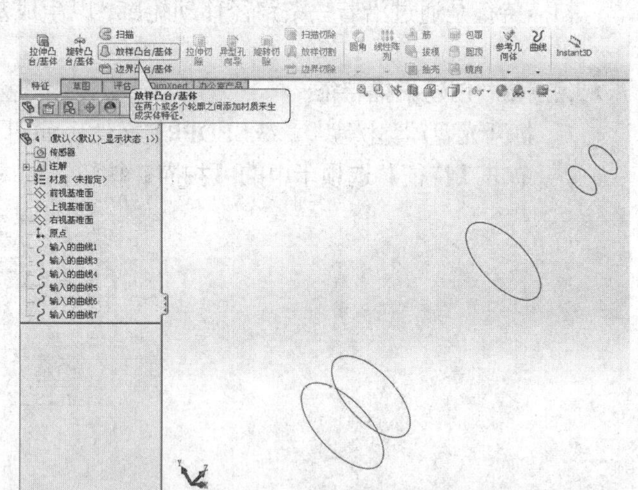

图 4-14　单击【放样凸台／基体】按钮

3 弹出【放样】面板，在绘图区中依次选择圆图形对象，如图 4-15 所示。

4 在【放样】面板中单击【确定】按钮，即可创建放样特征，效果如图 4-16 所示。

图 4-15　依次选择圆图形对象

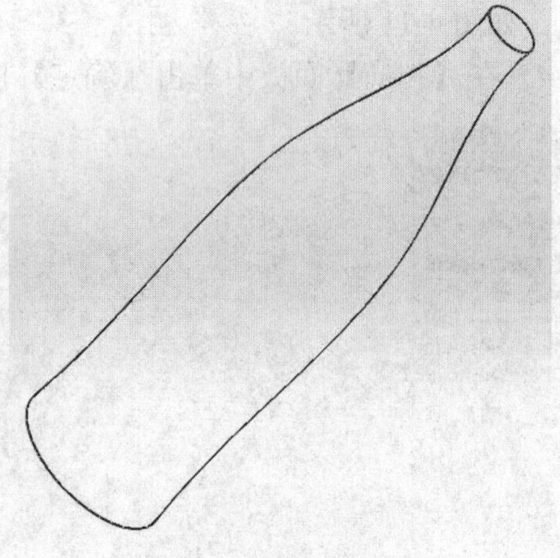

图 4-16　创建放样特征

4.2　创建切除特征

切除特征是将原有模型上的部分材料切除掉，常见的切除特征包括拉伸切除、旋转切除、扫描切除以及放样切除等。

4.2.1　创建拉伸切除特征

使用【拉伸切除】命令，可以一个或两个方向拉伸草图轮廓来切除一个实体特征。

上机实战　创建拉伸切除特征

1　打开光盘/素材/第 4 章/5.SLDPRT 文件，如图 4-17 所示。

2　单击【特征】选项卡中的【拉伸切除】按钮，如图 4-18 所示。

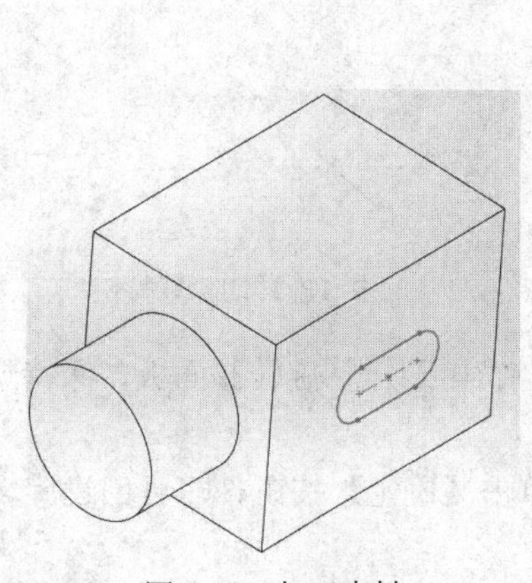

图 4-17　打开素材

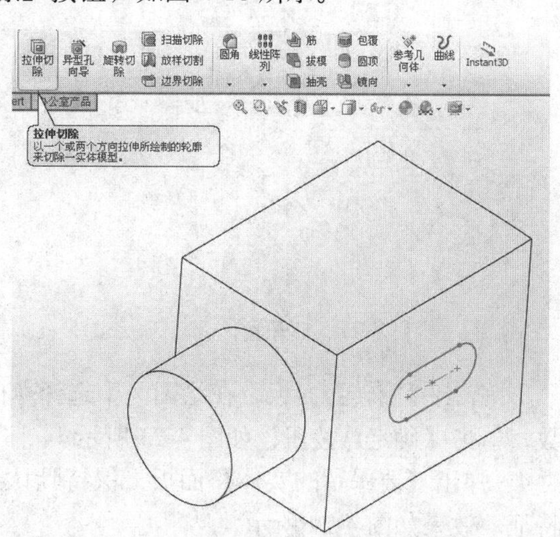

图 4-18　单击【拉伸切除】按钮

3　弹出【拉伸】面板，在绘图区中选择草图对象，弹出【切除-拉伸】面板，设置【深度】为 20，如图 4-19 所示。

4　在【拉伸-切除】面板中单击【确定】按钮，即可创建拉伸切除特征，效果如图 4-20 所示。

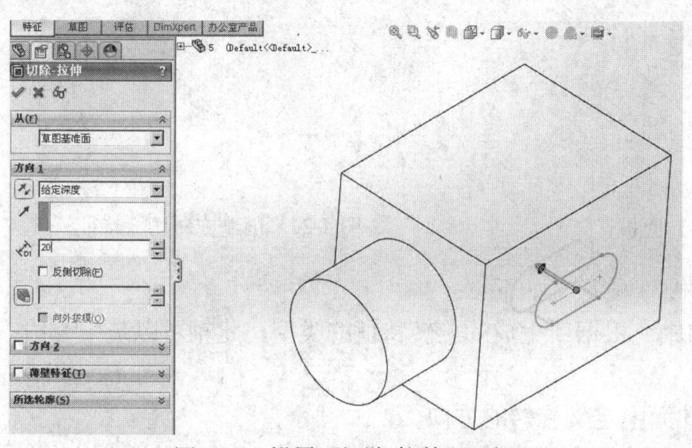

图 4-19　设置【切除-拉伸】面板

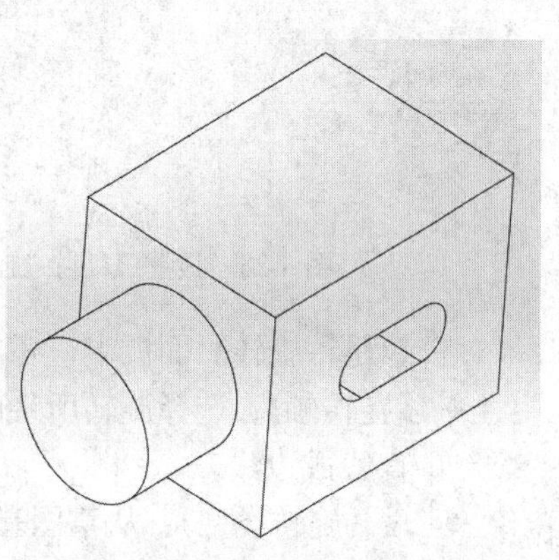

图 4-20　创建拉伸切除特征

4.2.2 创建旋转切除特征

在 SolidWorks 2012 中，使用【旋转切除】命令，可以通过绕轴心旋转绘制的轮廓来切除实体模型。

上机实战　创建旋转切除特征

1　打开光盘/素材/第 4 章/6.SLDPRT 文件，如图 4-21 所示。

2　单击【特征】选项卡中的【旋转切除】按钮，如图 4-22 所示。

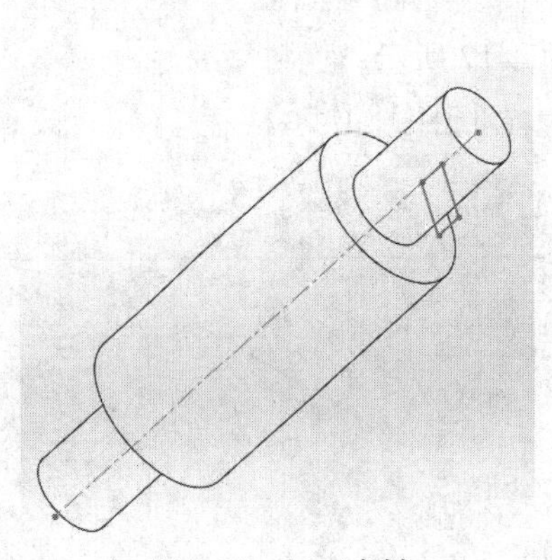

图 4-21　打开素材

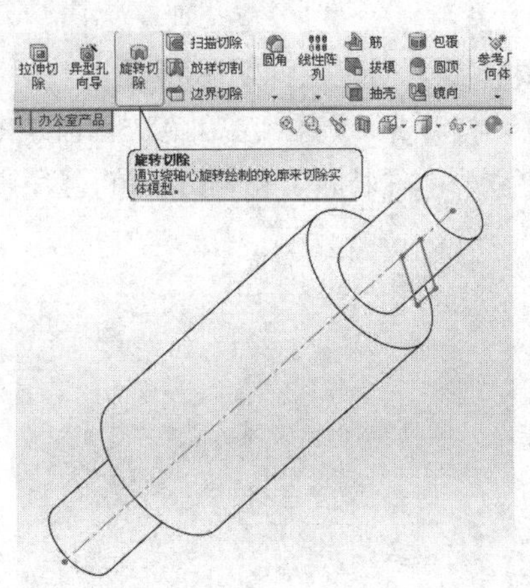

图 4-22　单击【旋转切除】按钮

3　弹出【旋转】面板，在绘图区中选择草图对象，弹出【切除-旋转】面板，保持默认参数，单击【确定】按钮，如图 4-23 所示。

4　弹出【要保留的实体】面板，保持默认选项，单击【确定】按钮，即可创建旋转切除特征，效果如图 4-24 所示。

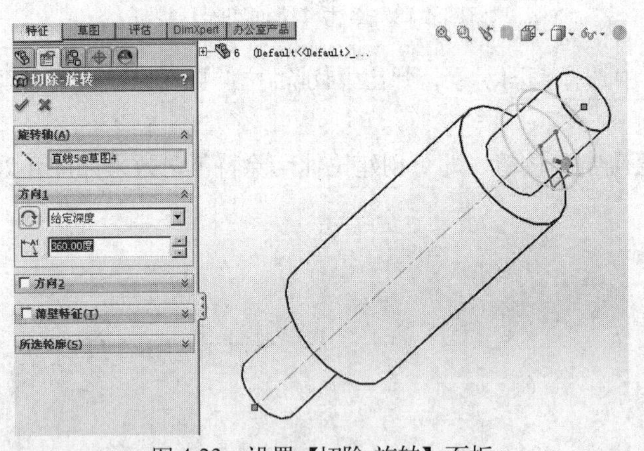

图 4-23　设置【切除-旋转】面板

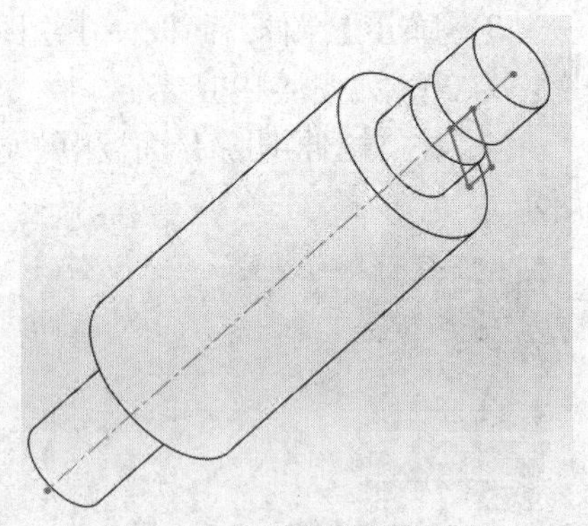

图 4-24　创建旋转切除特征

在【切除-旋转】面板中，各主要选项意义如下：

- 【旋转轴】：选择旋转所绕的轴，根据所生成的旋转特征的类型，此轴可以是中心线、直线或边线。
- (旋转类型)：从草图基准面中定义旋转的方向。
- (角度)：用于定义旋转所包含的角度，默认的角度为 360 度，角度以顺时针方向为准。

4.2.3　创建放样切除特征

使用【放样切割】命令，可以在两个或多个轮廓之间通过移除材料来切除实体模型。

上机实战　创建放样切除特征

1　打开光盘/素材/第 4 章/7.SLDPRT 文件，如图 4-25 所示。

2　在【特征】选项卡中单击【放样切割】按钮，如图 4-26 所示。

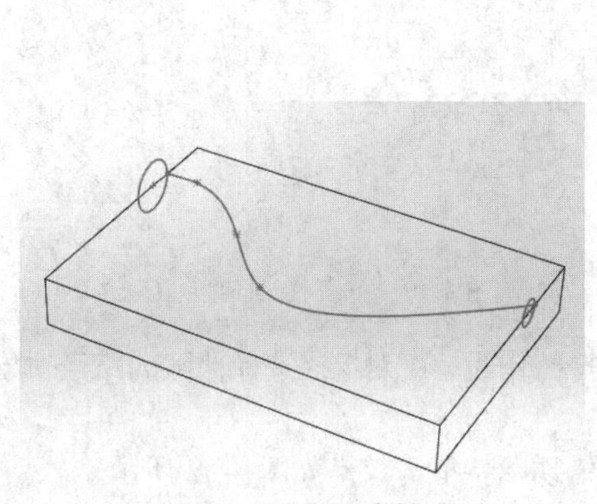

图 4-25　打开素材

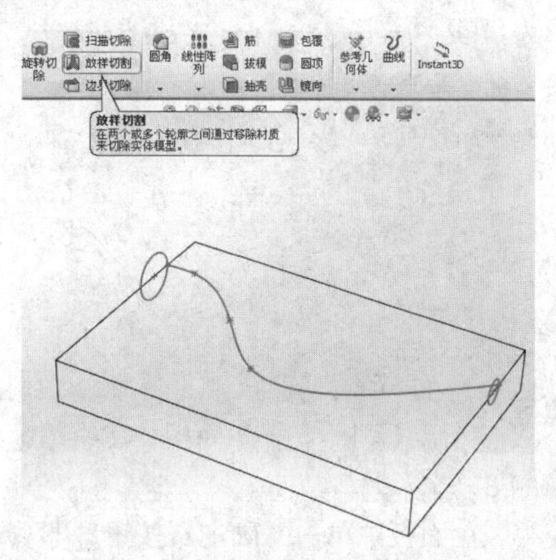

图 4-26　单击【放样切割】按钮

3　弹出【切除-放样】面板，在绘图区中，依次选择两个圆为轮廓对象，选择曲线引导线对象，如图 4-27 所示。

4　在【切除-放样】面板中单击【确定】按钮，即可创建放样切除特征，效果如图 4-28 所示。

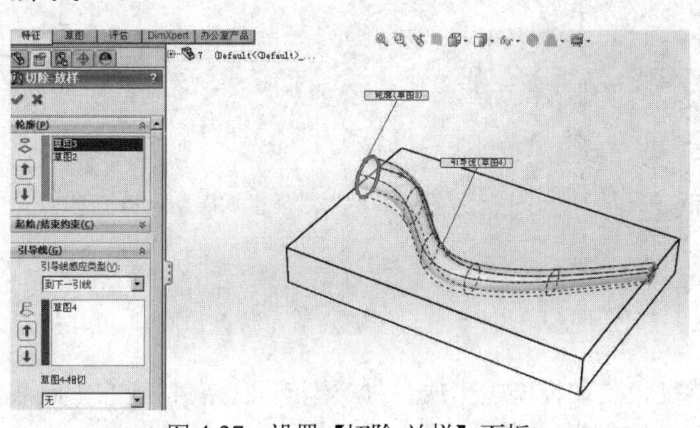

图 4-27　设置【切除-放样】面板

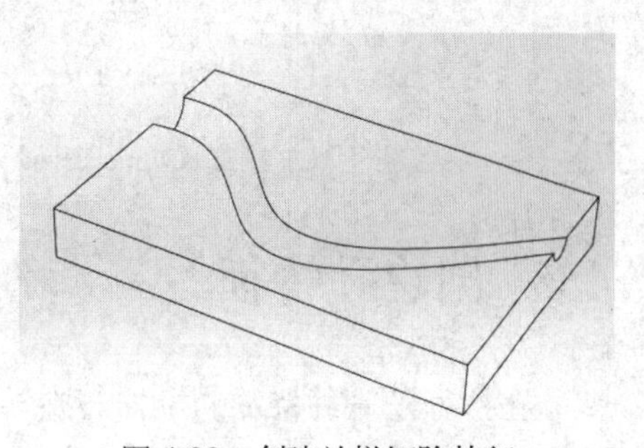

图 4-28　创建放样切除特征

4.2.4　创建扫描切除特征

在 SolidWorks 2012 中，使用【扫描切除】命令，可以沿开环或闭合路径通过扫描闭合轮廓来切除实体模型。

上机实战　创建扫描切除特征

1　打开光盘/素材/第 4 章/8.SLDPRT 文件，如图 4-29 所示。

2 在【特征】选项卡中单击【扫描切除】，如图 4-30 所示。

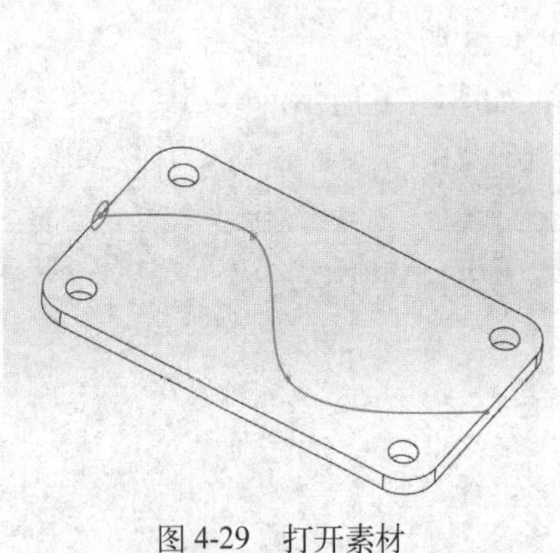

图 4-29 打开素材

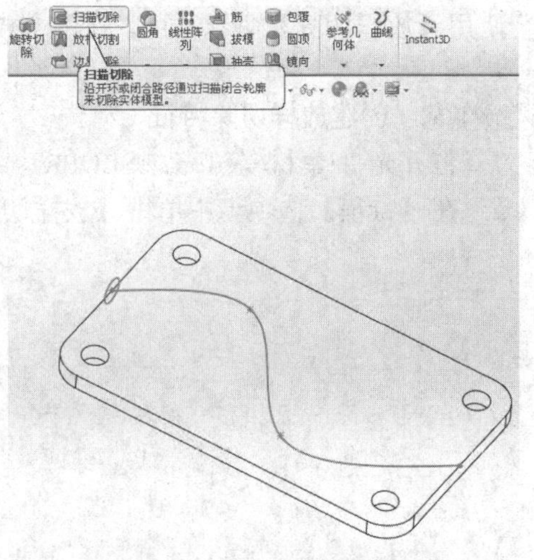

图 4-30 单击【扫描切除】

3 弹出【切除-扫描】面板，在绘图区中，选择圆作为轮廓对象，选择曲线为路径对象，如图 4-31 所示。

4 在面板中单击【确定】按钮，即可创建扫描切除特征，效果如图 4-32 所示。

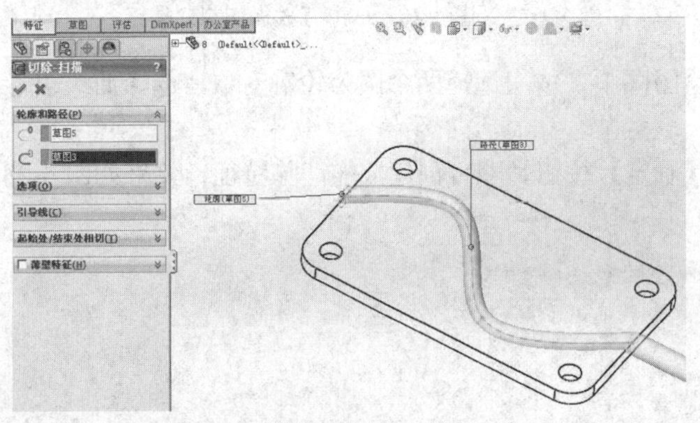

图 4-31 设置【切除-扫描】面板

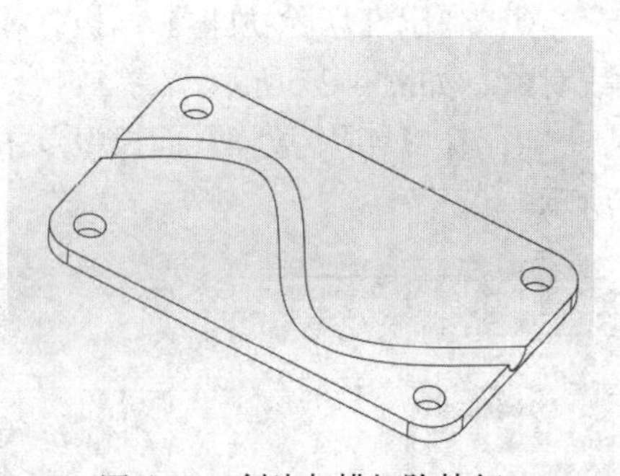

图 4-32 创建扫描切除特征

4.3 创建孔特征

孔特征是一种特殊的拉伸与旋转特征，是在模型上生成各种类型的孔。孔特征的横向截面为圆形，纵向截面为一种关于旋转中心呈对称的图形。

4.3.1 创建简单直孔特征

使用孔特征时要在平面上放置孔并设定深度，可以通过标注尺寸来指定孔的位置。

上机实战 创建简单直孔特征

1 打开光盘/素材/第 4 章/9.SLDPRT 文件，如图 4-33 所示。

2 在菜单栏上单击【插入】/【孔特征】/【孔】命令，如图 4-34 所示。

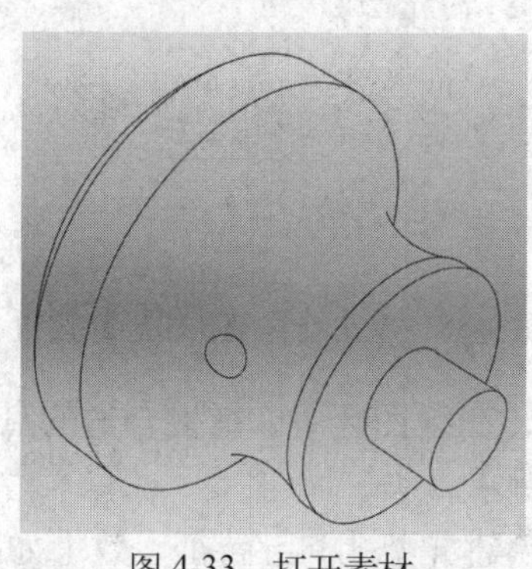

图 4-33　打开素材

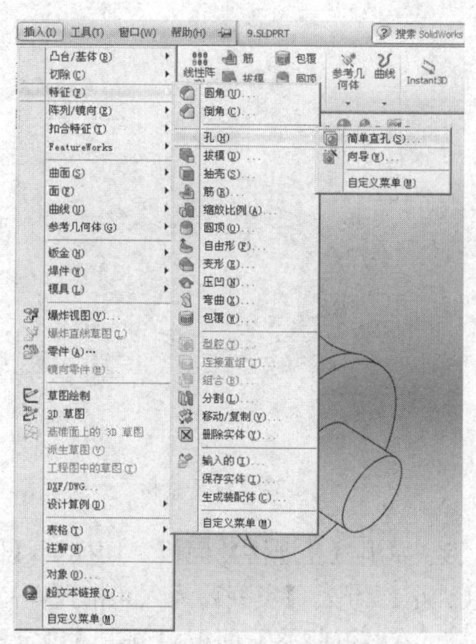

图 4-34　单击【孔】命令

3　弹出【孔】面板，在绘图区中的外侧面合适的点上单击鼠标，设置【深度】为 30、【孔直径】为 5，如图 4-35 所示。

4　在面板中单击【确定】按钮，即可创建简单孔特征，效果如图 4-36 所示。

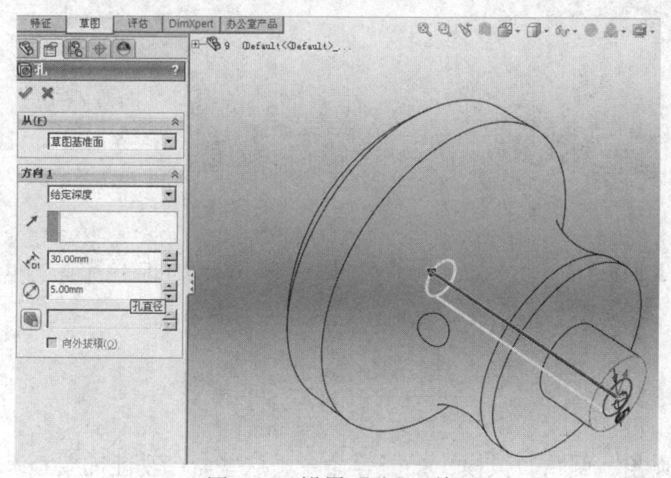

图 4-35　设置【孔】面板

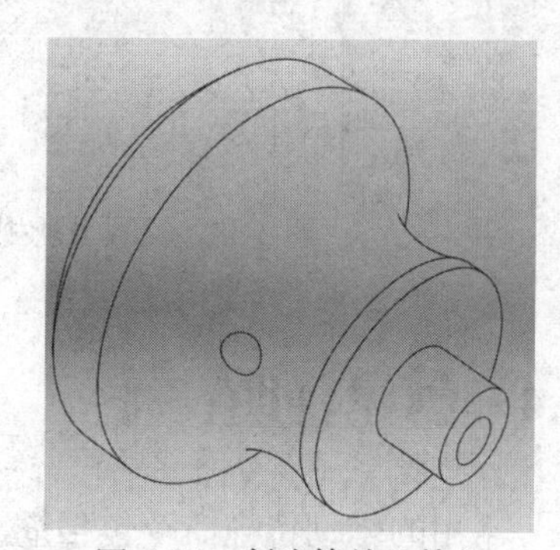

图 4-36　创建简单孔特征

4.3.2　创建异型孔向导特征

在 SolidWorks 2012 中，使用【异型孔向导】命令，可以用预先定义的剖面插入孔特征。异型孔的类型有多种，如柱孔、锥孔、螺丝孔等。创建异型孔向导特征时，可以在平面或非平面上创建。

上机实战　创建异型孔向导特征

1　打开光盘/素材/第 4 章/10.SLDPRT 文件，如图 4-37 所示。

2　在【特征】工具栏中单击【异型孔向导】按钮，如图 4-38 所示。

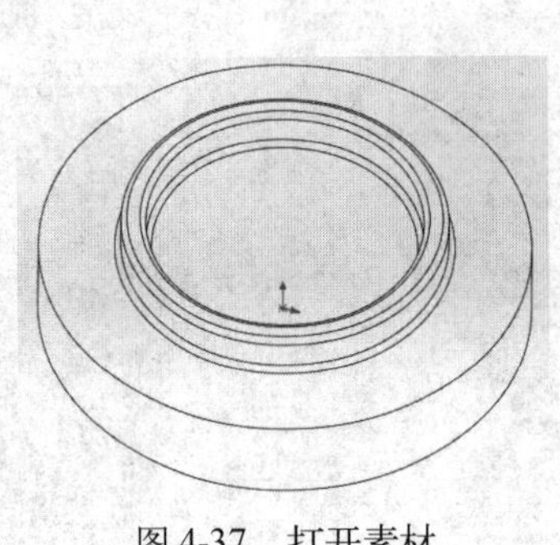

图4-37　打开素材

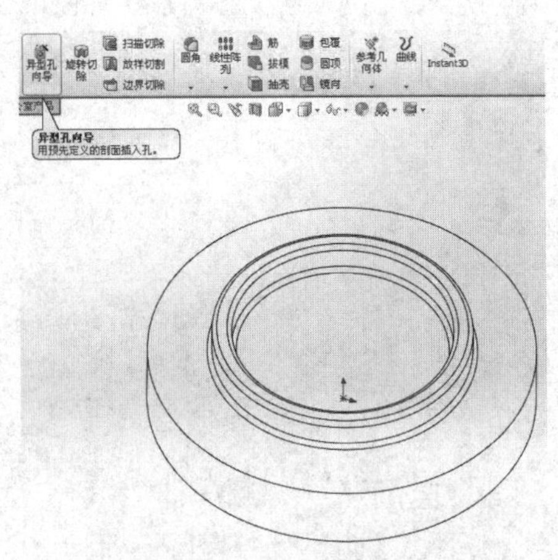

图4-38　单击【异型孔向导】按钮

3　弹出【孔规格】面板，切换至【位置】选项卡，在绘图区中，捕捉合适的点，并设置【大小】为2、【类型】为六角精致螺栓，如图4-39所示。

4　在【孔规格】面板中单击【确定】按钮，即可创建异型孔向导特征，效果如图4-40所示。

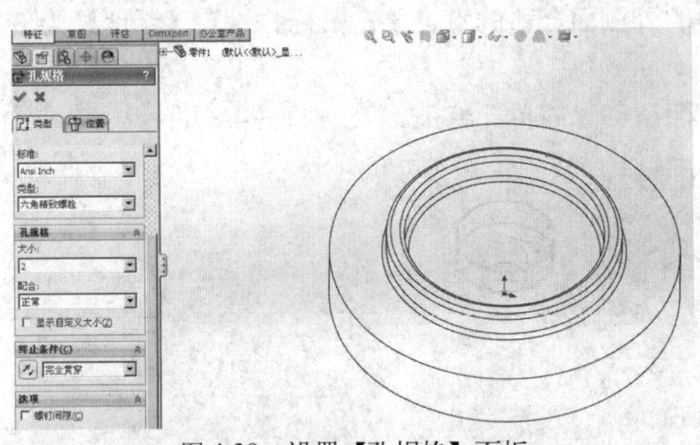

图4-39　设置【孔规格】面板

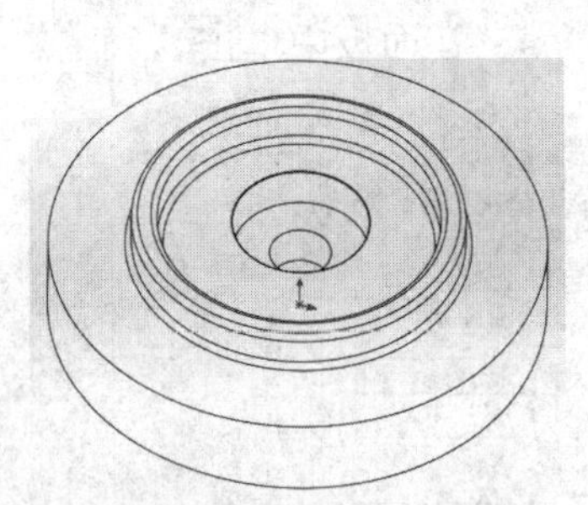

图4-40　建异型孔向导特征

4.4　创建辅助特征

常用的辅助特征命令包括筋、圆角、倒角、拔模、抽壳等命令，这些命令功能需要在基础特征的基础上才可以发挥作用。

4.4.1　创建筋特征

筋是指从开环或闭环轮廓所生成的特殊类型的拉伸特征，它是在轮廓与现有零件之间添加指定方向和厚度的材料。

上机实战　**创建筋特征**

1　打开光盘/素材/第4章/11.SLDPRT文件，如图4-41所示。

2　在【特征】选项卡中单击【筋】按钮，如图4-42所示。

3　弹出【筋】面板，选择草图对象，并设置【筋厚度】为15，如图4-43所示。

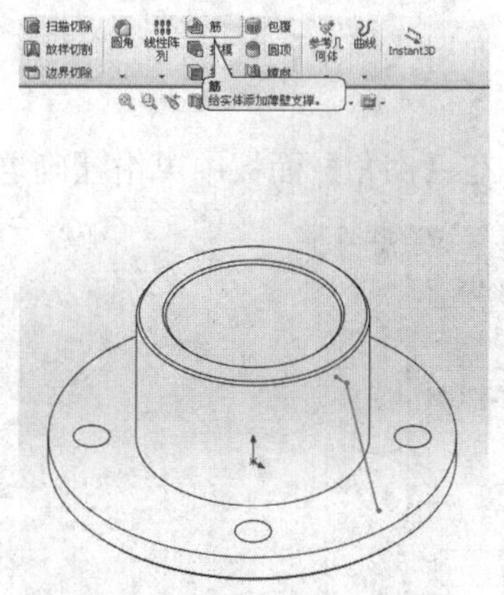

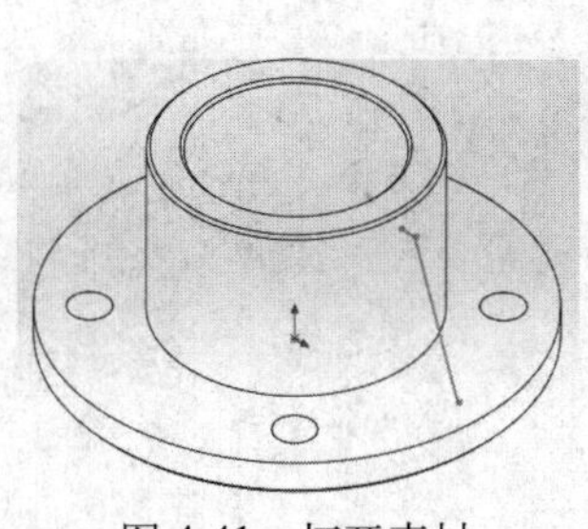

图 4-41　打开素材　　　　图 4-42　单击【筋】按钮

4　在【筋】面板中单击【确定】按钮，即可创建筋特征，效果如图 4-44 所示。

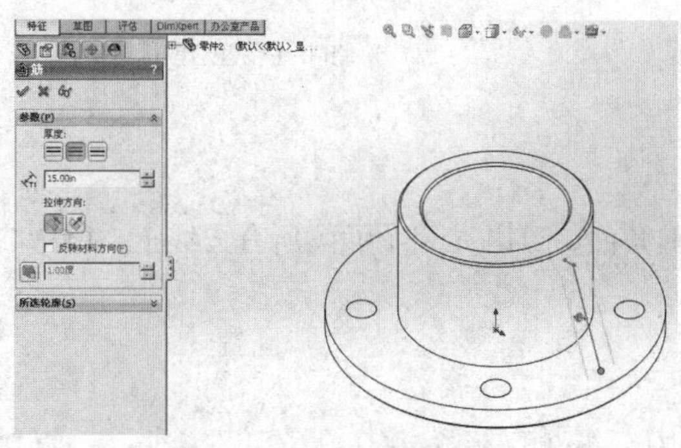

图 4-43　设置【筋】面板

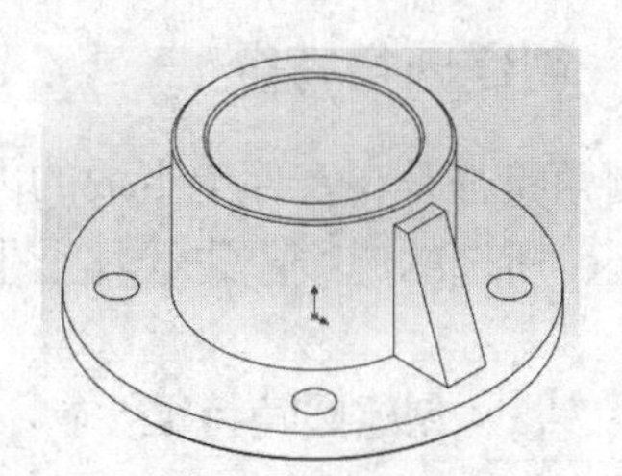

图 4-44　创建筋特征

4.4.2　创建倒角特征

倒角特征是一类专门针对零件边角处理的特征。在零件设计中，对一些锐利的边角进行倒角处理，可以在一定程度上防止零件伤人，并便于搬运与装配。

上机实战　创建倒角特征

1　打开光盘/素材/第 4 章/12.SLDPRT 文件，如图 4-45 所示。

2　在【特征】选项卡中的【圆角】列表框中，单击【倒角】按钮，如图 4-46 所示。

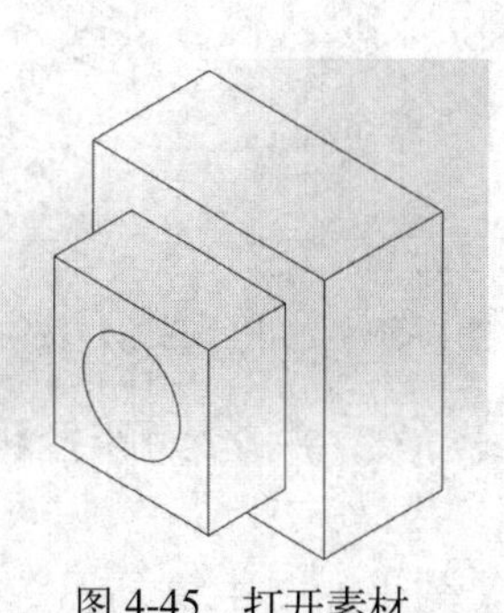

图 4-45　打开素材

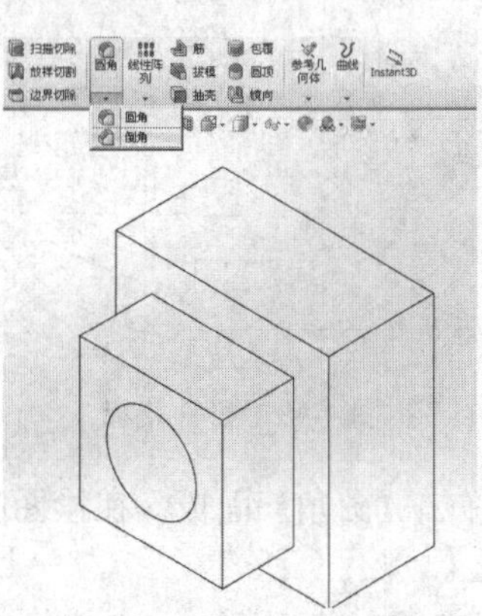

图 4-46　单击【倒角】按钮

3 弹出【倒角】面板，在绘图区中依次选择合适的对象，并设置【距离】为5，如4-47图所示。

4 在【倒角】面板中单击【确定】按钮，即可创建倒角特征，效果如图4-48所示。

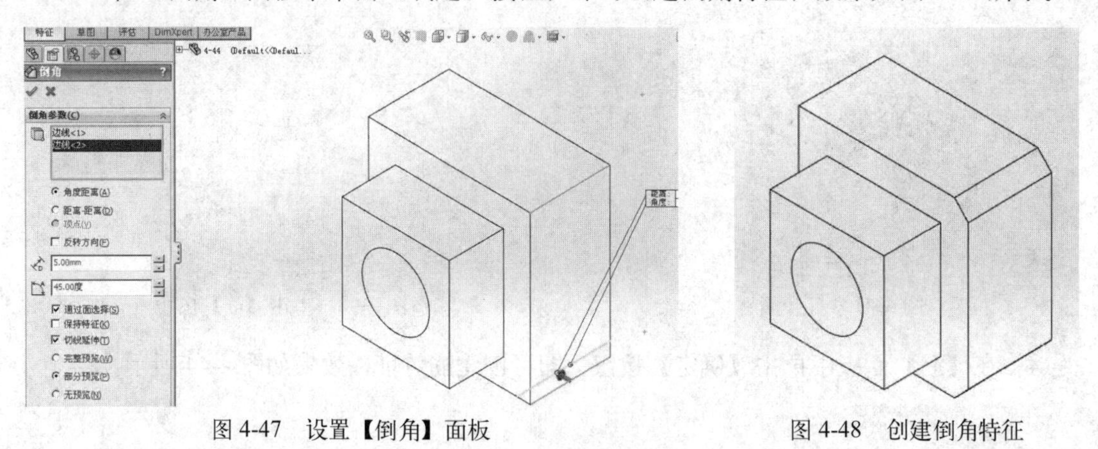

图4-47 设置【倒角】面板 图4-48 创建倒角特征

4.4.3 创建圆角特征

圆角特征是在零件上生成的内圆角或外圆角面，可以在一个面的所有边线上、所选的多组面上、所选的边线或边线环上生成圆角。

上机实战 创建圆角特征

1 打开光盘/素材/第4章/13.SLDPRT文件，如图4-49所示。

2 在【特征】选项卡中单击【圆角】按钮，如图4-50所示。

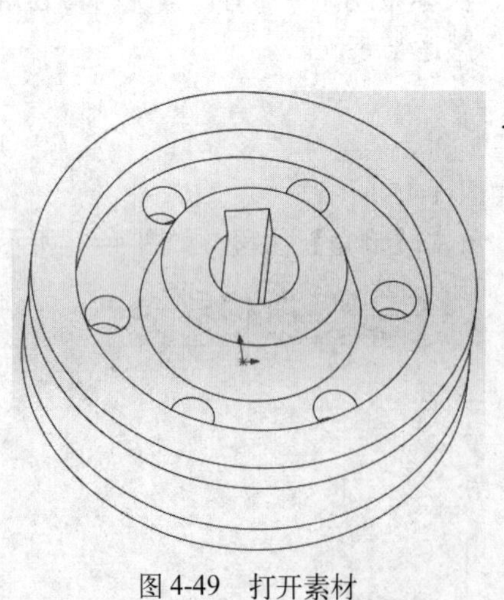

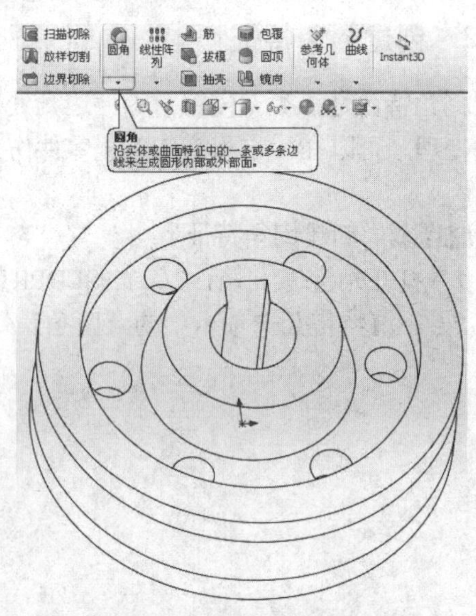

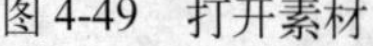

图4-49 打开素材 图4-50 单击【圆角】按钮

3 弹出【圆角】面板，在绘图区中选择合适的圆边线对象，并设置【半径】为6，如图4-51所示。

4 在面板中单击【确定】按钮，即可创建圆角特征，效果如图4-52所示。

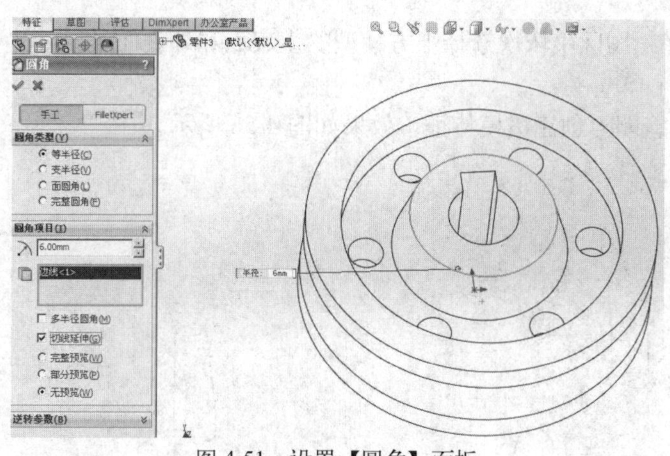

图 4-51　设置【圆角】面板

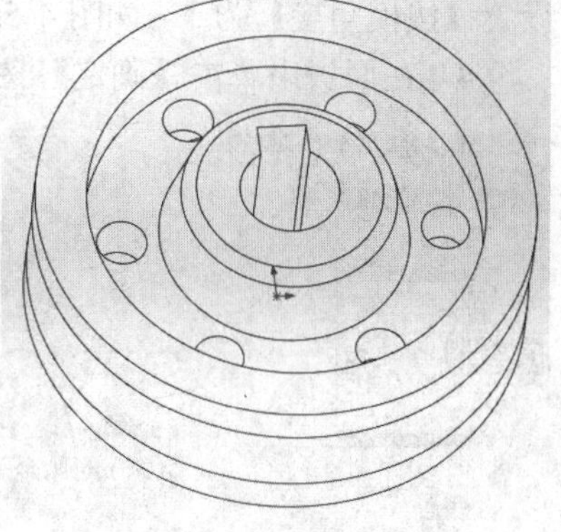

图 4-52　创建圆角特征

圆角类型分为 4 种，分别介绍如下：

- 【等半径】：是指在整个边线上生成具有相同的圆角。
- 【变半径】：是指带有可变半径值的圆角，使用控制点帮助定义圆角。
- 【面圆角】：主要用于圆角混合非相邻。
- 【完整圆角】：是指生成相切于 3 个相邻面组的圆角。

4.4.4　创建拔模特征

拔模特征是以指定的角度在零件相应的平面中创建斜面，其作用是使零件在模具中更容易脱模。

上机实战　创建拔模特征

1　打开光盘/素材/第 4 章/14.SLDPRT 文件，如图 4-53 所示。

2　在【特征】选项卡中单击【拔模】按钮，如图 4-54 所示。

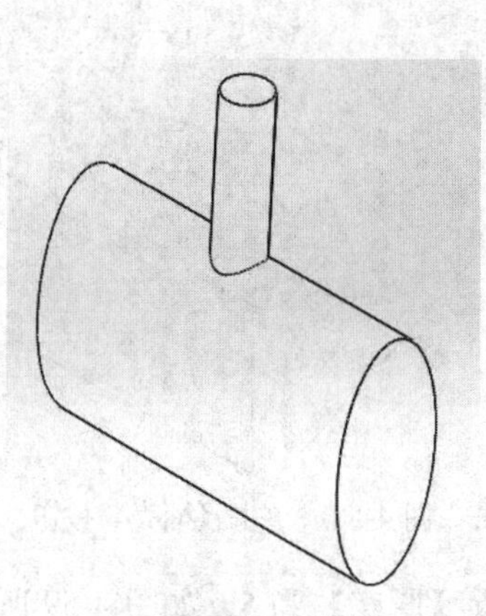

图 4-53　打开素材

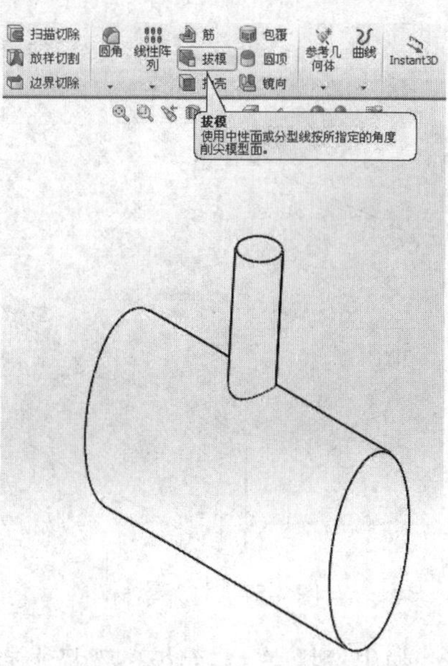

图 4-54　单击【拔模】按钮

3 弹出【DrafiXpert】面板，在绘图区中依次选择上方模型的上表面和外表面对象，并设置【拔模角度】为3，如图4-55所示。

4 在面板中单击【确定】按钮，即可创建拔模特征，效果如图4-56所示。

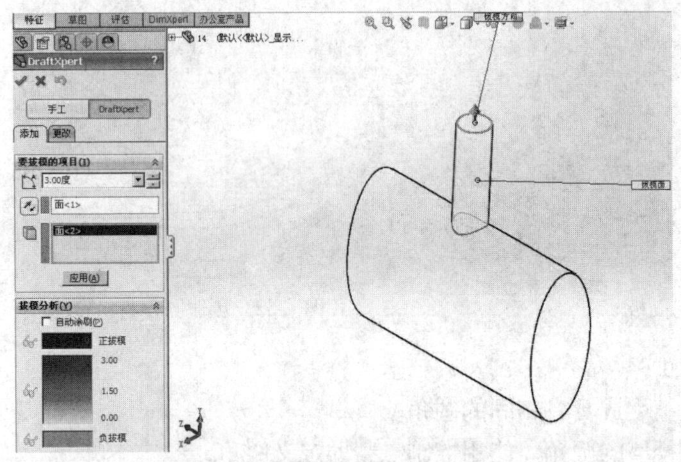

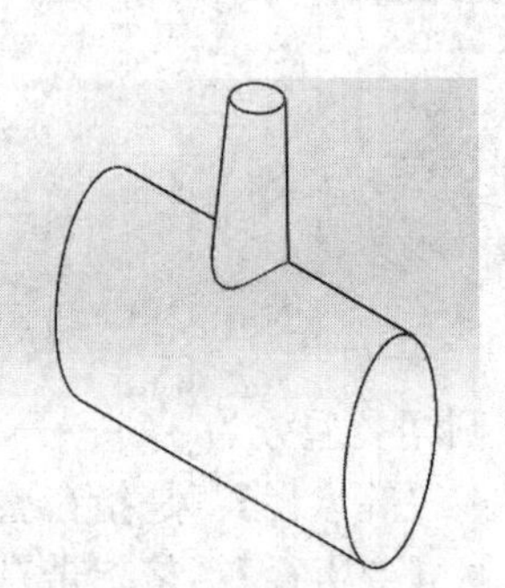

图4-55 设置【DrafiXpert】面板

图4-56 创建拔模特征

4.4.5 创建抽壳特征

抽壳特征是将已有实体改变为薄壁结构的特征，常用于塑料品或者零件铸造，可以将成型品的内部挖空。

上机实战 创建抽壳特征

1 打开光盘/素材/第4章/15.SLDPRT文件，如图4-57所示。

2 在【特征】选项卡中单击【抽壳】按钮，如图4-58所示。

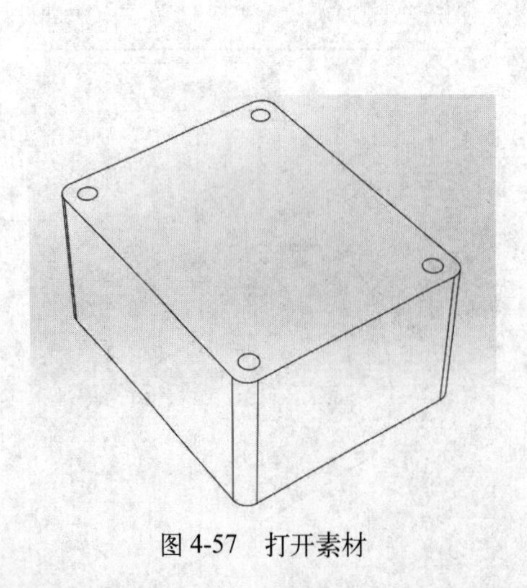

图4-57 打开素材

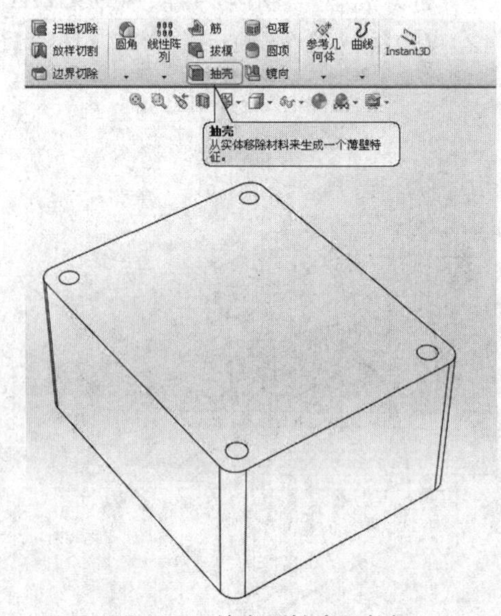

图4-58 单击【抽壳】按钮

3 弹出【抽壳1】面板，选择上表面对象，并设置【厚度】为5，如图4-59所示。

4 在【抽壳1】面板中单击【确定】按钮，即可创建抽壳特征，如图4-60所示。

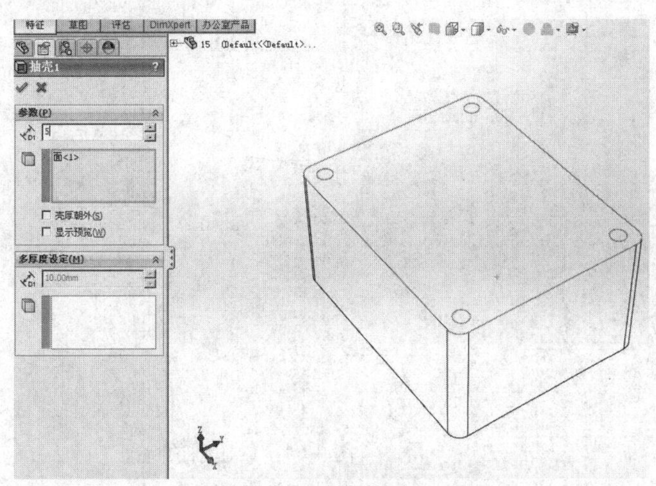

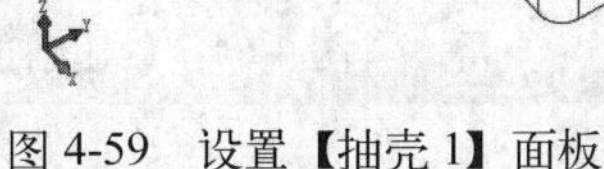

图 4-59　设置【抽壳 1】面板

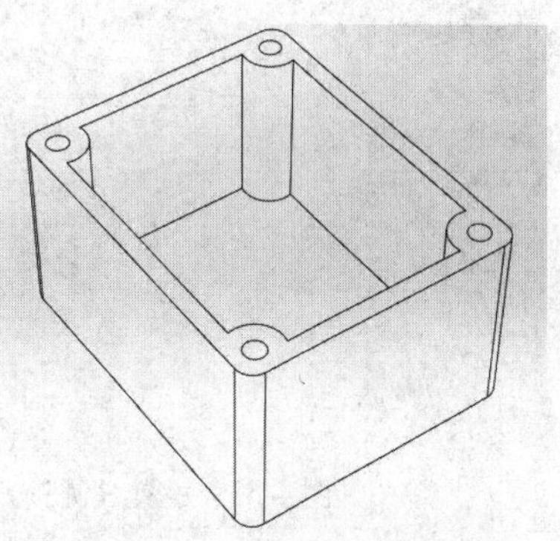

图 4-60　创建抽壳特征

【抽壳 1】面板中各主要选面意义如下：

- （厚度）：用于指定保留面的厚度。
- 【壳厚朝外】：选中该复选框，可以在零件的外侧生成抽壳特征，以增大零件的外部尺寸。
- 【显示预览】：选中该复选框，可以在绘图中预览抽壳特征的生成状态。

4.4.6　创建圆顶特征

圆顶特征是指在零件的顶部创建类似于圆角的特征，创建圆顶特征的项面可以是平面或曲面，程序将根据零件顶部形状创建合适的圆顶。

上机实战　创建圆顶特征

1　打开光盘/素材/第 4 章/16.SLDPRT 文件，如图 4-61 所示。

2　在【特征】选项卡中单击【圆顶】按钮，如图 4-62 所示。

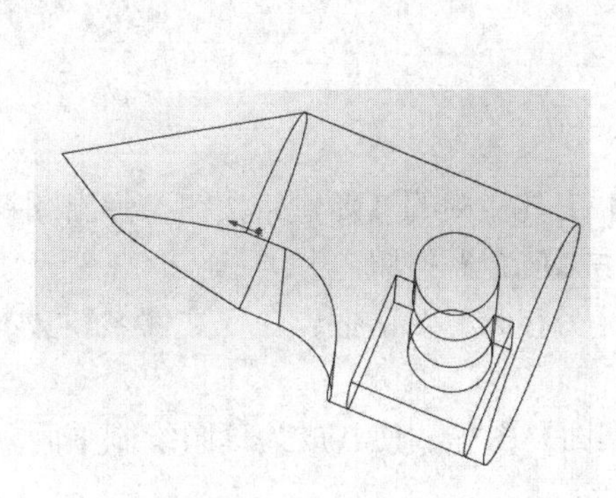

图 4-61　打开素材

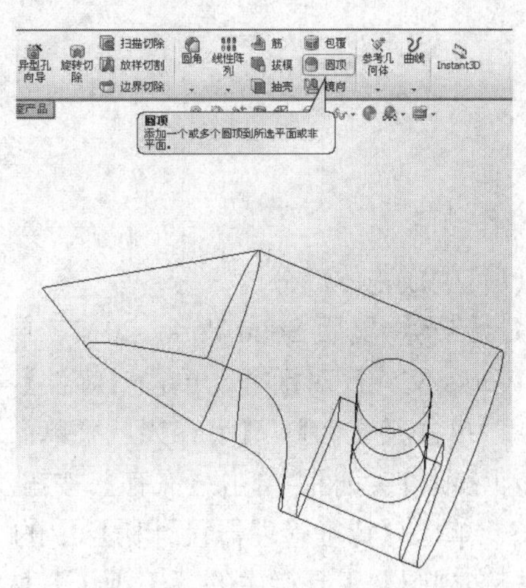

图 4-62　单击【圆顶】按钮

3　弹出【圆顶】面板，选择外侧圆柱面对象，并设置【距离】为 15，如图 4-63 所示。

4　在【圆顶】面板中单击【确定】按钮，即可创建圆顶特征，如图 4-64 所示。

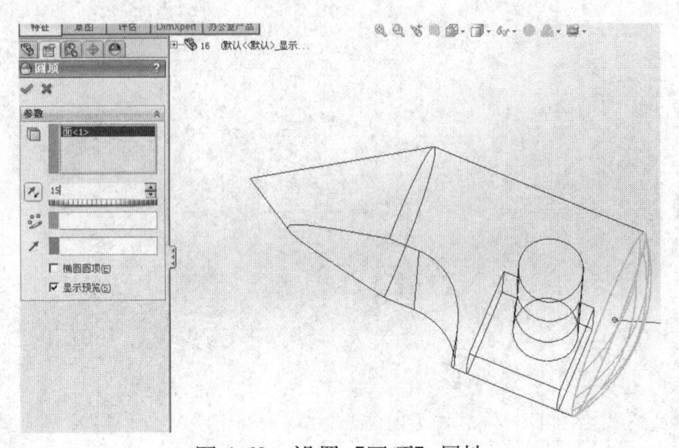

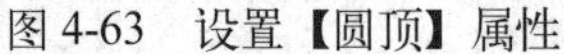
图 4-63　设置【圆顶】属性

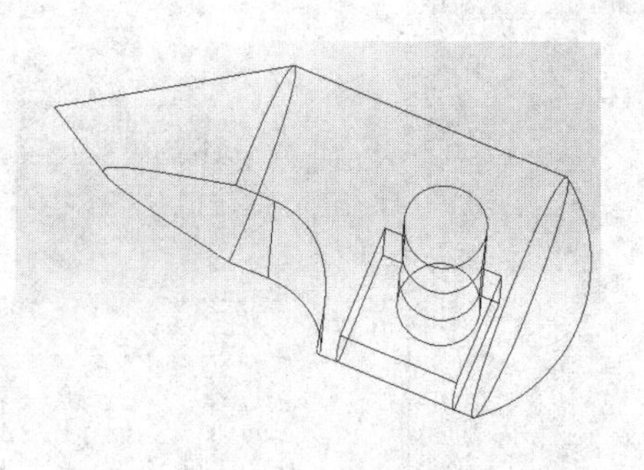
图 4-64　创建圆顶特征

4.5　项目实训

下面通过创建如图 4-65 所示的实体，加深读者对于实体特征的认识。本实例在制作过程中，主要使用了草图绘制、拔模特征、圆角特征、拉伸切除特征、孔特征等命令。

实训目的：熟悉各种特征的创建。

实训要求：能做到从绘制草图、编辑草图并创建实体特征，能独立制作出零件模型。

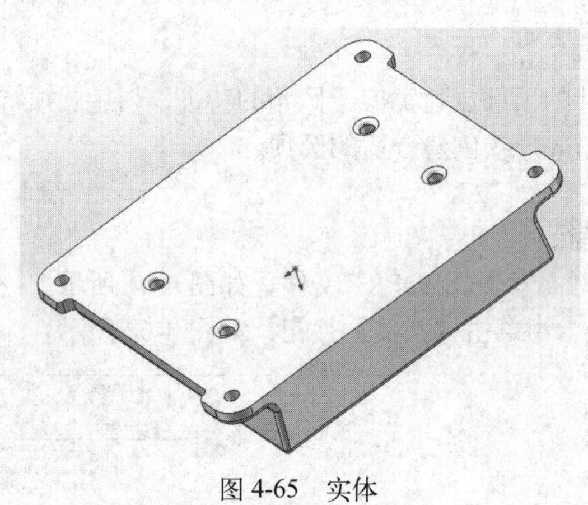
图 4-65　实体

操作步骤

(1) 生成基体部分

1　启动中文版 SolidWorks 2012，单击【标准】工具栏中的【新建】按钮，弹出【新建 SolidWorks 文件】对话框，单击【零件】按钮，单击【确定】按钮。

2　单击【文件】/【另存为】菜单命令，弹出【另存为】对话框，在【文件名】文本框中输入【项目实训】，单击【保存】按钮。

3　单击【特征管理器设计树】中的【前视基准面】图标，使其成为草图绘制平面。单击【标准视图】工具栏中的【正视于】按钮。

4　单击【草图】工具栏中的【草图绘制】按钮，进入草图绘制状态。使用【草图】工具栏中的【直线】按钮、【智能尺寸】按钮绘制如图 4-66 所示的草图。单击【退出草图】

按钮，退出草图绘制状态。

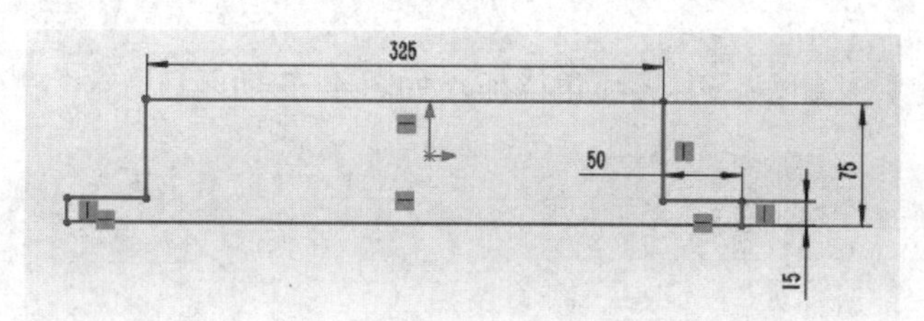

图 4-66　绘制草图

5　单击【特征】工具栏中的【拉伸凸台/基体】按钮，弹出【凸台-拉伸】面板，在【方向 1】选项组中设置【终止条件】为【两侧对称】，设置【深度】为 325.00mm，如图 4-67 所示，单击【确定】按钮，生成的拉伸特征如图 4-68 所示。

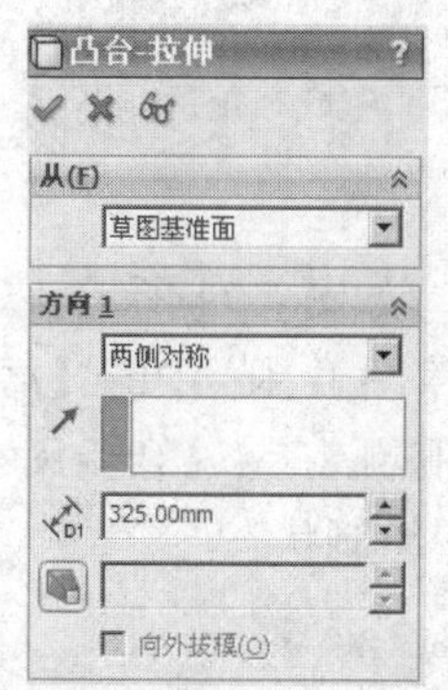

图 4-67　【凸台-拉伸】的属性设置

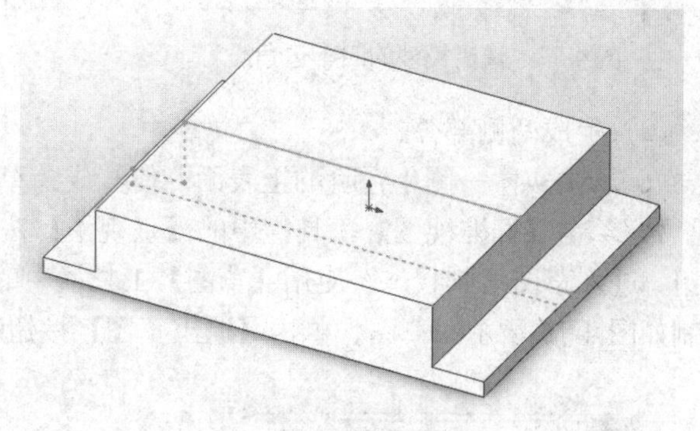

图 4-68　生成拉伸特征

6　单击【插入】/【特征】/【拔模】菜单命令，弹出【拔模】面板，在【拔模类型】选项卡中选择【中性面】，设置【拔模角度】为 5.00 度，在【中性面】中选择模型的底面，在【拔模面】选择框中选择模型的侧面，如图 4-69 所示。然后，单击【确定】按钮，如图 4-70 所示。

7　单击【特征】工具栏中的【圆角】按钮，弹出【圆角】面板，在【圆角项目】选项组中设置【半径】为 25.00mm，如图 4-71 所示。

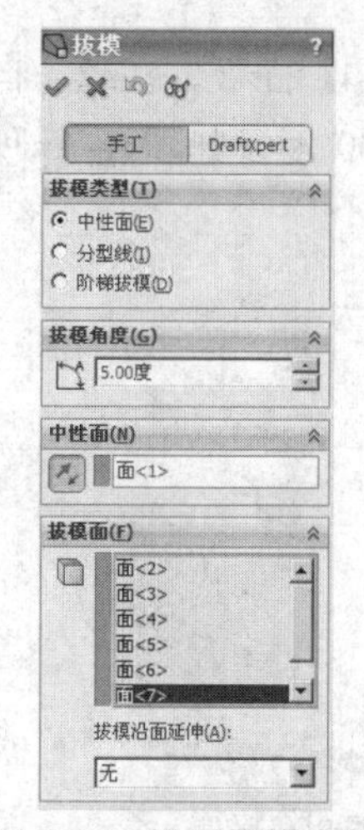

图 4-69　设置拔模参数

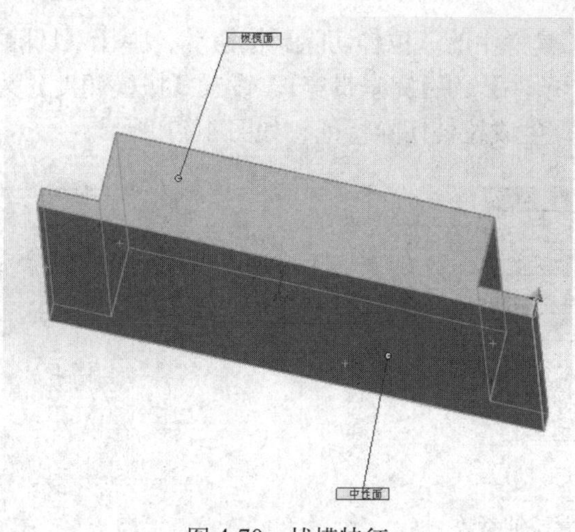

图 4-70　拔模特征

图 4-71　设置圆角参数

8 单击【边线、面、特征和环】选择框，在图形区域中选择模型的四条边角线，如图4-72所示。

9 单击【确定】按钮，生成圆角特征，如图4-73所示。

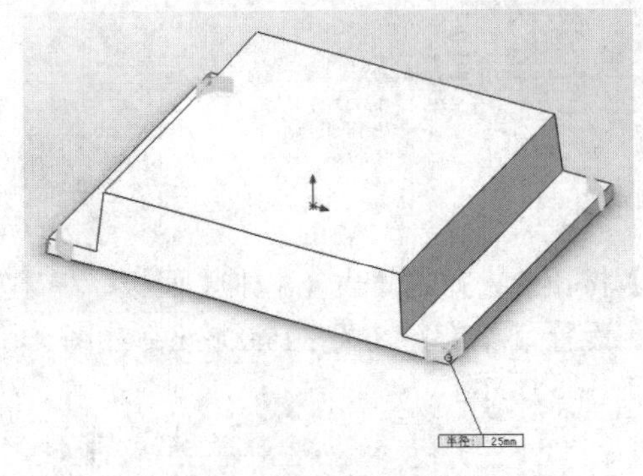

图4-72 选择模型的四条边角线

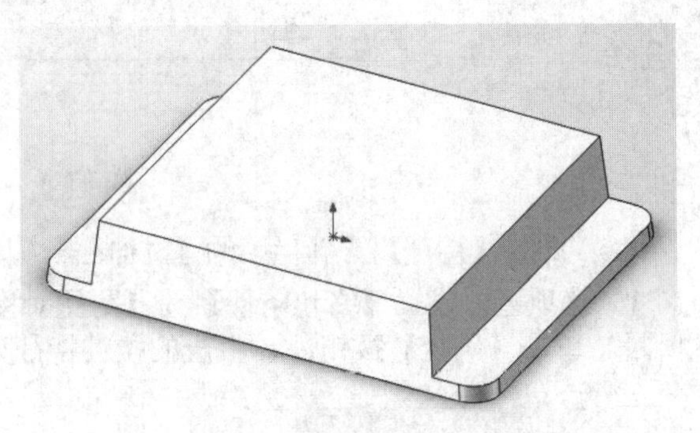

图4-73 生成圆角特征

（2）生成两侧部分

10 单击实体一侧小台阶的上表面，使其成为草图绘制平面，如图4-74所示。

11 单击【标准视图】工具栏中的【正视于】按钮，并单击草图工具栏中的【草图绘制】按钮，进入草图绘制状态。使用【草图】工具栏中的【直线】、【圆弧】、【智能尺寸】按钮绘制如图4-75所示的草图。单击【退出草图】按钮，退出草图绘制状态。

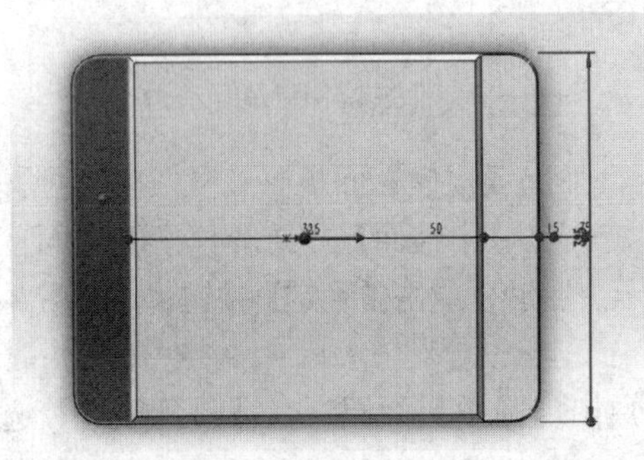

图4-74 选择草绘平面

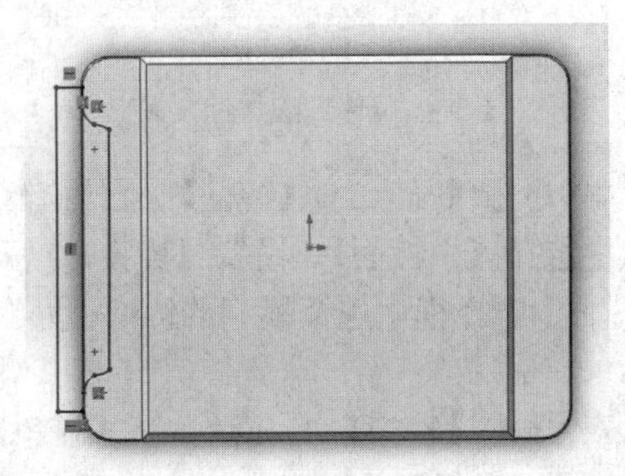

图4-75 绘制草图

12 单击【特征】工具栏中的【拉伸切除】按钮，弹出【切除-拉伸】面板，在【方向1】选项组中设置【终止条件】为【完全贯穿】，设置【拔模角度】为5.00度，如图4-76所示，单击【确定】按钮，生成拉伸切除特征，如图4-77所示。

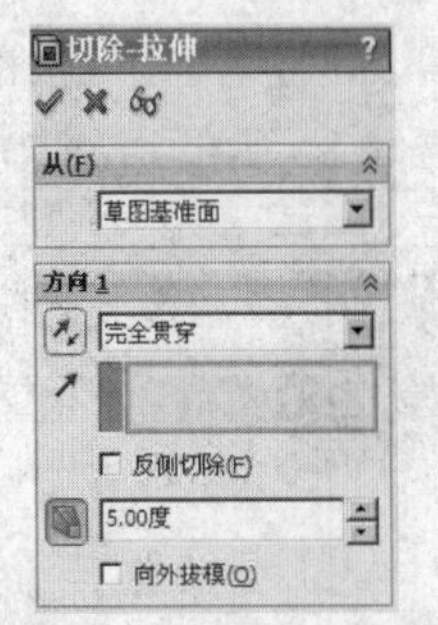

图4-76 设置拉伸参数

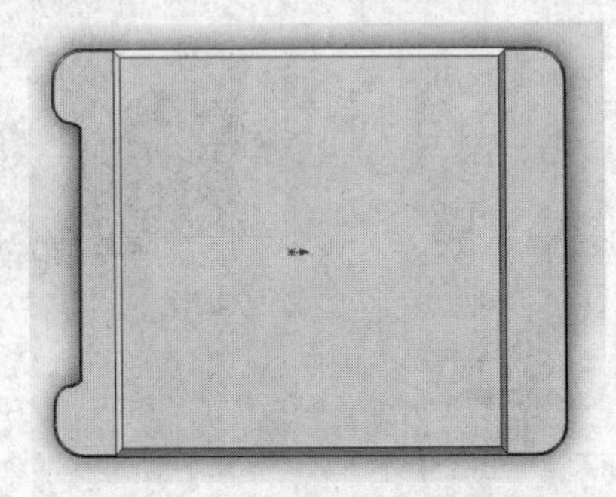

图4-77 生成拉伸切除特征

13 单击【特征】工具栏中的【镜向】按钮，弹出【镜向】面板，在【镜向面/基准面】选项组中单击【镜向面/基准面】选择框，在绘图区中选择【右视基准面】；在【要镜向的特征】选项组中，在绘图区中选择【切除-拉伸 1】，如图 4-78 所示。

14 单击【确定】按钮，生成镜向特征，如图 4-79 所示。

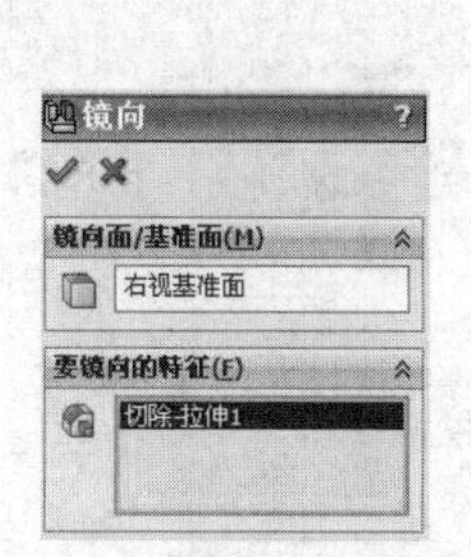

图 4-78　设置镜向参数

图 4-79　生成镜向特征

15 单击【特征】工具栏中的【圆角】按钮，弹出【圆角】面板，在【圆角项目】选项组中设置【半径】为 10.00mm。单击【边线、面、特征和环】选择框，在图形区域中选择模型的两条边线，如图 4-80 所示。

16 单击【确定】按钮，生成圆角特征，如图 4-81 所示。

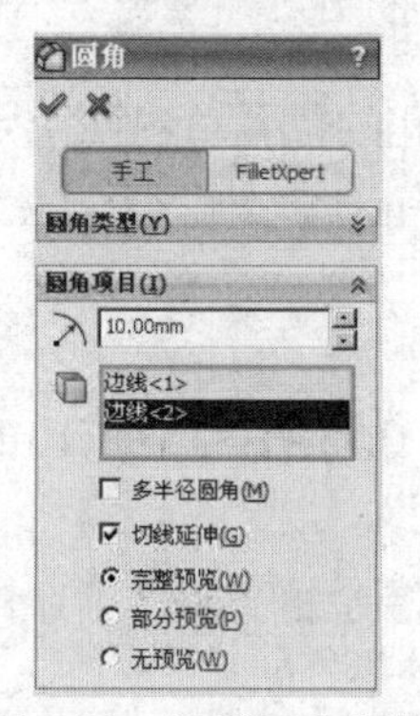

图 4-80　设置圆角参数

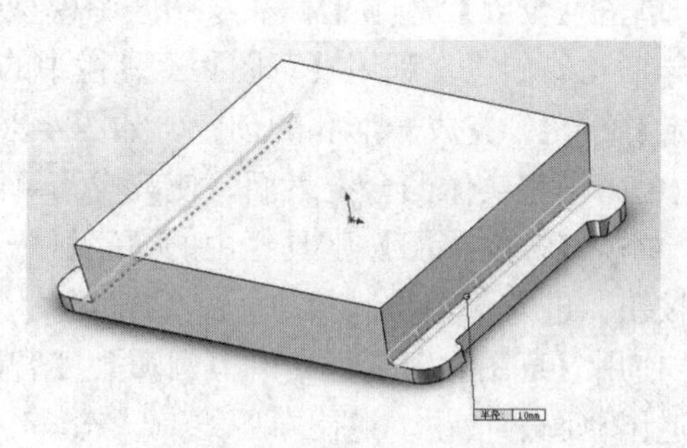

图 4-81　生成圆角特征

17 单击【特征】工具栏中的【圆角】按钮，弹出【圆角】碉反，在【圆角项目】选项组中设置【半径】为 5.00mm，单击【边线、面、特征和环】选择框，如图 4-82 所示，在图形区域中选择模型的上缘所有边线，如图 4-83 所示。

图 4-82　设置属性

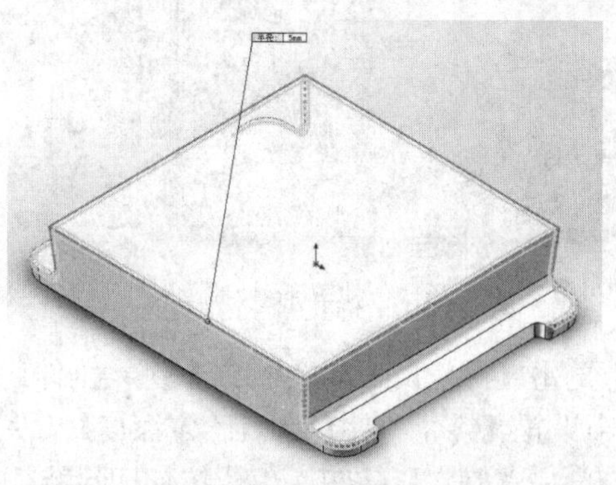

图 4-83　选择边线

18 单击【确定】按钮，生成圆角特征，如图4-84所示。

(3) 生成其余部分

19 单击【插入】/【特征】/【空】/【向导】菜单命令，打开【孔规格】面板，在【孔类型】选项卡中选择【孔】，在【标准】中选择【Ansi Meteic】，在【类型】中选择【钻孔大小】，在【大小】中选择【ø15.0】，如图4-85所示。

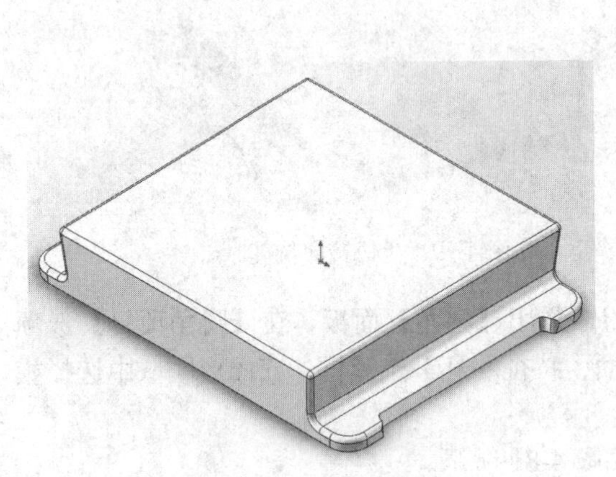

图4-84 生成圆角特征

图4-85 设置孔参数

20 单击【位置】选项卡，在绘图区中模型的上表面准备打孔的位置单击四个点，将产生四个异形孔的预览，利用【草图】工具栏中的【智能尺寸】按钮对草图进行标注尺寸，单击【确定】按钮，完成异形孔的创建，如图4-86所示。

21 单击模型实体凸台上表面，使其成为草图绘制平面。

22 单击【标准视图】工具栏中的【正视于】按钮，并单击【草图】工具栏中的【草图绘制】按钮，进入草图绘制状态。

23 使用【草图】工具栏中的【圆弧】、【智能尺寸】按钮，绘制如图4-87所示的草图。单击【退出草图】按钮，退出草图绘制状态。

图4-86 创建异形孔

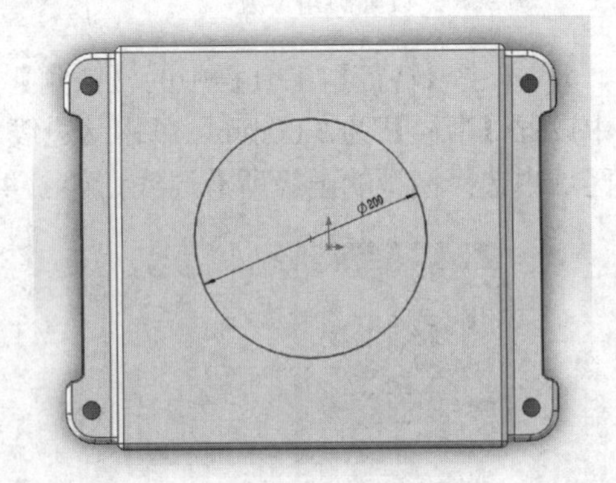

图4-87 绘制草图

24 单击【特征】工具栏中的【切除-拉伸】按钮，弹出【切除-拉伸】面板，在【方向1】选项组中设置【终止条件】为【给定深度】，设置【深度】为10.00mm，如图4-88所示。

25 单击【确定】按钮，生成拉伸切除特征，如图4-89所示。

图 4-88 【切除-拉伸】的属性设置

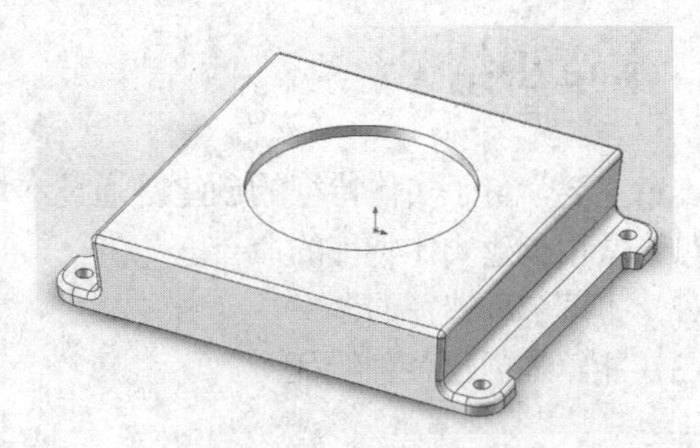

图 4-89　生成拉伸切除

26 单击【插入】/【特征】/【孔】/【向导】菜单命令，打开【孔规格】面板，在【类型】选项卡中选择【柱孔】，在【标准】中选择【Ansi Meteic】，在【类型】中选择【钻孔大小】，在【大小】中选择【ϕ15.0】，如图 4-90 所示。

27 单击【位置】选项卡，在绘图区中模型的下表面需要打孔的位置单击四个点，将产生四个异形孔的预览，利用【草图】工具栏【智能尺寸】按钮对草图进行标注尺寸，如图 4-91 所示，单击【确定】按钮，完成异型孔的创建。

图 4-90　设置孔参数

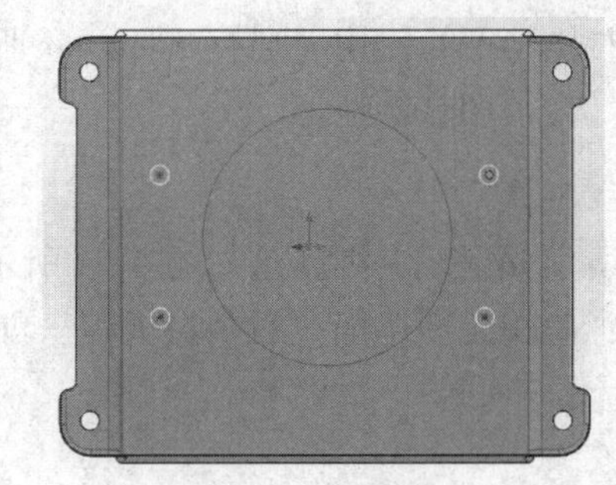

图 4-91　创建异型孔

28 单击【特征】工具栏中的【圆角】按钮，弹出【圆角】面板，在【圆角项目】选项组中设置【半径】为 5.00mm，单击【边线、面、特征和环】选择框，在图形区域中选择模型下表面柱孔的四条轮廓边线，如图 4-92 所示。

29 单击【确定】按钮生成圆角特征，如图 4-93 所示。

图 4-92　设置圆角属性

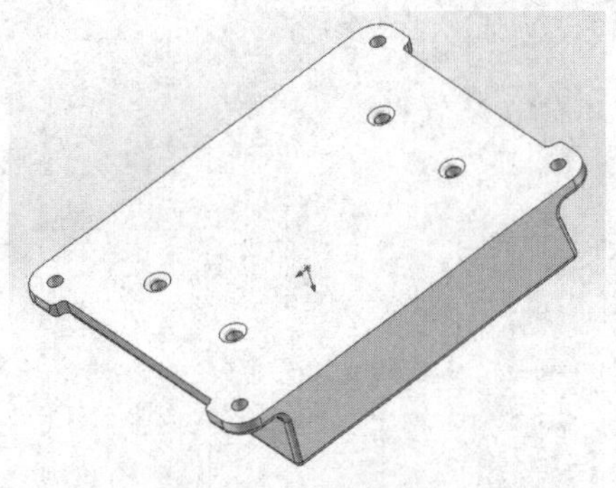

图 4-93　生成圆角特征

4.6 本章小结

本章主要学习了实体特征的创建。通过本章的学习，读者应掌握以下知识：

（1）常用创建实体特征的命令。

（2）了解各种特征的含义。

（3）能熟练创建各种特征。

4.7 本章习题

1. 填空题

（1）常见的基础特征包括__________、__________、__________、__________、__________等。

（2）放样特征是指通过__________过渡生成的特征。

（3）倒角特征是一类专门针对__________处理的特征。

（4）常用的辅助特征命令包括__________、__________、__________、__________等命令，这些命令功能需要在基础特征的基础上才可以发挥作用。

2. 简答题

（1）拉伸特征与拉伸切除特征的不同之处是什么？

（2）扫描特征的使用规则有 3 种，分别是什么？

（3）什么是切除特征？

3. 上机操作

综合所学知识，上机创建如图 4-94 所示的效果。

提示：使用拉伸特征、圆角特征等来创建。

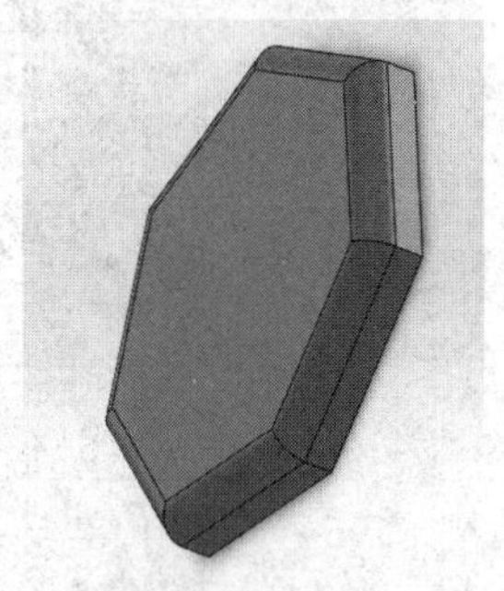

图 4-94　创建实体特征

第 5 章　编辑实体特征

教学目标

编辑实体特征是指对零件进行镜向、组合、分割、阵列、弯曲、变形及缩放等的操作。在设计中，巧妙使用编辑特征可以提高设计效率，减少设计时间。

教学重点与难点

➢ 变形实体特征
➢ 阵列实体特征
➢ 组合编辑实体特征

5.1　变形实体特征

变形实体特征可以改变复杂曲面或实体模型的局部或整体形状，而无需考虑用于生成模型的草图或特征约束。

5.1.1　弯曲实体特征

使用【弯曲】命令，可以将零件以可预测的直观的方式，对其复杂的特征进行变形弯曲操作。弯曲特征包括【折弯】、【扭曲】、【锥削】和【伸展】4 种类型。

上机实战　弯曲实体特征

1　打开光盘/素材/第 5 章/1.SLDPRT 文件，如图 5-1 所示。

2　在菜单栏中单击【插入】/【特征】/【弯曲】命令，弹出【弯曲】面板，选择实体对象，并设置【角度】为 35，如图 5-2 所示。

图 5-1　打开素材

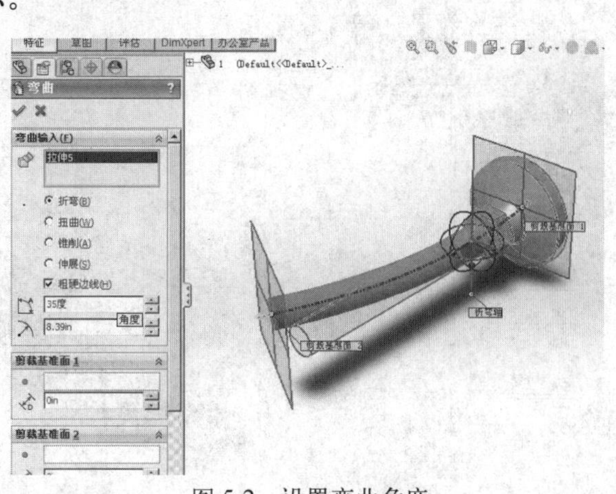

图 5-2　设置弯曲角度

3 在【弯曲】面板中单击【确定】按钮，即可弯曲实体特征，效果如图 5-3 所示。

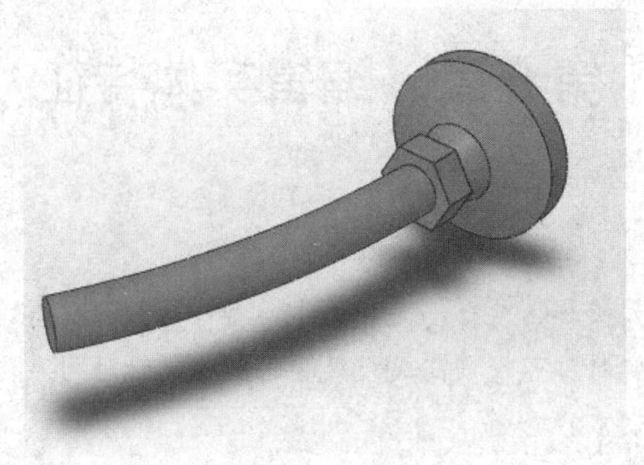

图 5-3　弯曲实体特征

提示：若【特征】面板中没有相应的按钮图标，只需单击【工具】/【自定义】命令，弹出【自定义】对话框，在其中切换至【命令】选项卡，在【类型】下拉列表框中选择【特征】选项，在对话框的右侧选择相应的按钮图标，单击鼠标并拖曳至【特征】面板中，最后单击【确定】按钮即可。

5.1.2 变形实体特征

变形特征是指根据选定的面、点以及边线来改变零件的局部形状。

上机实战　变形实体特征

1 打开光盘/素材/第 5 章/2.SLDPRT 文件，如图 5-4 所示。

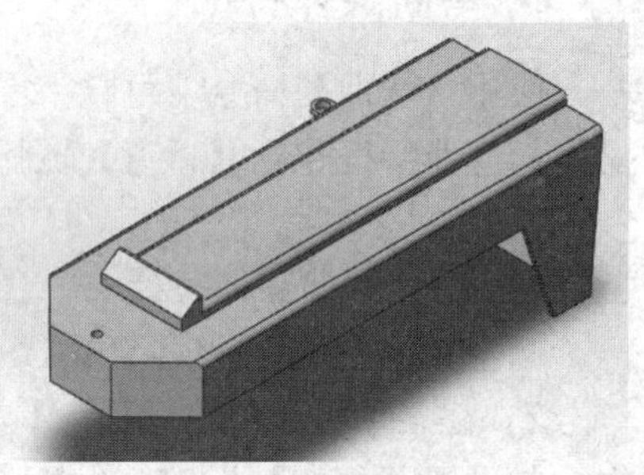

图 5-4　打开素材

2 在【特征】选项卡中单击【变形】按钮，弹出【变形】面板，捕捉变形点，设置【变形距离】为 1、【变形半径】为 15，选中【变形区域】复选框，如图 5-5 所示。

3 在【变形】面板中单击【确定】按钮，即可变形实体特征，效果如图 5-6 所示。

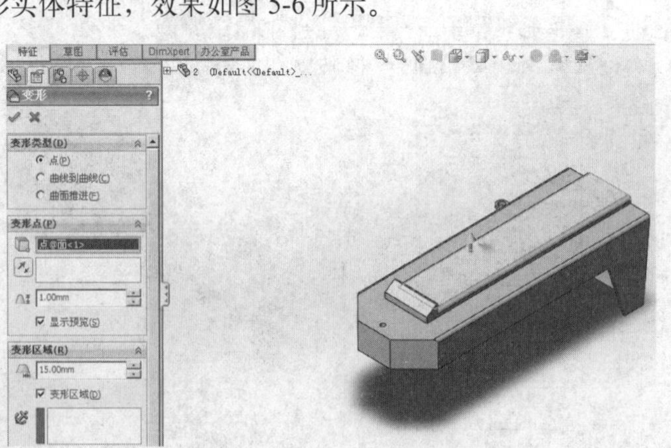

图 5-5　单击【变形】按钮

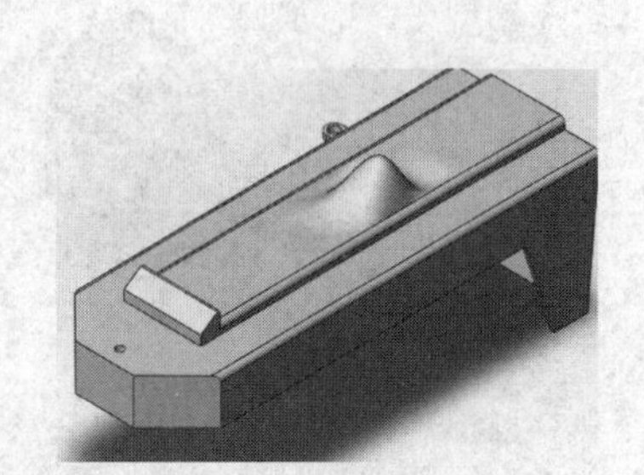

图 5-6　变形实体特征

5.1.3　压凹实体特征

在 SolidWorks 2012 中，压凹特征是指通过使用厚度和间隙值生成特征，压凹将在所选择的目标实体上生成与所选工具实体的轮廓相类似的突起特征，它是以工具实体的形状在目标实体中生成的袋套或突起，因此在最终实体中比在原始实体中显示出更多的面、边线和顶点。

上机实战　压凹实体特征

1　打开光盘/素材/第 5 章/3.SLDPRT 文件，如图 5-7 所示。

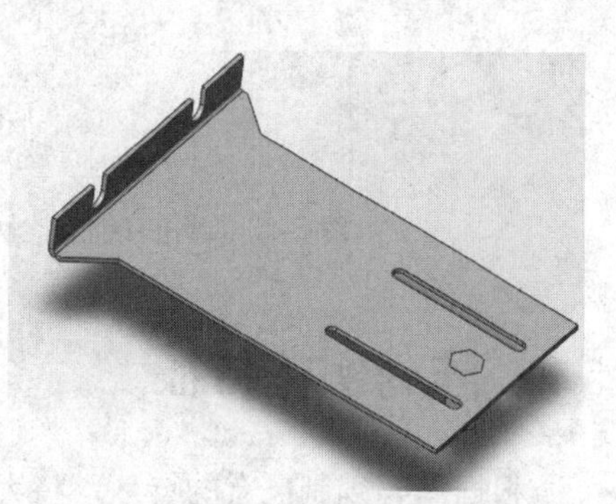

图 5-7　打开素材

2　在【特征】选项卡中单击【压凹】按钮，弹出【压凹】面板，依次选择零件基体和拉伸特征的下表面，并设置【厚度】为 3、【间隙】为 4，如图 5-8 所示。

3　在【压凹】面板中单击【确定】按钮，即可压凹实体特征，效果如图 5-9 所示。

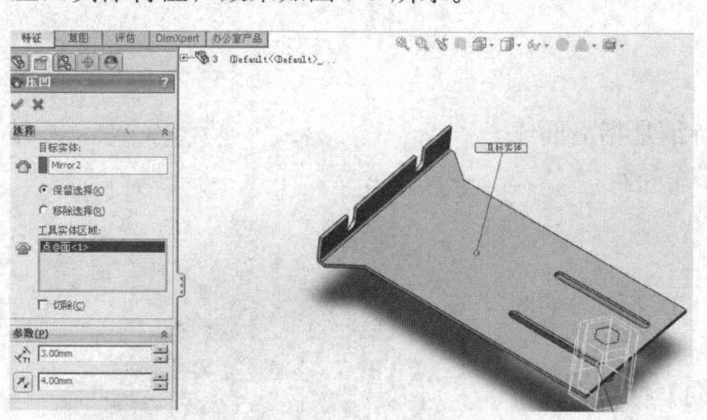

图 5-8　单击【压凹】按钮

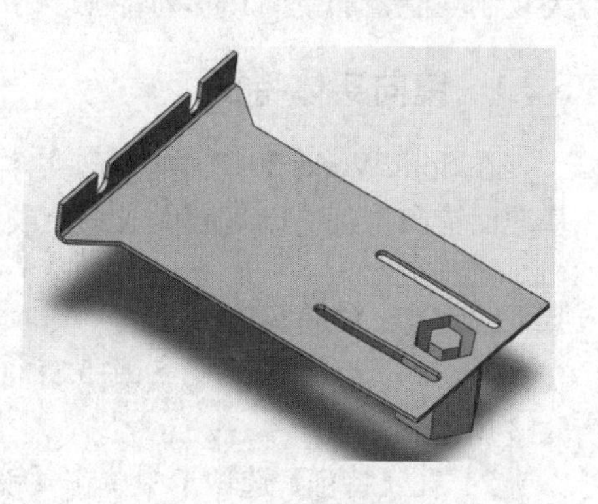

图 5-9　压凹实体特征

5.1.4　缩放实体特征

在 SolidWorks 2012 中，缩放特征是指在零件或曲面模型的重心或原点处进行缩放操作，缩放特征仅缩放模型几何体，在数据输出、型腔中使用将不会缩放尺寸、草图或参考几何体。

上机实战　缩放实体特征

1　打开光盘/素材/第 5 章/4.SLDPRT 文件，如图 5-10 所示。

2　在【特征】选项卡中单击【缩放比例】按钮，弹出【缩放比例】面板，取消选中【统一缩放比例】复选框，并设置 X 为 3、Y 为 6、Z 为 5，如图 5-11 所示。

3　在【缩放比例】面板中单击【确定】按钮，并全部显示实体对象，即可缩放实体特征，效果如图 5-12 所示。

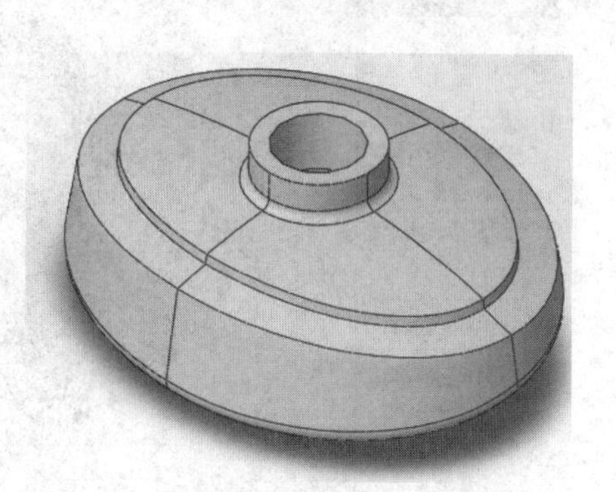

图 5-10　打开素材

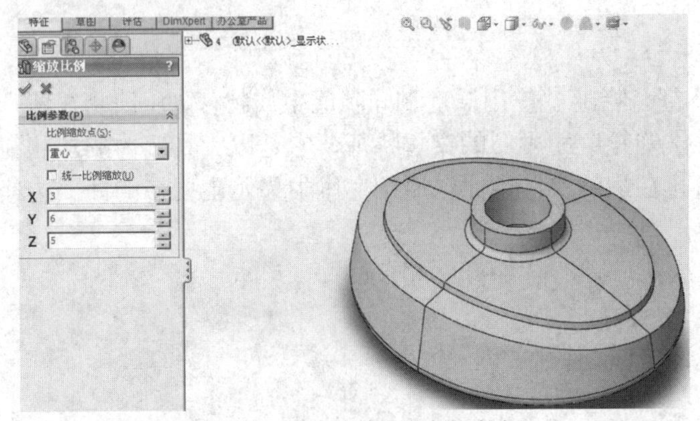

图 5-11 单击【缩放比例】按钮

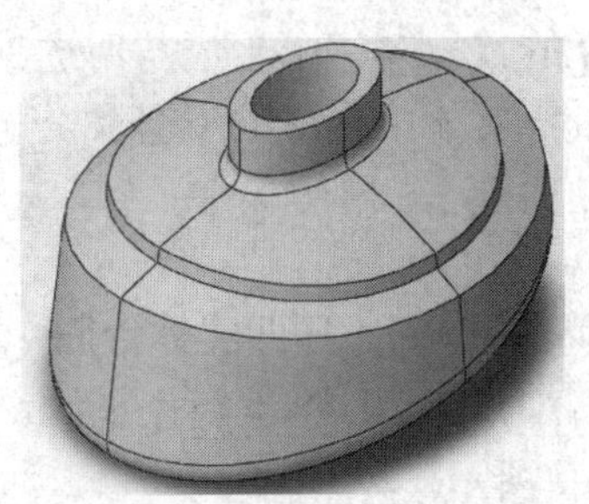

图 5-12 缩放实体特征

5.2 阵列实体特征

根据需要复制已有的特征，将大大简化建模工作，节省工作时间，SolidWorks 提供了两大复制功能，即镜向和阵列特征。

5.2.1 镜向实体特征

在 SolidWorks 2012 中，镜向实体特征是指沿面或基准面镜向特征，以复制生成一个或多个特征。

图 5-13 打开素材

上机实战 镜向实体特征

1 打开光盘/素材/第 5 章/5.SLDPRT 文件，如图 5-13 所示。

2 在【特征】选项卡中单击【镜向】按钮，弹出【镜向】面板，选择面 1 为镜向面，选择要镜向的特征，如图 5-14 所示。

3 在【镜向】面板中单击【确定】按钮，即可镜向实体特征，效果如图 5-15 所示。

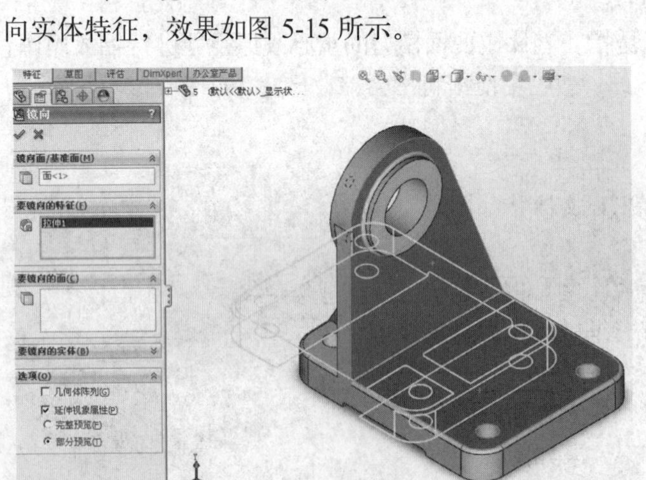

图 5-14 单击【镜向】按钮

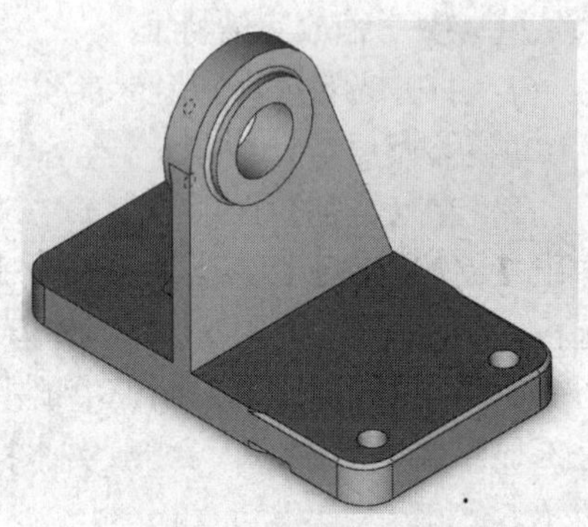

图 5-15 镜向实体特征

在【镜向】面板中各主要选项的意义如下：

- 【镜向面/基准面】：在绘图区中，选择一个面或基准面为镜向面。
- 【要镜向的特征】：选择模型中的一个或多外特征作为要镜向的特征。

5.2.2 线性阵列特征

使用【线性阵列】命令，可以沿一条或两条直线路径进行阵列复制，生成一个或多个特征。

上机实战　线性阵列特征

1 打开光盘/素材/第 5 章/6.SLDPRT 文件，如图 5-16 所示。

2 在【特征】选项卡中单击【线性阵列】按钮，弹出【线性阵列】面板，在绘图区中选择【切除-拉伸 5】特征为阵列特征，如图 5-17 所示。

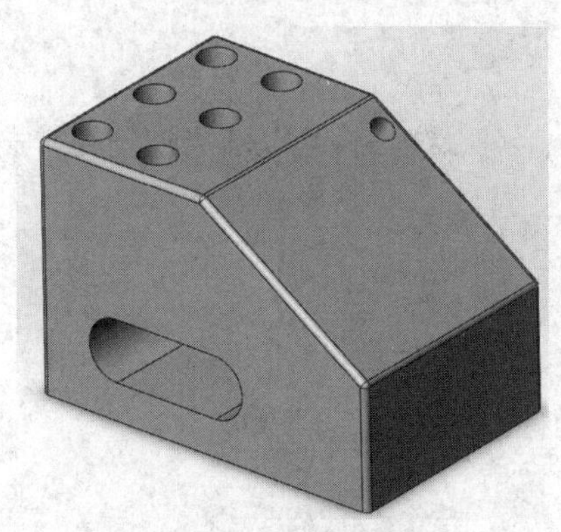

图 5-16　打开素材

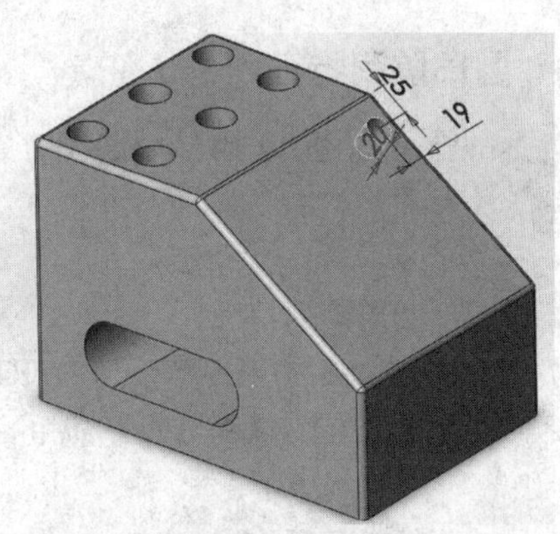

图 5-17　选择【切除-拉伸 5】特征

3 选择中间边线为【方向 1】，并设置【间距】为 45、【实例数】为 4，如图 5-18 所示。

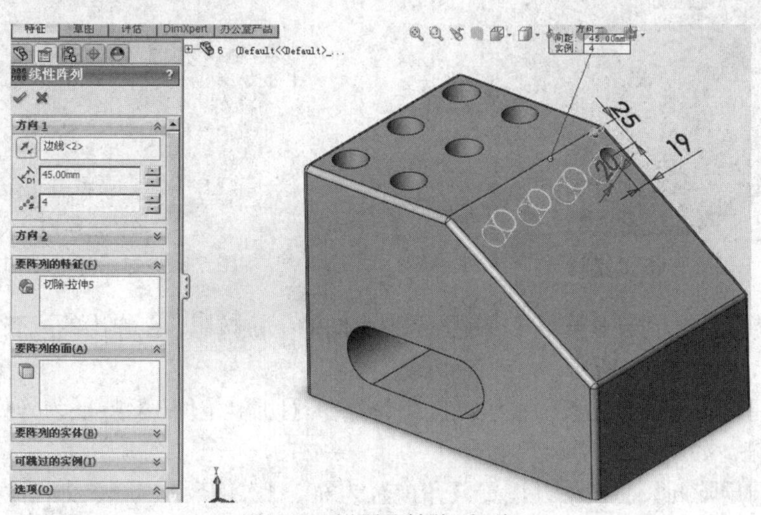

图 5-18　设置线性阵列面板

4 选择右侧边线为【方向 2】，并设置【距离】为 30、【实例数】为 5，如图 5-19 所示。

5 在【线性阵列】面板中单击【确定】按钮，即可线性阵列实体特征，效果如图 5-20 所示。

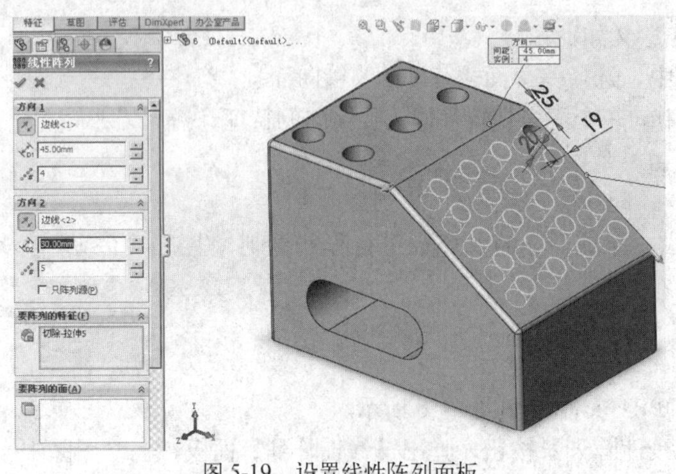

图 5-19　设置线性阵列面板

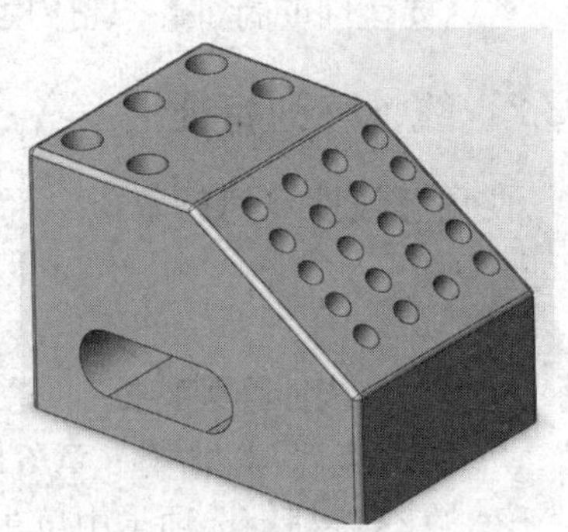
图 5-20　线性阵列实体特征

5.2.3　圆周阵列特征

在 SolidWorks 2012 中，使用【圆周阵列】命令，可以绕一轴心以圆周阵列的方式生成一个或多个特征。

上机实战　圆周阵列特征

1　打开光盘/素材/第 5 章/7.SLDPRT 文件，如图 5-21 所示。

2　单击【视图】/【基准轴】命令，显示基准轴特征，如图 5-22 所示。

图 5-21　打开素材

图 5-22　显示基准轴特征

3　在【特征】选项卡中单击【线性阵列】中间的下拉按钮，在弹出的列表框中单击【圆周阵列】按钮，如图 5-23 所示。

4　弹出【圆周阵列】面板，在绘图区中，选择【切除-拉伸 1】特征为阵列特征、【基准轴 1】为阵列轴，如图 5-24 所示。

5　在【圆周阵列】面板中，设置【角度】为 60、【实例数】为 6，如图 5-25 所示。

6　单击【确定】按钮，即可圆周阵列特征，并隐藏基准轴，效果如图 5-26 所示。

【圆周阵列】面板中各主要选项意义如下：

- （基准轴）：在绘图区中选择轴、模型边线或角度尺寸，阵列绕此轴生成。
- （角度）数值框：用于指定每个实例之间的角度。

- （实例数）数值框：用于设定含原特征在内的复制数量。
- 【等间距】复选框：选中该复选框，可以自动设定阵列总角度为 360。

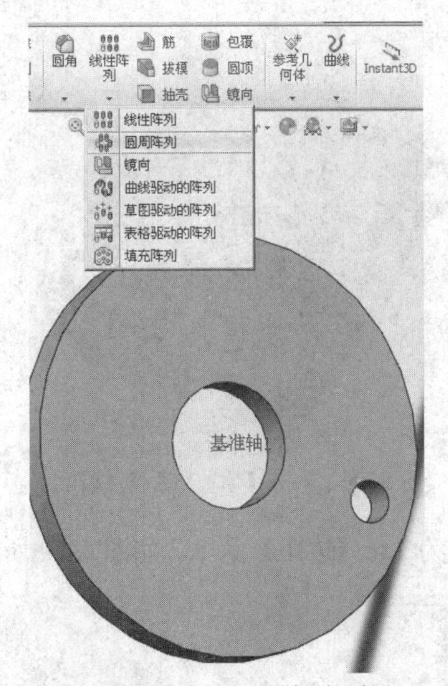

图 5-23　单击【圆周阵列】按钮

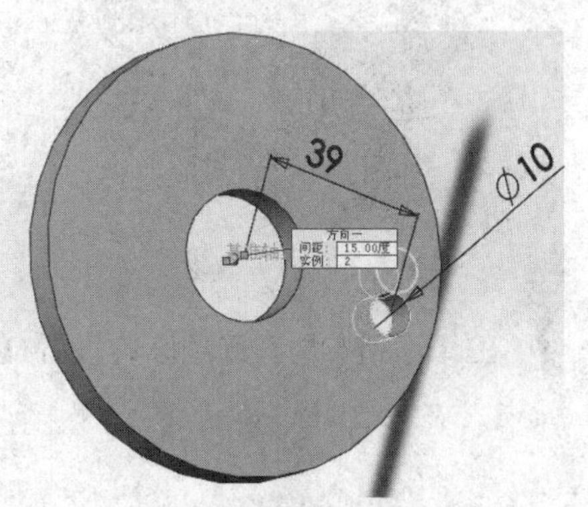

图 5-24　弹出【圆周阵列】面板

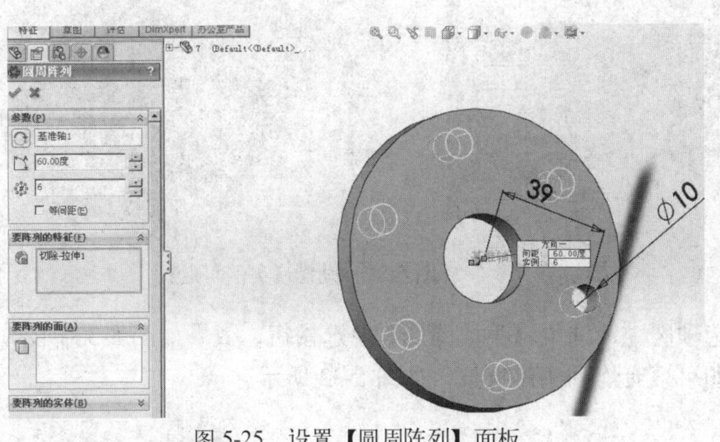

图 5-25　设置【圆周阵列】面板

图 5-26　圆周阵列特征

5.2.4　填充阵列特征

【填充阵列】是指在一个平面上先创建一个用作阵列的对象，然后在限定的实体平面或者草图区域中进行的阵列复制。

上机实战　填充阵列特征

1　打开光盘/素材/第 5 章/8.SLDPRT 文件，如图 5-27 所示。

2　在【特征】选项卡中单击【线性阵列】中间的下拉按钮，在弹出的列表框中单击【填充阵列】按钮，如图 5-28 所示。

3　弹出【填充阵列】面板，在绘图区中选择合适的面对象，如图 5-29 所示。

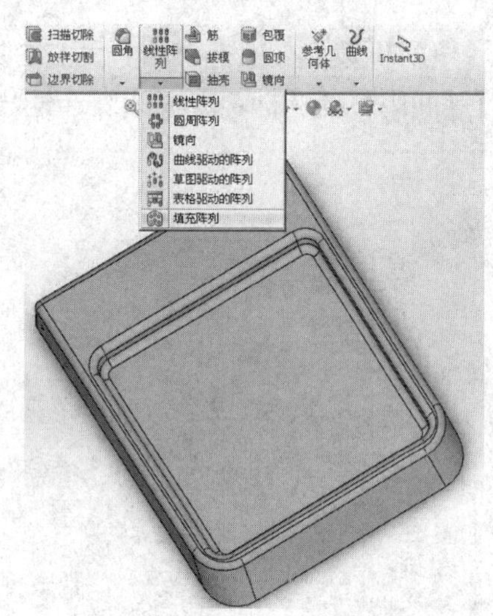

图 5-27　打开素材　　　　图 5-28　单击【填充阵列】按钮

4　在【阵列布局】选项区，设置【实例间距】为 22、【边距】为 2，如图 5-30 所示。

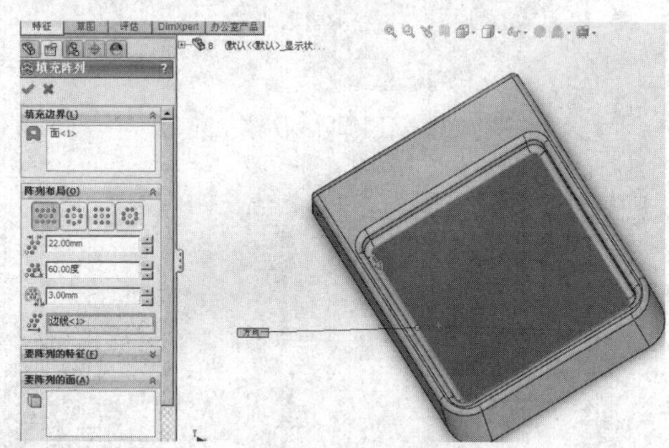

图 5-29　选择合适的面　　　　图 5-30　设置【实例间距】

5　在【要阵列的特征】选项区中，选中【生成源切】单选按钮，效果如图 5-31 所示。

6　单击【确定】按钮，即可填充阵列实体特征，如图 5-32 所示。

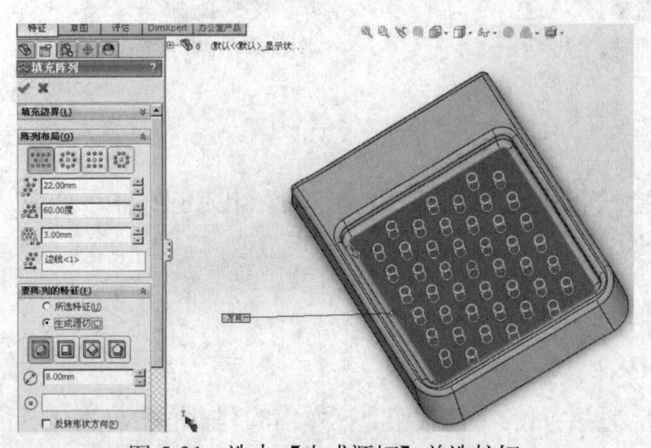

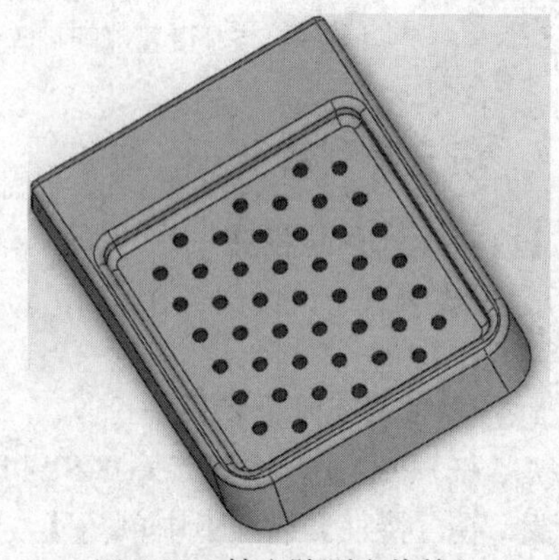

图 5-31　选中【生成源切】单选按钮　　　　图 5-32　填充阵列实体特征

【填充阵列】面板中各主要选项意义如下：

- 【填充边界】：该选项区用于定义要使用阵列填充的区域。
- (穿孔)：单击该按钮，可以为钣金穿孔式阵列生成网格。
- (圆周)：单击该按钮，可以生成圆周形阵列。
- (方形)：单击该按钮，可以生成方形形阵列。
- (多边形)：单击该按钮，可以生成多边形阵列。
- 【所选特征】：选中该单选区，可以选择要阵列的特征。

5.2.5　表格驱动阵列

【表格驱动的阵列】是指使用 X-Y 坐标指定特征阵列，可以通过设置 X、Y 的坐标值进行阵列。在使用表格驱动的阵列时，必须先创建一个坐标系，并且使阵列的特征相对于该坐标系有确定的空间位置关系。

上机实战　表格驱动阵列

1　打开光盘/素材/第 5 章/9.SLDPRT 文件，如图 5-33 所示。

2　单击【坐标系】按钮，弹出【坐标系】面板，保持默认参数。如图 5-34 所示。

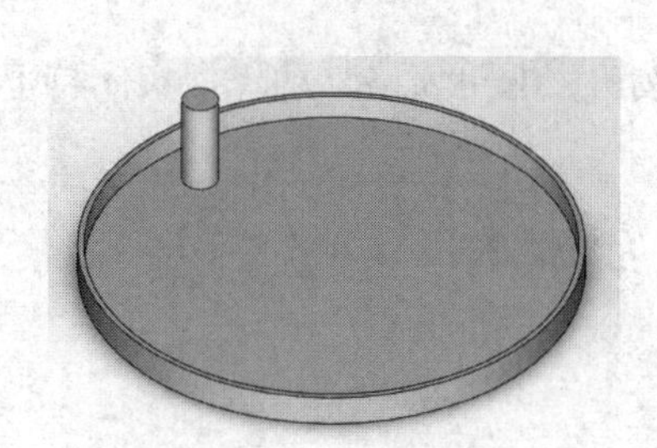

图 5-33　打开素材

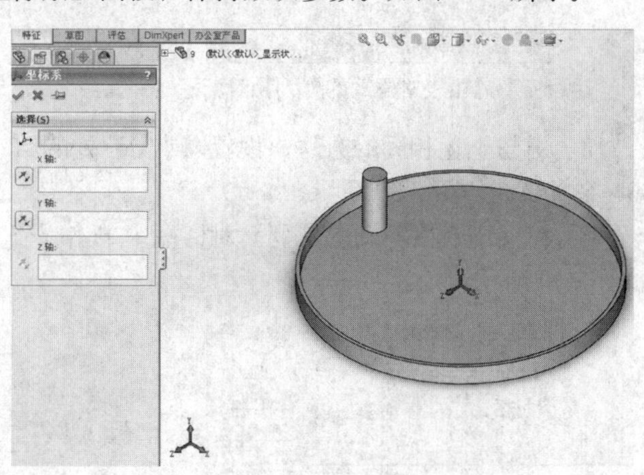

图 5-34　单击【坐标系】按钮

3　单击【确定】按钮，在绘图区生成坐标系对象，如图 5-35 所示。

4　在【特征】选项卡中单击【线性阵列】中间的下拉按钮，在弹出的列表框中单击【表格驱动的阵列】按钮，如图 5-36 所示。

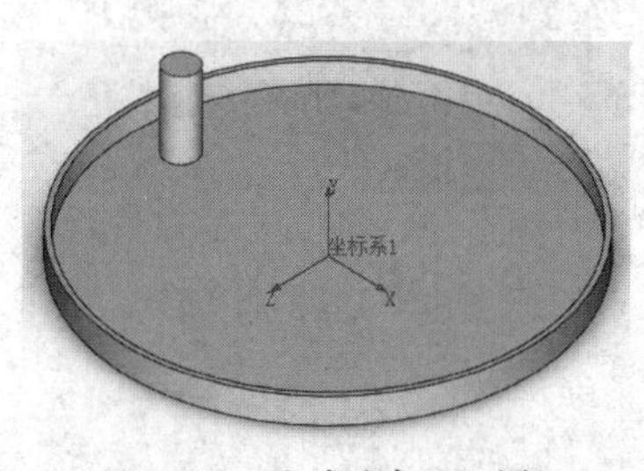

图 5-35　生成坐标系对象

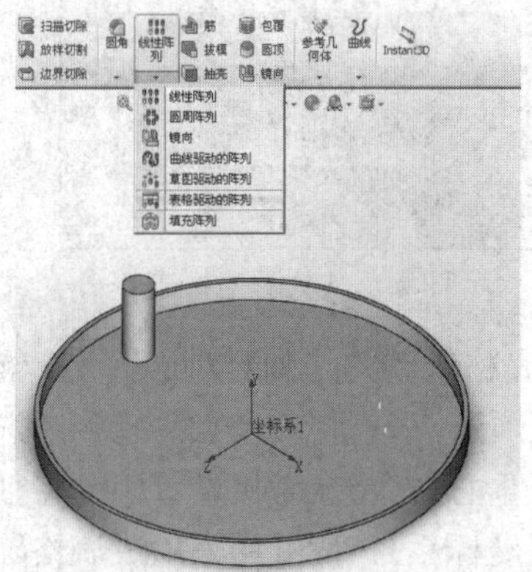

图 5-36　单击【表格驱动的阵列】按钮

5 弹出【由表格驱动的阵列】对话框，选择新创建的坐标系为参照、圆柱体为复制对象，如图 5-37 所示。

6 在【X-Y 坐标表】中的【点 1】右侧的 X-Y 右侧的空白处，依次创建坐标，设置 X 为-30、Y 为-2，实体效果如图 5-38 所示。

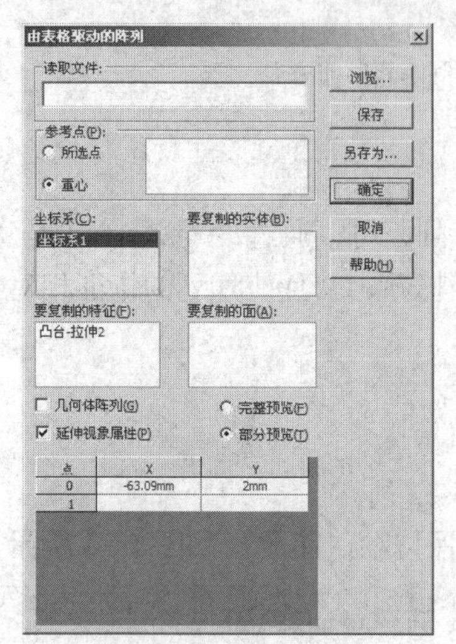

图 5-37 【由表格驱动的阵列】对话框

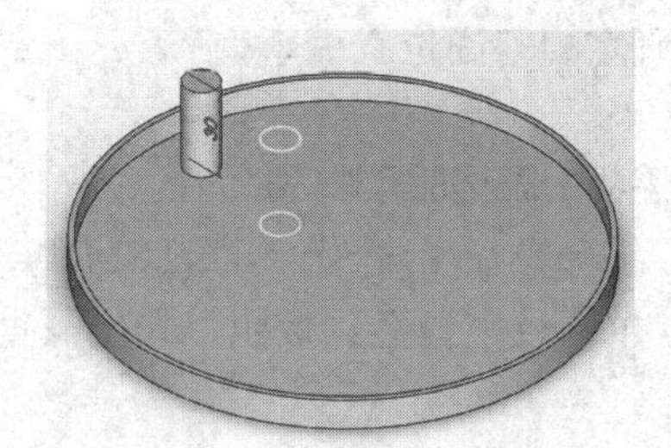

图 5-38 设置坐标系

7 用与上述相同的方法，设置【点 2】处的 X 为 30、Y 为 2；设置【点 3】处的 X 为 30、Y 为 2，如图 5-39 所示。

8 在【由表格驱动的阵列】对话框中单击【确定】按钮，即可表格驱动阵列实体特征，如图 5-40 所示。

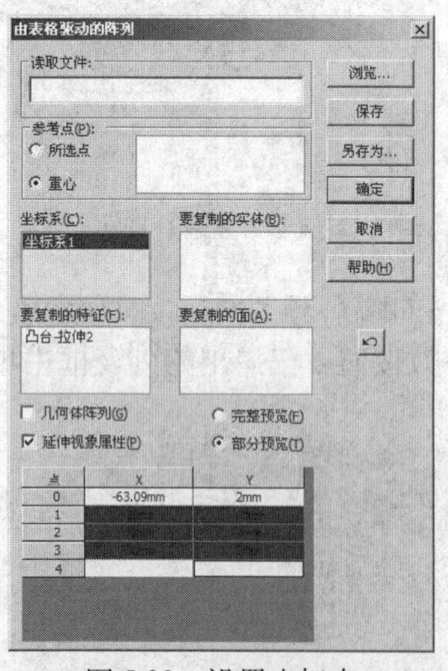

图 5-39 设置坐标表

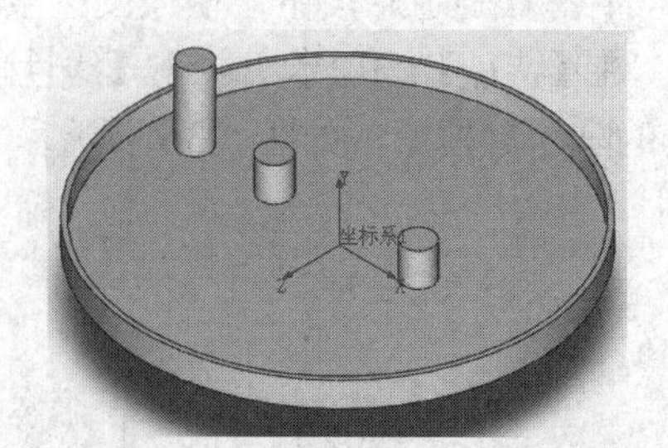

图 5-40 表格驱动阵列实体特征

【由表格驱动的阵列】对话框中，各主要选项意义如下：

- 【所选点】：将参考点设置到所选顶点或者草图点。
- 【重心】：将参考点设置到源特征的重心。
- 【坐标系】：设置用来生成表格阵列的坐标系。
- 【要复制的实体】：根据多实体零件生成阵列。

- 【要复制的特征】：根据特征生成阵列，可以选择多个特征。
- 【要复制的面】：根据构成特征的面生成阵列。
- 【几何体阵列】：只使用特征的几何体（如面和边线等）生成阵列。

5.2.6　曲线驱动阵列

在 SolidWorks 2012 中，【曲线驱动的阵列】是指通过草图中的平面或 3D 曲线来复制源特征的一种阵列方式。

上机实战　曲线驱动阵列

1　打开光盘/素材/第 5 章/10.SLDPRT 文件，如图 5-41 所示。

2　在【线性阵列】列表框中单击【曲线驱动的阵列】按钮，如图 5-42 所示。

3　弹出【曲线驱动的阵列】面板，在绘图区中选择样条曲线为阵列方向，如图 5-43 所示。

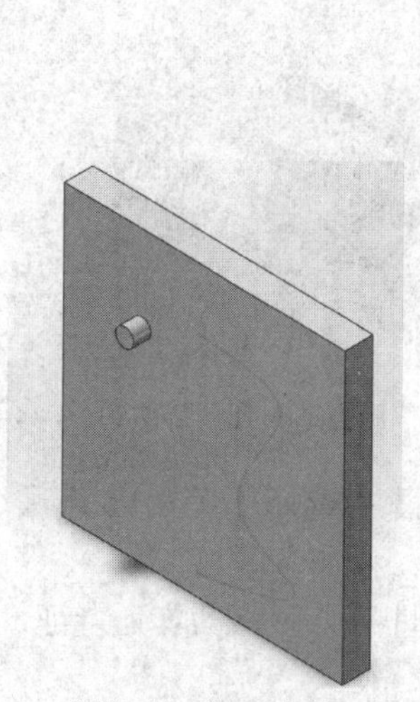

图 5-41　打开素材

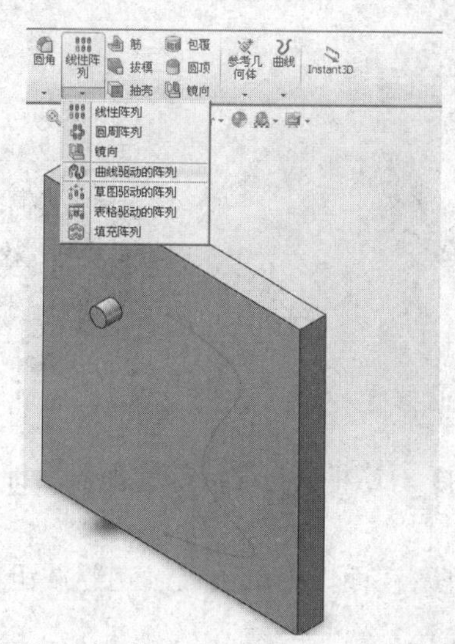

图 5-42　单击【曲线驱动的阵列】按钮

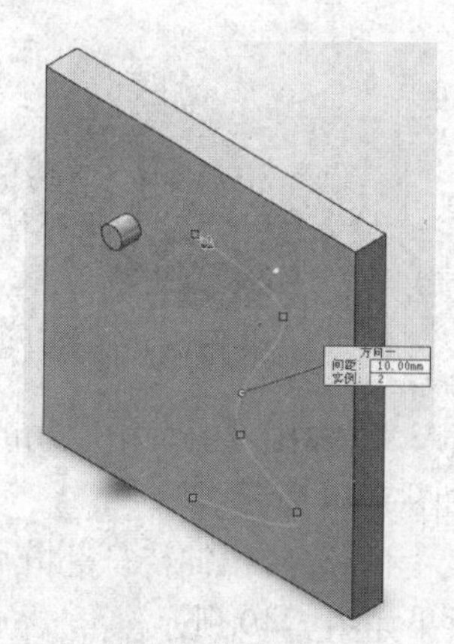

图 5-43　选择样条曲线为阵列方向

4　选择【凸台-拉伸 3】特征为阵列特征，并设置【实体数】为 30、【间距】为 16，效果如图 5-44 所示。

5　在面板中单击【确定】按钮，即可曲线驱动阵列特征，效果如图 5-45 所示。

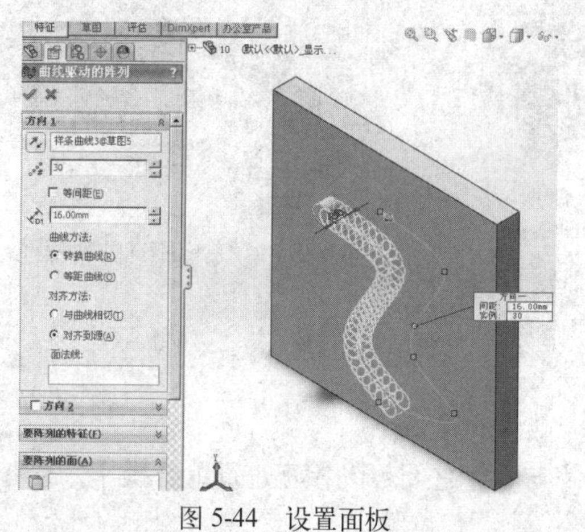

图 5-44　设置面板

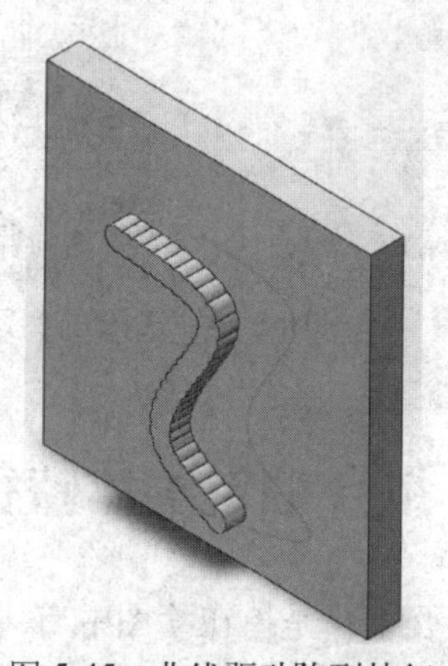

图 5-45　曲线驱动阵列特征

5.2.7 草图驱动阵列

在 SolidWorks 2012 中，【草图驱动的阵列】是通过草图中的特征点复制源特征的一种阵列方式，它与前面几种阵列方式类似，不同的是草图驱动阵列特征时需要选择一个草图作为阵列方向，并指定草图中的草图点进行特征阵列，源特征将整个阵列扩散到草图中的每个点。

上机实战 草图驱动阵列

1 打开光盘/素材/第 5 章/11.SLDPRT 文件，如图 5-46 所示。

2 在【线性阵列】列表框中单击【草图驱动的阵列】按钮，如图 5-47 所示。

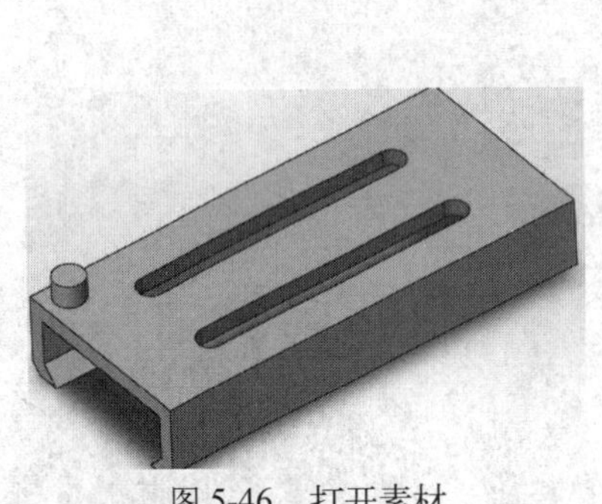

图 5-46 打开素材

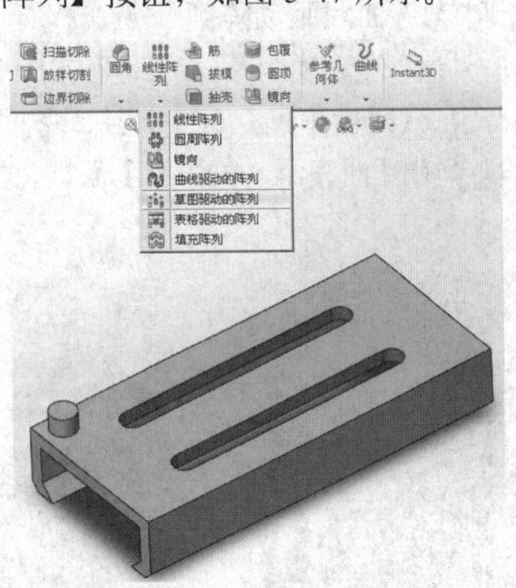

图 5-47 单击【草图驱动的阵列】按钮

3 弹出【由表格驱动的阵列】对话框，在【特征管理器设计树】中选择【草图 1】选项，如图 5-48 所示。

4 选择拉伸特征为阵列特征，在面板中单击【确定】按钮，即可草图驱动阵列特征，效果如图 5-49 所示。

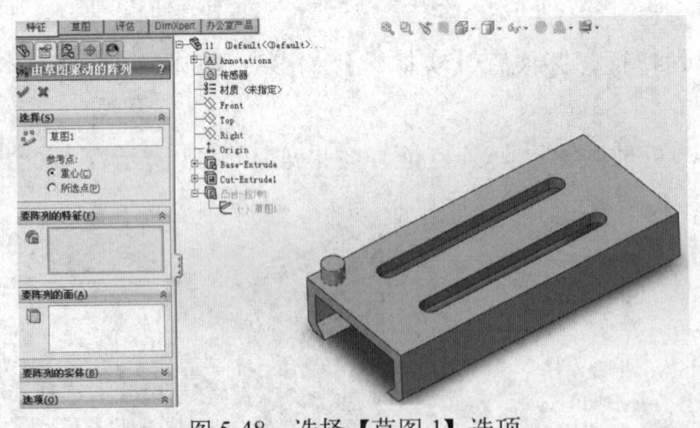

图 5-48 选择【草图 1】选项

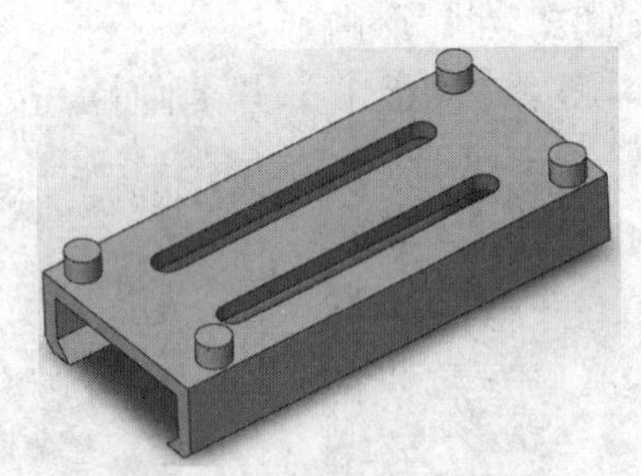

图 5-49 草图驱动阵列特征

5.3 组合编辑实体特征

组合编辑是指在绘图中有多个零件，零件与零件之间可以相互进行组合操作，或者对零件进行分割和移动、复制等操作。

5.3.1 组合实体特征

使用【组合】命令，可以将多个相交的实体特征结合成一个单一的实体特征，组合有 3 种类型，分别是添加、删减和共同。

上机实战 组合实体特征

1 打开光盘/素材/第 5 章/12.SLDPRT 文件，如图 5-50 所示。

2 在【特征】选项卡中单击【组合】按钮，弹出【组合 1】面板，依次选择拉伸 2 和拉伸 1 特征，在【操作类型】选项区中选中【删减】单选按钮，如图 5-51 所示。

3 单击【确定】按钮，弹出【要保留的实体】对话框，单击【确定】按钮，即可组合实体特征，效果如图 5-52 所示。

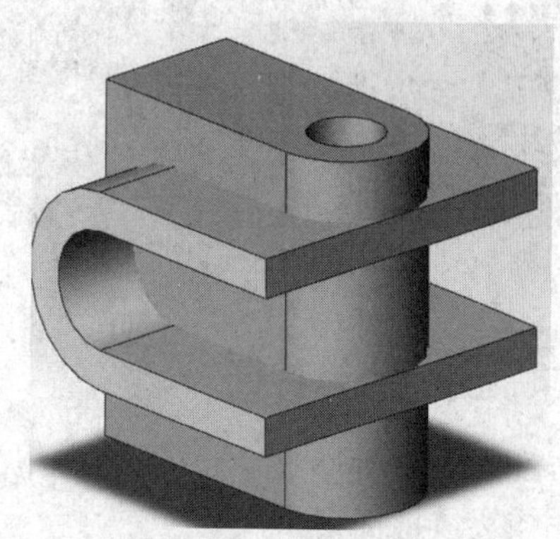

图 5-50 打开素材

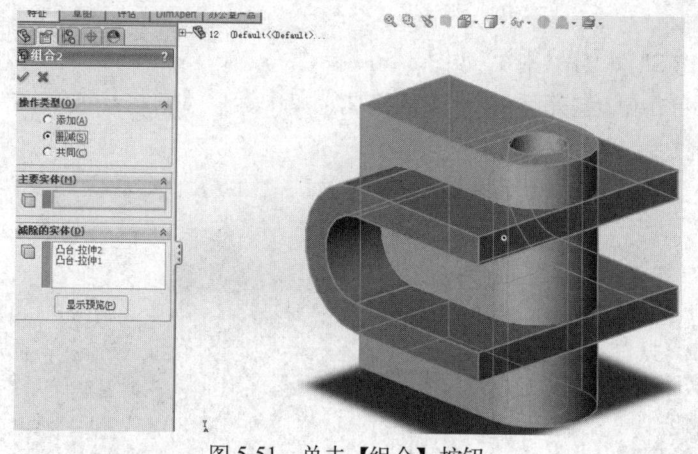

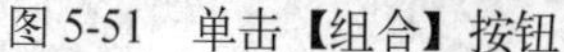

图 5-51 单击【组合】按钮

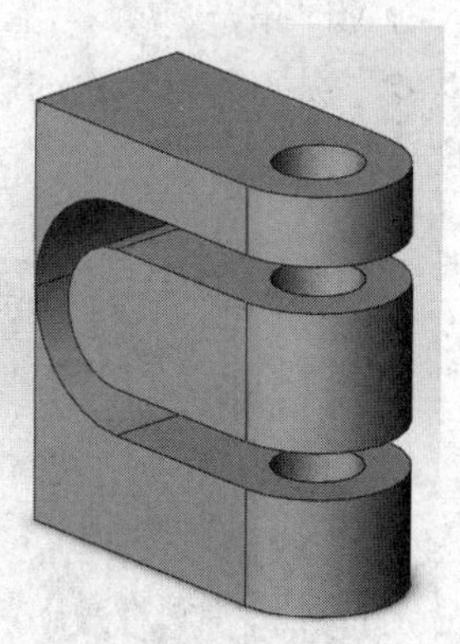

图 5-52 组合实体特征

5.3.2 分割实体特征

在 SolidWorks 2012 中，选择基准面或曲面可以对零件进行分割操作，对分割后的零件可以进行保存或移除。

上机实战 分割实体特征

1 打开光盘/素材/第 5 章/13.SLDPRT 文件，如图 5-53 所示。

2 单击【特征】选项卡中的【分割】按钮，弹出【分割】面板，在绘图区中依次选择合适的面对象，单击【切除零件】按钮,，如图 5-54 所示。

3 在【所产生实体】选项区中勾选 1、2、3、4 选项，单击【确定】按钮，即可分割实体特征，效果如图 5-55 所示。

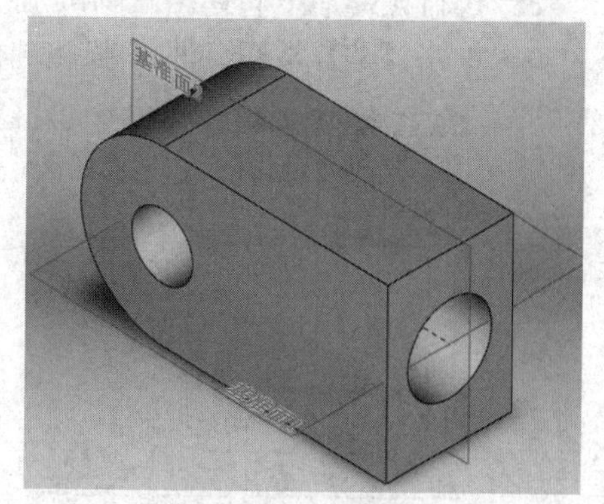

图 5-53 打开素材

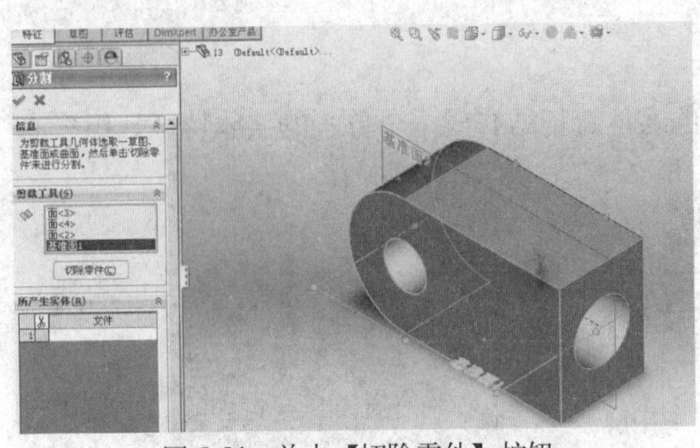

图 5-54　单击【切除零件】按钮

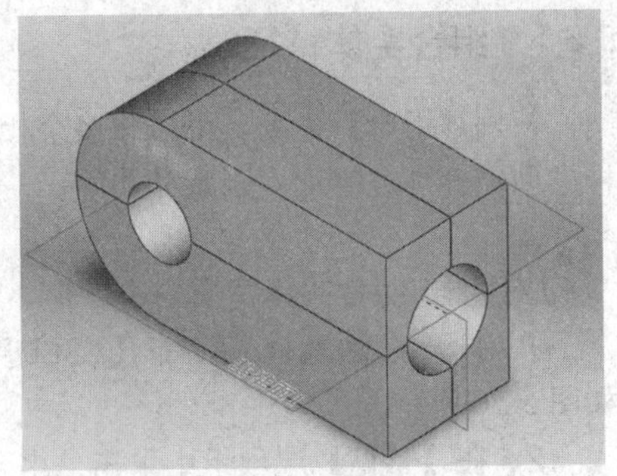

图 5-55　分割实体特征

5.3.3　删除实体特征

在 SolidWorks 2012 中，可以根据需要将绘图区中或【特征管理器设计树】中的错误的草图或实体特征删除。

上机实战　删除实体特征

1　打开光盘/素材/第 5 章/14.SLDPRT 文件，如图 5-56 所示。

2　选择需要删除的选项，单击鼠标右键，在弹出的快捷菜单中选择【删除】选项，如图 5-57 所示。

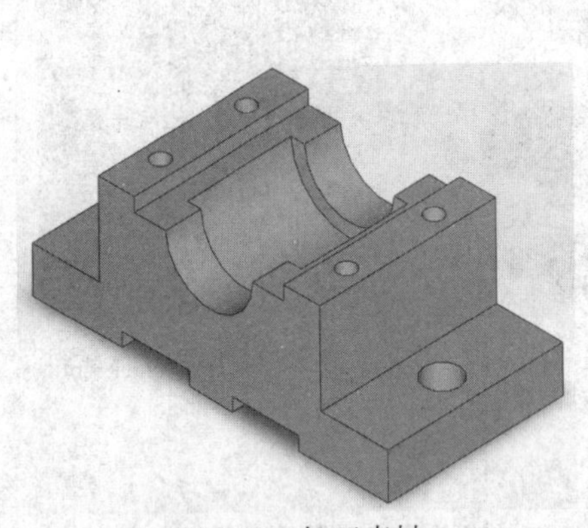

图 5-56　打开素材

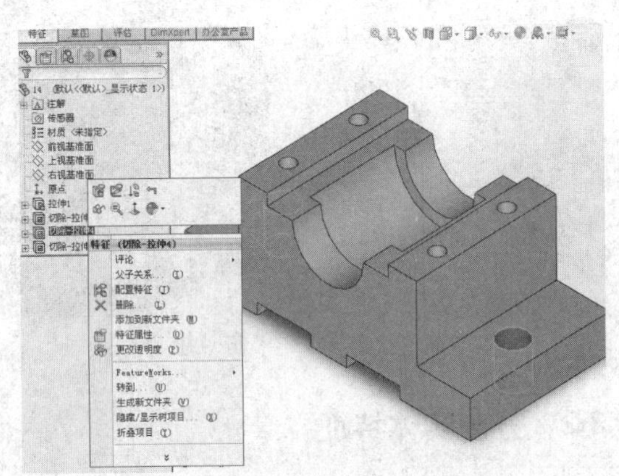

图 5-57　选择【删除】选项

3　执行操作后，将弹出【确认删除】对话框，如图 5-58 所示。

4　单击【是】按钮，即可删除实体特征，效果如图 5-59 所示。

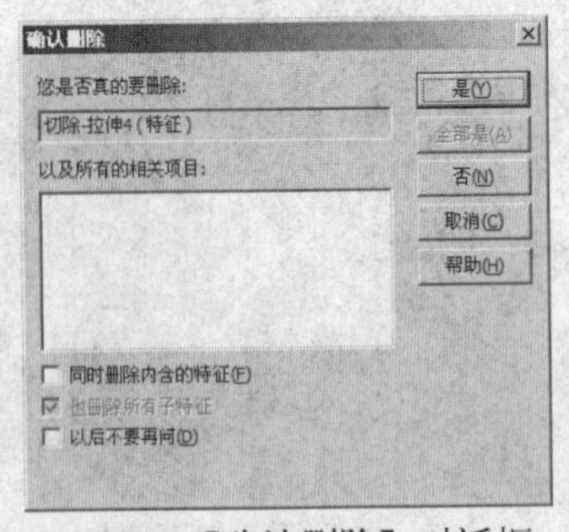

图 5-58　【确认删除】对话框

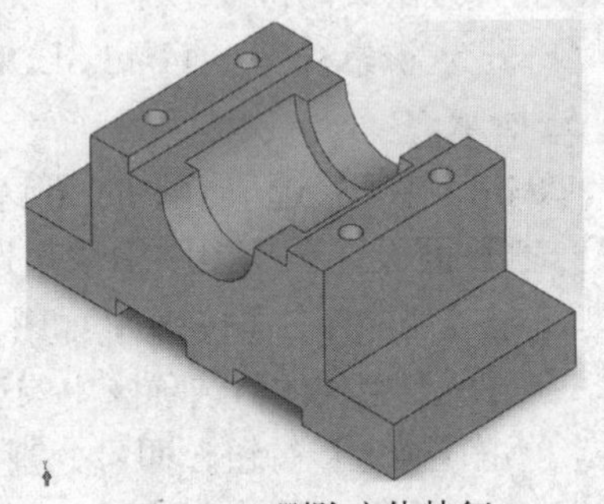

图 5-59　删除实体特征

5.3.4　移动/复制实体特征

在 SolidWorks 2012 中，可以使用【移动 / 复制实体】命令对零件进行移动、旋转操作并复制零件。

上机实战　移动/复制实体特征

1　打开光盘/素材/第 5 章/15.SLDPRT 文件，如图 5-60 所示。

2　单击【特征】选项卡中的【移动/复制】按钮，弹出相应的面板，单击【平移/旋转】按钮，如图 5-61 所示。

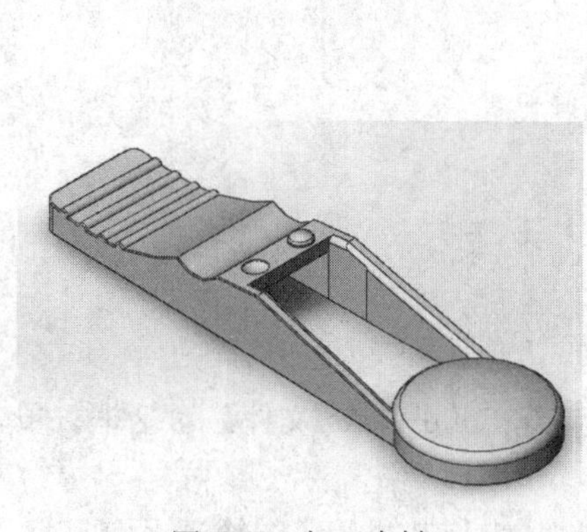

图 5-60　打开素材

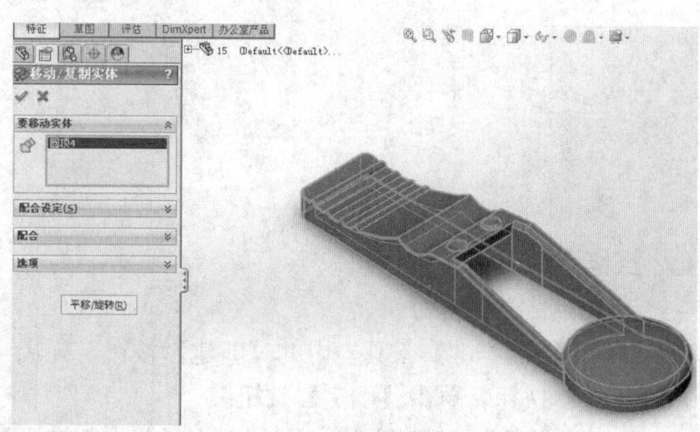

图 5-61　单击【平移/旋转】按钮

3　展开相应的选项区，并弹出坐标系和旋转工具，选中【复制】复选框，如图 5-62 所示。

4　在【平移】选项区中，设置 X 为 20、Y 为 30、Z 为 6；在【旋转】选项区中，设置【Y 旋转角度】为 60，单击【确定】按钮，即可移动/复制实体特征，效果如图 5-63 所示。

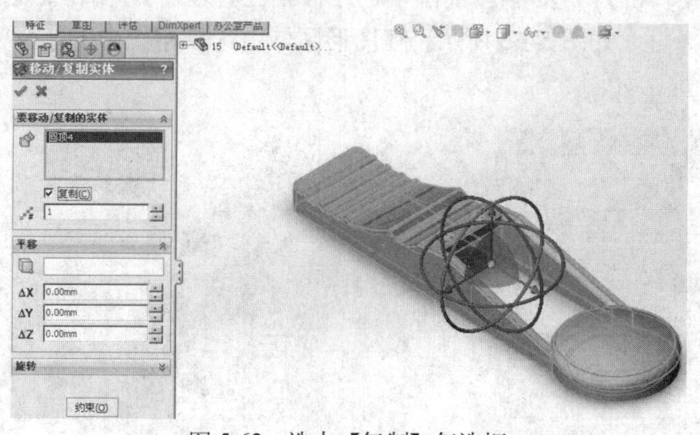

图 5-62　选中【复制】复选框

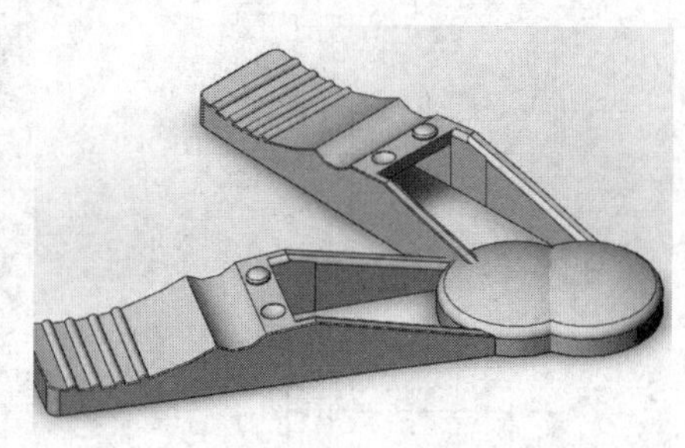

图 5-63　效果图

5.4　项目实训

下面通过制作如图 5-64 所示的实体，加深读者对编辑实体特征的认识。本实例在制作过程中，主要使用了草图绘制、旋转凸台 / 基体、拉伸凸台 / 基体、圆周阵列、倒角等命令。

实训目的：掌握常用编辑实体特征的命令。

实训要求：熟练使用各种编辑实体特征命令，能对各种零件模型进行编辑。

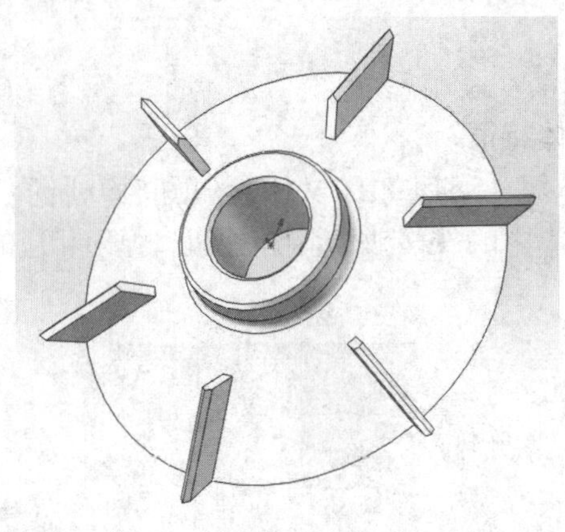

图 5-64 实体

操作步骤

(1) 生成基体部分

1 单击【标准】工具栏中的【新建】按钮，弹出【新建 SolidWorks 文件】对话框，单击【零件】按钮，单击【确定】按钮。

2 单击【特征管理器设计树】中的【前视基准面】图标，使其成为草图绘制平面。

3 单击【标准视图】工具栏中的【正视于】按钮，并单击【草图】工具栏中的【草图绘制】按钮，进入草图绘制状态。

4 单击【草图】工具栏中的【矩形】按钮和【智能尺寸】按钮，绘制草图并标注尺寸，如图 5-65 所示。

5 单击【特征】工具栏中的【旋转凸台／基体】按钮，在【属性管理器】中的【旋转参数】选项组中单击【旋转轴】选择框，如图 5-66 所示，在图形区域中选择草图中的水平线，单击【确定】按钮，生成旋转特征，如图 5-67 所示。

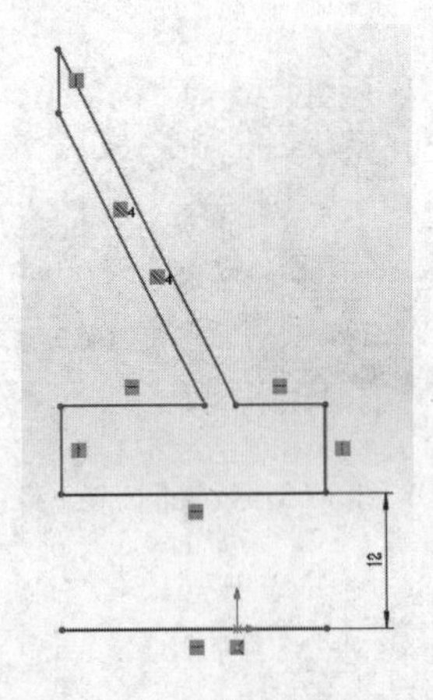

图 5-65 绘制草图并标注尺寸

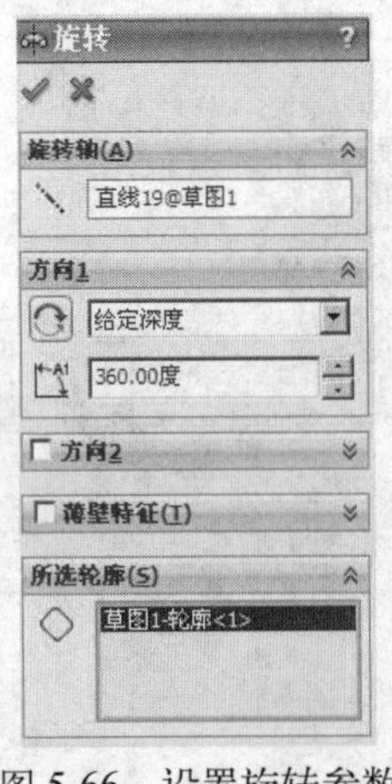

图 5-66 设置旋转参数

图 5-67 生成旋转特征

6 单击【特征】工具栏中的【圆角】按钮，在【属性管理器】中的【圆角项目】选项组中设置【半径】为 3.00mm，单击【边线、面、特征和环】选择框，如图 5-68 所示，在图

形区域中选择模型的一条边线，单击【确定】按钮，生成圆角特征，如图5-69所示。

图5-68　设置圆角参数

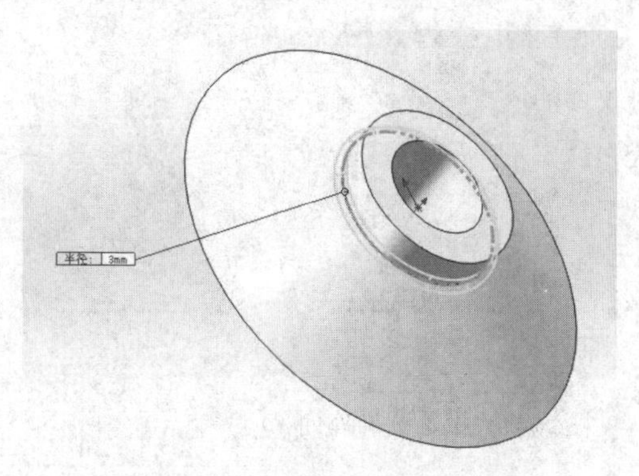

图5-69　生成圆角特征

（2）生成筋板部分

7 单击【特征管理器设计树】中的【前视基准面】图标，使其成为草图绘制平面。

8 单击【标准视图】工具栏中的【正视于】按钮，并单击【草图】工具栏中的【草图绘制】按钮，进入草图绘制状态。

9 使用【草图】工具栏中的【直线】按钮，绘制如图5-70所示的草图。单击【退出草图】按钮，退出草图绘制状态。

10 单击【特征】工具栏中的【拉伸凸台/基体】按钮，在【属性管理器】中的【方向1】选项组中设置【终止条件】为【给定深度】，设置【深度】为1.25mm，并选中【合并结果】复选框；在【方向2】选项组中设置【终止条件】为【给定深度】，设置【深度】为1.25mm，如图5-71所示。单击【确定】按钮，生成拉伸特征，如图5-72所示。

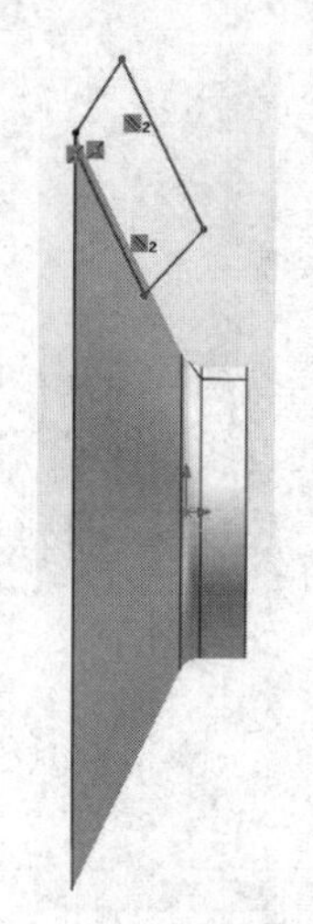

图5-70　绘制草图

图5-71　设置拉伸参数

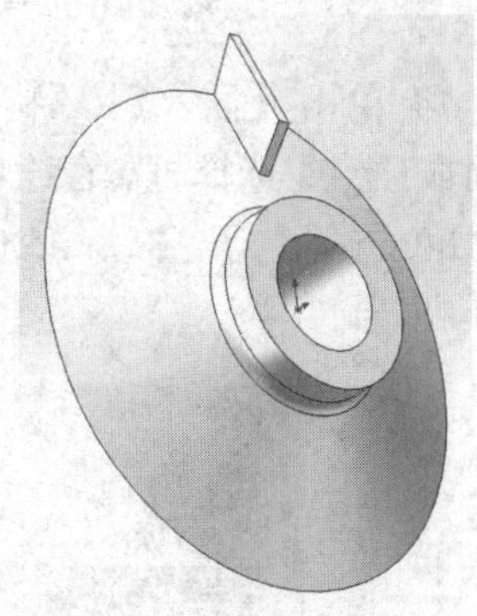

图5-72　生成拉伸特征

11 单击【特征】工具栏中的【圆周阵列】按钮，弹出【圆周阵列】面板，在【参数】选项组中单击【阵列轴】选择框，在【特征管理器设计树】中单击【草图1】图标，设置【实例数】为6，选择【等间距】复选框，在【要阵列的特征】选项组中单击【要阵列的特征】选择框，在图形区域中选择模型的【拉伸1】特征，如图5-73所示。

12 单击【确定】按钮，生成特征圆周阵列，如图5-74所示。

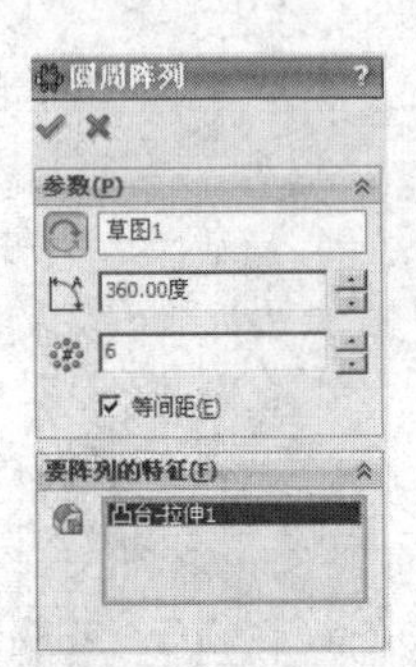

图 5-73 设置圆周阵列

图 5-74 生成特征圆周阵列

13 单击【插入】/【特征】/【倒角】菜单命令，在【倒角参数】选项组中单击【边线和面或顶点】选择框，在绘图区域中选择模型中圆筒特征的四条边线，设置【距离】为 1.00mm，【角度】为 45.00 度，如图 5-75 所示，单击【确定】按钮，生成倒角特征，如图 5-76 所示。

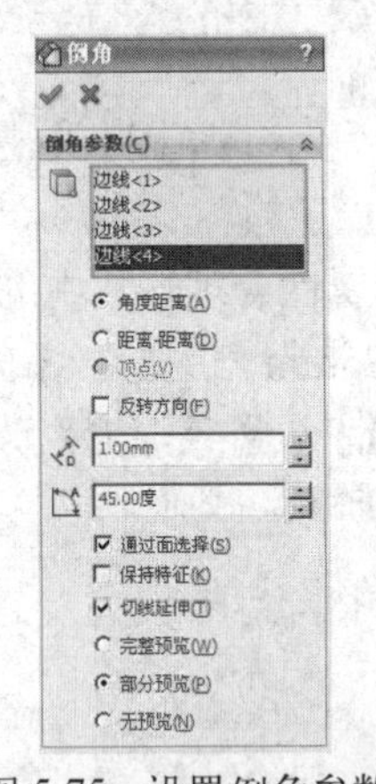

图 5-75 设置倒角参数

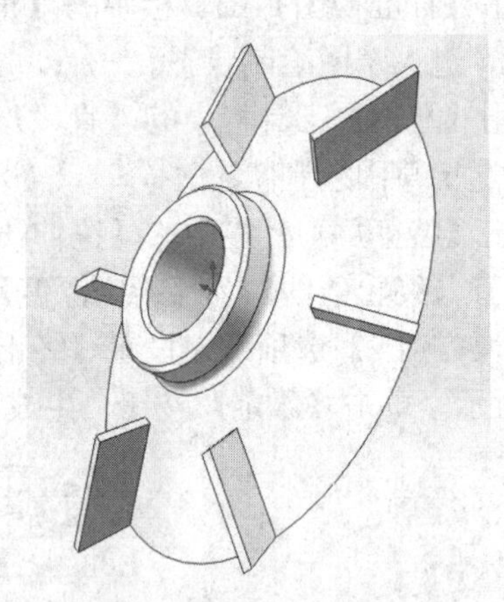

图 5-76 生成倒角特征

14 单击【插入】/【特征】/【倒角】菜单命令，在【倒角参数】选项组中单击【边线和面或顶点】选择框，在绘图区域中选择模型中圆周阵列 1 特征的 12 条边线，设置【距离】为 2.00mm，【角度】为 45.00 度，如图 5-77 所示，单击【确定】按钮，生成倒角特征，如图 5-78 示。

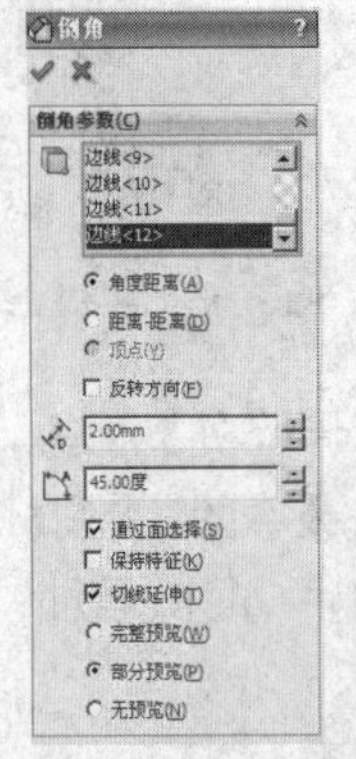

图 5-77 设置倒角参数

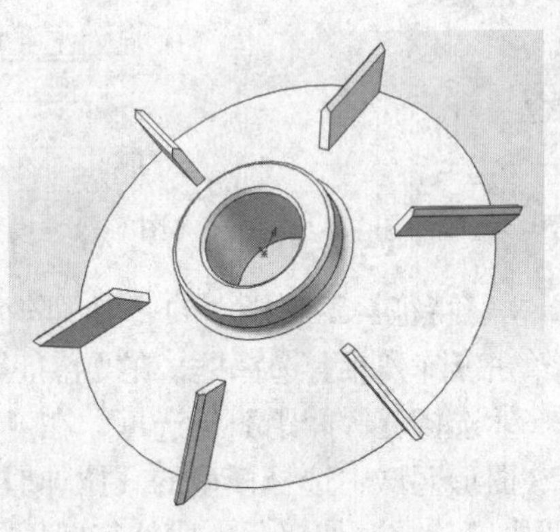

图 5-78 生成倒角特征

5.5 本章小结

本章主要学习了实体特征的编辑。通过本章的学习，读者应掌握以下知识：

（1）常用编辑实体特征的命令。

（2）了解各种编辑命令的含义。

（3）能熟练进行各种特征的变形操作。

5.6 本章习题

1. 填空题

（1）编辑实体特征是指对零件进行________、________、________、________、________、________及________等的操作。

（2）变形特征是指根据选定的________、________以及________来改变零件的局部形状。

（3）镜向实体特征是指沿面或基准面镜向特征，以复制生成________或________特征。

2. 简答题

（1）弯曲特征是否需要制作草图？

（2）线性阵列特征的的方向如何指定？

（3）变形特征包括哪些？

3. 上机操作

综合所学知识，上机创建如图 5-79 所示的效果。

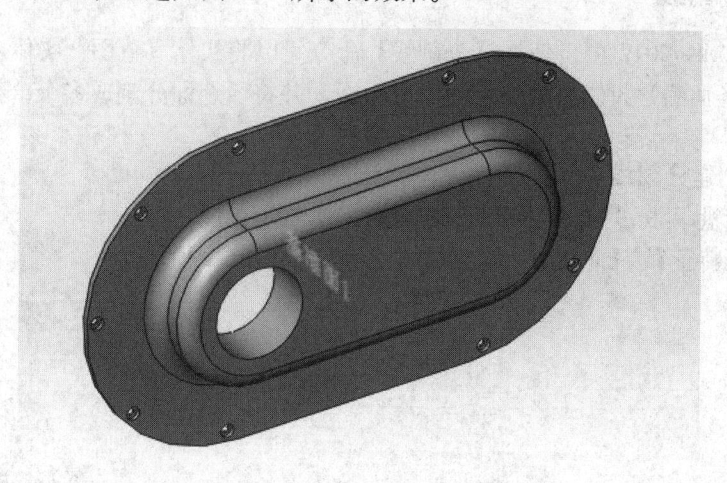

图 5-79 编辑特征

提示：使用拉伸特征、切除、圆角、阵列，镜向特征等来创建。

第6章　创建曲线和曲面

教学目标

SolidWorks 2012 提供了曲线和曲面的设计功能。曲线和曲面是复杂或不规则实体模型的主要组成部分，尤其在工业设计中，这些命令的使用更为广泛。本章主要介绍曲线和曲面特征的创建和编辑操作。

教学重点与难点

- 创建曲线特征
- 创建曲面特征
- 编辑曲面特征

6.1　创建曲线特征

曲线是组成不规则实体模型的最基本要求，创建曲线特征的主要方式有：投影曲线、组合曲线、螺旋线、分割线，通过参考点创建及通过 XYA 点创建曲线等。

6.1.1　创建分割线

在 SolidWorks 2012 中，使用【分割线】命令可以将实体（草图、实体、曲面、面、基准面或曲面样条曲线）投影到表面、曲面或平面，并将所选面分割成多个单独面。

上机实战　创建分割线

1　打开光盘/素材/第 6 章/1.SLDPRT 文件，如图 6-1 所示。

2　单击【特征】/【曲线】/【分割线】按钮，如图 6-2 所示。

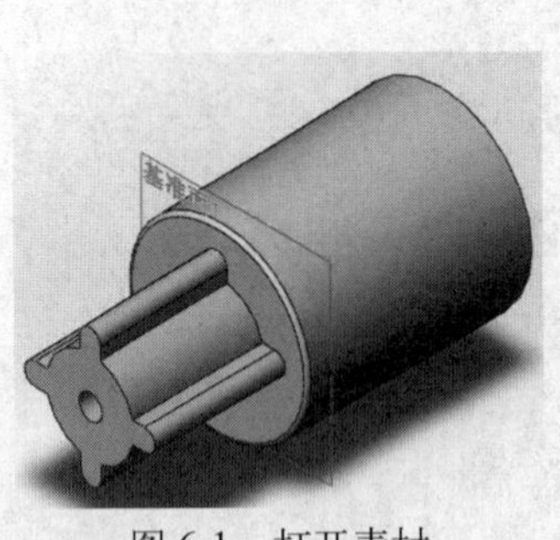

图 6-1　打开素材

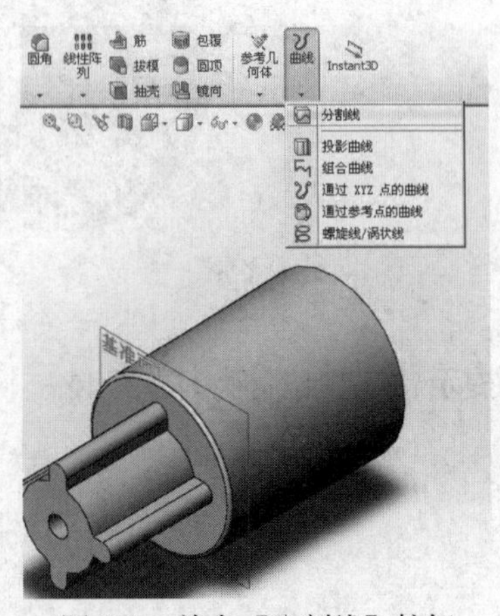

图 6-2　单击【分割线】按钮

3　弹出【分割线】面板，在【分割类型】选项区中，选中【交叉点】单选按钮，并选择基准面对象，如图 6-3 所示。

4　单击【要分割的面/实体】右侧的空白处，并选择大圆柱外表面，单击【确定】按钮，即可创建分割线，效果如图 6-4 所示。

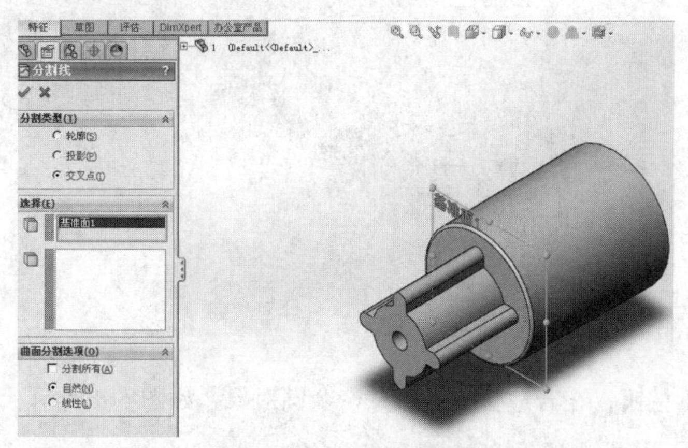

图 6-3　弹出【分割线】面板

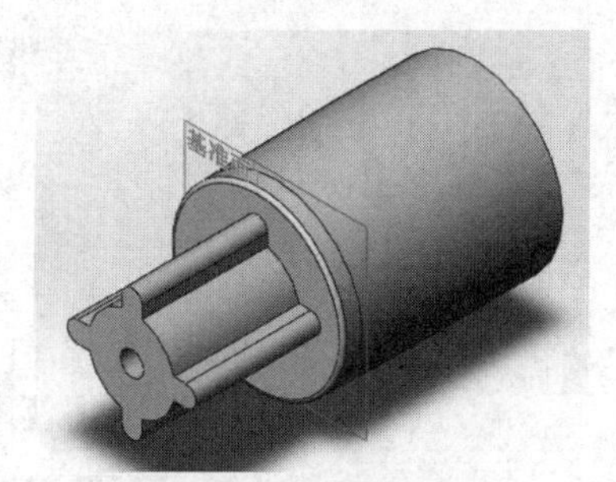

图 6-4　创建分割线

在【分割线】面板中，各主要选项意义如下：

- 【轮廓】：在圆柱形零件上生成分割线。
- 【投影】：将草图线投影到表面上生成分割线。
- 【交叉点】：以交叉实体，曲面、面、基准面或者曲面样条曲线分割面。
- 【分割所有】：分割线穿越曲面上所有可能的区域，即分割所有可以分割的曲面。
- 【自然】：按照曲面的形状进行分割。
- 【线性】：按照线性方向进行分割。

6.1.2　创建螺旋线

螺旋线可以被当成一条路径或者引导曲线使用在扫描特征上，通常用于创建螺纹、弹簧和发条等零件。

上机实战　创建螺旋线

1　打开光盘/素材/第 6 章/2.SLDPRT 文件，如图 6-5 所示。

2　在【曲线】列表框中单击【螺旋线/涡状线】按钮，如图 6-6 所示。

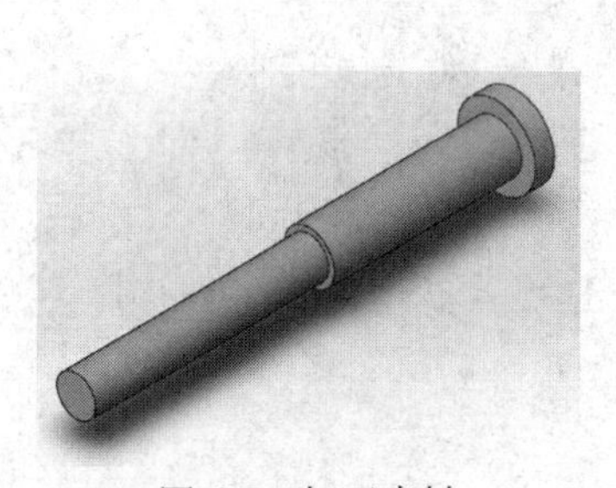

图 6-5　打开素材

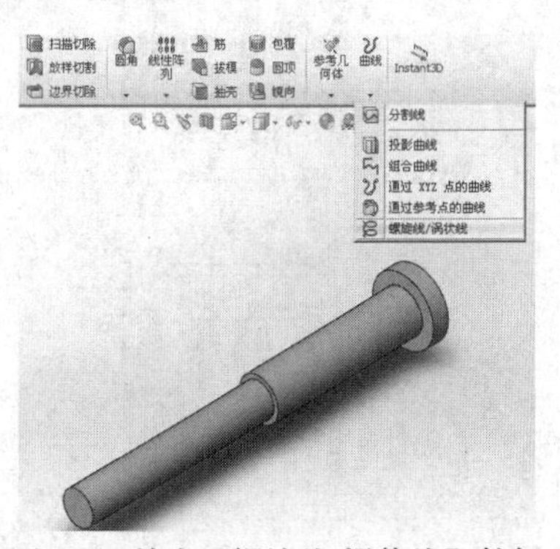

图 6-6　单击【螺旋线/涡状线】按钮

3 弹出【螺旋线/涡状线】面板，在绘图区中选择合适的圆柱面，如图6-7所示。

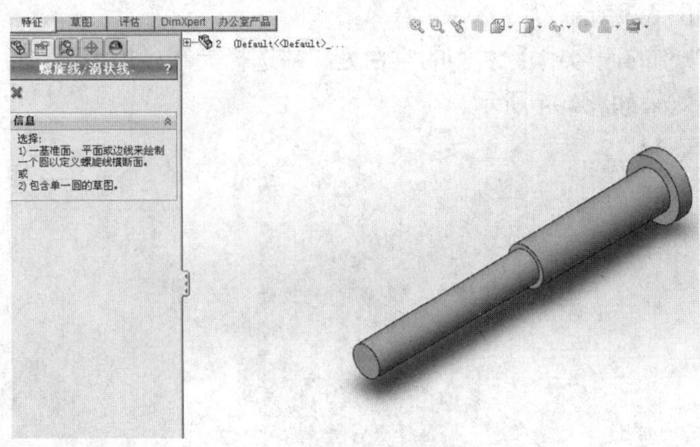

图6-7 选择合适的圆柱面

4 进入草图环境，单击【圆】按钮，在合适位置处创建一个圆对象，如图6-8所示。

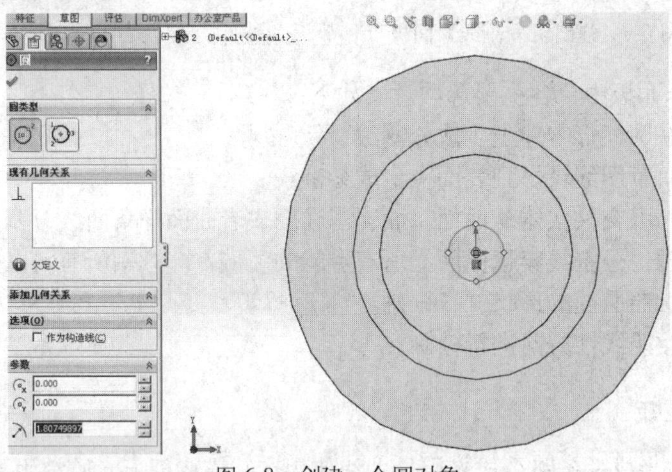

图6-8 创建一个圆对象

5 退出草图环境，弹出【螺旋线/涡状线】面板，设置【螺距】为15、【圈数】为5、【起始角度】为30，如图6-9所示。

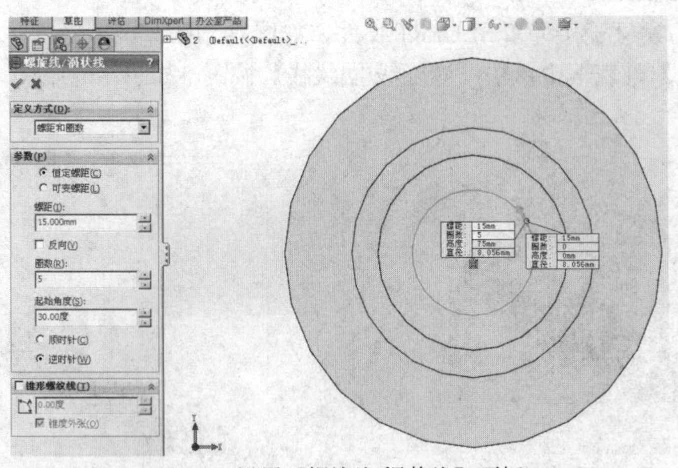

图6-9 设置【螺旋线/涡状线】面板

6　在【螺旋线/涡状线】面板中单击【确定】按钮，即可创建螺旋线对象，如图 6-10 所示。

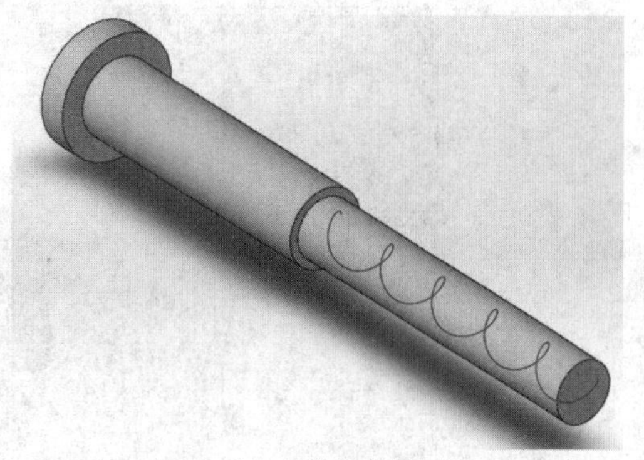

图 6-10　创建螺旋线对象

在【螺旋线/涡状线】面板中，各主要选项意义如下：

- 【定义方式】：用来定义生成螺旋线和涡状线的方式。
- 【螺距】：为每个螺距设置半径更改比率。设置的数值必须至少为 0.001，且不大于 200000。
- 【恒定螺距】：以恒定螺距方式生成螺旋线。
- 【可变螺距】：以可变螺距方式生成螺旋线。
- 【螺距和圈数】：通过定义螺距和因数生成螺旋线，
- 【反向】：用来反转螺旋线及涡状线的旋转方向。
- 【圈数】：设置螺旋线及涡状线的旋转数。
- 【起始角度】：设置在绘制的草图圆上开始初始旋转的位置。
- 【顺时针】/【逆时针】：设置生成的螺旋线及涡状线的旋转方向为顺时针或逆时针。

6.1.3　创建涡状线

在 SolidWorks 2012 中，通过定义螺距和圈数方式可以创建涡状线。

上机实战　创建涡状线

1　打开光盘/素材/第 6 章/3.SLDPRT 文件，如图 6-11 所示。

2　单击【螺旋线/涡状线】按钮，弹出相应面板，选择合适圆柱面，如图 6-12 所示。

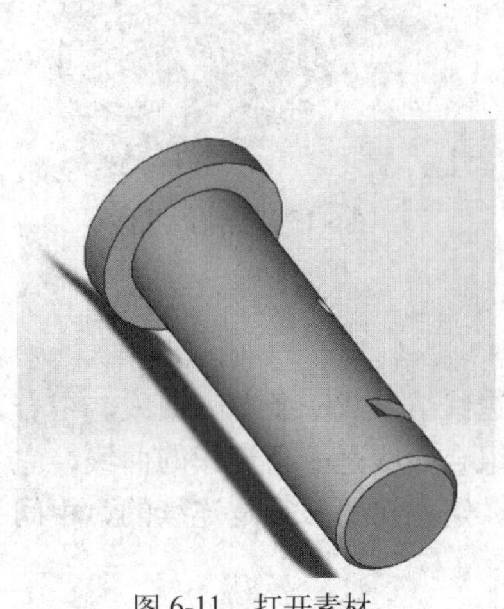

图 6-11　打开素材

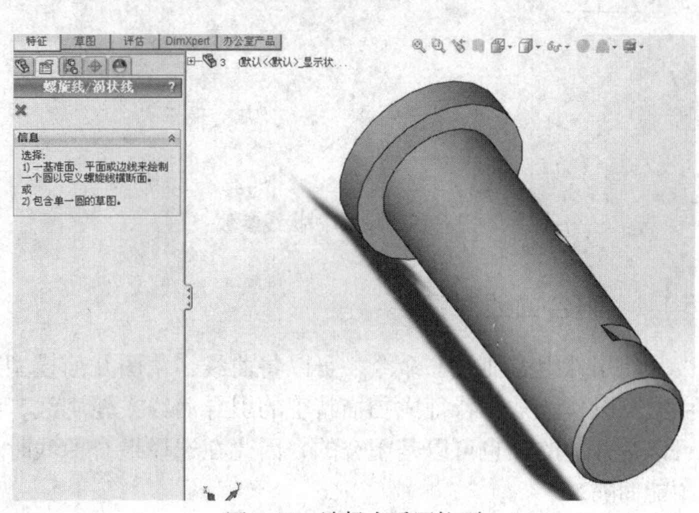

图 6-12　选择合适圆柱面

3　进入草图环境，单击【圆】按钮，在绘图区创建一个半径为 6 的圆对象，如图 6-13 所示。

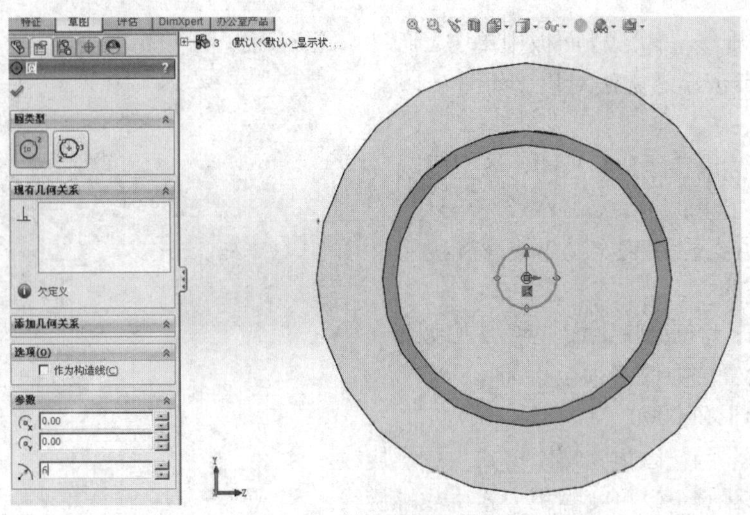

图 6-13　单击【圆】按钮

4　退出草图环境，弹出【螺旋线/涡状线】面板，单击【定义方式】右侧的下拉按钮，弹出列表框，选择【涡状线】选项，设置【螺距】为 3、【圈数】为 6、【起始角度】为 30，如图 6-14 所示。

5　单击【确定】按钮，即可创建涡状线对象，如图 6-15 所示。

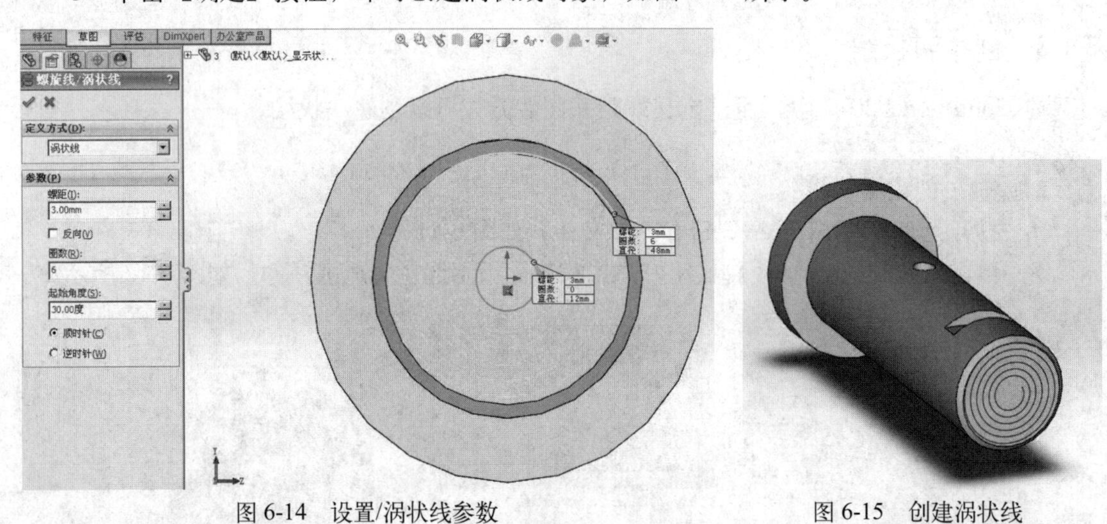

图 6-14　设置/涡状线参数　　　　图 6-15　创建涡状线

6.1.4　组合曲线对象

使用【组合曲线】命令，可以将曲线、草图几何模型边线组合成一条单一曲线。组合曲线可以作为放样特征或扫描特征的引导曲线或轮廓线，组合曲线是一条连续的曲线，它可以是开放的，也可以是闭合的，因此在选择组合曲线时，这些对象必须是连续的，中间不能间隔。

上机实战　组合曲线对象

1　打开光盘/素材/第 6 章/4.SLDPRT 文件，如图 6-16 所示。

2　在【曲线】列表框中单击【组合曲线】按钮，如图 6-17 所示。

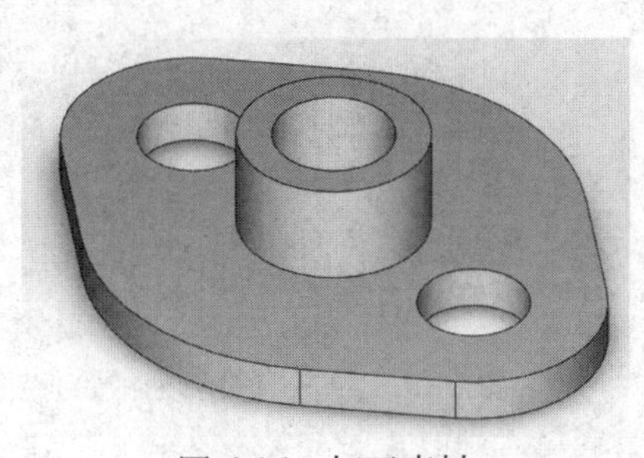

图 6-16　打开素材

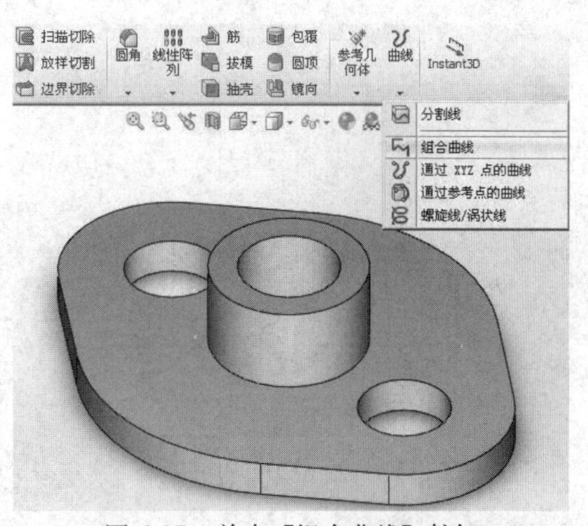

图 6-17　单击【组合曲线】按钮

3　弹出【组合曲线】面板，选择模型底座的所有下边线对象，如图 6-18 所示。

4　在面板中单击【确定】按钮，即可组合曲线对象，如图 6-19 所示。

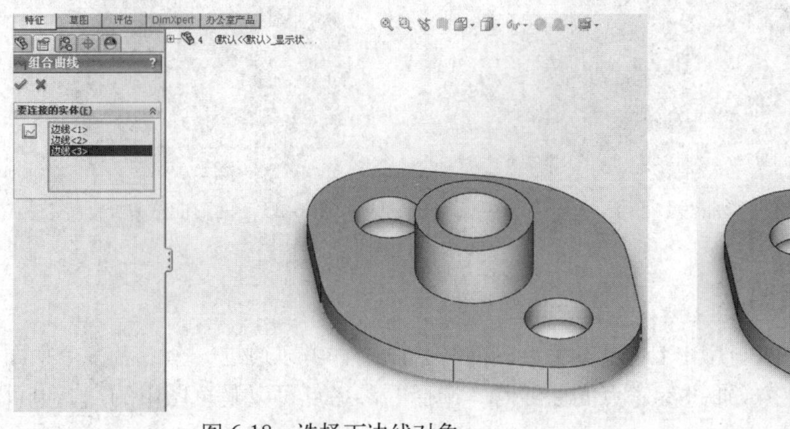

图 6-18　选择下边线对象

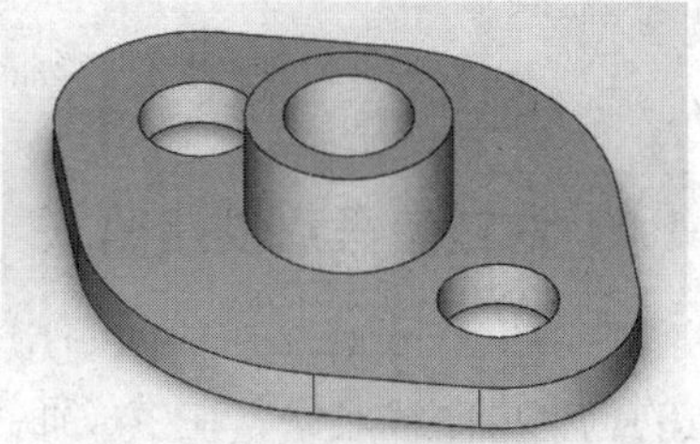

图 6-19　效果图

6.1.5　投影曲线对象

使用【投影曲线】命令，可以将选择的草图或曲线投影到指定的曲线或平面上，在使用草图到草图方式生成投影曲线时，草图所在的两个基准面必须相交，否则将不能生成投影曲线。

在 SolidWorks 2012 中，投影曲线主要有两种创建方式。一种方式是将绘制的曲线投影到模型面上，生成一条三维曲线；另一种方式是在两个相交的基准上分别绘制草图，此时系统会将每一个草图沿所在平面的垂直方向投影得到一个曲面，这两个曲面在空间中相交，生成一条三维曲线。

上机实战　投影曲线对象

1　打开光盘/素材/第 6 章/5.SLDPRT 文件，如图 6-20 所示。

2　在【曲线】列表框中单击【投影曲线】按钮，如图 6-21 所示。

3　弹出【投影曲线】面板，依次选择草图和模型上表面对象，如图 6-22 所示。

4　在面板中单击【确定】按钮，即可投影曲线对象，如图 6-23 所示。

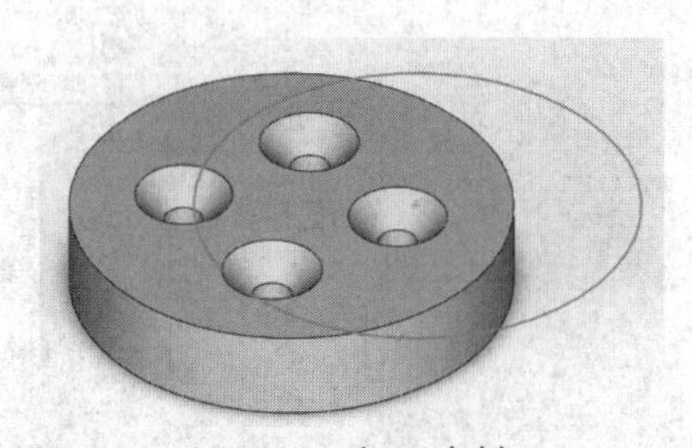

图 6-20 打开素材

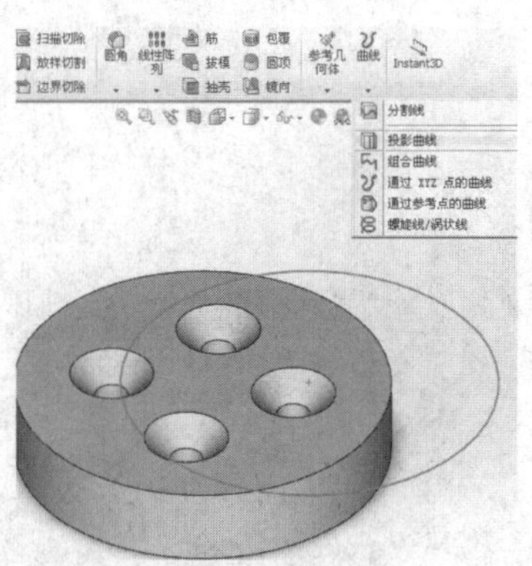

图 6-21 单击【投影曲线】按钮

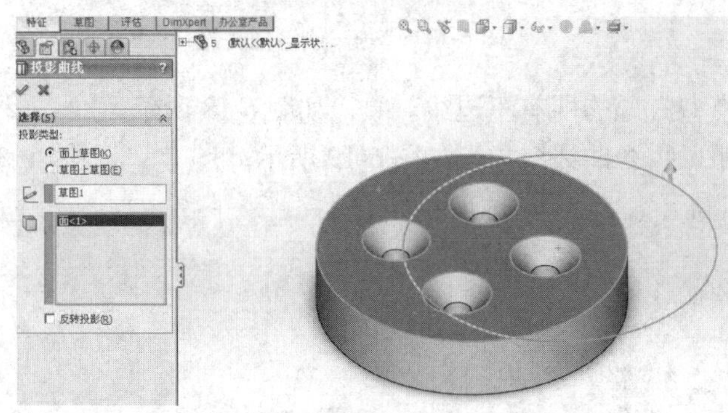

图 6-22 弹出【投影曲线】面板

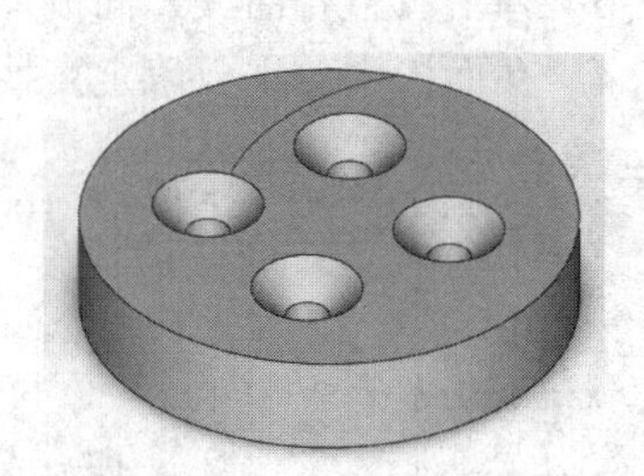

图 6-23 投影曲线对象

6.1.6 通过参考点创建曲线

在 SolidWorks 2012 中，使用【通过参考点的曲线】命令，可以通过一个或者多个平面上的点生成曲线对象，在生成通过参考点的曲线时，选择的参考点可以是草图中的点，也可以是模型夹体中的点。

上机实战 通过参考点创建曲线

1 打开光盘/素材/第 6 章/6.SLDPRT 文件，如图 6-24 所示。

2 在【曲线】列表框中单击【通过参考点的曲线】按钮，如图 6-25 所示。

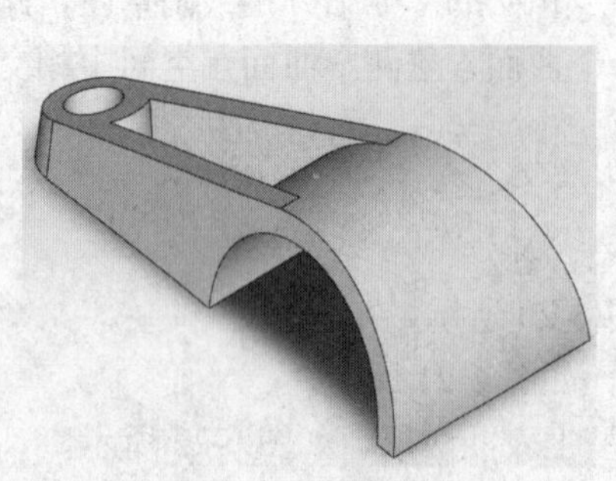

图 6-24 打开素材

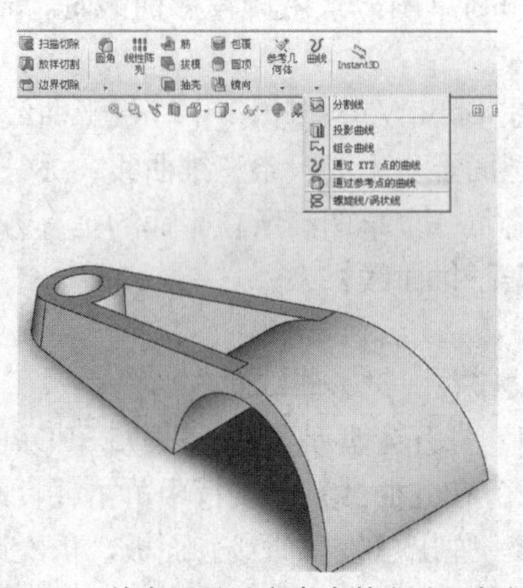

图 6-25 单击【通过参考点的曲线】按钮

3 弹出【通过参考点的曲线】面板，在绘图区中依次捕捉合适的点对象，如图 6-26 所示。

4 在面板中单击【确定】按钮，即可通过参考点创建曲线，如图 6-27 所示。

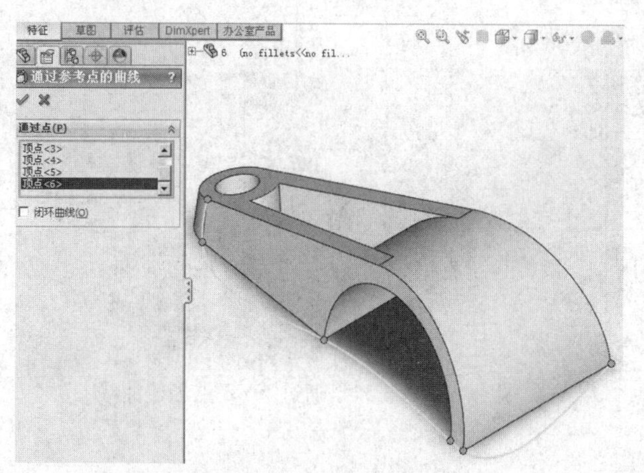

图 6-26　捕捉合适的点对象

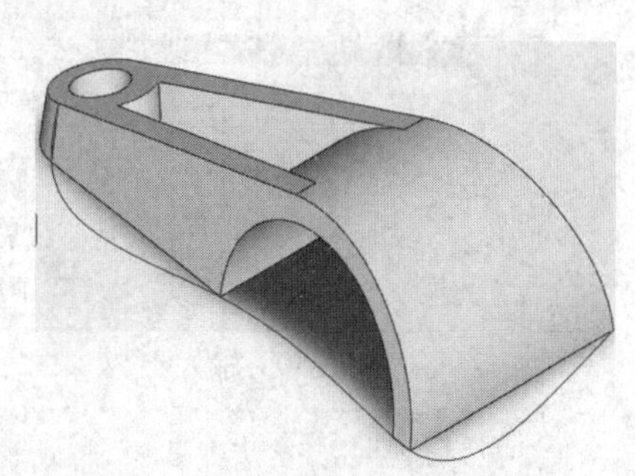
图 6-27　通过参考点创建曲线

在【通过参考点的曲线】面板中，各主要选项意义如下：

- 【通过点】：用来指定通过一个或者多个平面上的点，所选择的点将出现在该选项区中。
- 【闭环曲线】：选中该复选框，可以自动生成闭合曲线。

6.1.7　通过 XYZ 点创建曲线

使用【通过 XYZ 点的曲线】命令，可以通过用户定义的点创建样条曲线，在 SolidWorks 中，用户既可以利用自定义的点，也可以利用点坐标文件创建曲线。

上机实战　通过 XYZ 点创建曲线

1 打开光盘/素材/第 6 章/7.SLDPRT 文件，如图 6-28 所示。

2 在【曲线】列表框中单击【通过 XYZ 点的曲线】按钮，如图 6-29 所示。

图 6-28　打开素材

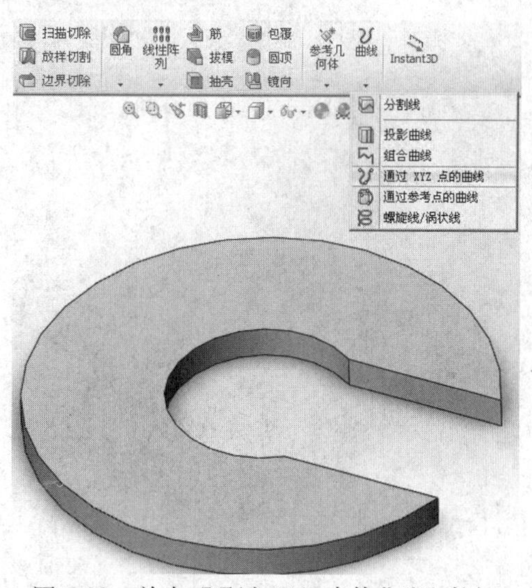

图 6-29　单击【通过 XYZ 点的曲线】按钮

3 弹出【曲线文件】对话框，在 X、Y、Z 下方的文本框中输入曲线坐标点的参数，如图 6-30 所示。

4 在【曲线文件】对话框中单击【确定】按钮，即可通过 XYZ 点创建曲线，如图 6-31 所示。

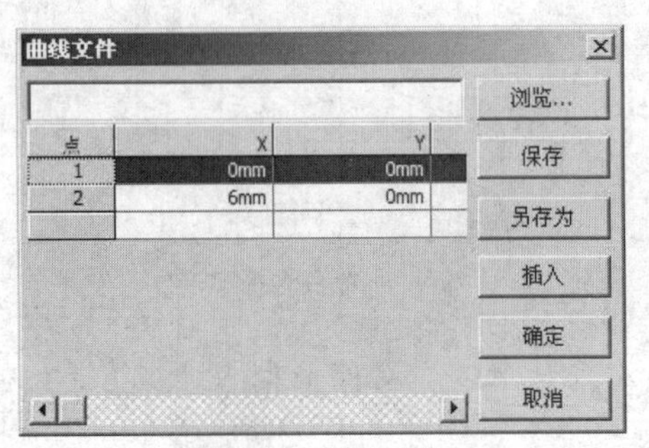

图 6-30 输入参数

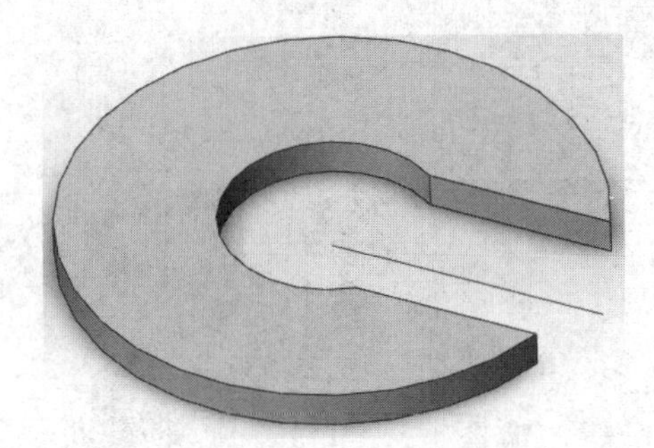

图 6-31 通过 XYZ 点创建曲线

6.2 创建曲面特征

曲面是一种可以用来创建实体特征的几何体，如圆角曲面等，一个零件中可以有多个曲面实体。

6.2.1 创建拉伸曲面

【拉伸曲面】是以一个基准平面或现有平面作为草绘平面，将拉伸草图截面根据指定的方向和拉伸长度创建拉伸曲面。

上机实战 创建拉伸曲面

1 打开光盘/素材/第 6 章/8.SLDPRT 文件，如图 6-32 所示。

2 单击菜单栏上的【插入】/【曲面】/【拉伸曲面】命令，如图 6-33 所示。

图 6-32 打开素材

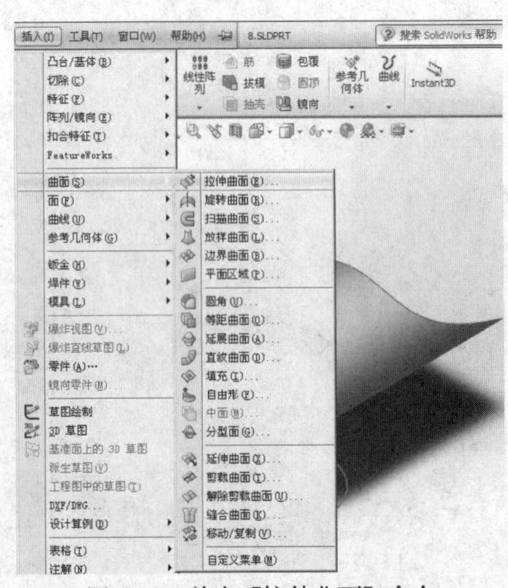

图 6-33 单击【拉伸曲面】命令

3　弹出【拉伸】面板，选择圆对象，弹出【曲面-拉伸】面板，设置【深度】为30，如图6-34所示。

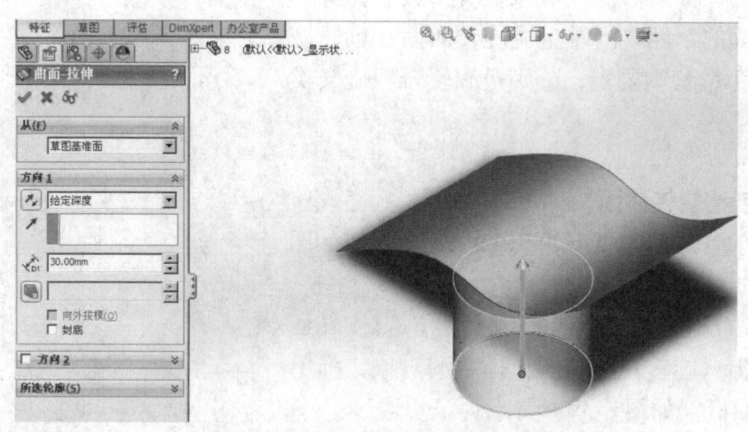

图6-34　设置【曲面-拉伸】面板

4　单击【草图基准面】右侧的下拉按钮，在弹出的列表框中选择【曲面/面/基准面】选项，如图6-35所示。

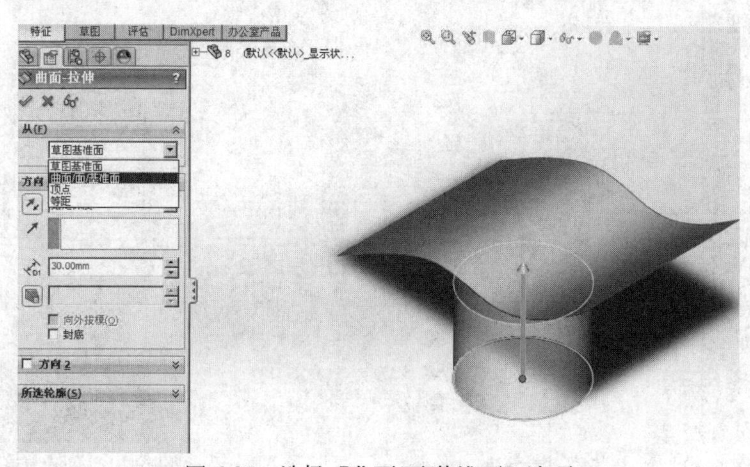

图6-35　选择【曲面/面/基准面】选项

5　在绘图区中选择最上方的曲面对象，如图6-36所示。

6　单击【确定】按钮，即可创建拉伸曲面对象，效果如图6-37所示。

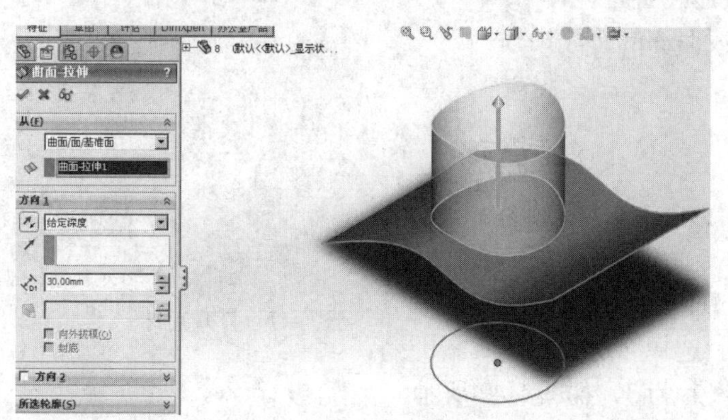

图6-36　选择上方曲面对象

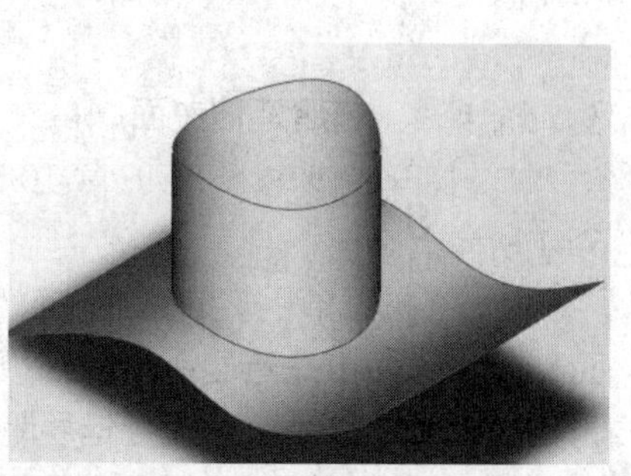

图6-37　创建拉伸曲面对

6.2.2 创建旋转曲面

使用【旋转曲面】命令，可以从交叉或非交叉的草图中选择不同的草图，沿轴生成旋转曲面。创建旋转曲面对象有3个基本要素，分别是旋转轴、旋转类型以及旋转角度。

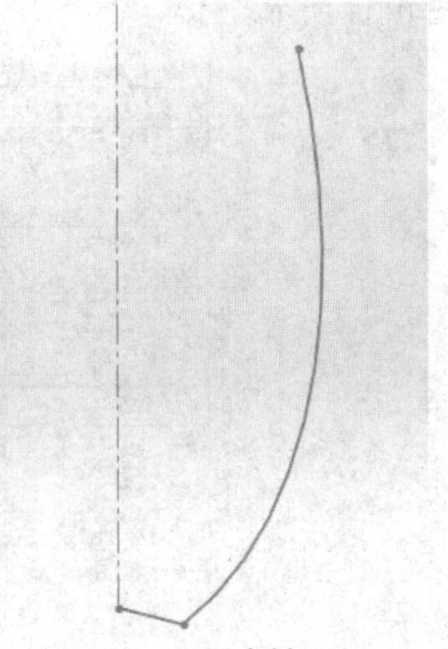

图6-38 打开素材

上机实战 创建旋转曲面

1 打开光盘/素材/第6章/9.SLDPRT文件，如图6-38所示。

2 单击菜单栏上的【插入】/【曲面】/【旋转曲面】命令，弹出【旋转】面板。选择草图对象，弹出【曲面-旋转】面板，如图6-39所示。

3 单击【确定】按钮，即可创建旋转曲面对象，效果如图6-40所示。

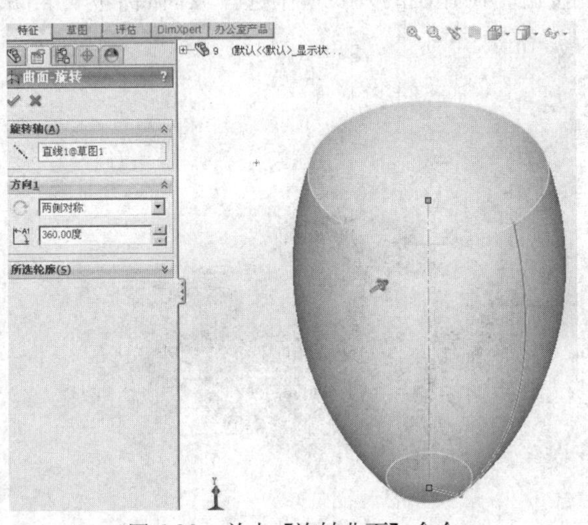

图6-39 单击【旋转曲面】命令

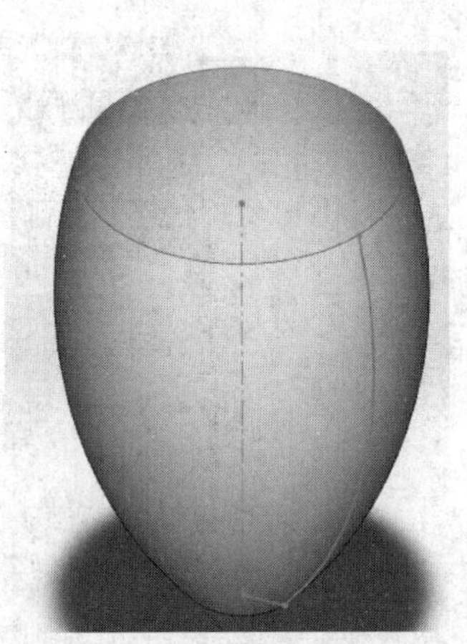

图6-40 创建旋转曲面对象

6.2.3 创建延伸曲面

在SolidWorks 2012中，使用【延展曲面】命令，可以通过沿所选平面方向延展实体或曲面的边线来创建曲面。

图6-41 打开素材

上机实战 创建延伸曲面

1 打开光盘/素材/第6章/10.SLDPRT文件，如图6-41所示。

2 单击菜单栏上的【插入】/【曲面】/【延展曲面】命令，弹出【延展曲面】面板。选择合适的曲面为延展方向和边线，设置【延展距离】为3，如图6-42所示。

3 单击【确定】按钮，即可创建延展曲面对象，效果如图6-43所示。

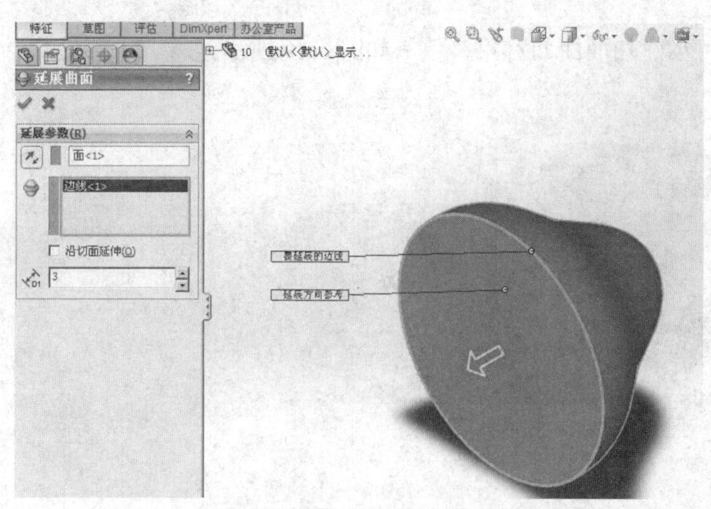

图 6-42　设置【延展曲面】面板

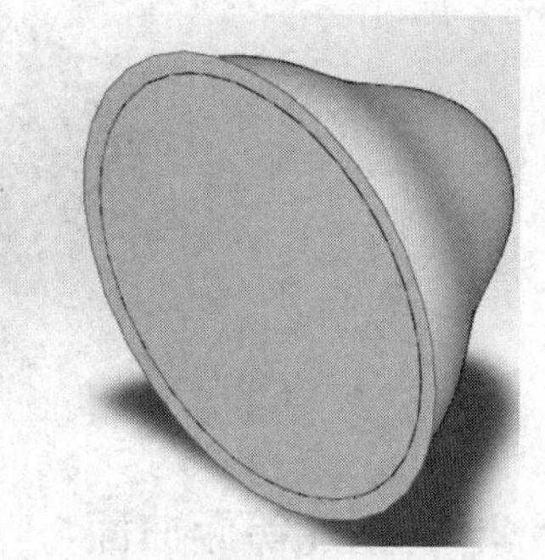
图 6-43　创建延展曲面对象

6.2.4　创建扫描曲面

【扫描曲面】是指扫描截面沿着指定的扫描路径扫描而创建的曲面，扫描截面和扫描路径可以呈封闭或开放的状态。

在扫描曲面时，如果使用引导线，则引导线与轮廓之间必须建立重合或穿透几何关系，否则会提示错误。

上机实战　创建扫描曲面

1　打开光盘/素材/第 6 章/11.SLDPRT 文件，如图 6-44 所示。

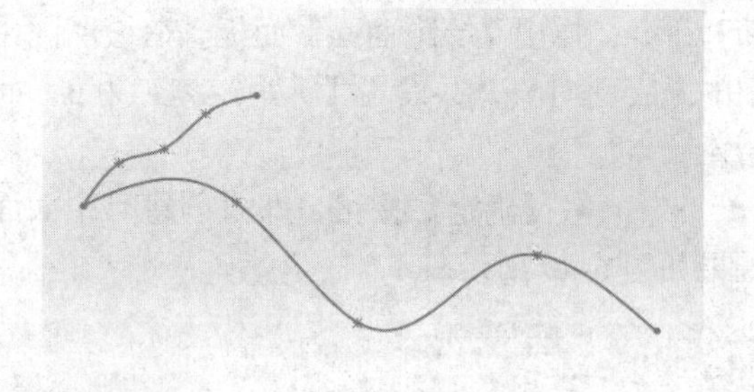
图 6-44　打开素材

2　单击菜单栏上的【插入】/【曲面】/【扫描曲面】命令，弹出【曲面-扫描】面板。在绘图区中依次选择草图 2 对象为轮廓对象、草图 1 对象为路径对象，如图 6-45 所示。

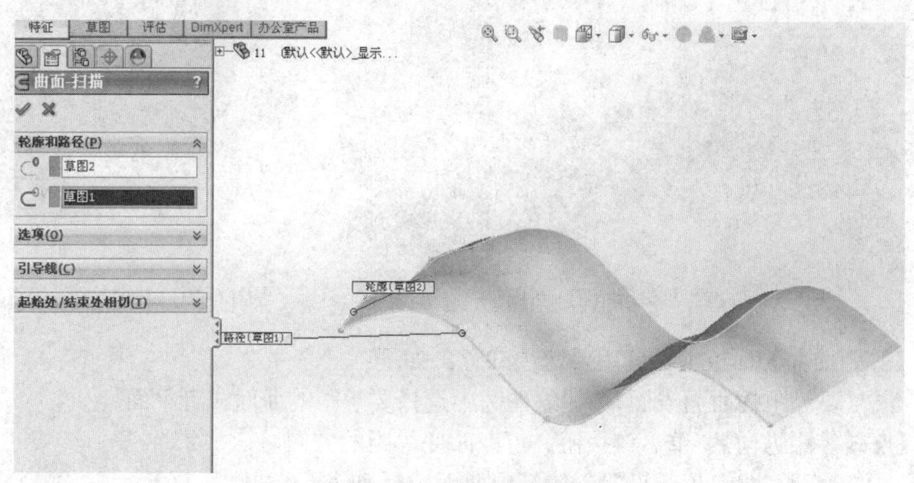

图 6-45　单击【扫描曲面】命令

3 单击【确定】按钮，即可创建扫描曲面对象，效果如图 6-46 所示。

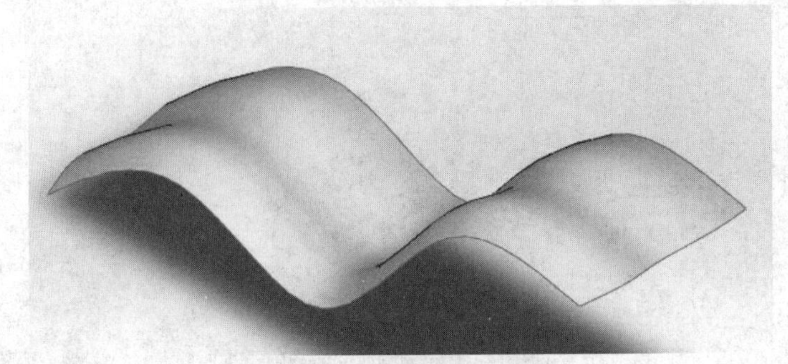

图 6-46 创建扫描曲面对象

6.2.5 创建等距曲面

使用【等距曲面】命令，可以将已经存在的曲面以指定的距离生成另一个曲面，该曲面既可以是模型的轮廓面，也可以是创建的曲面。

上机实战 创建等距曲面

1 打开光盘/素材/第 6 章/12.SLDPRT 文件，如图 6-47 所示。

2 单击菜单栏上的【插入】/【曲面】/【等距曲面】命令，弹出【等距曲面】面板。在绘图区中选择中间的上表面对象，并设置【等距距离】为 3，如图 6-48 所示。

3 单击【确定】按钮，即可创建等距曲面对象，效果如图 6-49 所示。

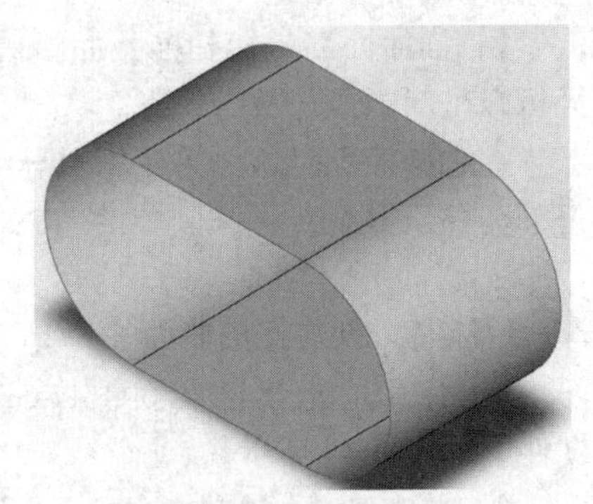

图 6-47 打开素材

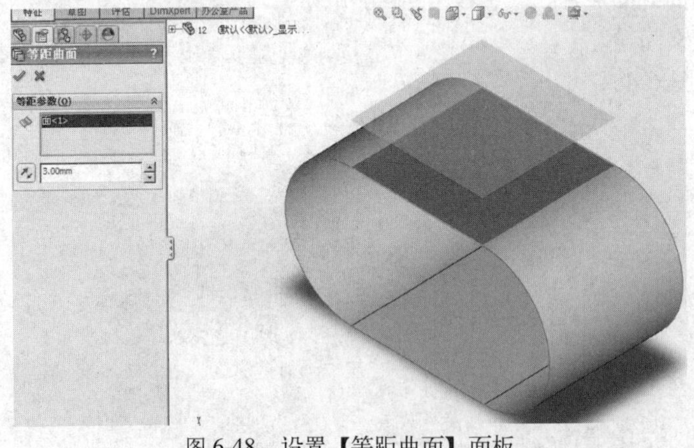

图 6-48 设置【等距曲面】面板

图 6-49 创建等距曲面对象

在【等距曲面】面板中，各主要选项的意义如下：

- （要等距的曲面或面）：在绘图区中选择要等距的曲面或者平面。
- 【反转等距方向】：单击该按钮，可以改变等距的方向。
- （等距距离）：用于设置创建等距曲面的距离值。

6.2.6　创建放样曲面

在 SolidWorks 2012 中，【放样曲面】是在两个或多个轮廓间创建过渡曲面，选取的轮廓也可以是点。

上机实战　创建放样曲面

1　打开光盘/素材/第 6 章/13.SLDPRT 文件，如图 6-50 所示。

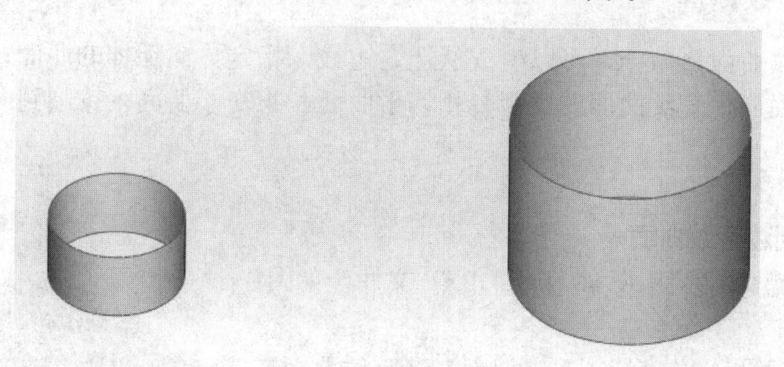

图 6-50　打开素材

2　单击菜单栏上的【插入】/【曲面】/【放样曲面】命令，弹出【曲面-放样】面板。在绘图区中依次选择小曲面的下边线和大曲面的上边线为轮廓对象，如图 6-51 所示。

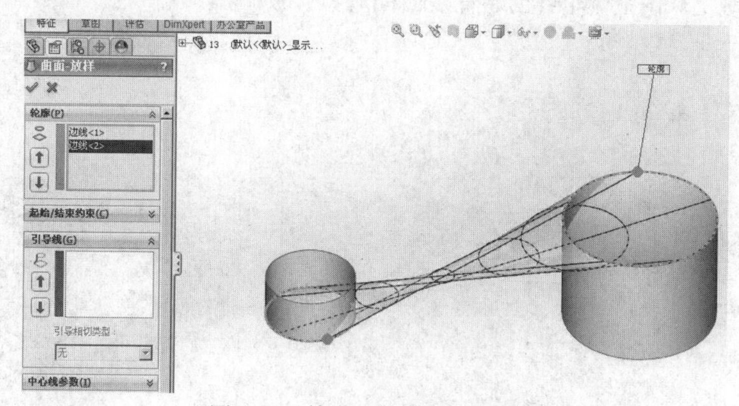

图 6-51　单击【放样曲面】命令

3　单击【确定】按钮，即可创建放样曲面对象，效果如图 6-52 所示。

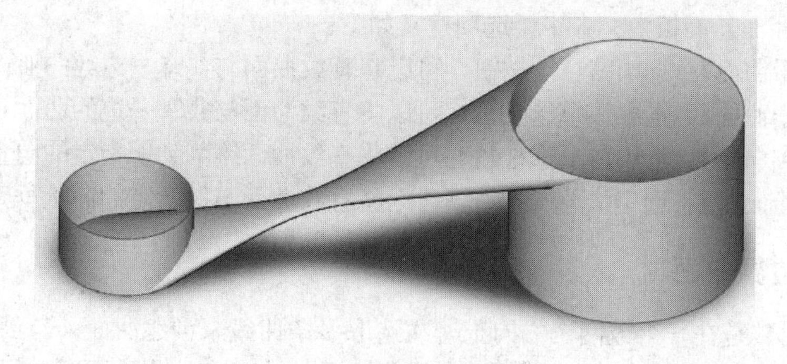

图 6-52　创建放样曲面对象

在【曲面-放样】面板中，各主要选项意义如下：

- 【轮廓】：在绘图区中选择相应的边线或曲面对象。
- 【起始/结束约束】：用于约束以控制开始和结束轮廓的相切。
- 【引导线】：用于控制引导线对放样的影响力。
- 【中心线参数】：用于使用中心线引导放样形状。

6.2.7 创建直纹曲面

使用【直纹曲面】命令，可以生成从选定边线以指定方向延伸的曲面，直纹曲面的操作类似于延伸曲面，直纹曲面的类型有相切于曲面、正交于曲面、锥削到向量、垂直于向量等。

上机实战 创建直纹曲面

1 打开光盘/素材/第 6 章/14.SLDPRT 文件，如图 6-53 所示。

2 单击菜单栏上的【插入】/【曲面】/【直纹曲面】命令，弹出【直纹曲面】面板。选中【正交于曲面】单选按钮，设置【距离】为 20，并依次选择曲面 4 条边线，如图 6-54 所示。

3 单击【确定】按钮，即可创建直纹曲面对象，效果如图 6-55 所示。

图 6-53 打开素材

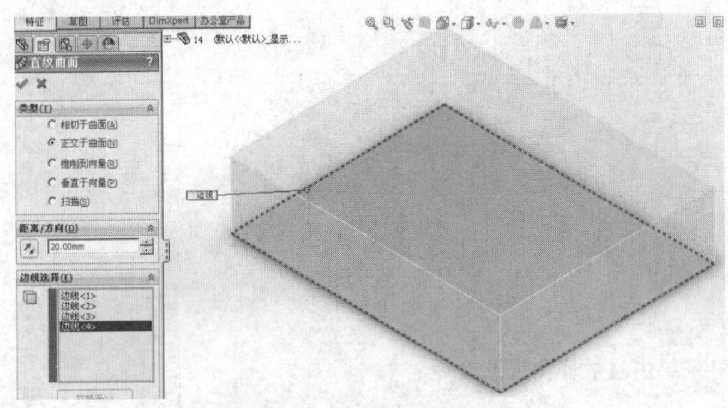

图 6-54 【直纹曲面】面板

图 6-55 创建直纹曲面对象

在【直纹曲面】面板中，各主要选项意义如下：

- 【相切于曲面】：选中该单选按钮，可以将直纹曲面与共享一边线的曲面相切。
- 【正交于曲面】：选中该单选按钮，可以将直纹曲面与共享一边的曲面正交。
- 【锥削到向量】：选中该单选按钮，可以将直纹曲面锥削到所指定的向量。
- 【垂直于向量】：选中该单选按钮，可以将直纹曲面与所指定的向量垂直。

6.2.8 创建边界曲面

【边界曲面】是在一个或两个方向上一次选取多条曲线来创建曲面，与创建放样曲面相似。边界曲面是各种复杂曲面造型中最为常用的命令。在创建边界曲面时，可以将方向 1 上的边界线与方向 2 上的边界线对换，创建后的曲面效果相同。如需考虑周边的约束关系时，应注意对换后的效果。

上机实战　创建边界曲面

1　打开光盘/素材/第 6 章/15.SLDPRT 文件，如图 6-56 所示。

2　单击菜单栏上的【插入】/【曲面】/【边界曲面】命令，弹出【边界-曲面】面板。地绘图区中选择左上方的草图，弹出【边界-曲面】面板，单击【确定】按钮，如图 6-57 所示。

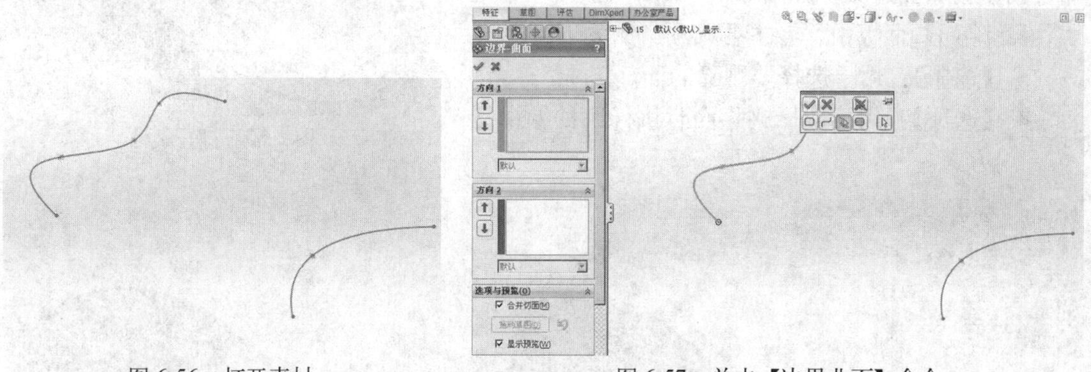

图 6-56　打开素材　　　　图 6-57　单击【边界曲面】命令

3　在绘图区中选择右下方的草图，单击【确定】按钮，添加方向对象，如图 6-58 所示。

4　在【边界-曲面】面板中单击【确定】按钮，即可创建边界曲面对象，效果如图 6-59 所示。

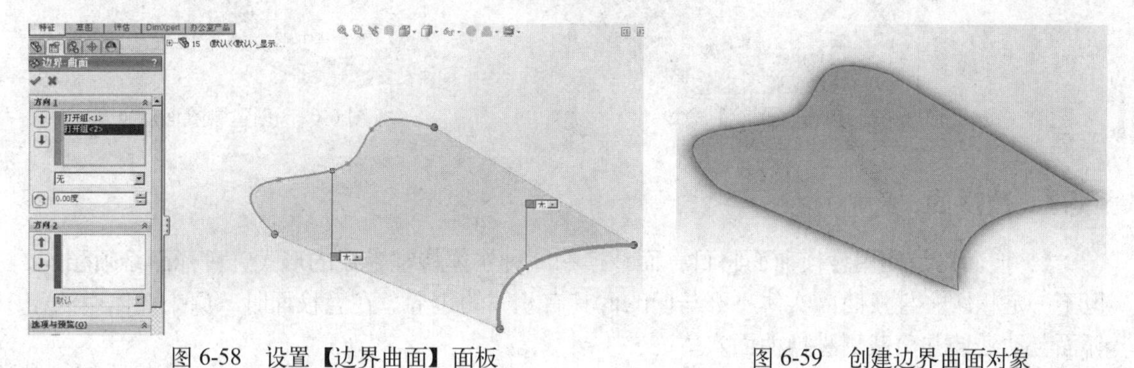

图 6-58　设置【边界曲面】面板　　　　图 6-59　创建边界曲面对象

6.3　编辑曲面特征

编辑曲面主要包括删除面、替换面、延伸曲面、填充曲面和圆角曲面等，这些曲面编辑命令均可在【插入】菜单或【曲面】工具栏中找到。

6.3.1　删除面

在 SolidWorks 2012 中，使用【面】菜单中的【删除】命令，可以将存在的面删除并进行编辑。

上机实战 删除面

1 打开光盘/素材/第 6 章/16.SLDPRT 文件，如图 6-60 所示。

2 单击菜单栏上的【插入】/【面】/【删除】命令。弹出【删除面】面板，选中【删除】单选按钮，并选择合适表面，如图 6-61 所示。

3 在【删除面】面板中单击【确定】按钮，即可创建删除面对象，如图 6-62 所示。

【删除面】面板中，各主要选项意义如下：

- 【选择】：用于选择要删除的面。
- 【选项】：用于选择删除面时执行哪种编辑方式。

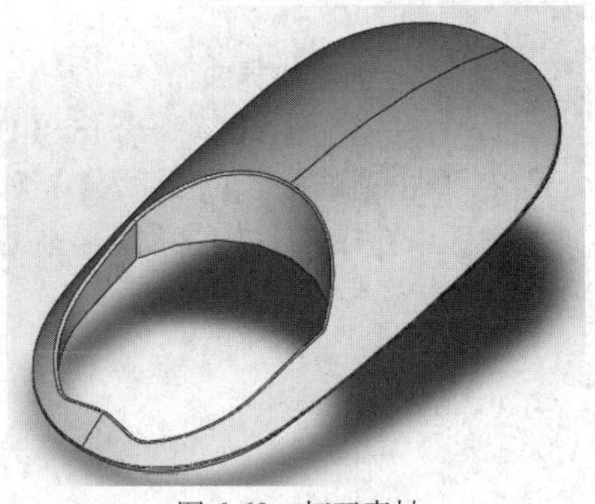

图 6-60 打开素材

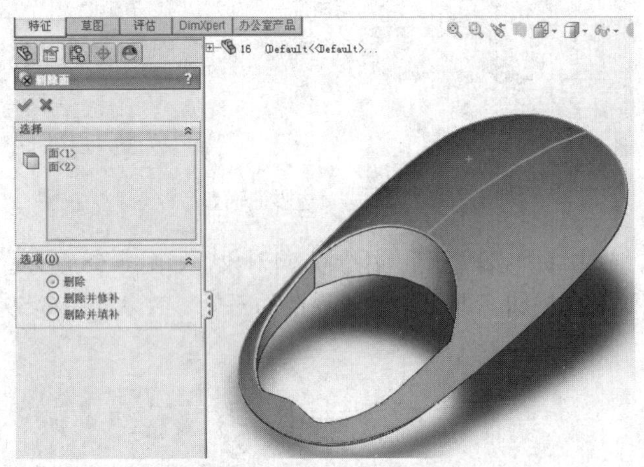

图 6-61 单击【删除】命令

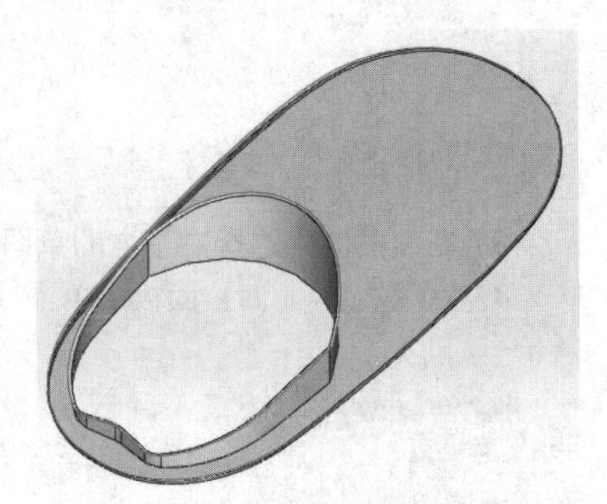

图 6-62 创建删除面对象

6.3.2 替换面

【替换面】是使用替换曲面将目标面替换的一种实体特征生成的形式，目标面必须相连，但不一定相切。替换曲面实体不必与旧的面具有相同的边界。在替换面时，原来实体中的相邻面自动延伸并剪裁到替换曲面实体。

上机实战 替换面

1 打开光盘/素材/第 6 章/17.SLDPRT 文件，如图 6-63 所示。

2 单击菜单栏上的【插入】/【面】/【替换】命令。弹出【替换面 1】面板，在绘图区中，选择上表面为目标面，选择中间的拉伸曲面为替换曲面，如图 6-64 所示。

3 在【替换面 1】面板中单击【确定】按钮，即可替换面对象，如图 6-65 所示。

图 6-63 打开素材

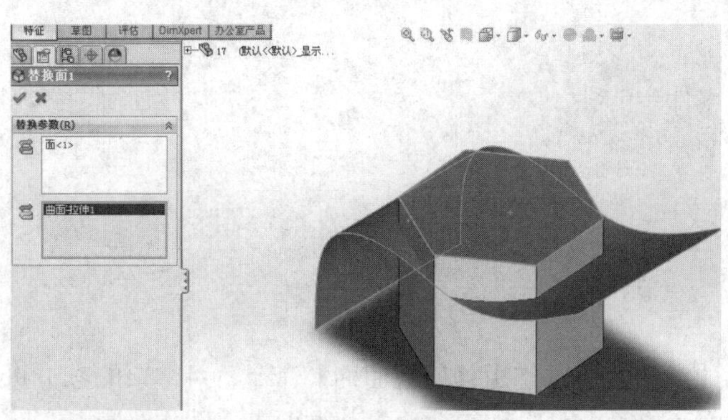
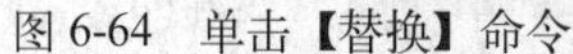

图 6-64 单击【替换】命令

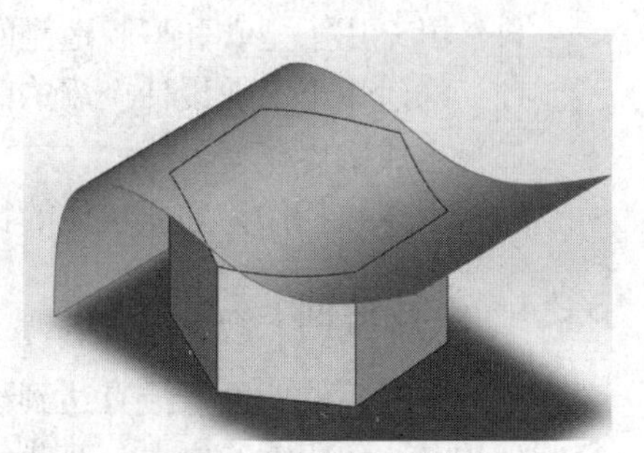

图 6-65 替换面对象

在替换面过程中，替换的面有两个特点：一是必须替换，必须相连；二是不必相切。替换曲面实体有以下 3 种类型：

（1）任何类型的曲面特征，如拉伸曲面，放样曲面等。

（2）缝合曲面实体或者复杂的输入曲面实体。

（3）通常替换曲面要比被替换的面宽和长。当替换曲面实体比被替换的面小的时候，替换曲面实体会自动延伸以与相邻面相遇。

6.3.3 填充曲面

使用【填充】命令，可以在现有模型边线、草图或者曲线定义的边界内组成具有任何边数的曲面修补。

上机实战 填充曲面

1 打开光盘/素材/第 6 章/18.SLDPRT 文件，如图 6-66 所示。

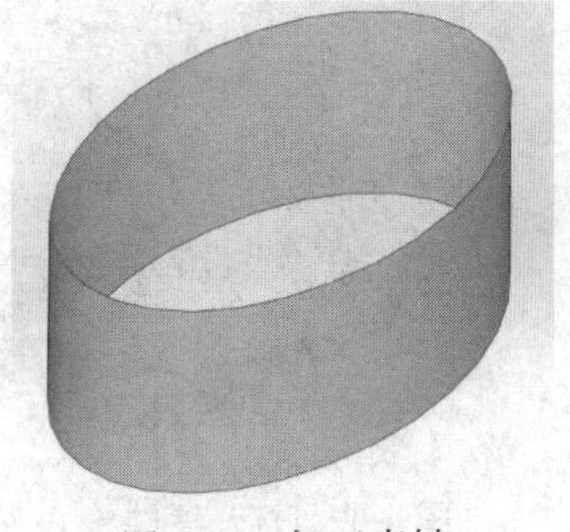

图 6-66 打开素材

2 单击菜单栏上的【插入】/【曲面】/【填充】命令。弹出【填充曲面】面板，在绘图区中，选择最上方的边线对象，如图 6-67 所示。

3 在【填充曲面】面板中单击【确定】按钮，即可填充曲面对象，如图 6-68 所示。

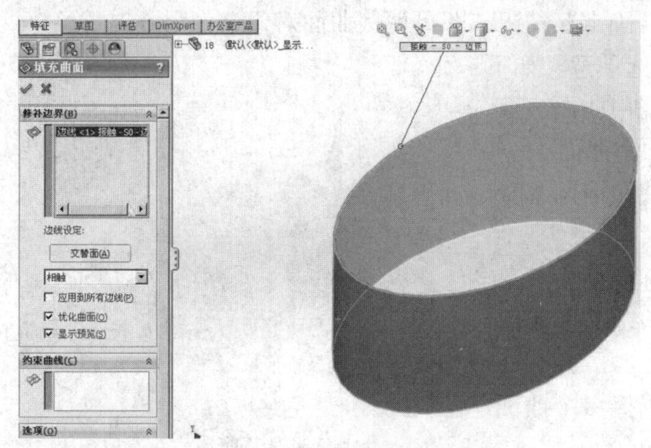

图 6-67 单击【填充】命令

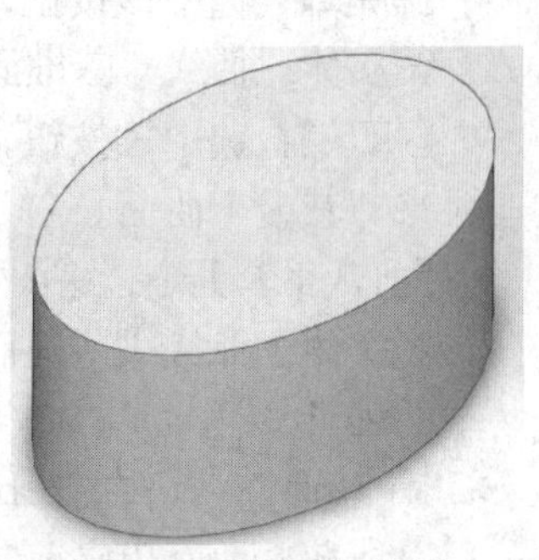

图 6-68 填充曲面对象

使用【填充曲面】有以下 4 种情况：

(1) 填充用于型心和型腔造型的零件中的孔。

(2) 构建用于工业设计应用的曲面。

(3) 生成实体模型。

(4) 用于包括作为独立实体的特征。

6.3.4 剪裁曲面

创建完成后的曲面若没有达到设计意图，可以使用【剪裁曲面】命令，对多余的部分进行裁剪，以达到所需的要求。剪裁曲面对象时，可以利用曲面、基准面或草图作为剪裁工具来剪裁相交曲面，也可以将曲面和其他曲面联合使用作为剪裁工具。

上机实战　剪裁曲面

1　打开光盘/素材/第 6 章/19.SLDPRT 文件，如图 6-69 所示。

2　单击菜单栏上的【插入】/【曲面】/【剪裁曲面】命令。弹出【剪裁曲面】面板，选择水平曲面为剪裁工具，选择垂直曲面的上部分为保留部分，如图 6-70 所示。

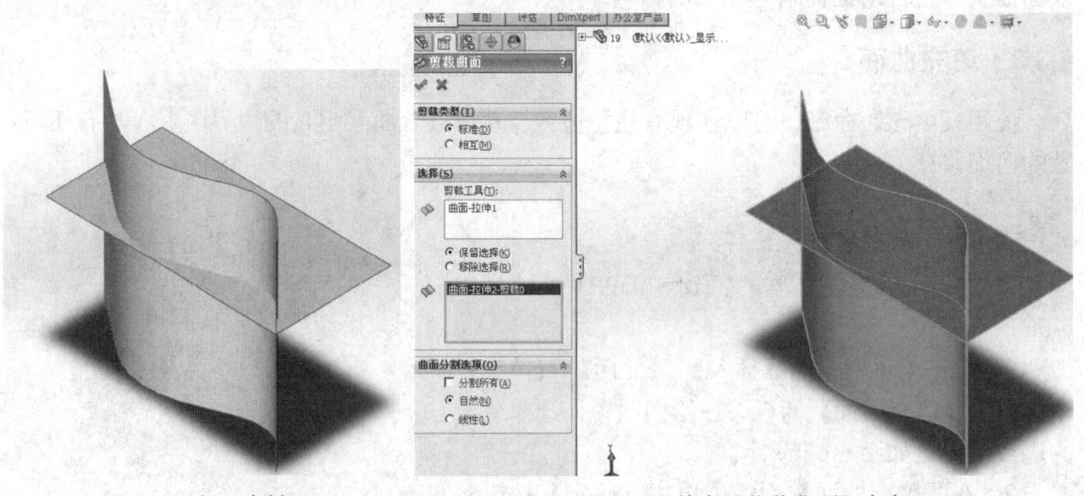

图 6-69　打开素材　　　　图 6-70　单击【剪裁曲面】命令

3　在【剪裁曲面】面板中单击【确定】按钮，即可剪裁曲面对象，如图 6-71 所示。

在【剪裁曲面】面板中，各主要选项意义如下：

- 【标准】：选中该按钮，可以使用曲面、草图实体、曲线、基准面等来剪裁曲面。
- 【相互】：选中该按钮，可以使用曲面本身来剪裁多个曲面。
- 【剪裁工具】：在图形区域中选择曲面、草图实体、曲线或基准面作为剪裁其他曲面的工具。
- (曲面)：在图形区域中选择多个曲面以让剪裁曲面用来剪裁自身。

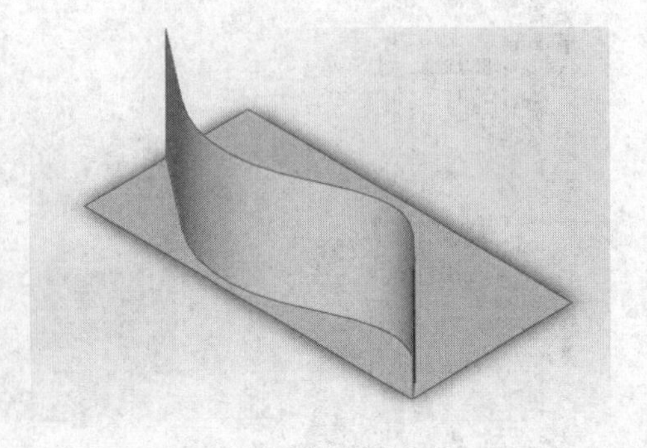

图 6-71　剪裁曲面对象

6.3.5 圆角曲面

在 SolidWorks 2012 中，圆角是一种修饰特征，常用于两个曲面几何的过渡，减少特征尖角的存在，以避免应力集中现象。

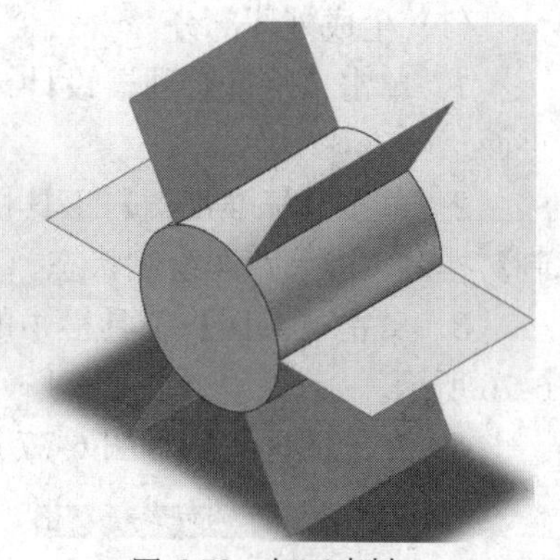

图 6-72 打开素材

上机实战 圆角曲面

1 打开光盘/素材/第 6 章/20.SLDPRT 文件，如图 6-72 所示。

2 单击菜单栏上的【插入】/【曲面】/【圆角】命令。弹出【圆角】板，选择圆柱曲面对象，设置【半径】为 8，如图 6-73 所示。

3 在【圆角】面板中单击【确定】按钮，即可圆角曲面对象，如图 6-74 所示。

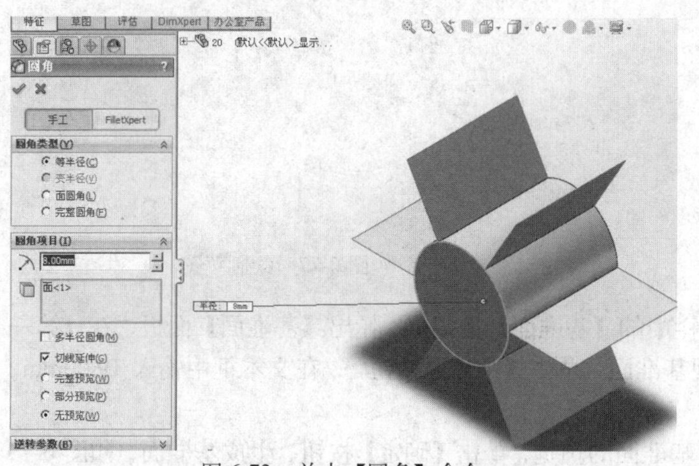

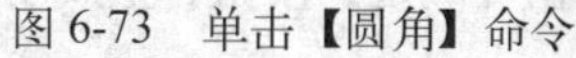

图 6-73 单击【圆角】命令

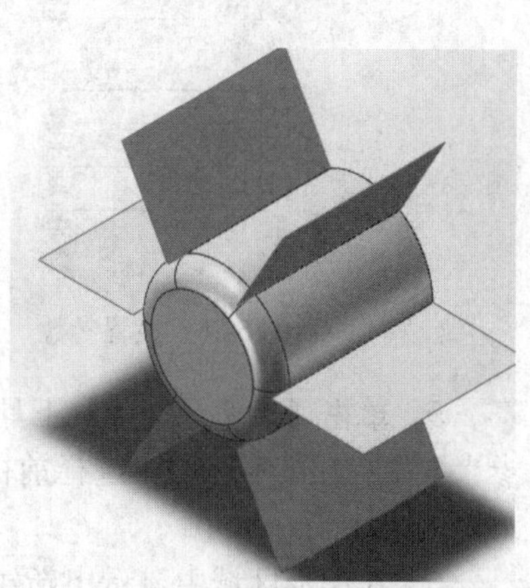

图 6-74 圆角曲面对象

6.4 项目实训

下面通过创建如图 6-75 所示的瓶盖，加深读者对曲线和曲面的认识。本实例在制作过程中，主要使用了绘制草图、创建放样曲面、加厚、弯曲等命令。

实训目的：熟练使用创建曲线和曲面特征的命令。

实训要求：能做到从绘制草图、编辑特征、创建曲线和曲面、编辑曲线和曲面至完成一个完整的零件模型。

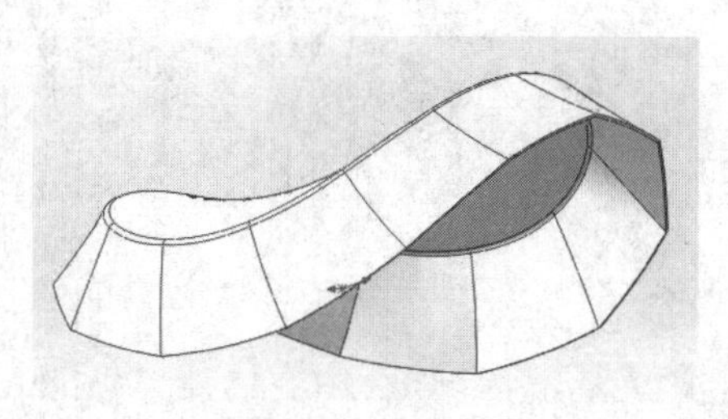

图 6-75 瓶盖

操作步骤

(1) 生成外环部分

1 单击【特征管理器设计树】中的【前视基准面】图标，使前视基准面成为草图绘制平面。

2 单击【标准视图】工具栏中的【正视于】按钮，并单击【草图】工具栏中【草图绘制】按钮，进入草图绘制状态。

3 单击【草图】工具栏中的【多边形】按钮，在【多边形】面板中设置参数，如图6-76所示。

4 在绘图区绘制如图6-77所示的草图，单击【退出草图】按钮，退出草图绘制状态。

图6-76 设置参数

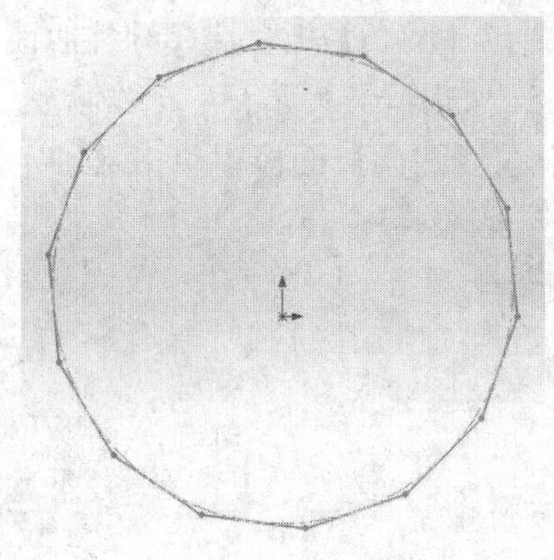

图6-77 绘制草图

5 单击【参考几何体】工具栏中的【基准面】按钮，弹出【基准面】面板，在【第一参考】中，在图形区域中选择前视基准面，单击【距离】按钮，在文本框中输入19.00mm，如图6-78所示。

6 在图形区域中显示出新建基准面的预览，单击【确定】按钮，生成基准面，如图6-79所示。

7 单击【特征管理器设计树】中的【基准面1】选项，使其成为草图绘制平面。

8 单击【标准视图】工具栏中的【正视于】按钮，并单击【草图】工具栏中的【草图绘制】按钮，进入草图绘制状态。

9 使用【草图】工具栏中的【圆】按钮，绘制如图6-80所示的草图。单击【退出草图】按钮，退出草图绘制状态。

图6-78 设置参数

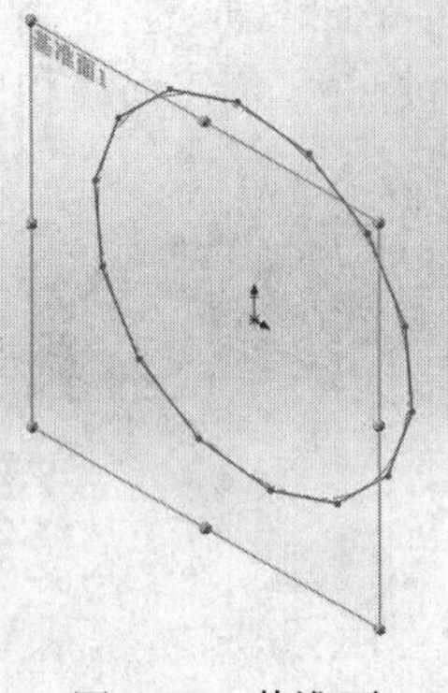

图6-79 基准面

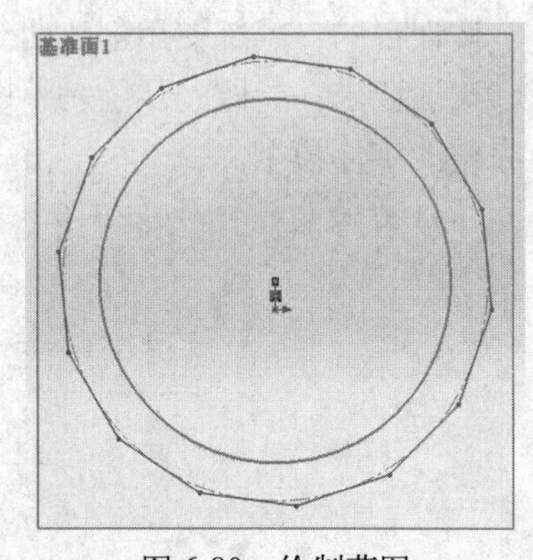

图6-80 绘制草图

10 单击【曲面】工具栏中的【放样曲面】按钮，在【轮廓】中选择【草图 2】和【草图 1】，如图 6-81，单击【确定】按钮，如图 6-82 所示。

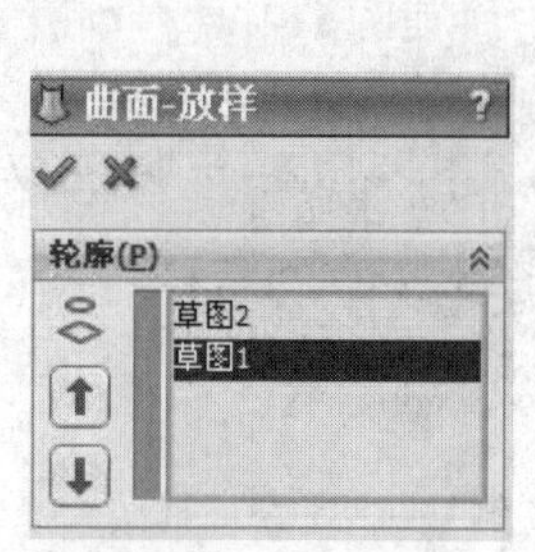

图 6-81　设置参数

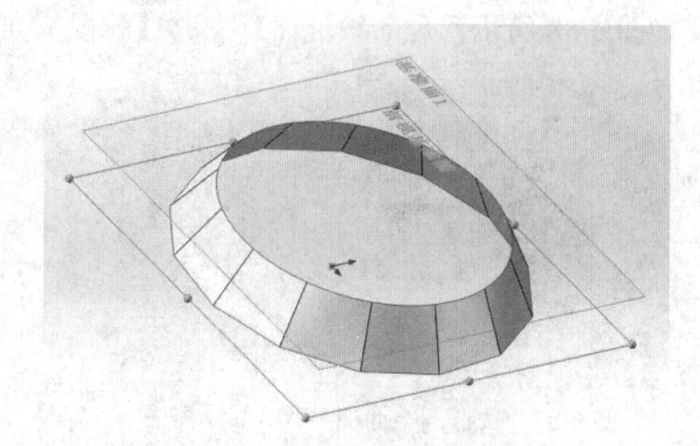

图 6-82　绘制草图

(2) 生成顶盖部分

11 单击【参考几何体】工具栏中的【基准面】按钮，弹出【基准面】面板，在【第一参考】的图形区域中选择【基准面 1】，单击【距离】按钮，在文本框中输入 2.00mm，勾选【反转】复选框，如图 6-83 所示。

12 在图形区域中显示出新建基准面的预览，单击【确定】按钮，生成基准面，如图 6-84 所示。

图 6-83　设置参数

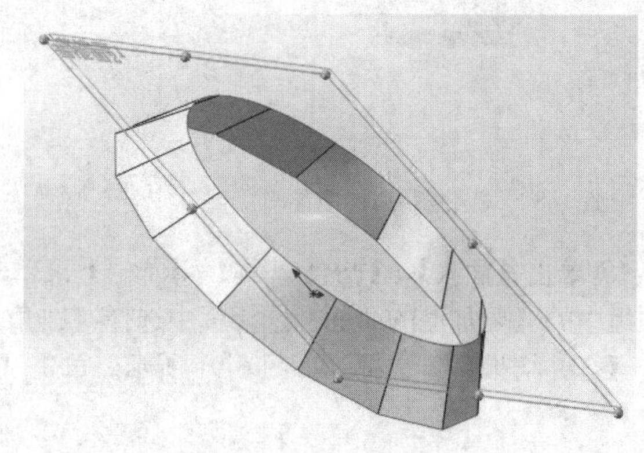

图 6-84　基准面

13 单击【曲面】工具栏中的【平面区域】按钮，弹出【平面】面板，单击【边界实体】选择框，在图形区域中选择圆边线，如图 6-85 所示，单击【确定】按钮，生成平面区域特征，如图 6-86 所示。

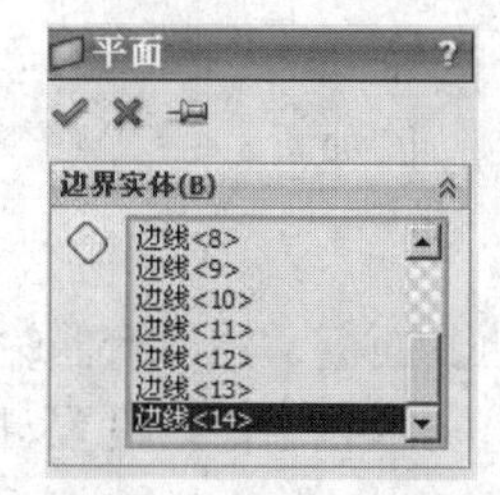

图 6-85　【平面】属性设置

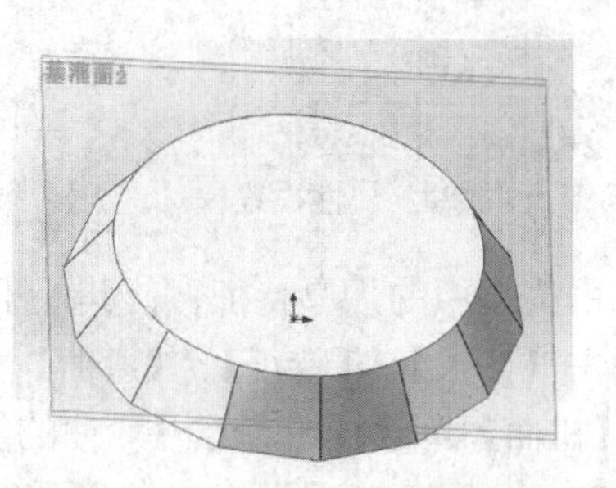

图 6-86　生成平面区域特征

14 单击【曲面】工具栏中的【缝合曲面】按钮，在【缝合曲面】面板中单击【选择】选择框，在图形区域中选择两个曲面，如图6-87所示，单击【确定】按钮，生成缝合曲面特征，如图6-88所示。

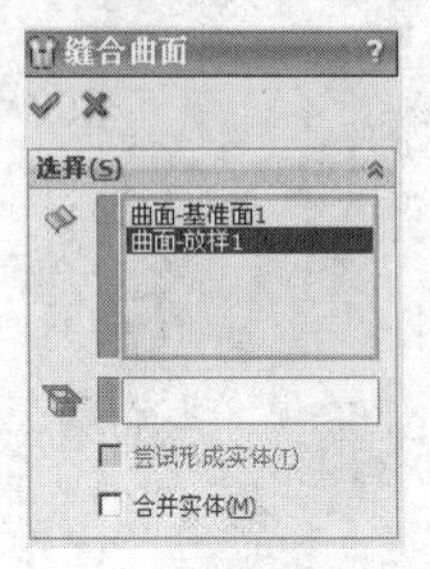

图6-87 选择两个曲面

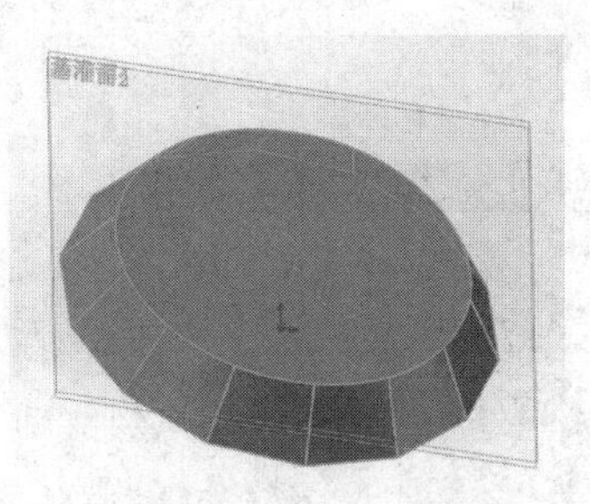

图6-88 缝合曲面特征

15 单击【特征】工具栏中的【圆角】按钮，在【圆角】面板中设置【半径】为1.00mm，单击【边线，面、特征和环】选择框，如图6-89所示。在图形区域中选择模型的圆边线，单击【确定】按钮，生成圆角特征，如图6-90所示。

图6-89 【圆角】属性设置

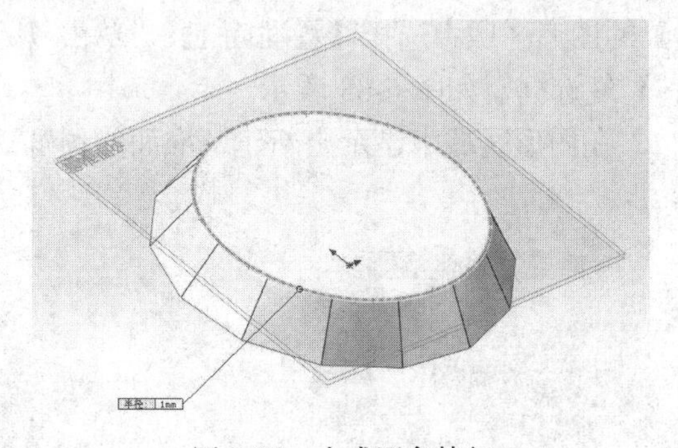

图6-90 生成圆角特征

16 单击【插入】/【凸台/基体】/【加厚】菜单命令，弹出【加厚】面板，在【加厚参数】选项组中的【要加厚的曲面】选择框中选择【圆角1】，在【厚度】文本框中输入0.50mm，勾选【合并结果】复选框，如图6-91所示。单击【确定】按钮，加厚曲面如图6-92所示。

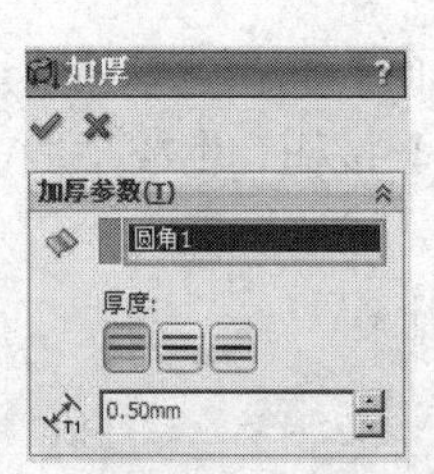

图6-91 【加厚】属性设置

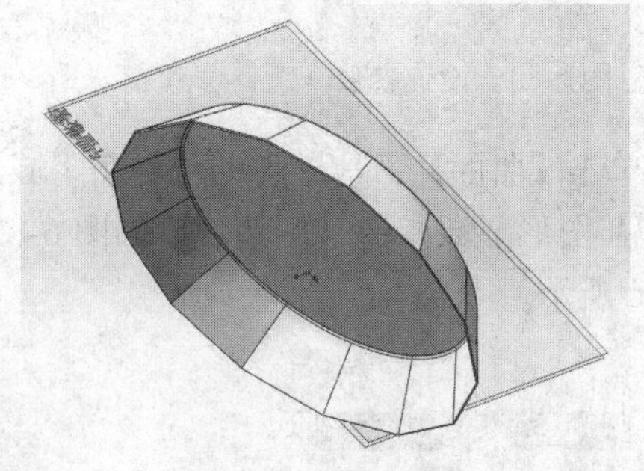

图6-92 加厚曲面

17 单击模型中的加厚特征，使其处于被选择状态。

18 单击【插入】/【特征】/【弯曲】菜单命令，弹出【弯曲】面板，在【弯曲输入】选项中单击【扭曲】单选按钮，在【弯曲的实体】选择框中显示出实体的名称，设置【扭曲角度】为60度，如图6-93所示，单击【确定】按钮，生成弯曲特征，如图6-94所示。

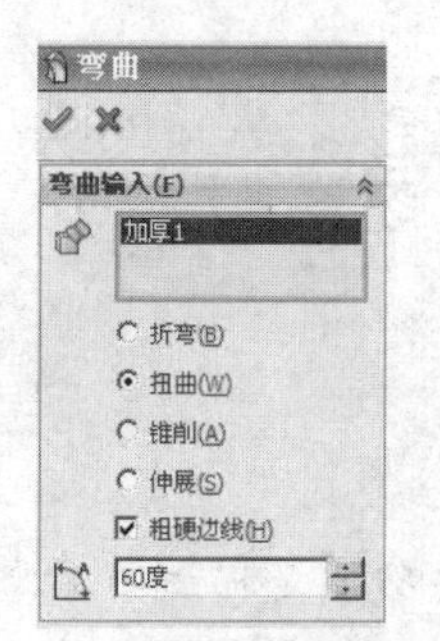

图 6-93　【弯曲】属性设置

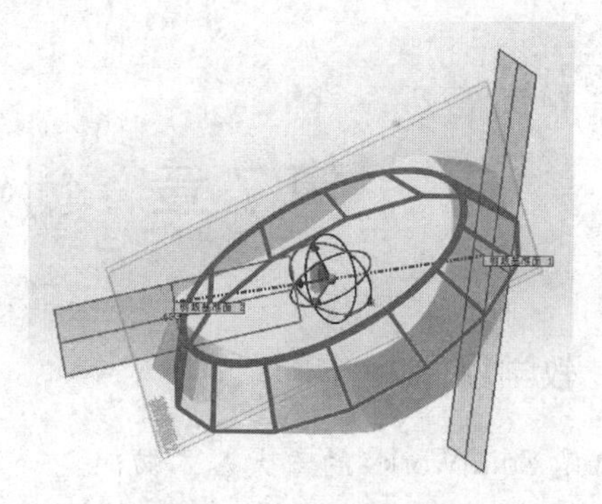

图 6-94　生成弯曲特征

6.5　本章小结

本章主要学习了创建曲线和曲面。通过本章的学习，读者应掌握以下知识：

（1）创建曲线和曲面特征的命令。

（2）了解曲线和曲面的含义。

（3）熟练使用曲线和曲面特征的命令。

6.6　本章习题

1. 填空题

（1）曲线是组成________实体模型的最基本要求。

（2）螺旋线可以被当成一条路径或者引导曲线使用在扫描特征上，通常用于创建________、________和________等零件。

（3）曲面是一种可以用来创建实体特征的________。

2. 简答题

（1）分割线的主要作用是什么？

（2）放样曲面中的引导线有哪些作用？

（3）替换曲面实体有哪 3 种类型？

3. 上机操作

综合所学知识，上机创建如图 6-95 所示的效果。

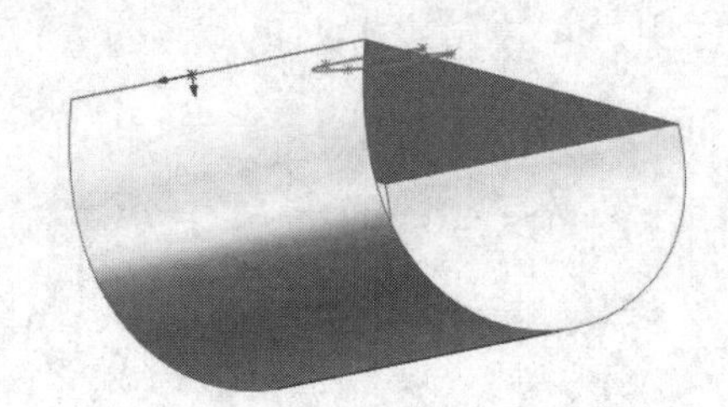

图 6-95　曲面效果

提示：使用拉伸曲面、延伸曲面等来创建。

第 7 章　创建装配体对象

教学目标

装配是 SolidWorks 的三大基本功能之一。装配体文件的首要功能是描述产品零件之间的配合关系。可以将多个零件组合成复杂的装配体。在装配模式下可以新建零件特征，也可以创建与编辑零件。

教学重点与难点

- 插入装配体文件
- 配合装配体对象
- 编辑零部件
- 创建爆炸视图
- 检查装配体

7.1　插入装配体文件

装配体的操作是指将零件对象和子部件对象放置在一起装配成一个整体对象，在使用该功能前必须选进入装配模块。SolidWorks 2012 在产品零件功能上的装配非常出色。

7.1.1　新建装配体文件

与 SolidWorks 2012 中的其他模块相同，在装配体对象设计之前，需要先新建一个组件文件。

上机实战　新建装配体文件

1　单击【文件】/【新建】命令，在弹出的【新建 SolidWorks 文件】对话框中单击【装配体】按钮，如图 7-1 所示。

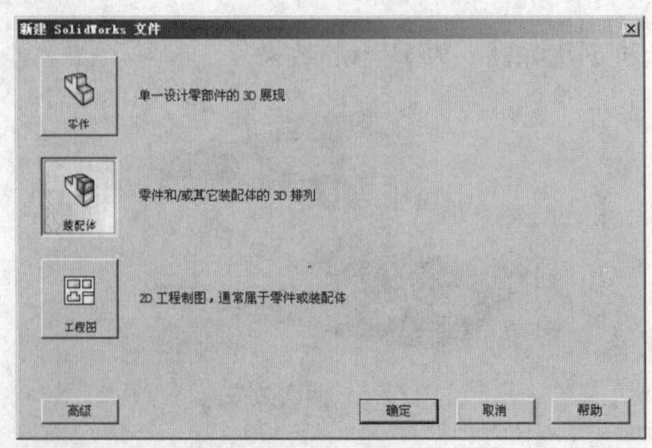

图 7-1　新建【装配体】

2　单击【确定】按钮，即可新建装配体文件，并进入装配体工作空间，如图 7-2 所示。

图 7-2　进入装配体工作空间

对零部件文件所进行的任何改变都会更新装配体。保存装配体时文件的扩展名为 sldasm，其文件名前的图标也与零件图不同。

7.1.2　插入零部件

在新建装配文件后，程序自动要求插入零件与装配体。将一个零件放置装配体中时，零部件文件会与装配体文件链接。

上机实战　插入零部件

1　新建一个装配体文件，在【属性管理器】中弹出【开始装配体】面板，如图 7-3 所示。

2　单击【浏览】按钮，弹出【打开】对话框，选择光盘/素材/第 7 章/插入零部件/1.SLDPRT 文件，如图 7-4 所示。

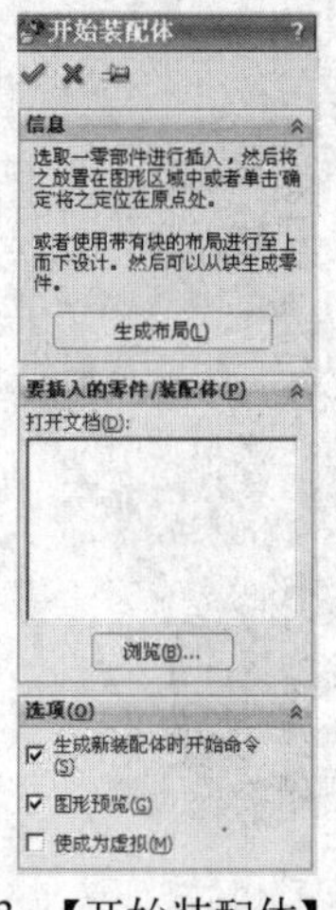

图 7-3　【开始装配体】面板

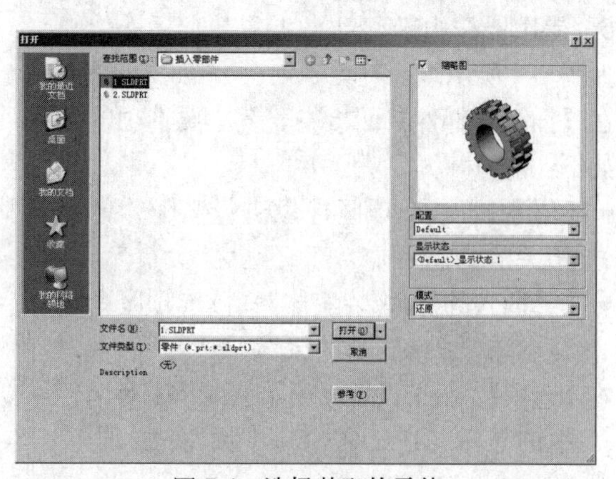

图 7-4　选择装配的零件

3　单击【打开】按钮，在绘图区单击鼠标放置零件，如图7-5所示。

4　在【装配体】选项卡中单击【插入零部件】按钮，弹出【插入零部件】面板，单击【浏览】按钮，如图7-6所示。

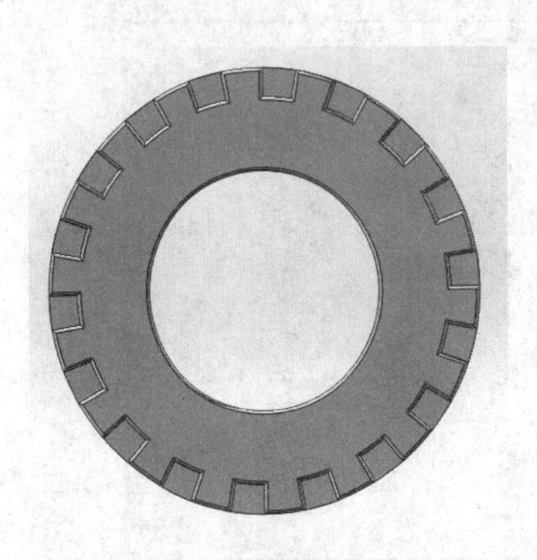

图7-5　放置零件

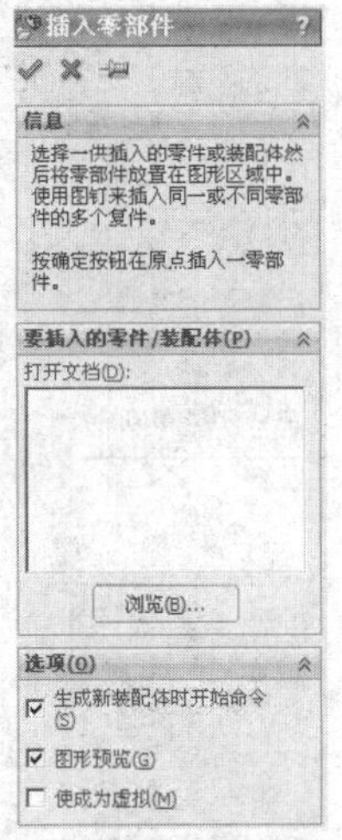

图7-6　单击【浏览】按钮

5　从【打开】对话框中选择光盘/素材/第7章/插入零部件/2.SLDPRT文件，如图7-7所示。单击【打开】按钮，在绘图区单击鼠标放置零件，如图7-8所示。

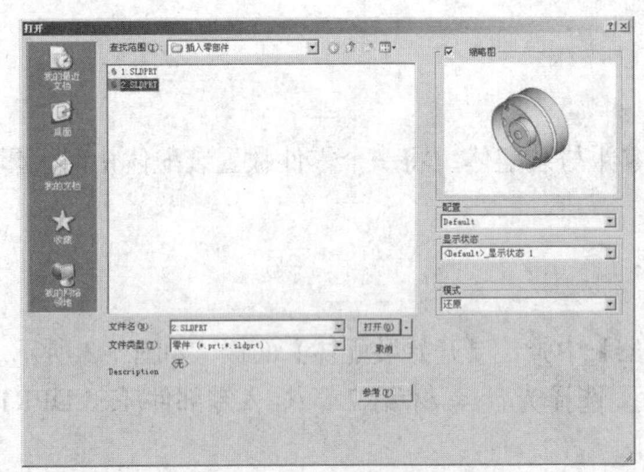

图7-7　选择零部件对象

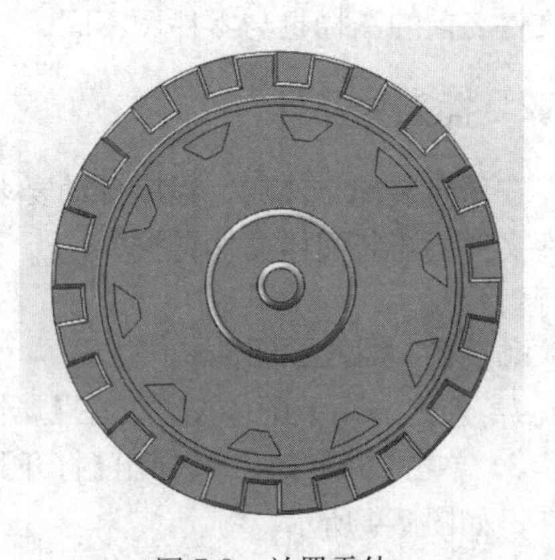

图7-8　放置零件

6　使用鼠标中键移动来查看装配后的效果，如图7-9所示。

图7-9　插入零部件效果

在【插入零部件】面板中，各主要选项的意义如下：

- 【信息】：该选项区提供进行装配零件相关的信息。
- 【要插入的零件/装配体】：该选项区中显示需要插入的零件对象。
- 【选项】：用于设置【开始装配体】对话框的显示与在工作窗口中预览插入的零件。

7.1.3　随配合复制

当一个零件在装配组中反复出现时，可以使用【随配合复制】命令，复制相同的零件，省去反复调入零件装配带来的麻烦。

上机实战　随配合复制零件

1　打开光盘/素材/第 7 章/随配合复制/随配合复制.SLDASM 文件，如图 7-10 所示。

2　单击【插入零部件】下方的下拉按钮，在弹出的下拉菜单中单击【随配合复制】按钮，如图 7-11 所示。

图 7-10　打开素材

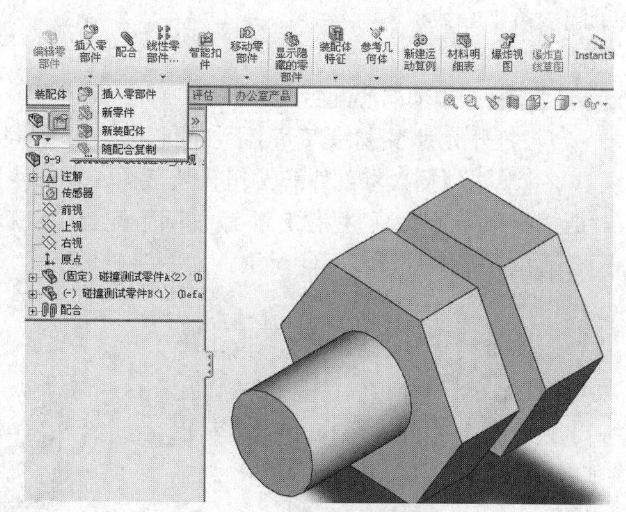

图 7-11　单击【随配合复制】按钮

3　弹出【随配合复制】面板，选择左侧的多边形零件，并选择圆柱体的合适边线，如图 7-12 所示。

4　在面板中单击【确定】按钮，即可随配合复制零部件。如图 7-13 所示。

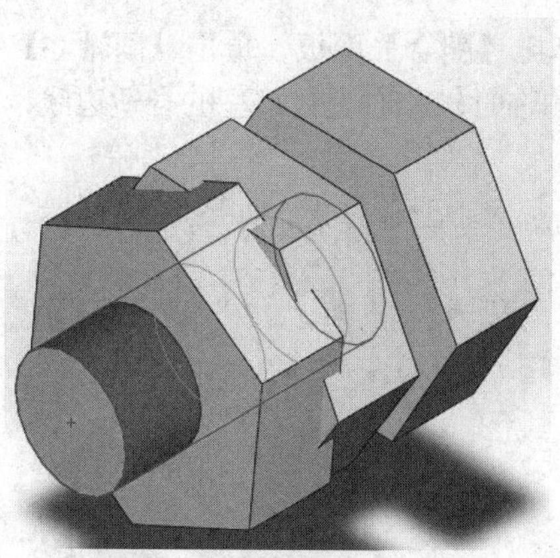

图 7-12　选择圆柱体合适边线

图 7-13　随配合复制零部件效果

在【随配合复制】面板中，各主要选项意义如下：

- 【所选零部件】：该选项区中列举所选的复制零部件的参照。
- 【配合】：该选项区中执行被复制的零件相关联的配合。

7.2 配合装配体对象

在 SolidWorks 2012 中，配合是指在装配体零部件之间生成几何关系，当添加配合时，定义零部件线性或旋转运动所允许的方向，可以在其自由度之内移动零部件，从而使装配体的行为直观化。

7.2.1 添加同心配合

在 SolidWorks 2012 中，使用同心配合方式配合装配体，可以将选择的两个零部件放置于同一条中心线。

上机实战　添加同心配合

1 打开光盘/素材/第 7 章/添加同心配合/添加同心配合.SLDASM 文件，如图 7-14 所示。

2 单击【插入零部件】按钮，从【插入零部件】面板中单击【浏览】按钮，在【打开】对话框中选择光盘/素材/第 7 章/添加同心配合/1.SLDPRT 文件，单击【打开】按钮，在绘图区合适位置单击放置零部件对象，如图 7-15 所示。

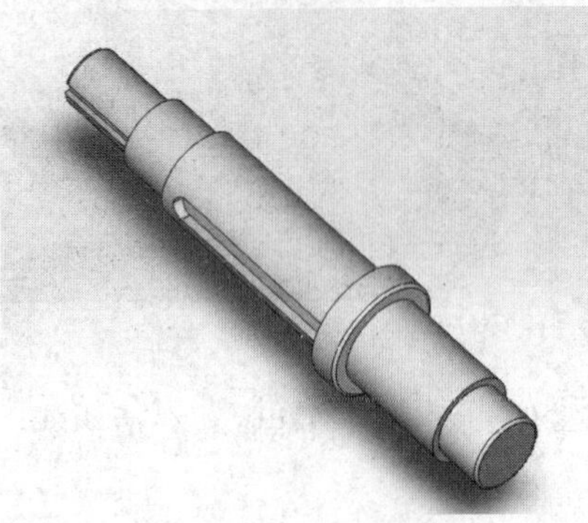
图 7-14　打开素材

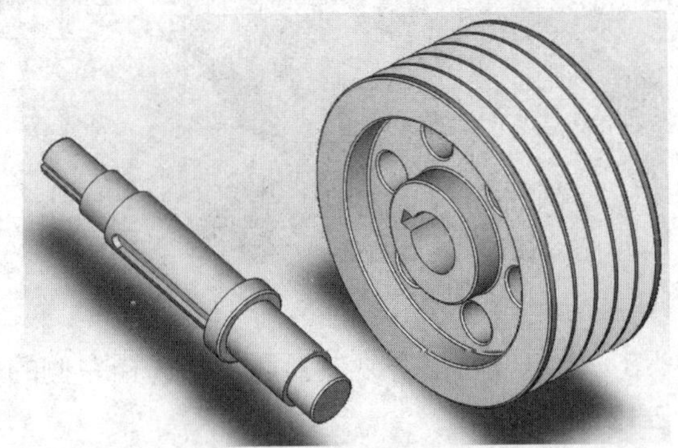
图 7-15　插入零部件对象

3 在【装配体】选项卡中单击【配合】按钮，弹出【配合】面板，单击【同轴心】按钮，显示临时轴，在绘图区中，依次选择左下方模型的临时轴和右上方模型的合适边线，如图 7-16 所示。

4 在【配合】面板中单击【确定】按钮，即可添加同心配合方式，如图 7-17 所示。

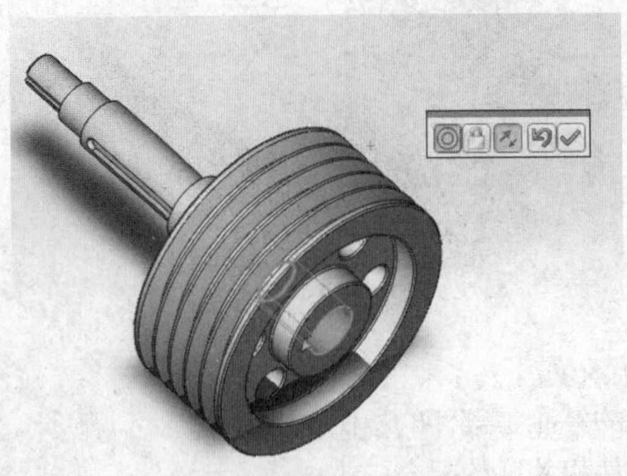
图 7-16　选择要配合的对象

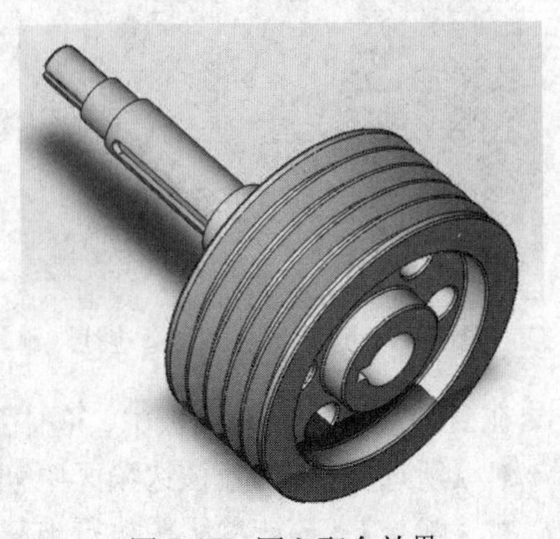
图 7-17　同心配合效果

提示：在配合装配体时，两个装配体的位置关系分为约束关系和非约束关系。约束关系表示当一个装配体的位置改变时，与之配合的另一个装配体的位置也会发生改变，非约束关系表示当一个装配体的位置改变时，与之配合的另一个装配体的位置不发生改变。

7.2.2　添加对称配合

使用对称配合方式，可以使选择的两个相同的零部件绕基准面或平面对称。

上机实战　添加对称配合

1　打开光盘/素材/第 7 章/添加同心配合/添加对称配合.SLDASM 文件，如图 7-18 所示。

2　在绘图区中的合适位置插入光盘/素材/第 7 章/添加对称配合/1.SLDPRT 文件，零部件对象如图 7-19 所示。

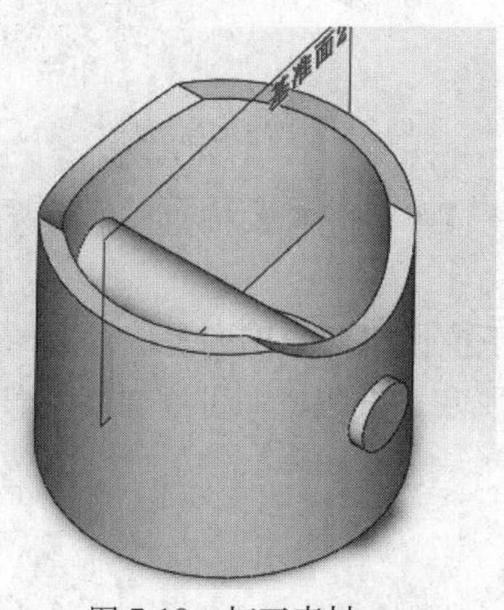

图 7-18　打开素材

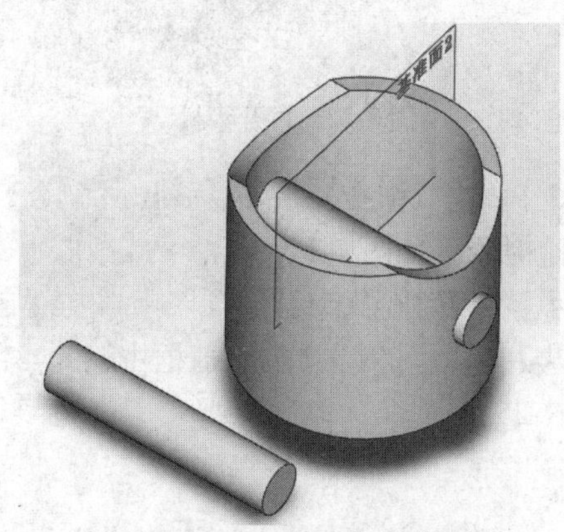

图 7-19　插入零部件对象

3　单击【配合】按钮，弹出【配合】面板，单击【对称】按钮，并依次选择两个圆柱实体和基准面对象，如图 7-20 所示。

4　在【配合】面板中单击【确定】按钮，即可添加对称配合方式，如图 7-21 所示。

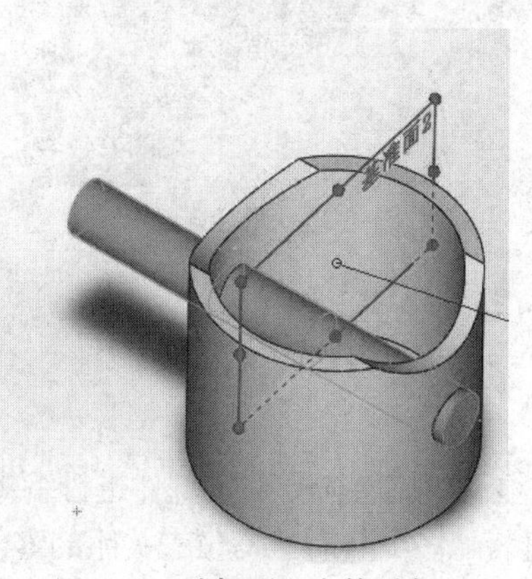

图 7-20　选择要配合的对象

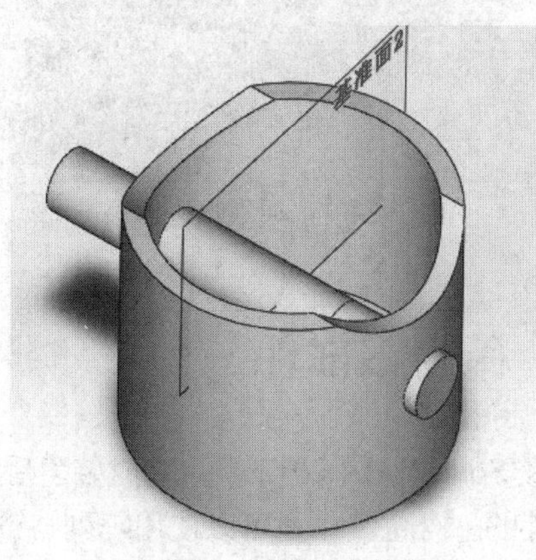

图 7-21　对称配合效果

7.2.3　添加路径配合

使用路径配合方式配合装配体，可以通过所选零部件上的点约束到选择的路径。

上机实战 添加路径配合

1 打开光盘/素材/第7章/添加路径配合/添加路径配合.SLDASM文件，如图7-22所示。

2 在绘图区中的合适位置插入光盘/素材/第7章/添加路径配合/2.SLDPRT零部件对象，如图7-23所示。

图7-22 打开素材

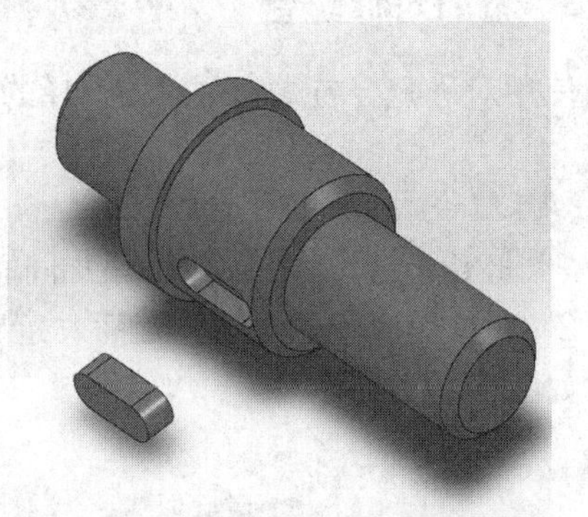

图7-23 插入零部件对象

3 单击【配合】按钮，弹出【配合】面板，单击【路径配合】按钮，依次选择合适的点和边对象，如图7-24所示。

4 在【路径约束】选项区中单击【自由】右侧下拉按钮，弹出列表框，选择【沿路径的距离】选项，在下方的数值框中输入370，单击【确定】按钮，即可添加路径配合方式，如图7-25所示。

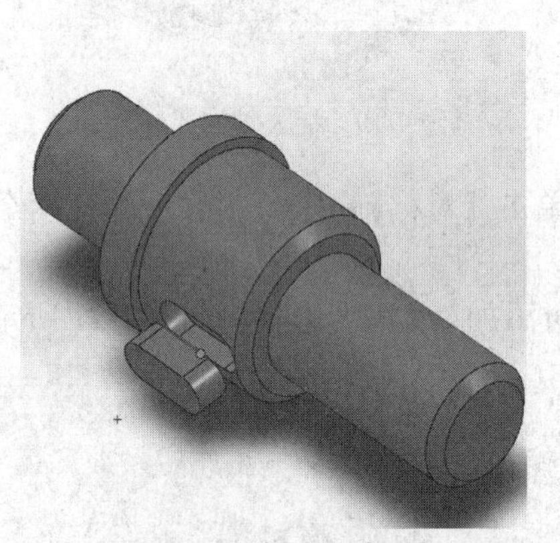

图7-24 选择点和边对象

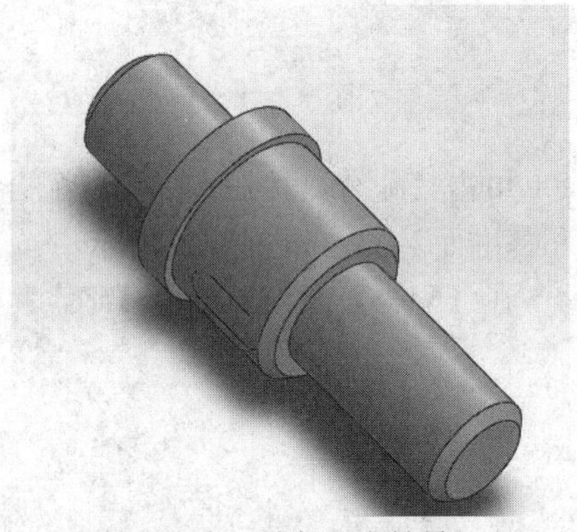

图7-25 路径配合效果

7.3 编辑零部件

在SolidWorks 2012中，完成装配后，可以使用移动，旋转命令对零部件进行编辑，改变零部件的配合位置，还可以使用阵列与镜向命令快速装配多个具有重写位置关系的零部件。

7.3.1 移动零部件

在SolidWorks 2012中的绘图区中，使用【移动】命令拖动零部件，零部件可以在其自由度内移动。

上机实战 移动零部件

1 打开光盘/素材/第 7 章/移动零部件/移动零部件.SLDASM 文件，如图 7-26 所示。

2 单击【装配体】选项卡中【移动零部件】按钮，如图 7-27 所示。

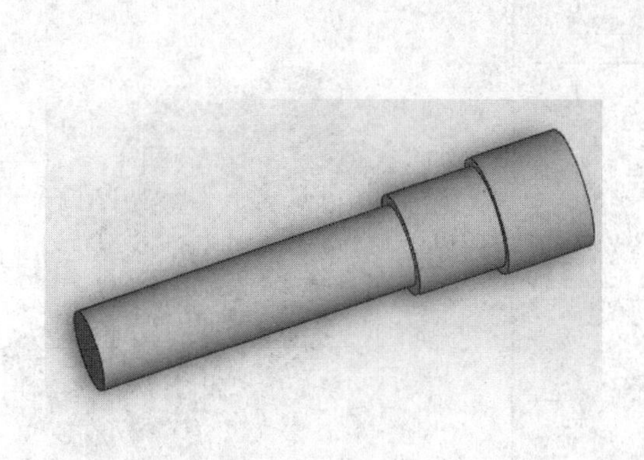

图 7-26 打开素材

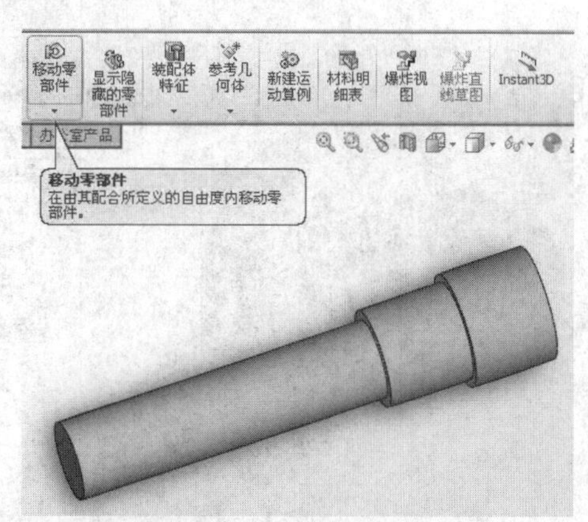

图 7-27 单击【移动零部件】按钮

3 弹出【移动零部件】面板，选择绘图区中右侧的零部件，并向右方拖曳至合适位置后单击鼠标，如图 7-28 所示。单击【移动零部件】面板中的【确定】按钮，即可移动零部件，效果如图 7-29 所示。

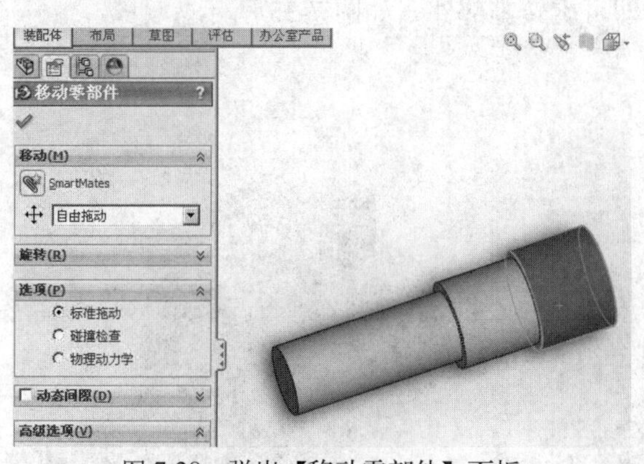

图 7-28 弹出【移动零部件】面板

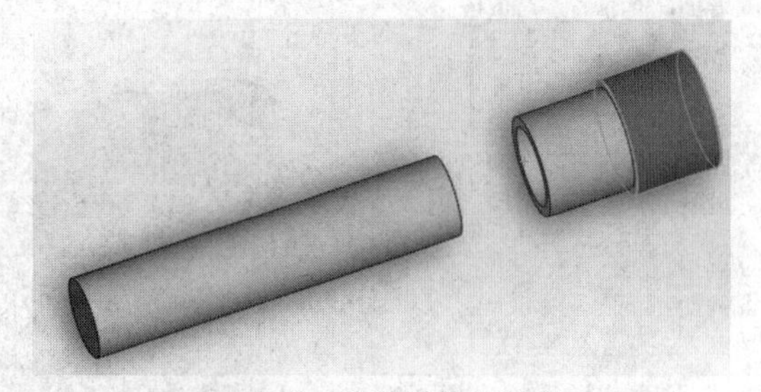

图 7-29 移动零部件效果

在【移动零部件】面板的【移动】选项区中，各主要选项意义如下：

- 【自由拖动】：选择该选项，可以选择零部件并沿任何方向拖动。
- 【沿装配体 XYZ】：选择该选项，可以选择零部件并沿装配体的 X、Y 或 Z 的方向拖动。图形区域中显示坐标系以确定方向。

7.3.2 旋转零部件

如果组件中零部件的角度有改变时，可以通过【旋转】命令改变零部件在组件中的装配位置。

上机实战 旋转零部件

1 打开光盘/素材/第 7 章/旋转零部件/旋转零部件.SLDASM 文件，如图 7-30 所示。

2 单击【移动零部件】右侧的下拉按钮，在弹出的列表框中单击【旋转零部件】按钮，弹出【旋转零部件】面板，在绘图区中选择中间的柱零部件，如图 7-31 所示。

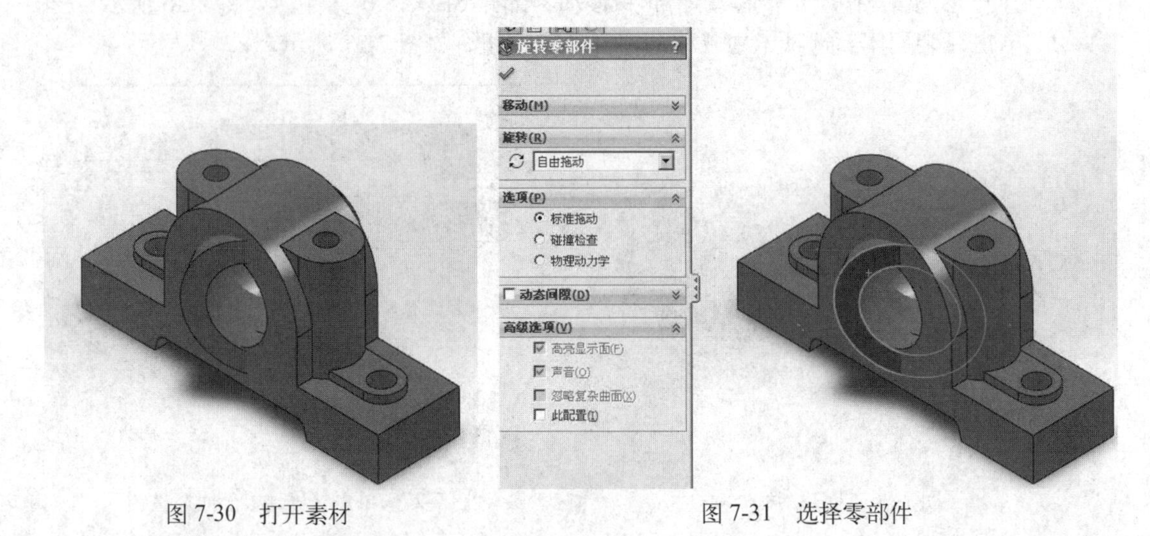

图 7-30 打开素材　　　图 7-31 选择零部件

3 单击【自由拖动】右侧下拉按钮，从列表框中选择【由 Delta XYZ】选项，弹出【旋转】选项区，设置 Y 为-30，如图 7-32 所示。

4 依次单击【应用】和【确定】按钮，即可旋转零部件，如图 7-33 所示。

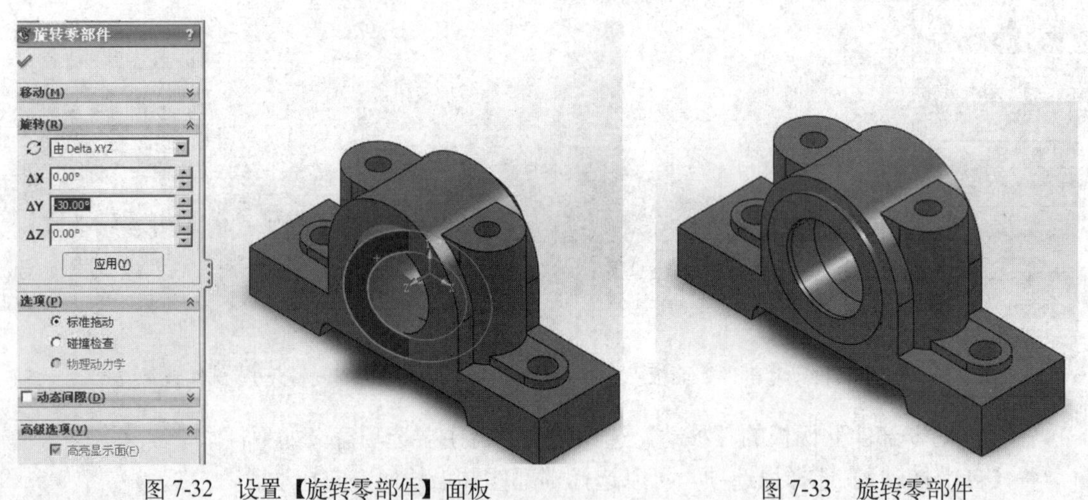

图 7-32 设置【旋转零部件】面板　　　图 7-33 旋转零部件

在旋转零部件时，需要注意两个方面：

（1）不能移动或者旋转一个已经固定或者完全定义的零部件。

（2）只能在配合关系允许的自由度范围内移动和选择该零售件。

7.3.3 阵列零部件

在装配体中可以根据需要阵列零部件，零部件阵列的方式有 3 种，即线性零部件阵列、圆周零部件阵列和特征驱动零部件阵列，其中线性零部件阵列是通过指定方向 1 和方向 2 的阵列方向、实例数、间距，然后指定要阵列的零部件作为参照来创建的。

上机实战　线性阵列零部件

1　打开光盘/素材/第 7 章/阵列零部件/阵列零部件.SLDASM 文件，如图 7-34 所示。

2　在【装配体】选项卡中单击【线性零部件阵列】按钮，弹出【线性阵列】面板，激活【要阵列的零部件】面板，选择合适的零部件对象，如图 7-35 所示。

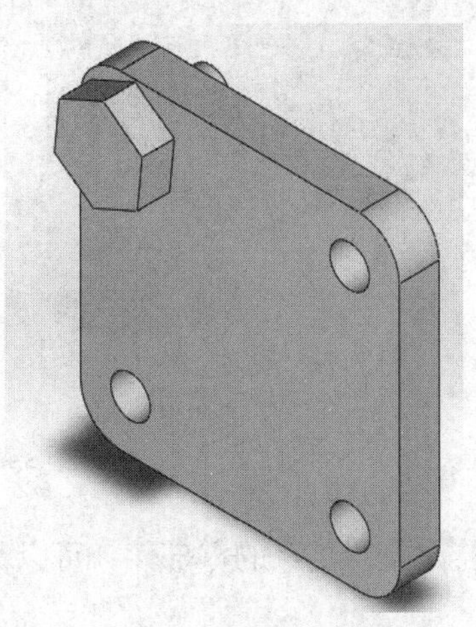

图 7-34　打开素材

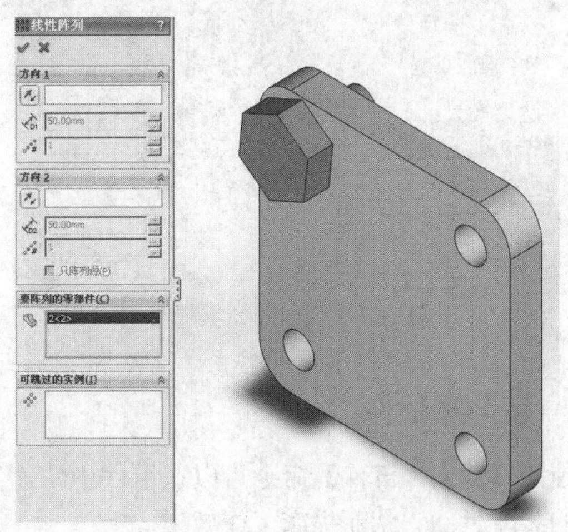

图 7-35　选择零部件

3　激活【方向 1】选项区，选择左侧的垂直边线，并设置【间距】为 50、【实例数】为 2，如图 7-36 所示。

4　激活【方向 2】选项区，选择上方的水平边线，并设置【间距】为 5，【实例数】为 2，如图 7-37 所示。

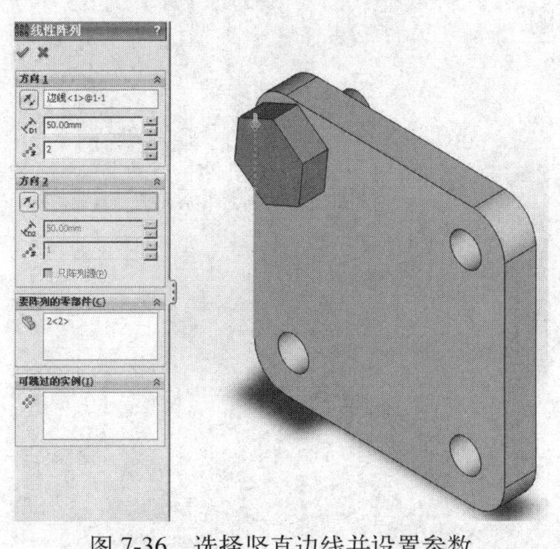

图 7-36　选择竖直边线并设置参数

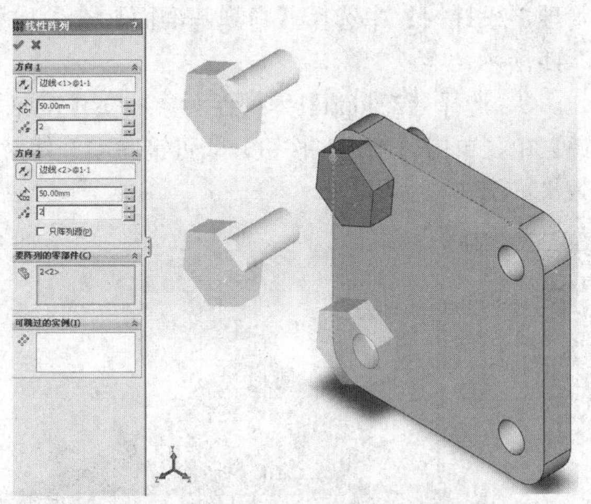

图 7-37　选择水平边线并设置参数

5　单击【反向】按钮，反向阵列零部件，如图 7-38 所示。

6　在【线性阵列】面板中单击【确定】按钮，即可线性阵列零部件，效果如图 7-39 所示。

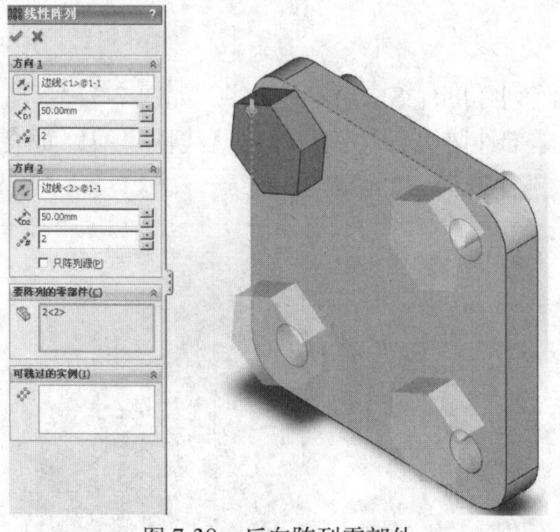

图 7-38 反向阵列零部件

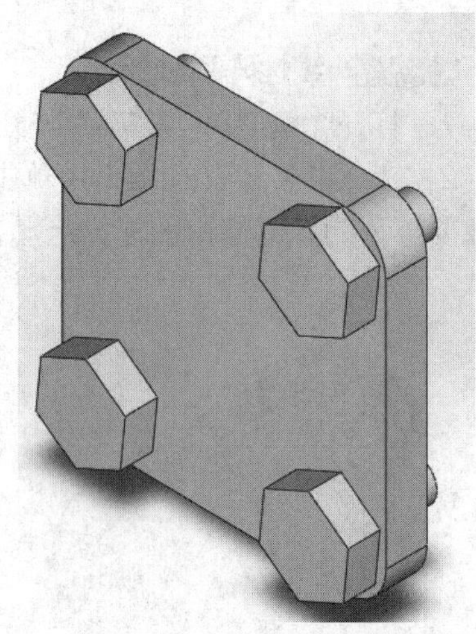

图 7-39 阵列零部件效果

7.3.4 镜向零部件

使用【镜向零部件】命令可以在组件中快速复制具有特定位置关系的零部件，可以节省大量的装配时间，从而提高工作效率。

上机实战 镜向零部件

1 打开光盘/素材/第 7 章/镜向零部件/镜向零部件.SLDASM.SLDASM 文件，如图 7-40 所示。

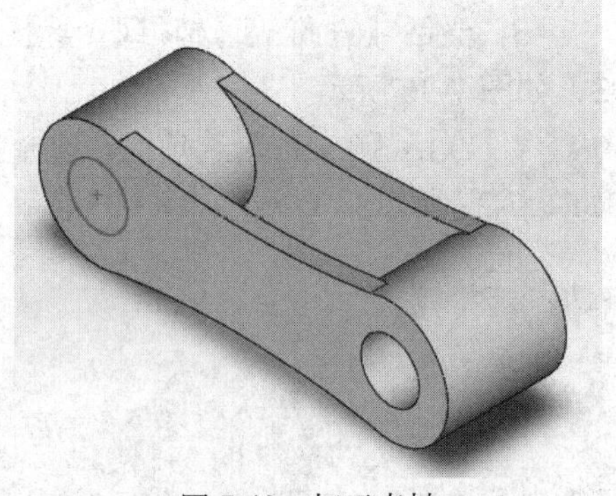

图 7-40 打开素材

2 在【线性零部件】列表框中单击【镜向】按钮，弹出【镜向零部件】面板，在界面左侧的【特征管理器设计树】中选择【右视基准面】选项，如图 7-41 所示。

3 选择【2.sldprt】零部件对象，在【镜向零部件】中，单击【确定】按钮，即可镜向零部件对象，效果如图 7-42 所示。

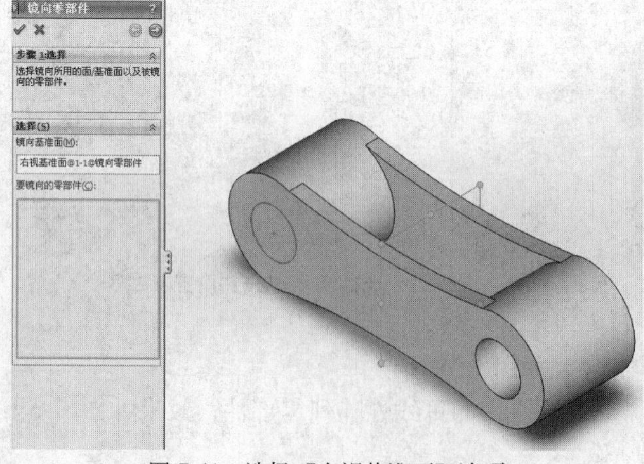

图 7-41 选择【右视基准面】选项

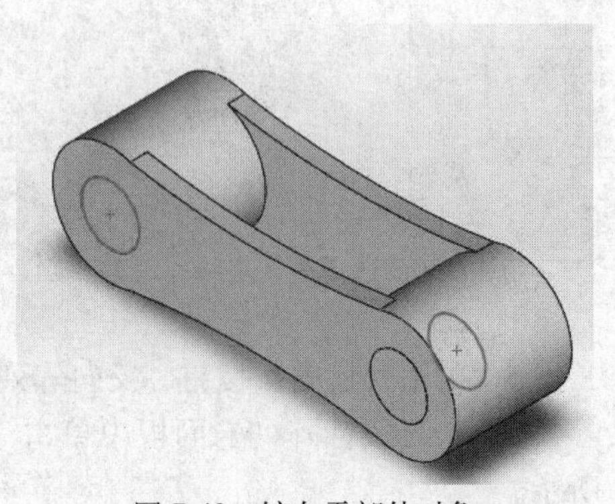

图 7-42 镜向零部件对象

7.3.5　显示控制装配体

在 SolidWorks 2012 中，可以根据需要对零部件进行着色、隐藏与显示操作。

上机实战　显示控制装配体

1　打开光盘/素材/第 7 章/显示控制装配体/显示控制装配体.SLDASM 文件，如图 7-43 所示。

2　在绘图区中选择齿轮零部件对象，如图 7-44 所示。

图 7-43　打开素材

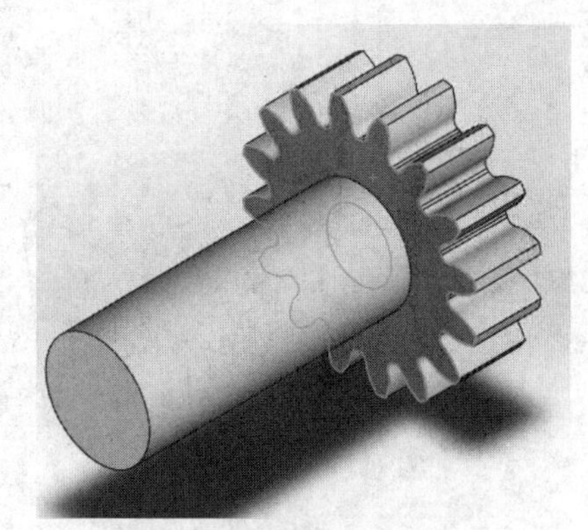

图 7-44　选择零部件对象

3　单击鼠标右键，在弹出的快捷菜中单击【隐藏零部件】按钮，如图 7-45 所示。执行操作后，即可隐藏零部件，效果如图 7-46 所示。

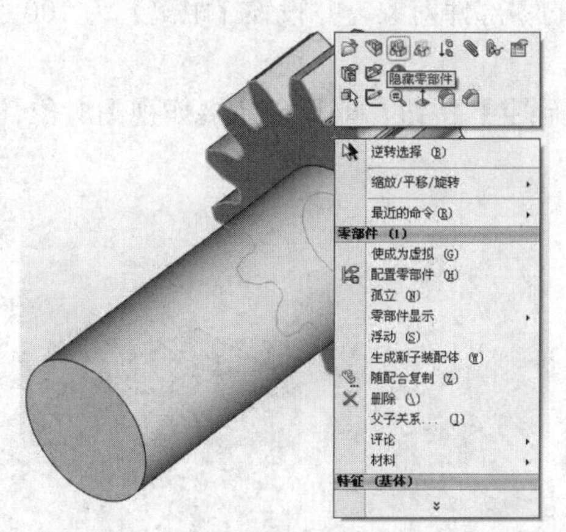

图 7-45　单击【隐藏零部件】按钮

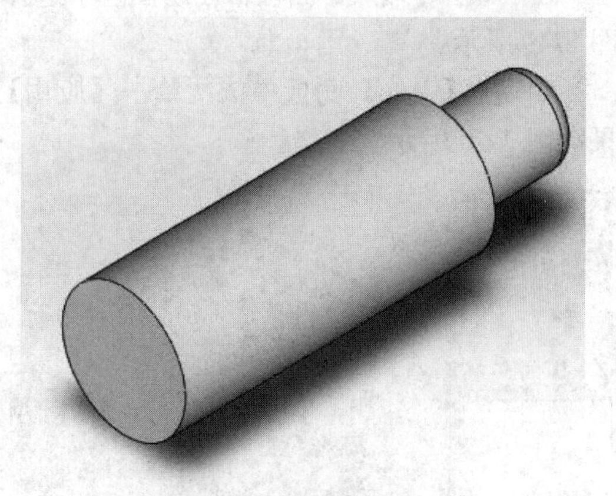

图 7-46　隐藏零部件

若要显示出隐藏的零部件对象，可以在界面左侧的【特征管理器设计树】中选择隐藏后的零部件对象，在选择的对象上单击鼠标右键，从快捷菜单中单击【显示零部件】按钮。

7.4　创建爆炸视图

在实际应用中，为了便于制造产品，可以根据需要在 SolidWorks 2012 中分离装配体中的零部件，以便直观地分析它们之间的相互关系。在装配体的爆炸视图中可以分离其中的零部件以便查看装配体。

7.4.1 创建爆炸视图

一个爆炸视图由一个或多个爆炸步骤组成，每个爆炸视图都保存在所生成的装配体配置中，每一个配置都可以有一个爆炸视图。

上机实战 创建爆炸视图

1 打开光盘/素材/第7章/创建爆炸视图/创建爆炸视图.SLDASM文件，如图7-47所示。

2 在【装配体】选项卡中单击【爆炸视图】按钮，如图7-48所示。

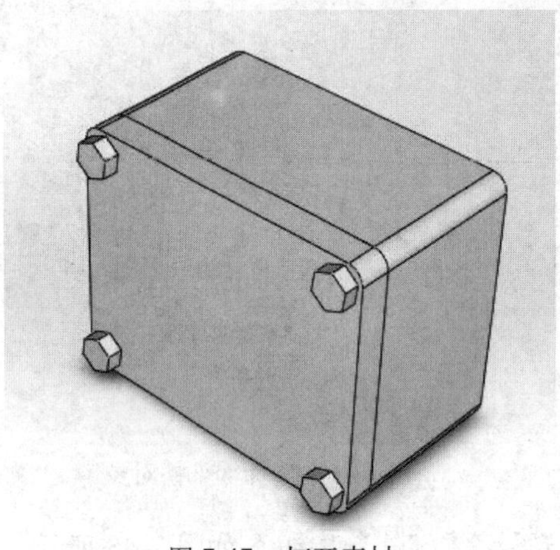

图7-47 打开素材

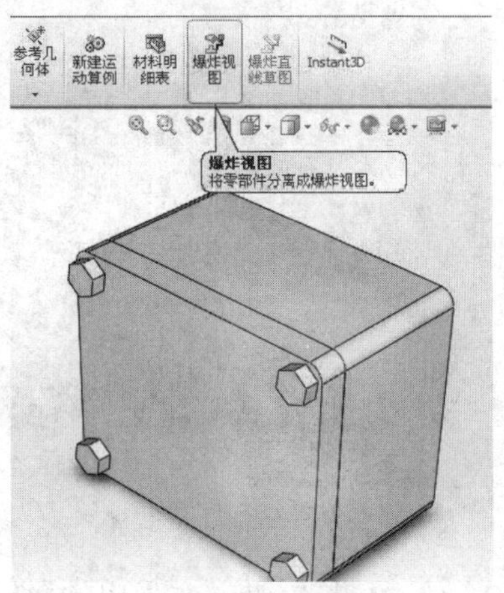

图7-48 单击【爆炸视图】按钮

3 弹出【爆炸】面板，在绘图区中选择合适的零部件对象，并设置【距离】为100，如图7-49所示。

4 在【爆炸】面板中依次单击【应用】和【确定】按钮，即可创建爆炸视图对象，效果如图7-50所示。

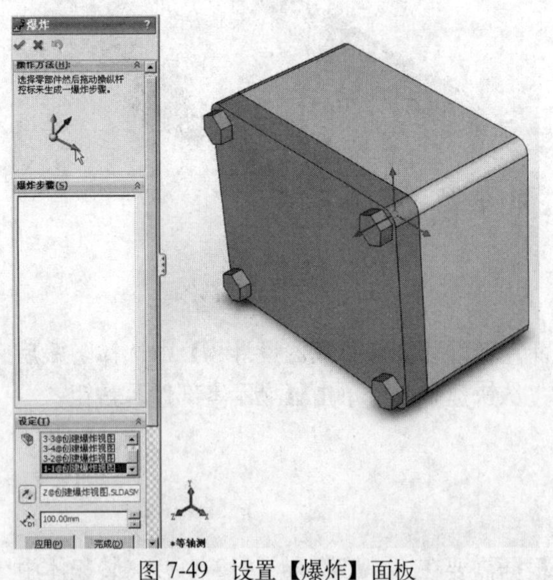

图7-49 设置【爆炸】面板

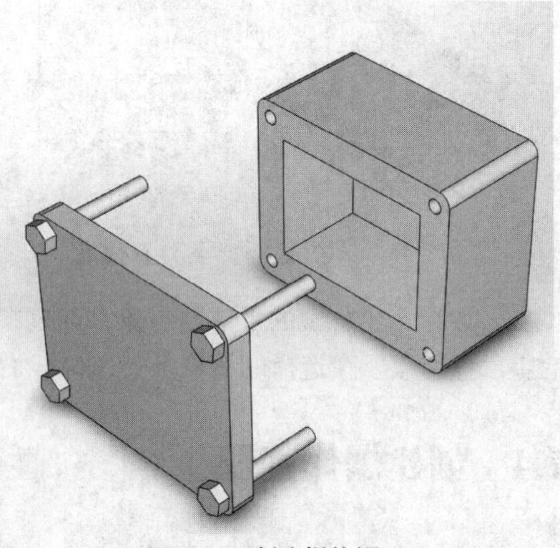

图7-50 创建爆炸视图

提示：在创建爆炸视图时，最好将每一个零件在每一个方向上的爆炸设置为一个爆炸步骤。

7.4.2　编辑爆炸视图

在 SolidWorks 2012 中，可以根据需要对创建后的爆炸视图进行编辑。

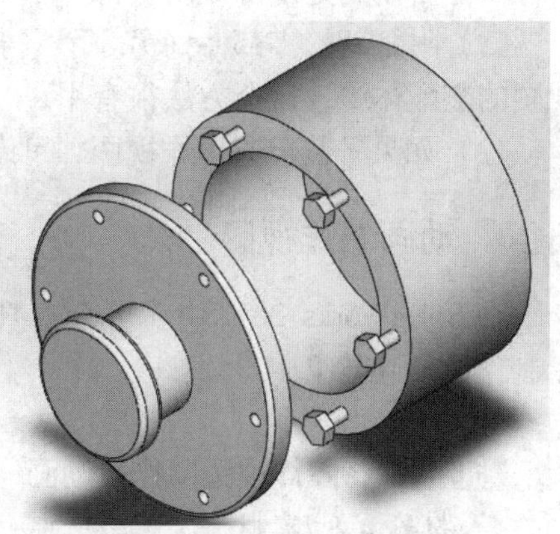
图 7-51　打开素材

上机实战　编辑爆炸视图

1　打开光盘/素材/第 7 章/编辑爆炸视图/编辑爆炸视图.SLDASM 文件，如图 7-51 所示。

2　在管理器群中单击【配置管理器】按钮，切换至【配置管理器】面板，如图 7-52 所示。

3　选择【爆炸视图 1】选项，单击鼠标右键，在弹出的快捷菜单中选择【编辑特征】选项，如图 7-53 所示。

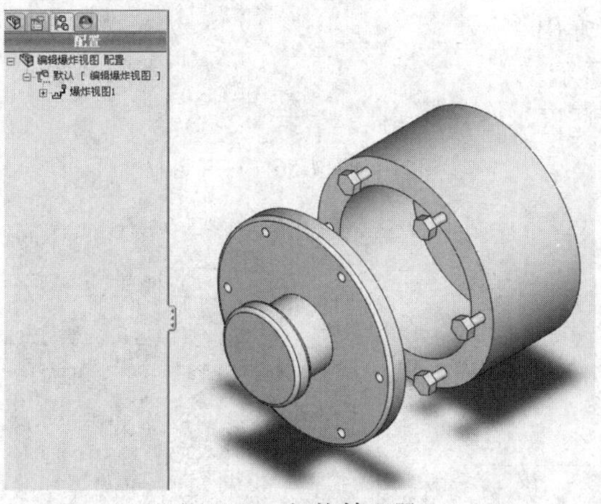

图 7-52　切换管理器

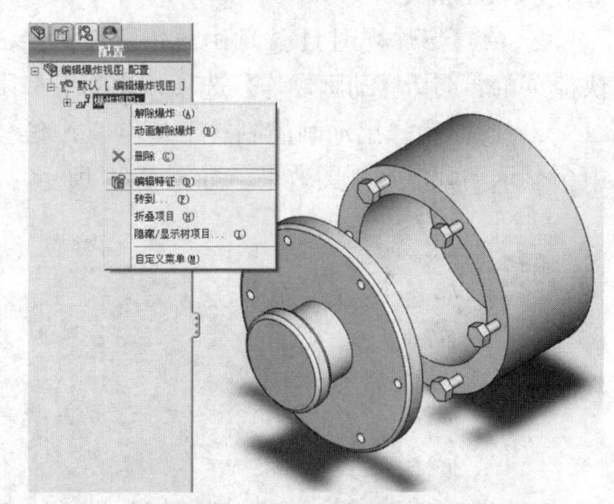

图 7-53　选择【编辑特征】选项

4　弹出【爆炸】面板，选择合适零部件，设置【爆炸距离】为-100，如图 7-54 所示。

5　依次单击【应用】和【确定】按钮，编辑爆炸视图，效果如图 7-55 所示。

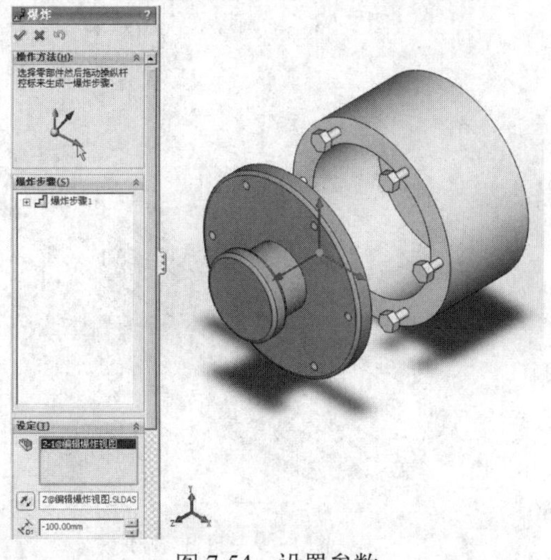

图 7-54　设置参数

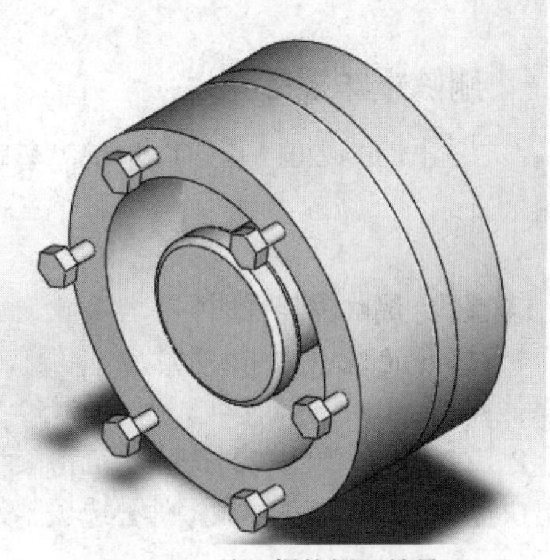
图 7-55　编辑爆炸视图效果

在爆炸视图中，可以完成以下3种爆炸：

（1）自动均分爆炸成给零部件（硬件和螺栓等）

（2）附加新的零部件到另一个零部件的现有爆炸步骤，如果要添加一个零件到已有爆炸视图的装配体中，这个方法很有用。

（3）如果子装配有爆炸视图，可以在更高级别装配体中重新使用此爆炸视图。

7.4.3 动画爆炸视图

在SolidWorks 2012中，可以根据需要将爆炸视图制作成动画效果。

上机实战　将爆炸视图制作成动画

1 打开光盘/素材/第7章/动画爆炸视图/动画爆炸视图.sldasm文件，如图7-56所示。

2 在【爆炸视图1】选项中单击鼠标右键，弹出快捷菜单，选择【动画爆炸】选项，如图7-57所示。

3 此时会弹出动画控制器工具栏，并在绘图区中会显示动画爆炸视图效果，如图7-58所示。

图7-56　打开素材

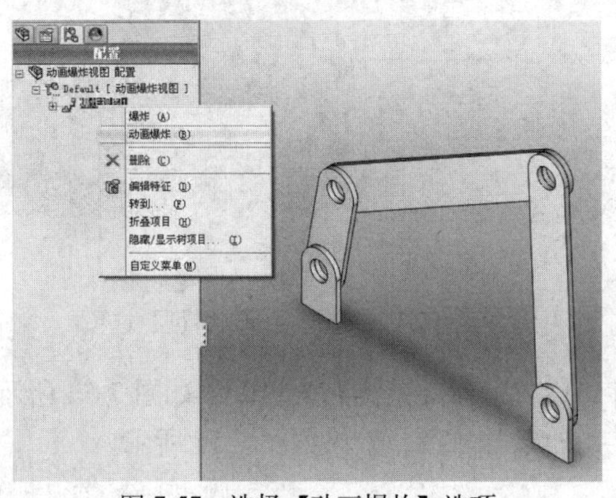

图7-57　选择【动画爆炸】选项

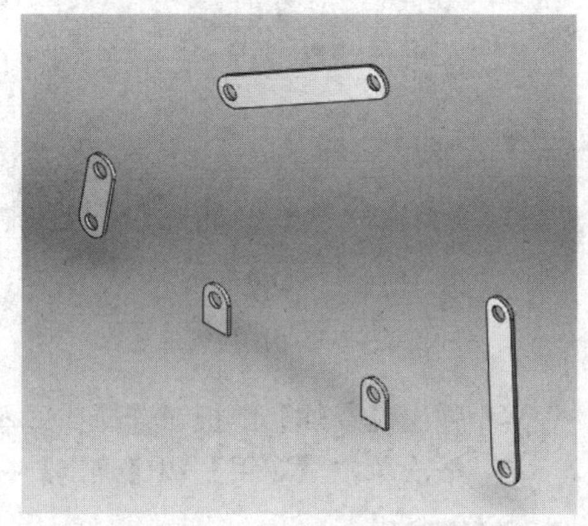

图7-58　动画爆炸视图效果

7.4.4 删除爆炸视图

在SolidWorks 2012中可以根据需要删除爆炸视图。

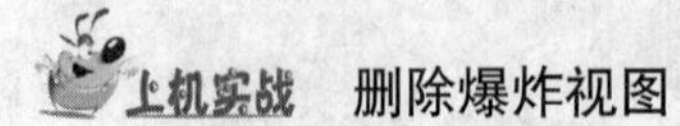

上机实战　删除爆炸视图

1 打开光盘/素材/第7章/删除爆炸视图/删除爆炸视图.SLDASM文件，如图7-59所示

2 在【爆炸视图 1】选项上单击鼠标右键，弹出快捷菜单，选择【解除爆炸】选项，如图7-60所示。

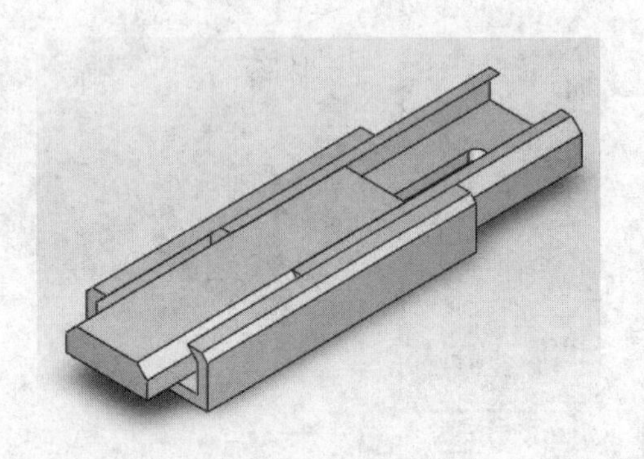

图7-59　打开素材

3　执行操作后，即可删除爆炸视图，效果如图 7-61 所示。

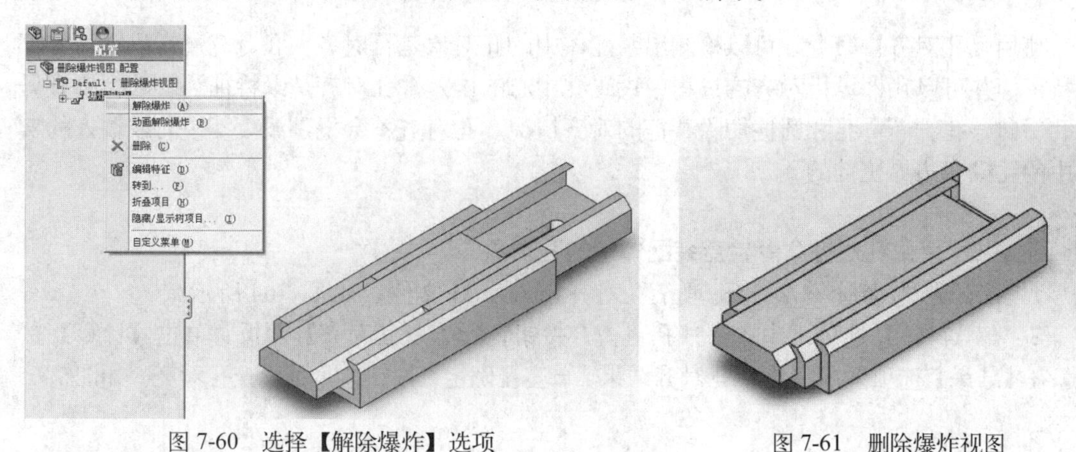

图 7-60　选择【解除爆炸】选项　　　　图 7-61　删除爆炸视图

7.5　检查装配体

检查装配体对象在整个产品设计中起到关键性作用，通过检查装配体，可以检查出零部件之间装配配合间隙、干涉以及质量等。

7.5.1　干涉检查

使用【干涉检查】命令，可以在一个复杂的装配体中检查出零部件之间是否有干涉的情况。

上机实战　使用干涉检查命令检查装配体

1　打开光盘/素材/第 7 章/干涉检查/干涉检查.SLDASM 文件，如图 7-62 所示。

2　切换至【评估】选项卡，单击【干涉检查】按钮，弹出【干涉检查】面板，保持默认选项，并在【所选零部件】选项区中单击【计算】按钮，在【结果】选项区中将显示干涉结果，如图 7-63 所示。单击【确定】按钮，即可干涉检查装配体。

图 7-62　打开素材

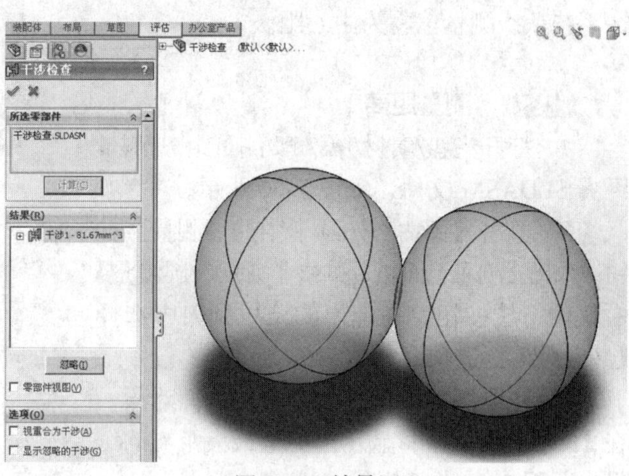

图 7-63　效果图

7.5.2 孔对齐

使用【孔对齐】命令，可以检测出装配体中的孔对象是否对齐。孔对齐通常只针对零部件特征，并可以在计算机对齐的过程中设置孔中心的误差。孔对齐是以特征为基础，检查异形孔、向导孔、简单孔和圆柱切除特征的对齐情况。孔对齐不会识别派生、镜向或输入的实体中的孔或多边界拉伸的孔。

上机实战 使用孔对齐命令检查装配体中的孔对象

1 打开光盘/素材/第 7 章/孔对齐/孔对齐.SLDASM 文件，如图 7-64 所示。

2 在【评估】选项卡中单击【孔对齐】按钮，弹出【孔对齐】面板，单击【计算】按钮，在【结果】选项区中将显示孔对齐结果，单击【确定】按钮，即可检查孔对齐。如图 7-65 所示。

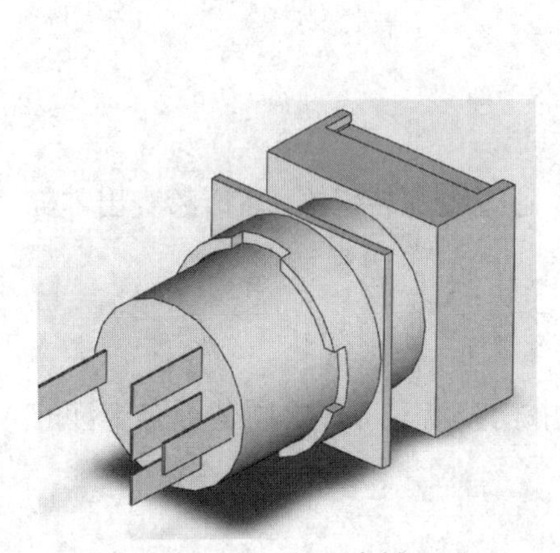

图 7-64 打开素材

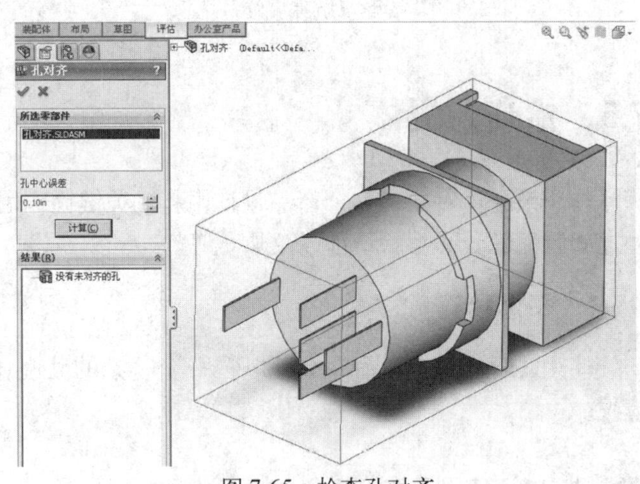

图 7-65 检查孔对齐

7.5.3 测量距离

通过测量能有效地减少配合误差，对零部件测量可以获得其长度、距离与钣金等参数。如果选择的测量目标为圆柱面，则系统默认测量值为直径；如果选择的目标为两个圆孔，那么系统默认测量值将为中心距。

上机实战 测量距离

1 打开光盘/素材/第 7 章/测量距离/测量距离.SLDASM 文件，如图 7-66 所示。

2 单击【评估】选项卡中的【测量】按钮，弹出【测量】面板，单击【圆弧/圆测量】右侧的下拉按钮，在弹出的下拉列表中选择【最大距离】选项，如图 7-67 所示。

3 在绘图区中依次选择合适的面对象，在【测量】面板中将显示出测量最大距离的结果，如图 7-68 所示。

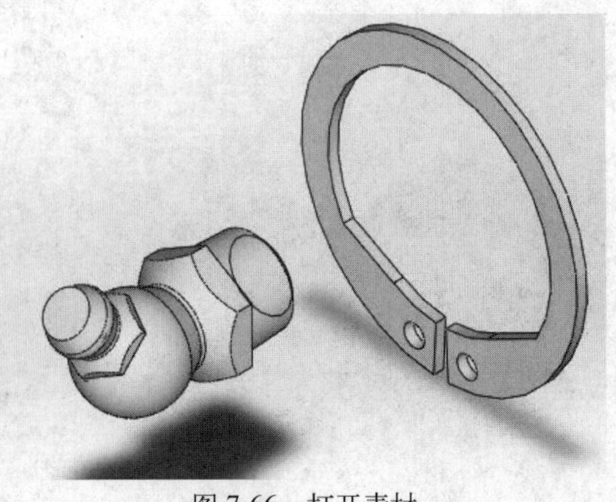

图 7-66 打开素材

在【测量】面板中，各主要选项的意义如下：

- 【圆弧/圆测量】：单击该按钮，可以选择以在选取圆弧/圆时指定要显示的距离。
- 【单位/精度】：单击该按钮，可以选取以指定自定义的测量单位和精度。

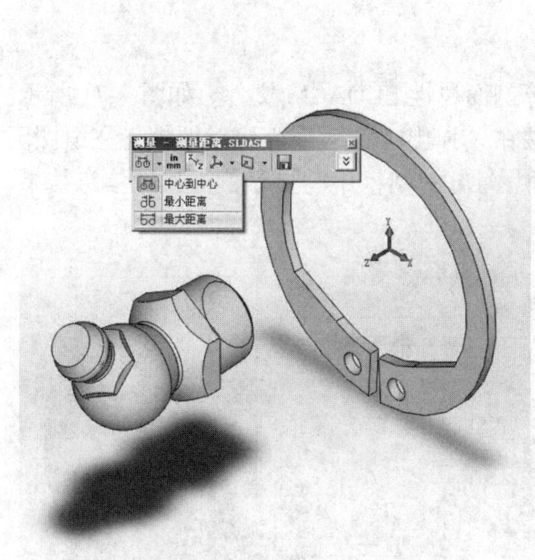

图 7-67 单击【测量】按钮

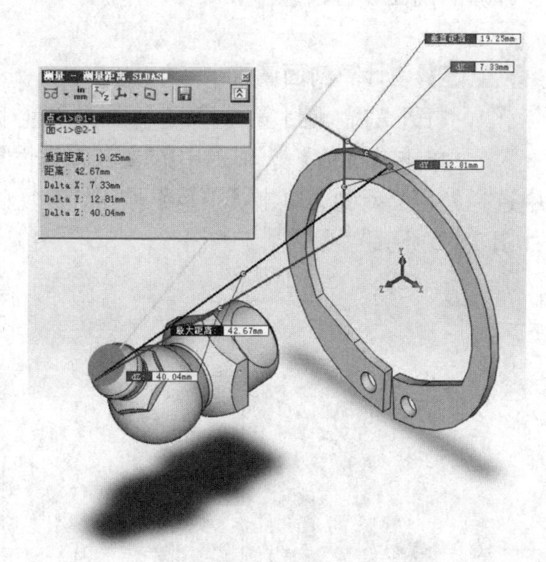

图 7-68 效果图

7.5.4 计算质量属性

在 SolidWorks 2012 中，使用【质量属性】命令可以计算出装配件对象的物理属性，并可以得知装配体对象的质量、体积、面积与重心等参数，其目的是辅助测试分析或检测设计的合理性。

上机实战 计算质量属性

1 打开光盘/素材/第 7 章/计算质量属性/计算质量属性.SLDASM 文件，如图 7-69 所示。

2 单击【评估】选项卡中的【质量属性】按钮，弹出【质量属性】面板，并在该对话框中显示属性信息，如图 7-70 所示。

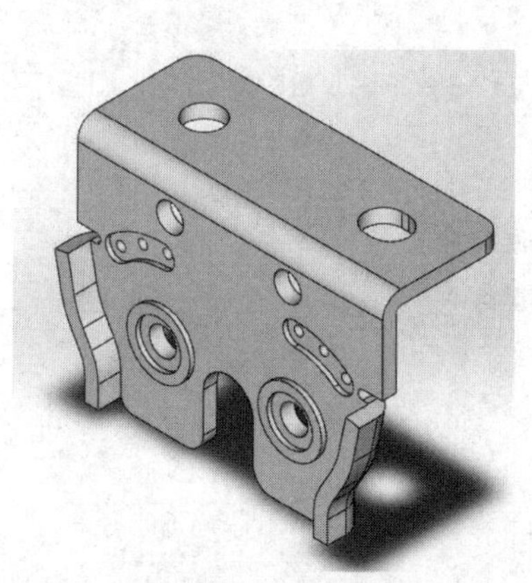

图 7-69 打开文件

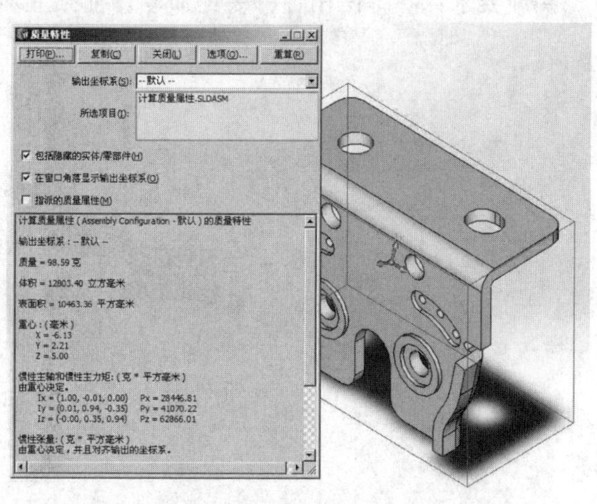

图 7-70 显示属性信息

7.5.5 计算剖面属性

在 SolidWorks 2012 中，使用【剖面属性】命令可以为位于平行基准面的多个平面和草图计算出剖面属性信息。

上机实战　计算剖面属性

1　打开光盘/素材/第 7 章/计算剖面属性/计算剖面属性.SLDASM 文件，如图 7-71 所示。

2　单击【评估】选项卡中的【剖面属性】按钮，弹出【截面属性】对话框，在绘图区中选择外侧面对象，单击【重算】按钮，在【截面属性】对话框中将显示剖面属性信息结果，如图 7-72 所示。

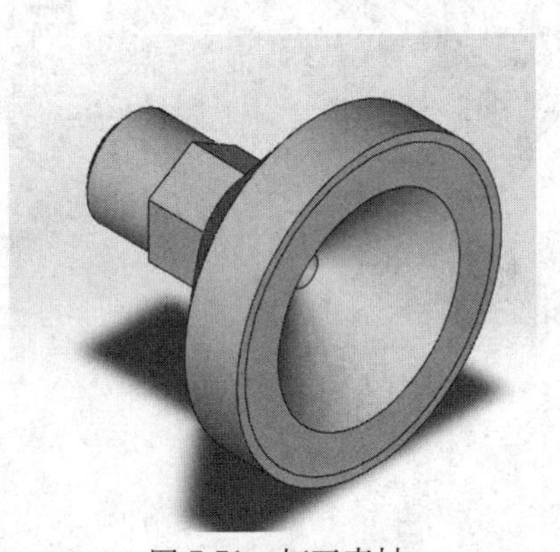

图 7-71　打开素材

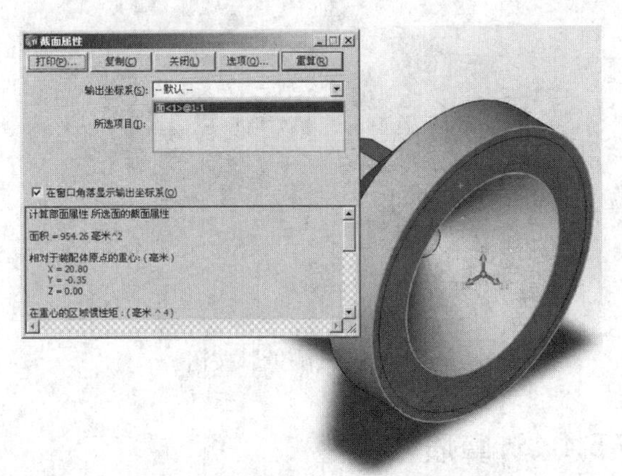

图 7-72　显示剖面属性信息结果

7.6　项目实训

下面通过创建如图 7-73 所示的双滑块机构模型，加深读者对于装配体的认识。本实例在制作过程中，主要是使用了插入零部件、移动零部件、同轴心配合、重合配合等命令。

实训目的：了解装配体，掌握对零件进行装配并编辑。

实训要求：熟练使用各种装配命令，能独立对零件进行装配。

图 7-73　双滑块机构模型

操作步骤

（1）插入十字滑槽零件

1　单击【标准】工具栏中的【新建】按钮，弹出【新建 SolidWorks 文件】对话框，单击【装配体】按钮，单击【确定】按钮。

2　在【属性管理器】中打开【开始装配体】面板，单击【浏览】按钮，在弹出的【打开】对话框中选择零件【十字滑槽.SLDPRT】，如图 7-74 所示。

3　单击【打开】按钮，然后单击【开始装配体】面板中的【确定】按钮。

4　单击【文件】/【另存为】菜单命令，弹出【另存为】对话框，在【文件名】文本框中输入装配体名称【项目实训】，单击【保存】按钮。

5　在【特征管理器设计树】中用鼠标右键单击刚刚插入的十字滑槽零件，在快捷菜单中选择【浮动】命令。

6　单击【装配体】工具栏中的【配合】按钮，弹出【配合】面板，单击【标准配合】选项组下的【重合】按钮。单击【配合选择】选项组下的文本框，然后在图形区域的【特征管理器设计树】中，选择如图 7-75 所示的装配体环境下的前视基准面和滑槽零件下的前视基准面，其他选项保持默认，单击【确定】按钮，完成前视基准面重合的配合，如图 7-76 所示。

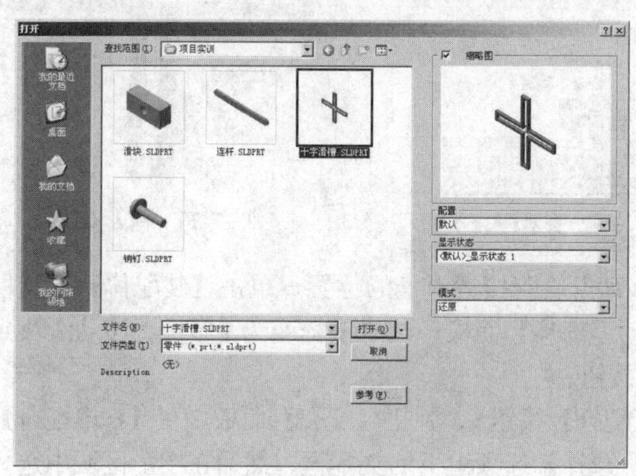

图 7-74　选择零件

图 7-75　设置重合参数

7　在【标准配合】选项组下单击【重合】按钮。在【配合选择】文本框中选择如图 7-77 所示的装配体环境下的上视基准面和滑槽零件的上视基准面，单击【确定】按钮，完成上视基准面重合的配合。

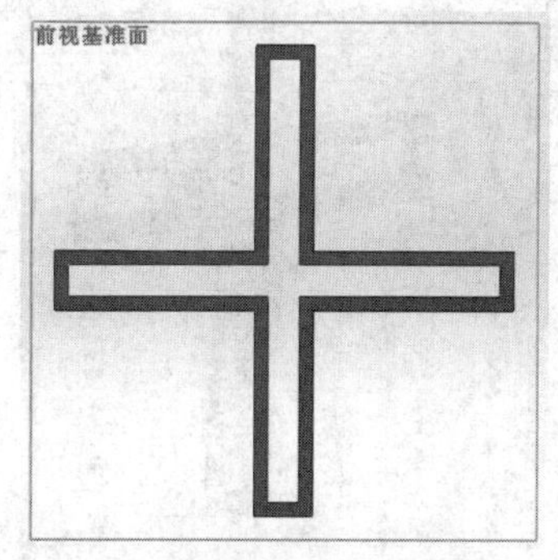

图 7-76　前视基准面重合的配合

图 7-77　上视基准面重合的配合

8 在【标准配合】选项组下单击【重合】按钮。在【配合选择】文本框中选择如图 7-78 所示的装配体环境下的右视基准面和滑槽零件的右视基准面，单击【确定】按钮，完成右视基准面重合的配合。

9 在装配体的【特征管理器设计树】中展开零件【十字滑槽】下的特征树，展开项目实训中的【配合】，可以查看滑槽零件在装配体环境中所添加的配合类型，如图 7-79 所示。

（2）插入滑块零件

10 单击【装配体】工具栏中的【插入零部件】按钮，弹出【插入零部件】面板，单击【浏览】按钮，选择零件【滑块】，单击【打开】按钮，在图形区域合适位置单击以插入滑块，如图 7-80 所示。

图 7-78　右视基准面重合的配合

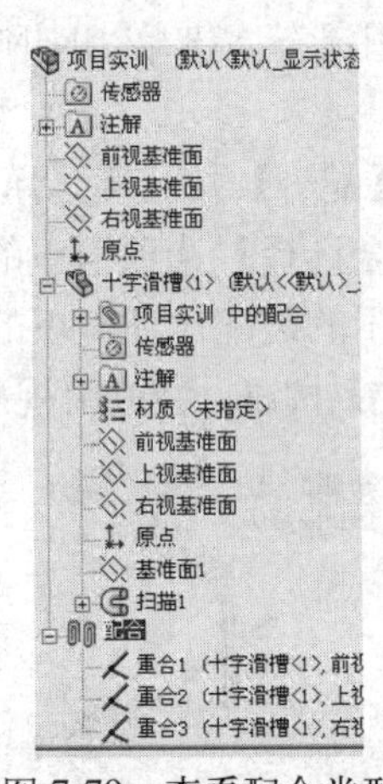

图 7-79　查看配合类型

图 7-80　插入滑块

11 为了便于进行配合约束，先移动滑块到接近滑槽的位置，单击【装配体】工具栏中的【移动零部件】按钮，弹出【移动零部件】面板，此时鼠标变为形状，移动滑块到如图 7-81 所示位置，然后单击【确定】按钮。

12 单击【装配体】工具栏中的【配合】按钮，弹出【配合】面板，在【标准配合】选项组下单击【重合】按钮。单击【配合选择】选项组下的文本框，然后在图形区域中选择十字滑槽后表面和滑块后表面，其他选项保持默认，如图 7-82 所示。

图 7-81　移动滑块

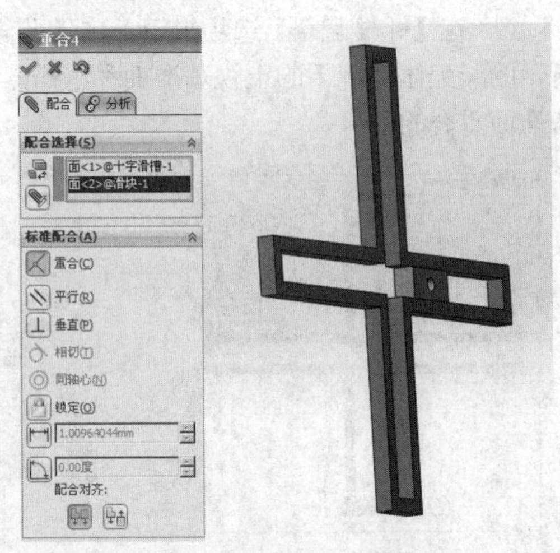

图 7-82　进行重合装配

13 继续进行配合操作。在【高级配合】选项组下单击【对称】按钮。在【配合选择】选项组下的【要配合实体】的文本框中选择滑块上下两个表面，在【对称基准面】文本框中选择十字滑槽的上视基准面，如图 7-83 所示，其他选项保持默认，单击【确定】按钮，完成对称的配合。

14 插入同样的滑块零件，添加与前一个滑块相同的重合和对称配合约束，使滑块后表面和十字滑槽后表面重合，滑块两个侧表面和十字滑槽的右视基准面重合，最终位置如图 7-84 所示。

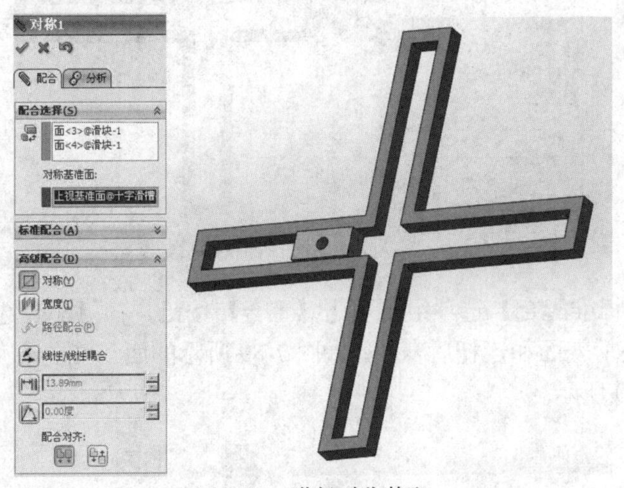

图 7-83　进行对称装配

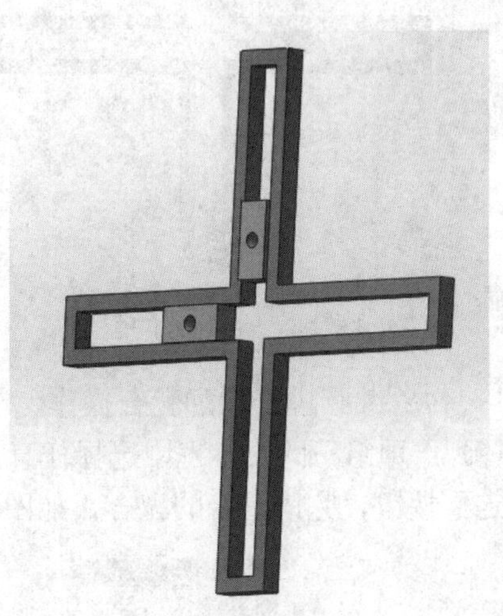

图 7-84　装配位置

(3) 插入连杆及其配件

15 单击【装配体】工具栏中的【插入零部件】按钮，弹出【插入零部件】面板，单击【浏览】按钮，选择零件【连杆】，单击【打开】按钮，在图形区域的合适位置单击插入。使用【装配体】工具栏中的【移动零部件】功能拖动零件到接近配合位置，如图 7-85 所示。

16 单击【装配体】工具栏中的【配合】按钮，弹出【同心】面板，在【标准配合】选项组下单击【同轴心】按钮。单击【配合选择】选项组下的文本框，然后在图形区域中选择连杆的右侧通孔和竖直滑槽中滑块上的通孔，如图 7-86 所示，单击【确定】按钮，完成同轴心的配合，如图 7-87 所示。

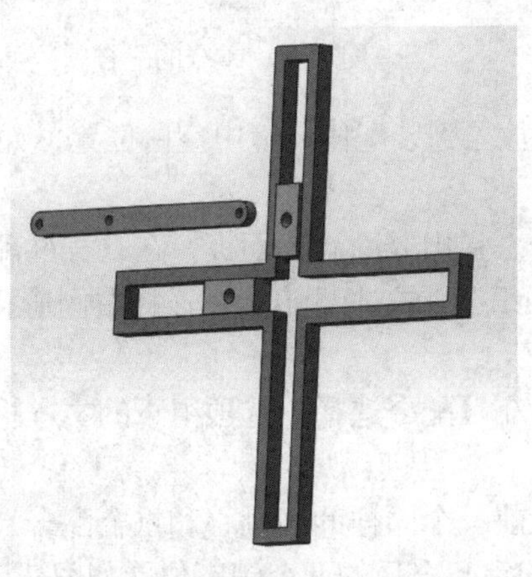

图 7-85　拖动零件到接近配合位置

图 7-86　设置同心配合

17 继续进行添加配合操作，为连杆中部的通孔和水平滑槽中滑块上的通孔添加同轴心配合，如图 7-88 所示。

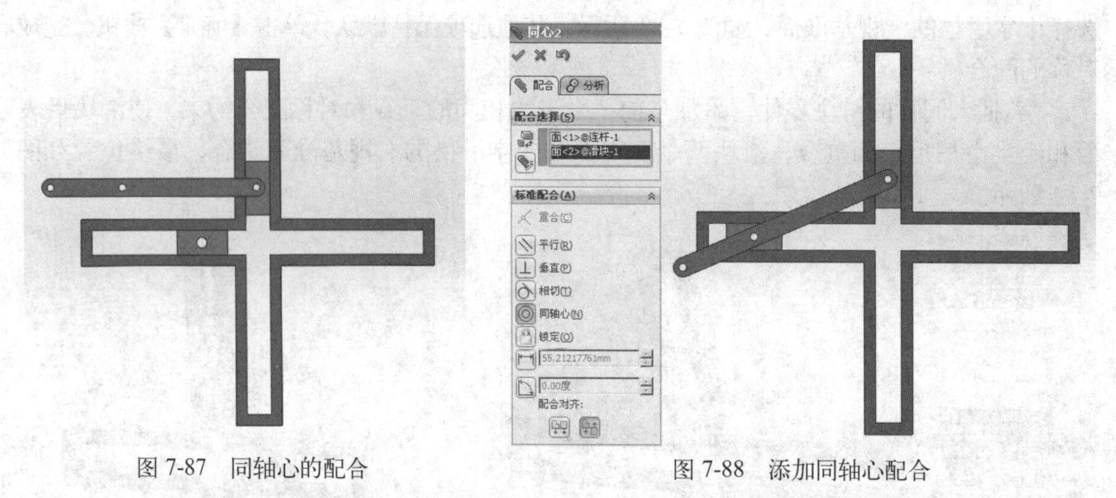

图 7-87　同轴心的配合　　　图 7-88　添加同轴心配合

18 继续进行添加配合操作。在【标准配合】选项组下单击【重合】按钮，在【配合选择】选项组下的文本框中选择任意滑块前表面和连杆后表面，如图 7-89 所示的面，单击【确定】按钮，完成重合的配合，如图 7-90 所示。

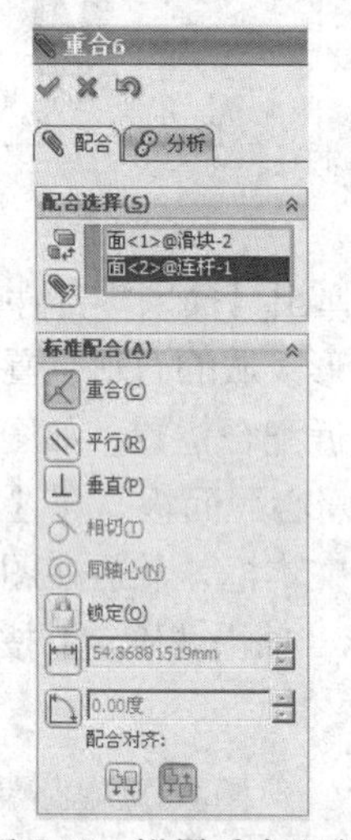

图 7-89　设置重合配合

图 7-90　重合的配合

19 插入两个零件【销钉】作为连杆的配件，放置到装配体环境中空白位置，如图 7-91 所示。

20 单击【装配体】工具栏中的【配合】按钮，弹出【同心】面板，在【标准配合】选项组下单击【同轴心】按钮，在【配合选择】选项组下的文本框中选择连杆右侧通孔和销钉外圆柱面，如图 7-92 所示。

21 继续进行配合操作。单击【重合】按钮，在【配合选择】选项组下的文本框中选择连杆前表面和销钉一个平面，如图 7-93 所示。

22 继续进行配合操作。为第二个销钉添加与前一个同样的同轴心和重合配合，使得销钉和连杆中部通孔同轴心，和连杆前表面重合，添加完配合后的两个销钉位置如图 7-94 所示，

完成双滑块机构装配体的创建。

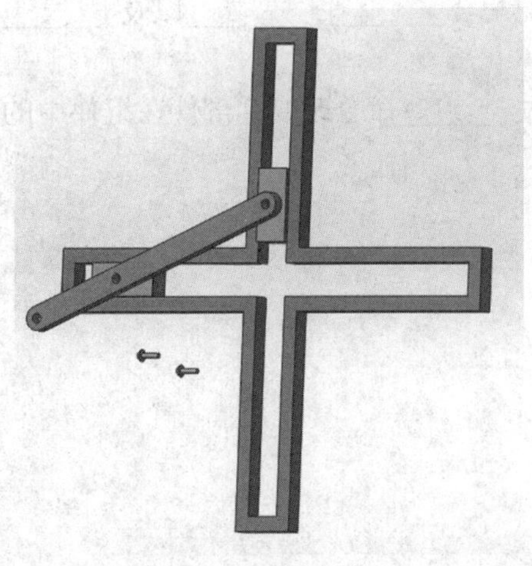

图 7-91　插入两个零件

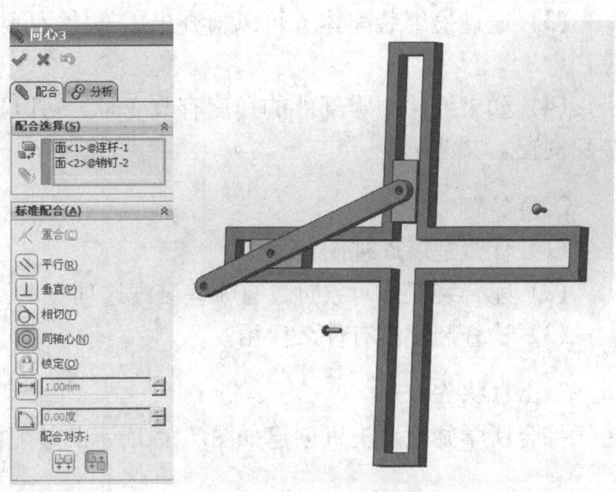

图 7-92　添加同心配合

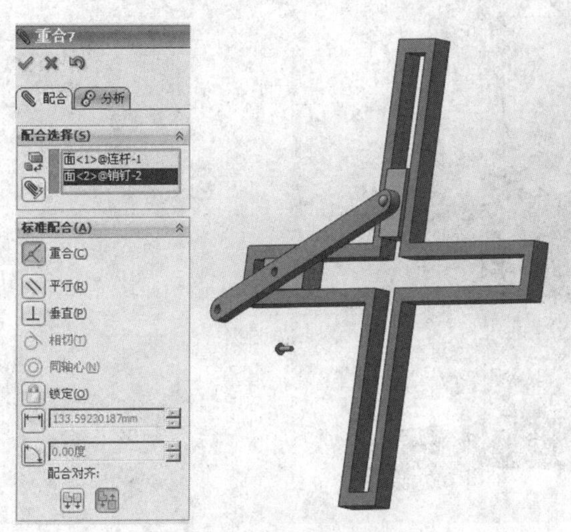

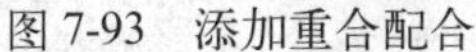

图 7-93　添加重合配合

图 7-94　销钉配合位置

7.7　本章小结

本章主要学习了如何创建装配体，通过本章的学习，具体应掌握以下知识：

（1）零件与装配体的关系。

（2）熟练创建装配体时使用的各种配合选项。

（3）熟练创建装配体的爆炸视图。

7.8　本章习题

1. 填空题

（1）装配体文件的首要功能是描述________之间的________关系。

（2）在 SolidWorks 2012 中，配合是指在________之间生成________关系。

（3）通过检查装配体，可以检查出零部件之间装配配合_______、_______以及_______等。

（4）如果组件中零部件的角度有改变时，可以通过_______命令改变零部件在组件中的装配位置。

2. 简答题

（1）什么是爆炸视图？

（2）配合装配体对象时，有哪些装配选项？

（3）检查装配体有什么作用？

3. 上机操作

综合所学知识，上机创建如图 7-95 所示的装配体。

图 7-95 装配体

提示：使用插入零部件、配合等命令。

第 8 章　创建工程图对象

教学目标

工程图是从三维空间转换到二维空间，经过投影变换得到的二维图形。通常包含一组视图、完整的尺寸、技术要求等内容。可以使用 SolidWorks 2012 中的工程图模块创建完整的工程图。

教学重点与难点

- 创建工程图
- 创建标准视图
- 派生工程图
- 编辑工程图
- 标注工程图

8.1 创建工程图

工程图主要用于显示零件的三视图、尺寸、尺寸公差以及各种装配元件的关系和组装顺序等信息。

8.1.1 工程图概述

工程图是表达产品的结构、用于指导生产的重要根据，在产品的生产制造过程中，工程图是设计师进行交流和提高工作效率的重要依据，是工程界通用的技术语言。SolidWorks 2012 系统提供了强大的工程图设计功能，可以方便地借助零部件获得装配体三维模型，创建所需的各个视图，包括剖视图、剖面图、局部放大图等。

8.1.2 创建工程图文件

工程图的创建方式有两种：一种是新建一个新工程图文件，再将相关的零件或组件视图插入文件内：另一种是利用现有的零件或组件创建工程图。

上机实战　创建工程图文件

1　在常用工具栏中单击【新建】按钮。

2　弹出【新建 Solidworks 文件】对话框，单击【工程图】按钮，如图 8-1 所示。

3　单击【确定】按钮，弹出【图纸大小 / 格式】对话框，保持默认参数，如图 8-2 所示。

4　单击【确定】按钮，弹出【模型视图】面板，单击【取消】按钮，即可创建工程图文件，如图 8-3 所示。

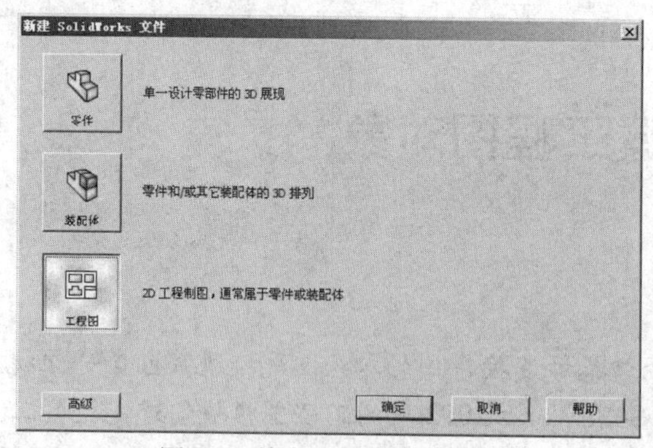

图 8-1 单击【工程图】按钮

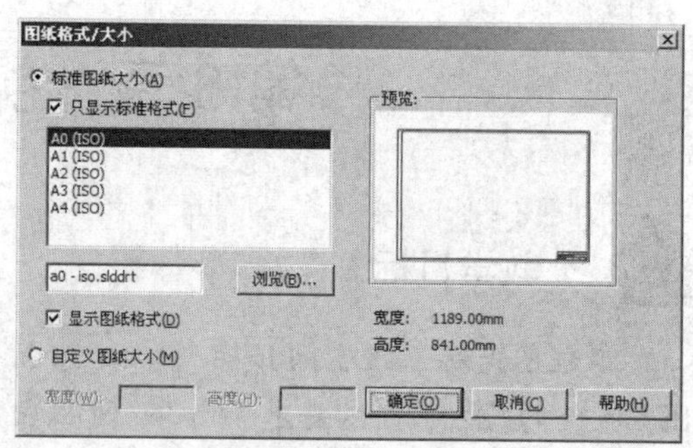

图 8-2 【图纸大小 / 格式】对话框

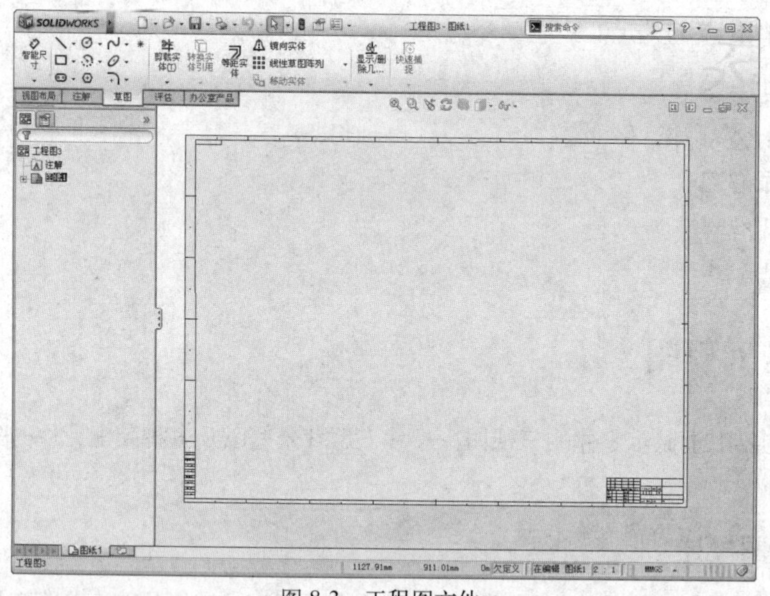

图 8-3 工程图文件

提示： 工程图文件是 SolidWorks 设计文件中的一种，其后缀名为.slddrw，在一个 SolidWorks 工程图文件中，可能包含多张图纸。

---

5 如果需要创建多张工程图，可单击【插入】/【图纸】命令，执行操作后，即可创建多张工程图纸。

8.2 创建标准视图

零件或组件的标准视图是指零件或组件的标准三视图、模型视图、相对视图以及预定义视图等。

8.2.1 创建标准三视图

标准三视图可以生成三个默认的正交视图，其中主视图方向为零件或者装配体的前视，投影类型则按照图纸格式设置的第一视角或者第三视角投影法。

在标准三视图中，主视图，俯视图及左视图有固定的对齐关系。主视图与俯视图的长度方向对齐，主视图与左视图的高度方向对齐，俯视图与左视图的宽度相等。俯视图可以竖直移动，左视图可以水平移动。

上机实战　创建标准三视图

1　新建一个工程图文件，单击【标准三视图】按钮，在【属性管理器】中弹出【标准三视图】面板，如图 8-4 所示。

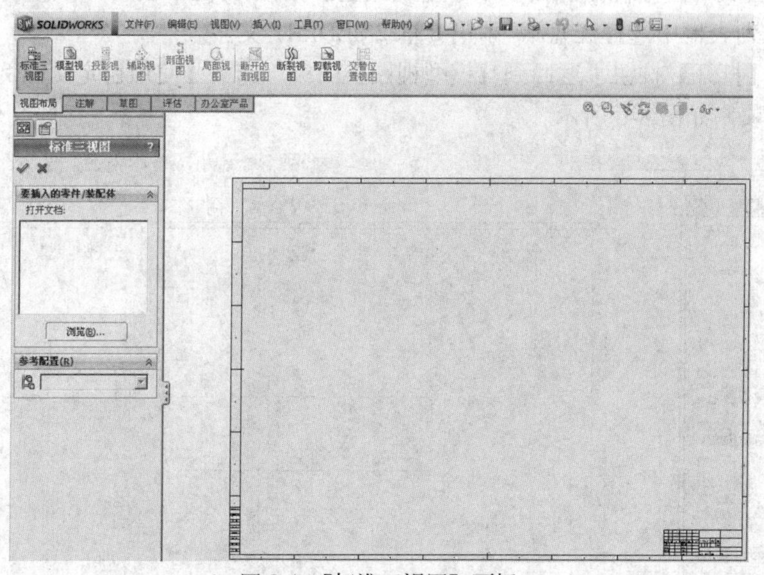

图 8-4　【标准三视图】面板

2　在【要插入的零件/装配体】选项区中单击【浏览】按钮，弹出【打开】对话框，选择光盘/素材/第 8 章/1.SLDPRT 文件，单击【打开】按钮，即可创建标准三视图对象，如图 8-5 所示。

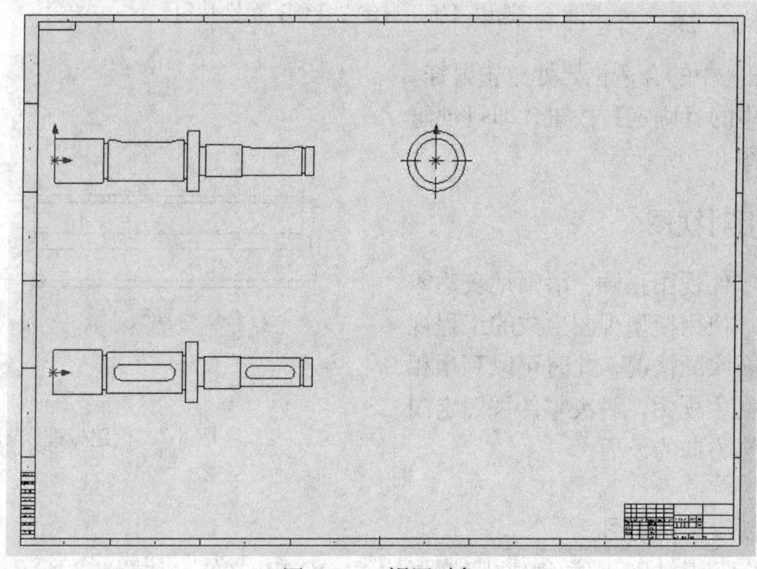

图 8-5　三视图对象

8.2.2 创建模型视图

在 SolidWorks 2012 中插入模型视图时，可以载入当前绘图区中的文件视图，也可以通过打开其他零件或组件来创建模型视图。

上机实战 创建模型视图

1 单击常用工具栏中的【新建】按钮，新建工程图文件。

2 在弹出的【模型视图】面板中单击【浏览】按钮，弹出【打开】对话框，在对话框中左侧的下拉列表框中选择光盘/素材/第 8 章/2.SLDPRT 文件。

3 单击【打开】按钮，返回到【模型视图】面板，选中【使用自定义比例】单选按钮，并选择 5:1 选项，如图 8-6 所示。

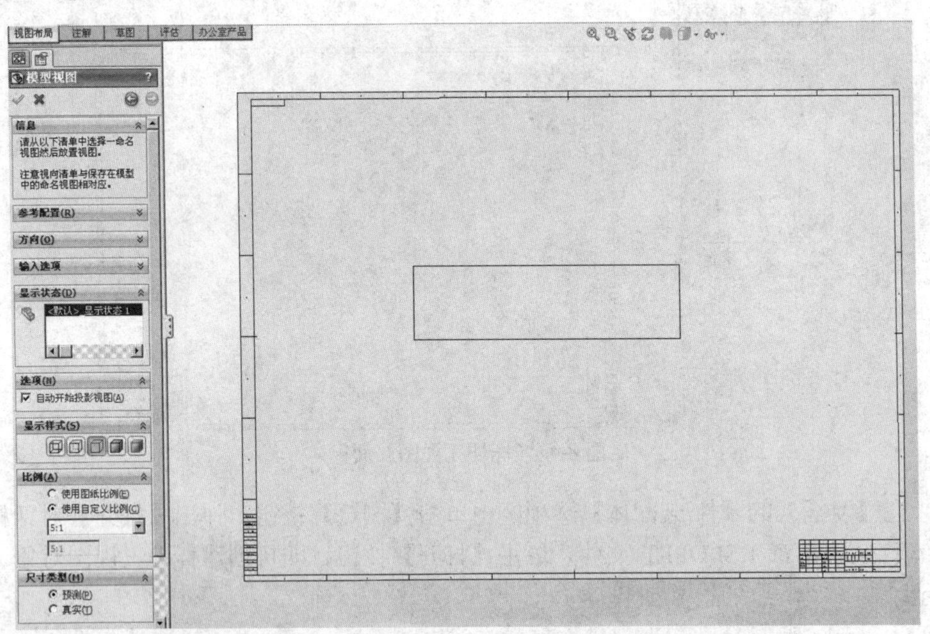

图 8-6 选中【使用自定义比例】单选按钮

4 在绘图区中的合适位置处单击鼠标，单击属性面板中的【确定】按钮，即可创建模型视图，如图 8-7 所示。

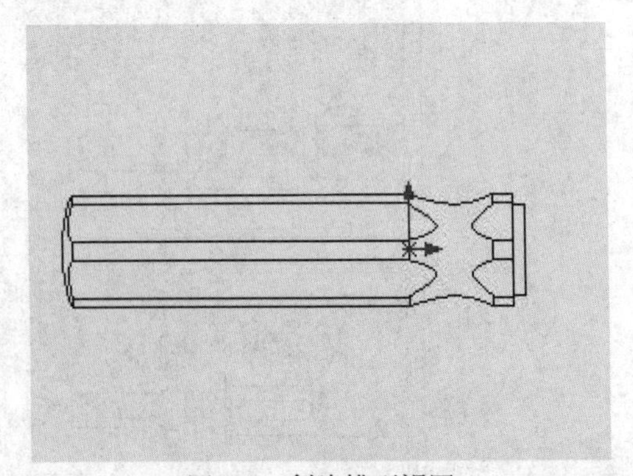

图 8-7 创建模型视图

8.2.3 创建相对视图

如果需要零件视图正确、清晰地表达零件的形状结构，使用模型视图生成的工程视图可能会不符合实际情况，此时可以利用相对视图自行定义主视图，解决零件视图定向与工程视图投影方向的矛盾。

上机实战 创建相对视图

1 打开光盘/素材/第 8 章/创建相对视图/1.SLDDRW 文件，如图 8-8 所示。

2　单击【插入】/【工程图视图】/【相对于模型】命令，弹出【相对视图】属性面板，移动鼠标指针至工程图图纸上，如图 8-9 所示。

3　单击鼠标左键，弹出【相对视图】面板，选择合适的面对象，如图 8-10 所示。

4　单击鼠标左键，移动鼠标指针至绘图区中的右侧合适位置处，如图 8-11 所示。

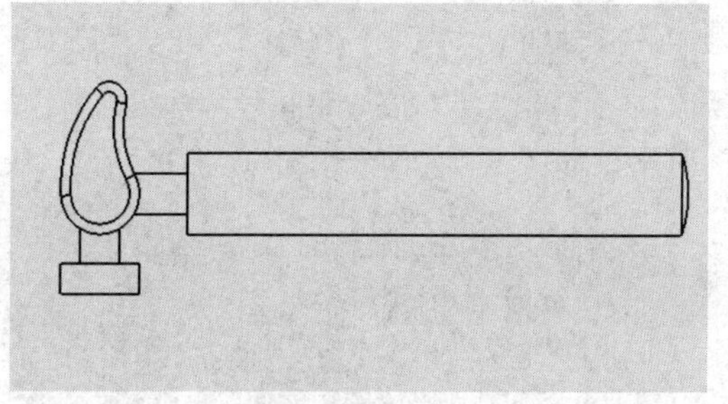

图 8-8　打开素材

5　单击鼠标左键，然后单击【确定】按钮，即可创建相对视图，如图 8-12 所示。

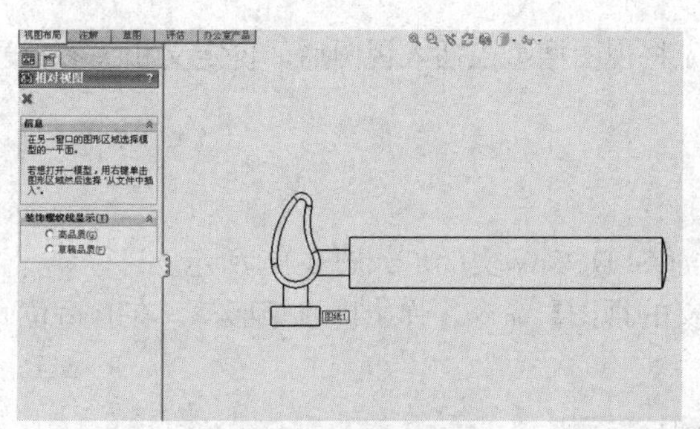

图 8-9　移动鼠标指针

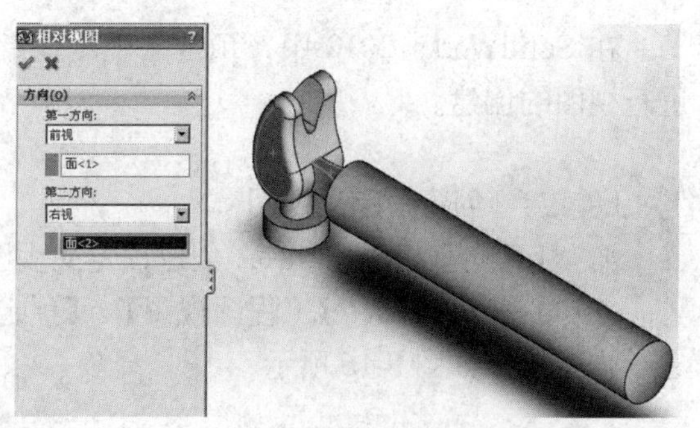

图 8-10　弹出【相对视图】面板

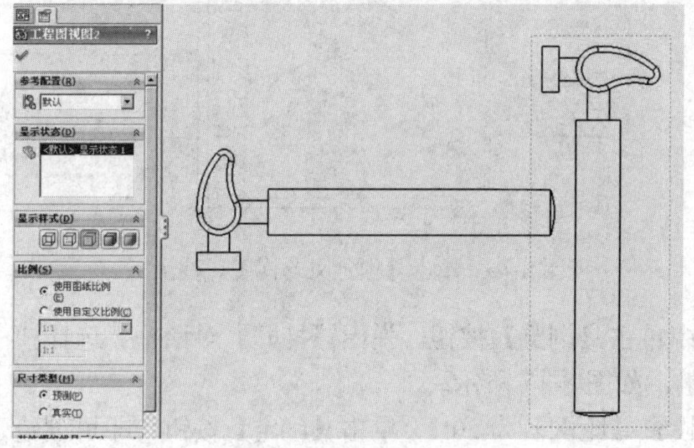

图 8-11　选择合适位置

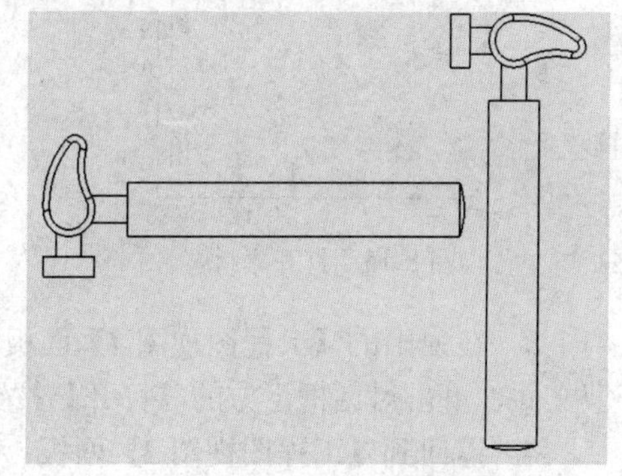

图 8-12　创建相对视图

8.2.4　创建空白视图

空白视图中没有任何图形，但空白视图能将草绘的草图包含在工程图中。

上机实战　创建空白视图

1　打开光盘/素材/第 8 章/创建空白视图/1.SLDDRW 文件，如图 8-13 所示。

2　单击【插入】/【工程图视图】/【相对于模型】命令，在绘图区中将显示出一个虚线矩形框，在绘图区合适位置处单击鼠标左键，在弹出的【工程图视图 2】面板中单击【确定】按钮，即可创建空白视图，如图 8-14 所示。

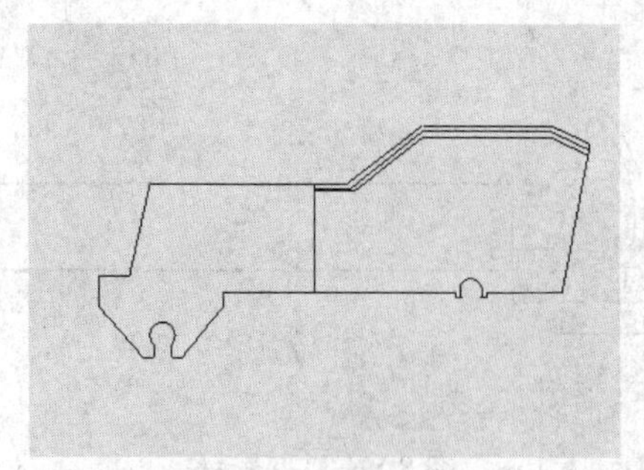

图 8-13　打开素材

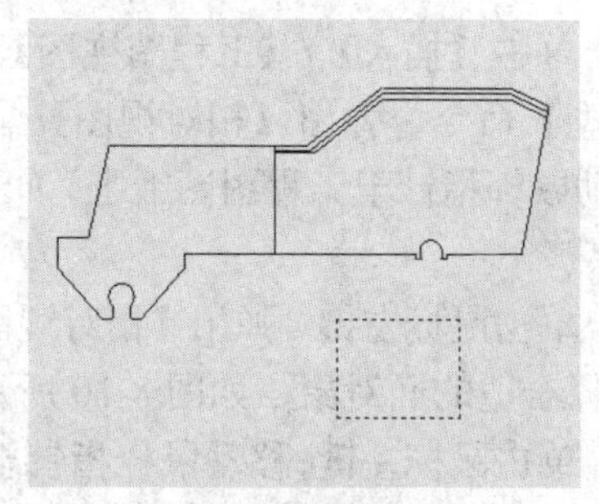

图 8-14　创建空白视图

8.2.5　创建预定义视图

在 SolidWorks 2012 中，预定义视图是指先将视图增殖或插入视图后，再定义相关参数进行视图的创建。

上机实战　创建预定义视图

1　打开光盘/素材/第 8 章/创建预定义视图/1.SLDDRW 文件，如图 8-15 所示。

2　单击【插入】/【工程图视图】/【预定义的视图】命令，弹出虚线矩形框，在合适位置单击鼠标，如图 8-16 所示。

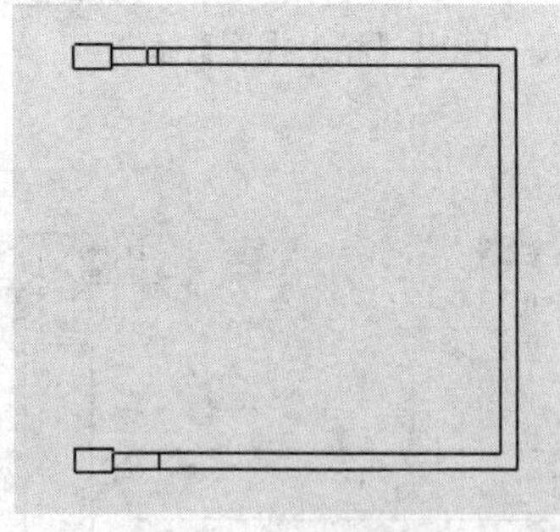

图 8-15　打开素材

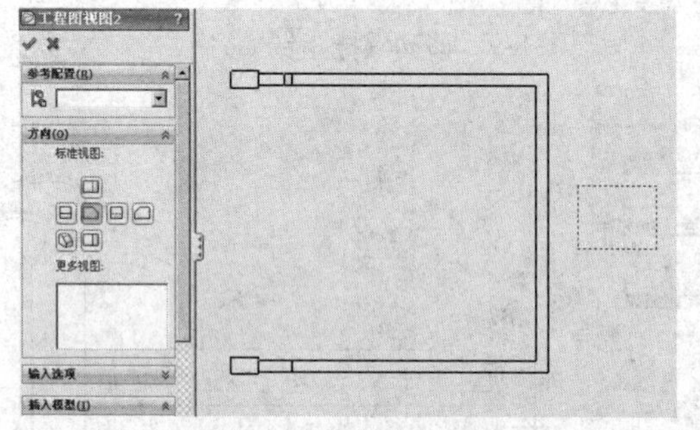

图 8-16　单击【预定义的视图】按钮

3　在弹出的【工程图视图 2】面板中单击【浏览】按钮，弹出【打开】对话框，选择模型文件，单击对话框下方的【打开】按钮，如图 8-17 所示。

4　返回到【工程图视图 2】面板，设置【比例】为 20:1，单击【确定】按钮，即可创建预定义视图，如图 8-18 所示。

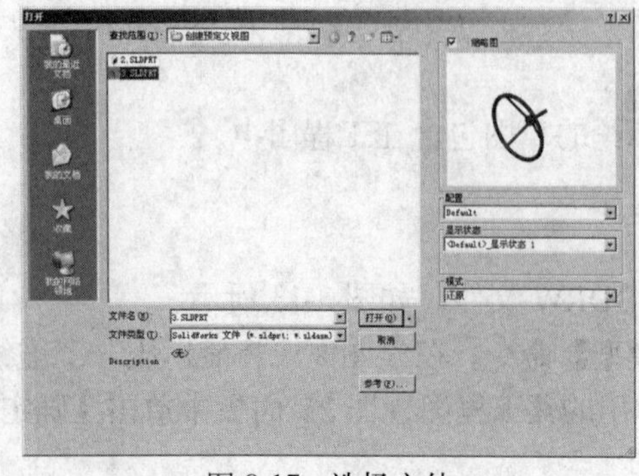

图 8-17　选择文件

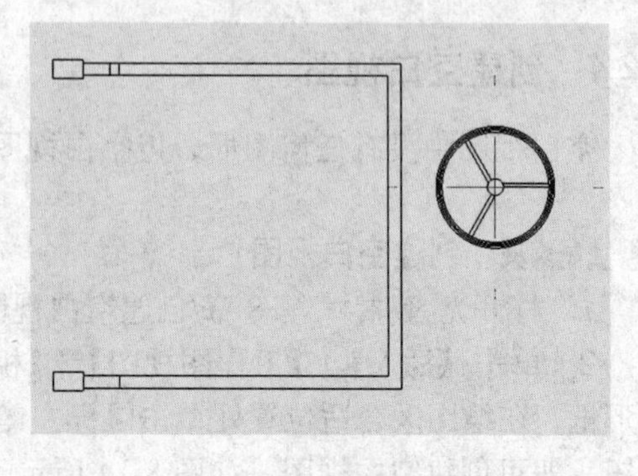

图 8-18　创建预定义视图

8.3　派生工程图

派生工程图是指在原视图的基础上进行创建而得到的视图，常用的派生工程图包括投影视图、辅助视图、局部视图以及剪裁视图。

8.3.1　投影视图

在 SolidWorks 2012 中，投影视图是以水平和垂直方向创建的前、后、左、右等直角投影视图。

上机实战　创建投影视图

1　打开光盘/素材/第 8 章/投影视图/1.SLDDRW 文件，如图 8-19 所示。

2　在【视图布局】选项卡中单击【投影视图】按钮，弹出【投影视图】面板，向右移动鼠标至合适位置处，如图 8-20 所示。

3　单击鼠标，然后单击【确定】按钮，即可创建投影视图，如图 8-21 所示。

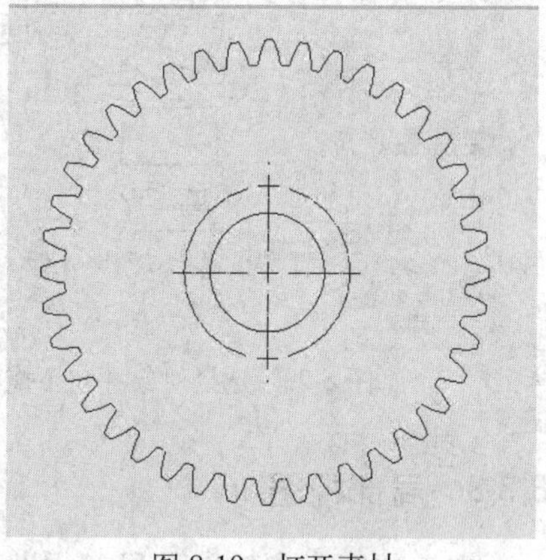

图 8-19　打开素材

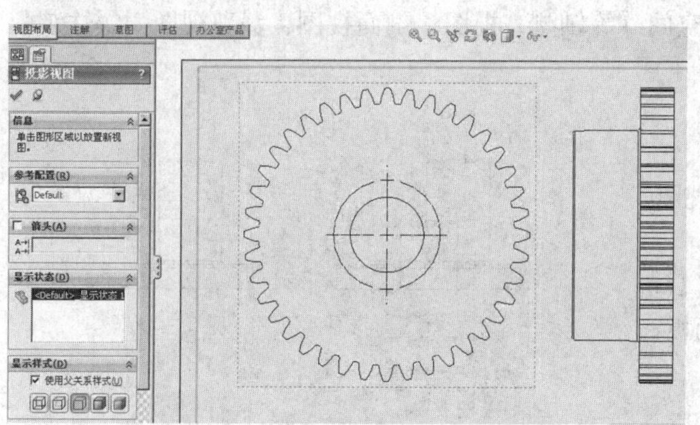

图 8-20　单击【投影视图】按钮

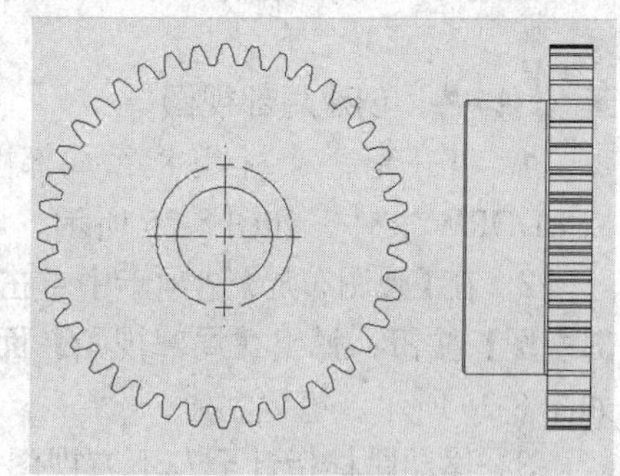

图 8-21　创建投影视图

8.3.2　辅助视图

若模型较复杂，并且投影视图无法表现出某些特征，则可以创建辅助视图。辅助视图是一种特殊的投影视图，它以垂直角度向选定面进行投影。

上机实战　创建辅助视图

1　打开光盘/素材/第 8 章/辅助视图/1.SLDDRW 文件，如图 8-22 所示。

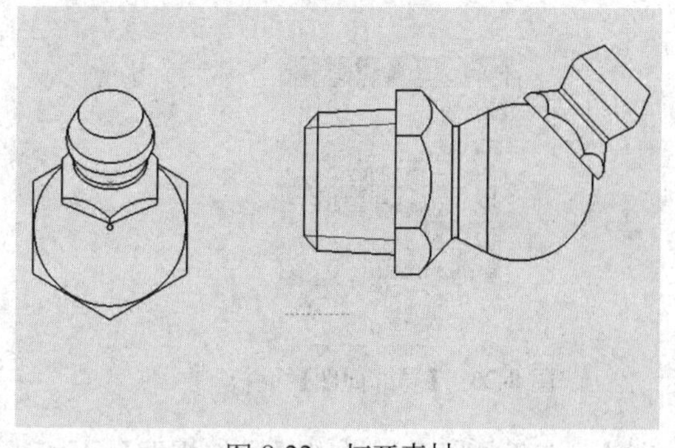

图 8-22　打开素材

2　在【视图布局】选项卡中单击【辅助视图】按钮，弹出【辅助视图】面板，

在绘图区中选择最上方圆弧线，并向下拖曳鼠标，如图 8-23 所示。

3 拖动鼠标至合适位置后，单击鼠标，然后单击【辅助视图】面板中的【确定】按钮，即可创建辅助视图，如图 8-24 所示。

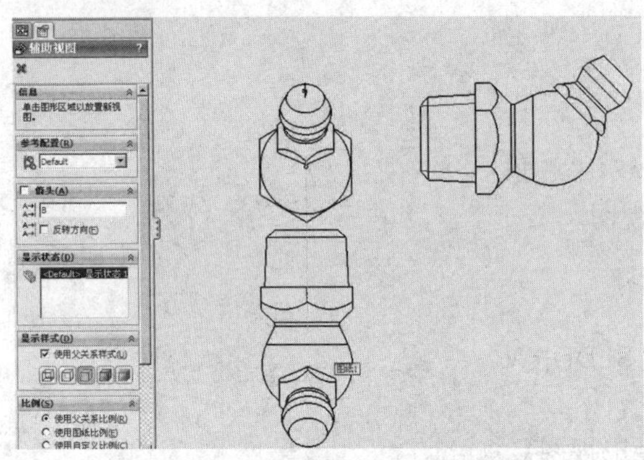

图 8-23 选择对象并向下拖曳鼠标

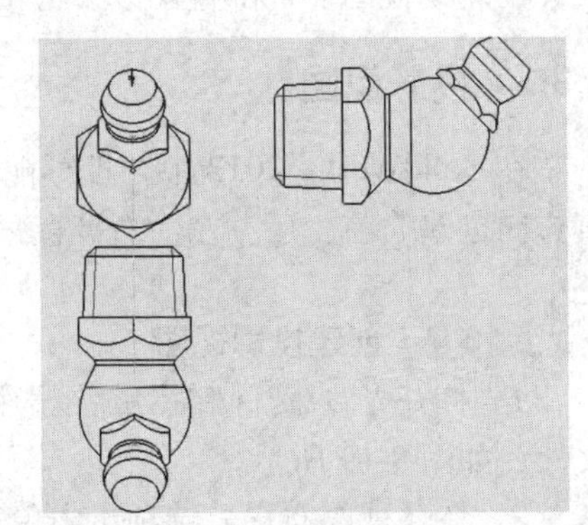

图 8-24 创建辅助视图

8.3.3 局部视图

在工程图中创建一个局部视图可以显示一个视图的某个部分（通常是以放大比例显示的），此局部视图可以是正交视图、空间（等轴测）视图、剖面视图、裁剪视图、爆炸装配体视图或另一局部视图。

上机实战 创建局部视图

1 打开光盘/素材/第 8 章/局部视图/1.SLDDRW 文件，如图 8-25 所示。

2 在【视图布局】选项卡中单击【局部视图】按钮，弹出【局部视图】面板，如图 8-26 所示。

3 移动鼠标指针至左下方视图上，在右上方圆弧端点上单击鼠标绘制圆，如图 8-27 所示。

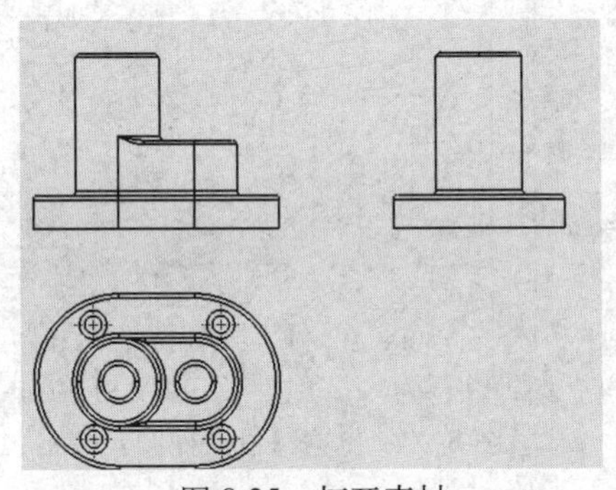

图 8-25 打开素材

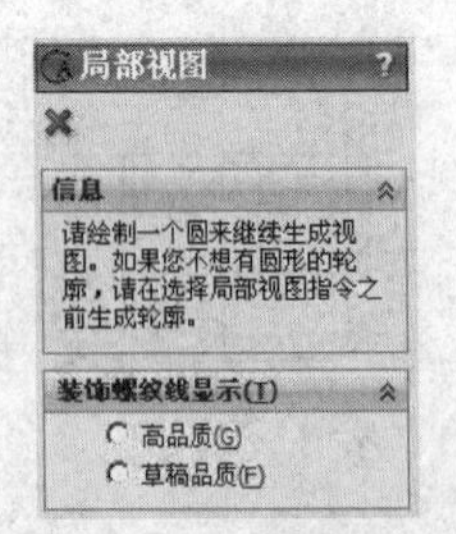

图 8-26 【局部视图】面板

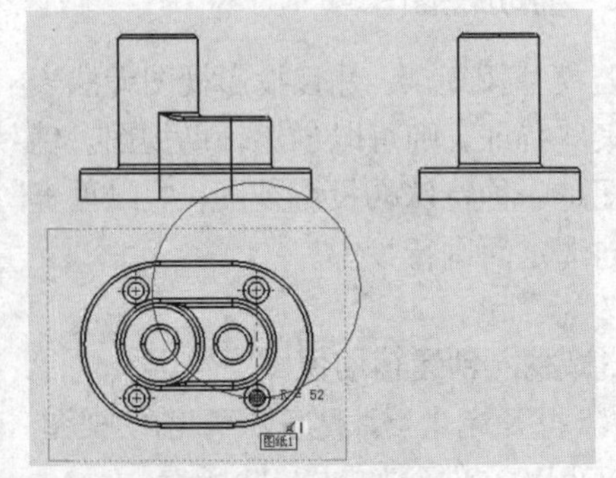

图 8-27 绘制圆

4 松开鼠标后，弹出【局部视图】面板，设置【比例】为 2:1，如图 8-28 所示。

5　向右移动鼠标至合适位置，单击鼠标放置局部视图，然后单击【确定】按钮，即可创建局部视图，如图 8-29 所示。

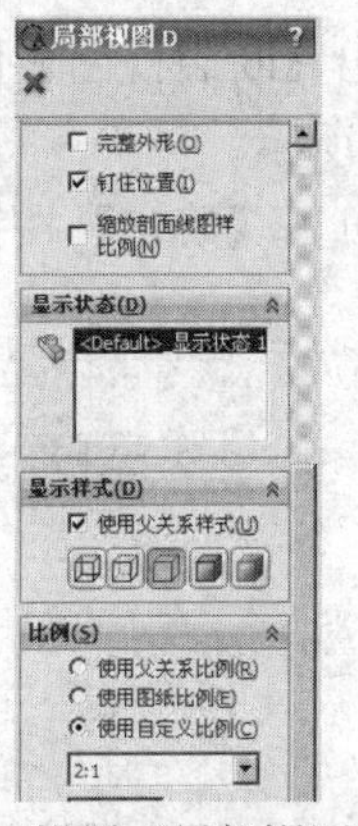

图 8-28　设置【局部视图】参数

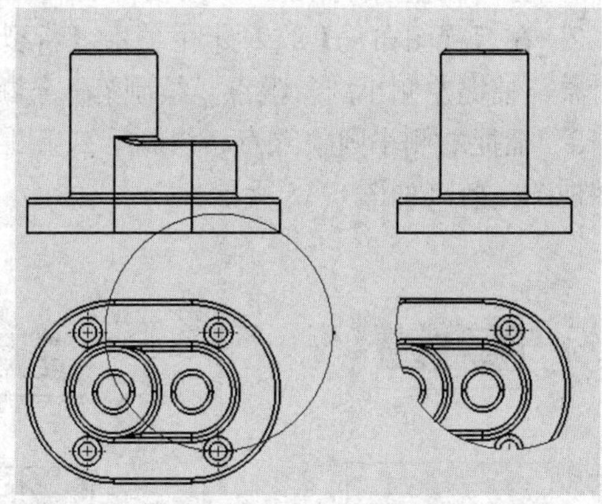

图 8-29　创建局部视图

8.3.4　剪裁视图

在 SolidWorks 工程图中，剪裁视图是由除了局部视图、已用于创建局部视图的视图或爆炸视图之外的任何工程视图剪裁而成，剪裁视图类似于局部视图。

上机实战　创建剪裁视图

1　打开光盘/素材/第 8 章/剪裁视图/1.SLDDRW 文件，如图 8-30 所示。

2　在【草图】选项卡中单击【圆】按钮，在左下方位置创建圆，如图 8-31 所示。

3　在【视图布局】选项卡中单击【剪裁视图】按钮，执行操作后，即可创建剪裁视图，如图 8-32 所示。

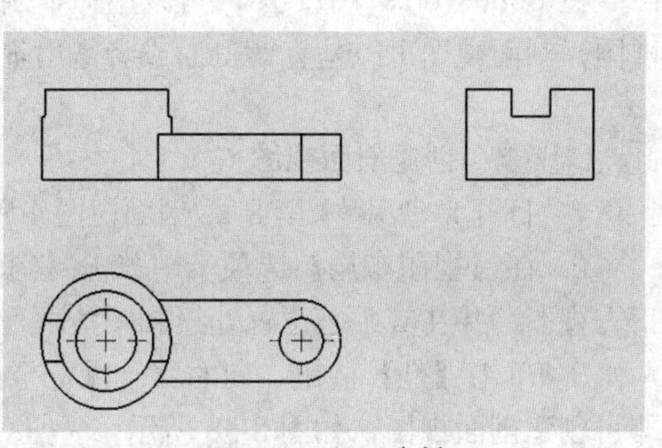

图 8-30　打开素材

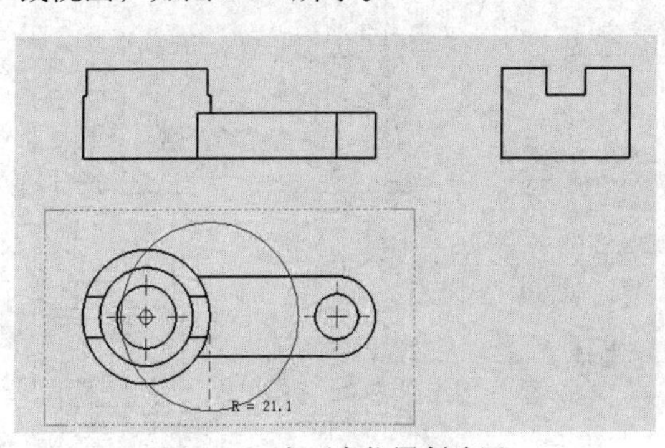

图 8-31　左下方位置创建圆

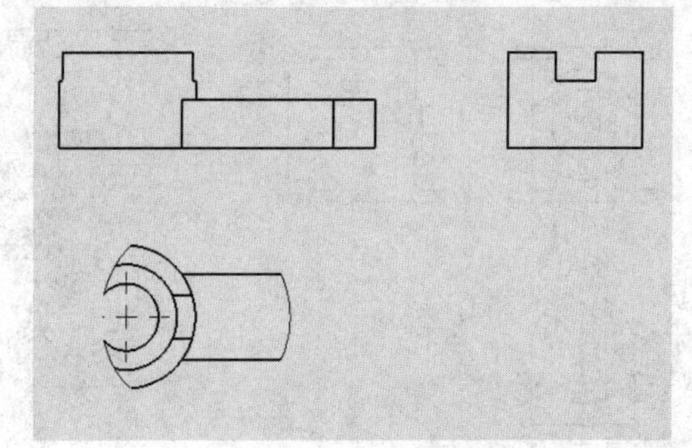

图 8-32　创建剪裁视图

8.3.5　断裂视图

在工程图中使用断裂视图命令，可以将工程图视图以较大的比例显示在较小的工程图纸上。

上机实战　创建断裂视图

1 打开光盘/素材/第 8 章/断裂视图/1.SLDDRW 文件，如图 8-33 所示。

2 在【视图布局】选项卡中单击【断裂视图】按钮，弹出【断裂视图】面板，选择视图对象，捕捉左侧小圆象限点，绘制第一条断裂线，如图 8-34 所示。

3 捕捉右侧小圆象限点，绘制第二条断裂线，在面板中单击【确定】按钮，即可创建断裂视图，效果如图 8-35 所示。

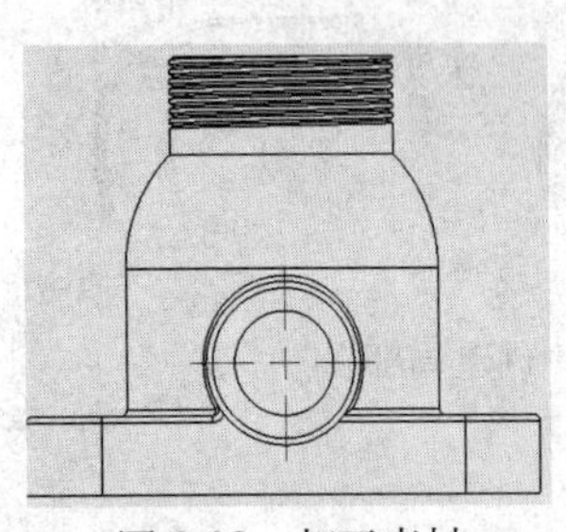

图 8-33　打开素材

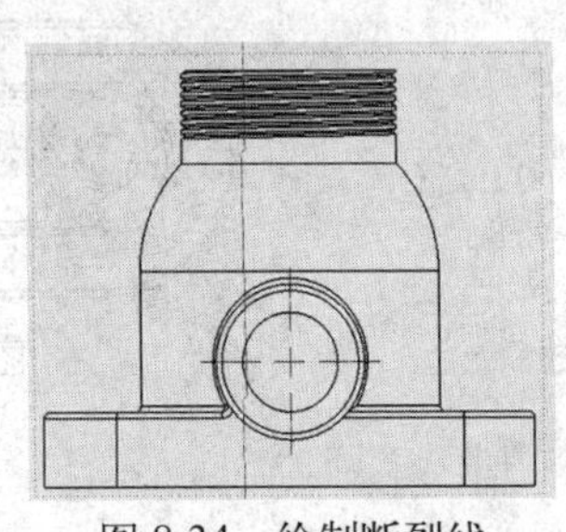

图 8-34　绘制断裂线

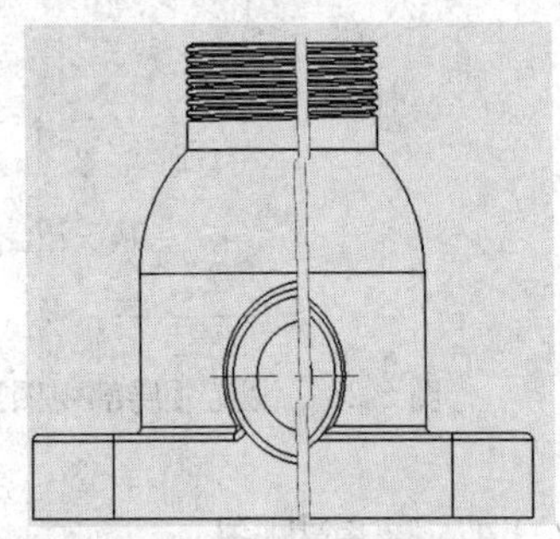

图 8-35　创建断裂视图

8.3.6　剖面视图

在 SolidWorks 2012 中，可以用一条剖切线来分割父视图，以在工程图中生成一个剖面视图，剖面视图可以是直切剖面或者是用阶梯剖切线定义的等距剖面。

上机实战　创建剖面视图

1 打开光盘/素材/第 8 章/剖面视图/1.SLDDRW 文件，如图 8-36 所示。

2 在【视图布局】选项卡中单击【剖面视图】按钮，弹出【剖面视图】面板，选择左下方视图，并在其中心位置处绘制一条垂直中心线，将弹出信息提示框，如图 8-37 所示。

3 单击【是】按钮，向右移动鼠标至合适位置，单击鼠标，然后单击【确定】按钮，即可创建剖面视图，如图 8-38 所示。

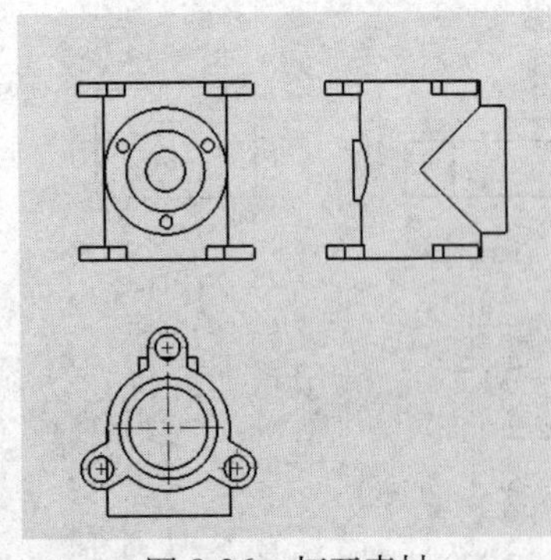

图 8-36　打开素材

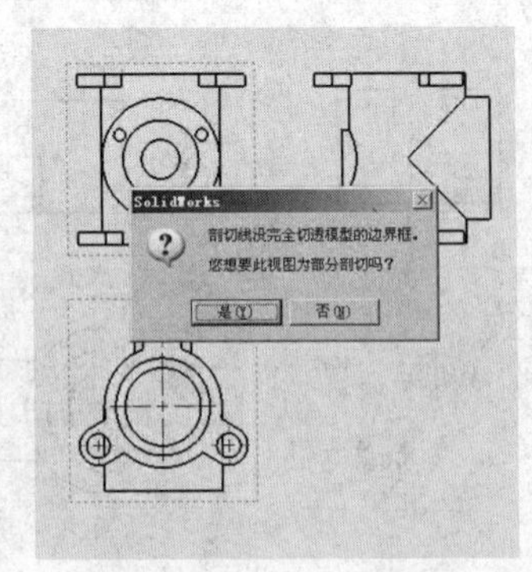

图 8-37　信息提示框

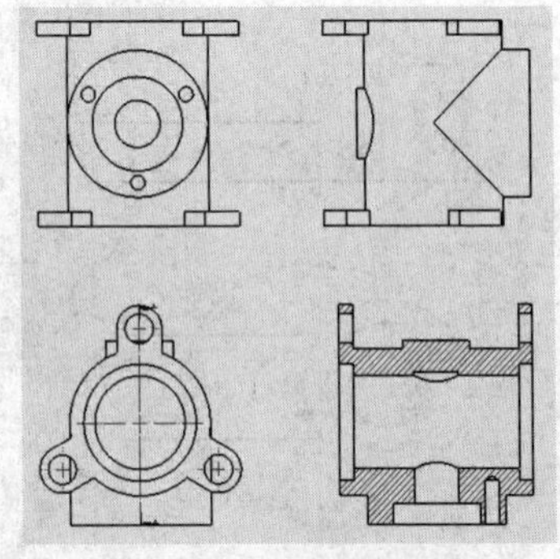

图 8-38　创建剖面视图

8.3.7　旋转剖视图

在 SolidWorks 2012 中，旋转剖视图对象与剖面视图对象相似，但旋转剖面的剖切线由连接到一个夹角的两条线或多条线组成，是贯穿模型对象与所选剖切线线段对齐的旋转剖视图对象。

上机实战　创建旋转剖视图

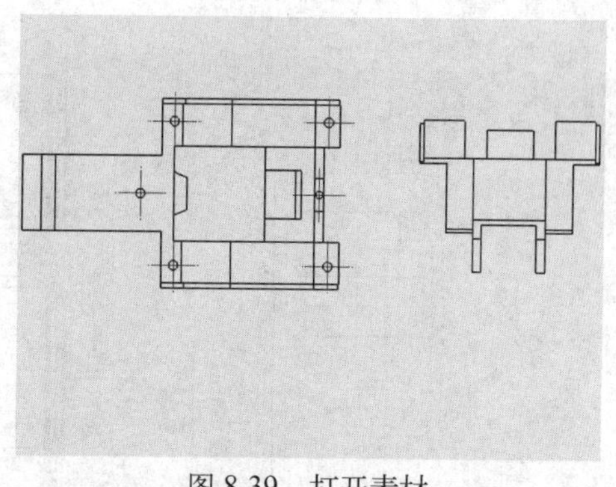

图 8-39　打开素材

1　打开光盘/素材/第 8 章/旋转剖视图/1.SLDDRW 文件，如图 8-39 所示。

2　在【剖面视图】下拉列表框中选择【旋转剖视图】选项，弹出【剖面视图】面板，根据提示在左侧视图上面依次捕捉合适端点，绘制剖面线，如图 8-40 所示。

3　向下移动鼠标至合适位置，单击鼠标，然后单击【确定】按钮，即可创建旋转剖视图，如图 8-41 所示。

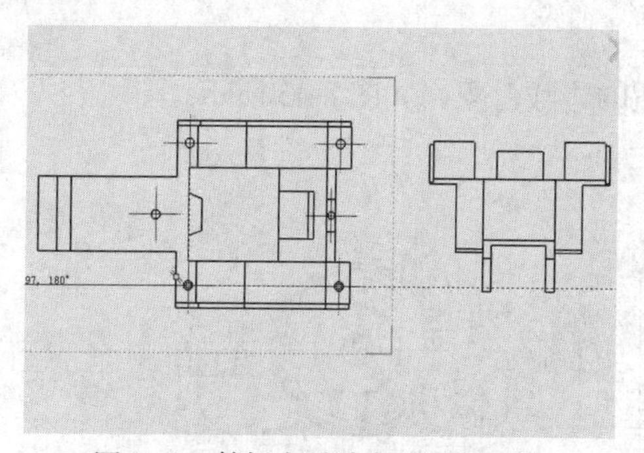

图 8-40　捕捉合适端点绘制剖面线

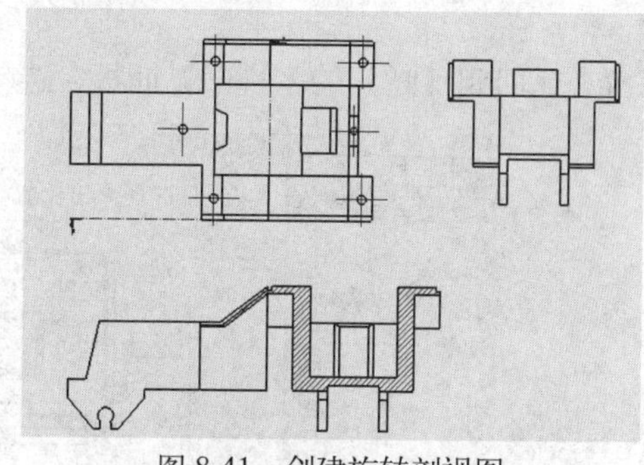

图 8-41　创建旋转剖视图

8.3.8　断开剖视图

在 SolidWorks 2012 中，断开剖视图对象为现有的工程视图对象中的一部分，而不是单独的视图，在创建断开剖视图时，不能在局部视图、剖面视图或交替视图中生成断开的剖视图。

上机实战　创建断开剖视图

1　打开光盘/素材/第 8 章/断开剖视图/1.SLDDRW 文件，如图 8-42 所示。

2　单击【视图布局】选项卡中的【断开的剖视图】按钮，弹出【断开的剖视图】面板，捕捉合适的端点，如图 8-43 所示。

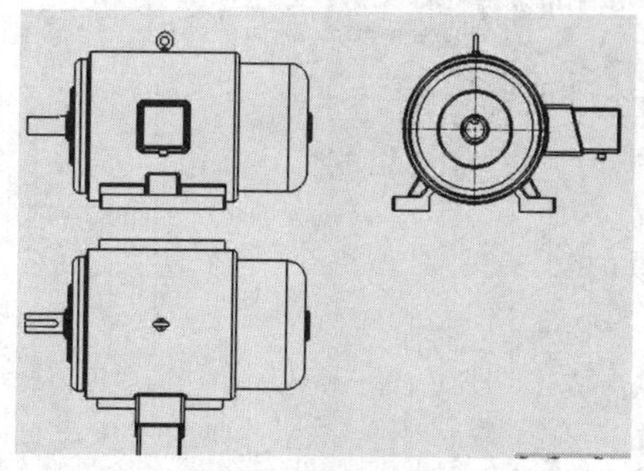

图 8-42　打开素材

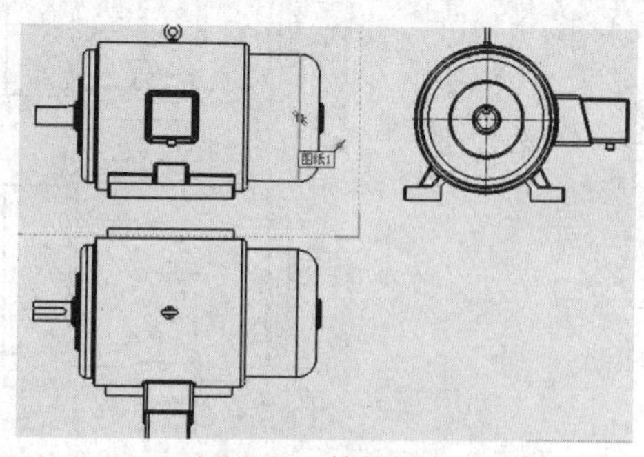

图 8-43　捕捉端点

3 弹出【样条曲线】面板，在绘图区中创建一条样条曲线，如图 8-44 所示。

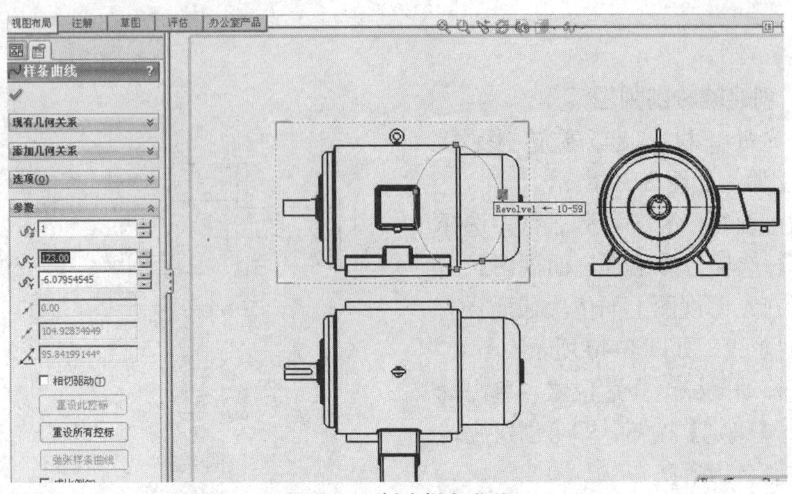

图 8-44 创建样条曲线

4 返回到【断开的剖视图】面板，选择合适的边线对象，如图 8-45 所示。

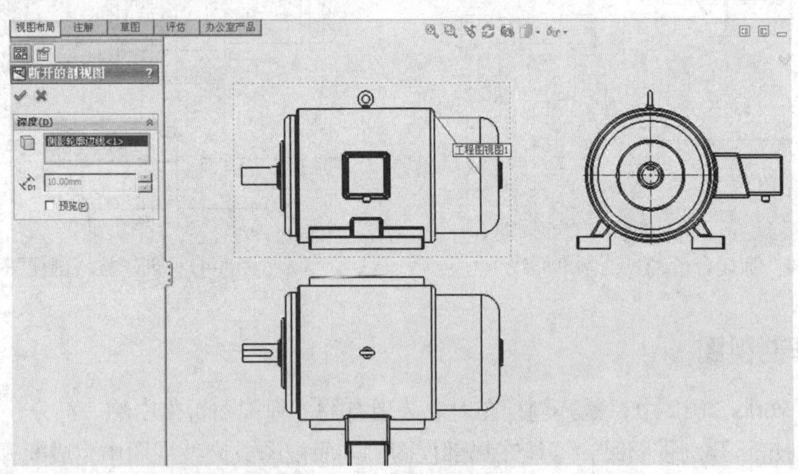

图 8-45 选择合适边线

5 在面板中单击【确定】按钮，即可创建断开剖视图，如图 8-46 所示。

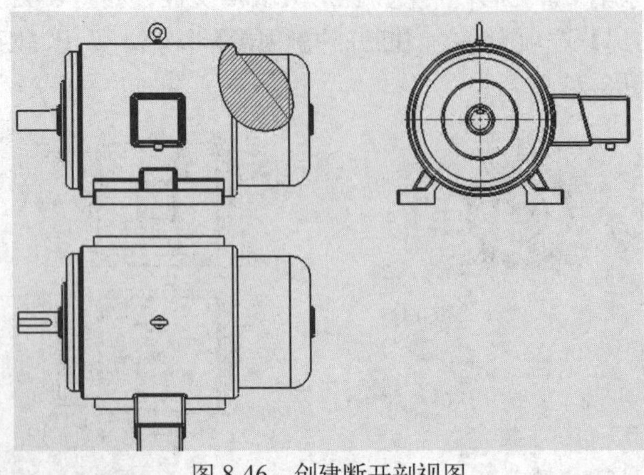

图 8-46 创建断开剖视图

8.4　编辑工程图

创建完成工程视图后，可以根据需要对其进行编辑修改，以达到所需要求，常见的编辑工程图命令有移动、更新、对齐及旋转等。

8.4.1　更新视图

修改组件或零件后，可以对修改后的视图进行更新，以防止因视图没有更新而导致输出视图时出现错误。

上机实战　更新视图

1　打开光盘/素材/第 8 章/更新视图/1.SLDDRW 文件，如图 8-47 所示。

2　单击【打开】按钮，打开“10-65.sldprt”素材模型，如图 8-48 所示。

3　选择选项，单击鼠标右键，在弹出的快捷菜单中选择【删除】选项，如图 8-49 所示。

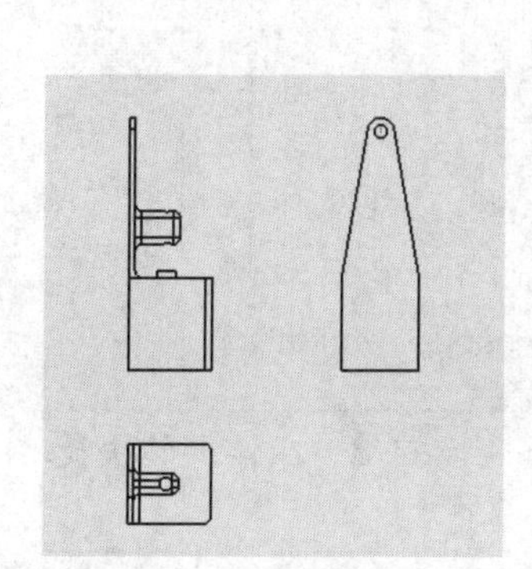

图 8-47　打开素材

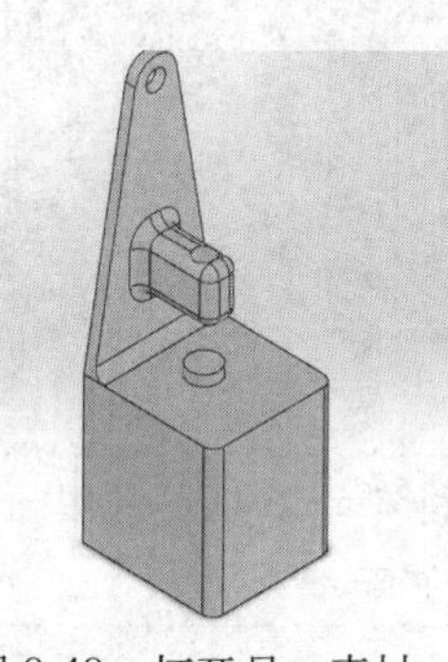

图 8-48　打开另一素材

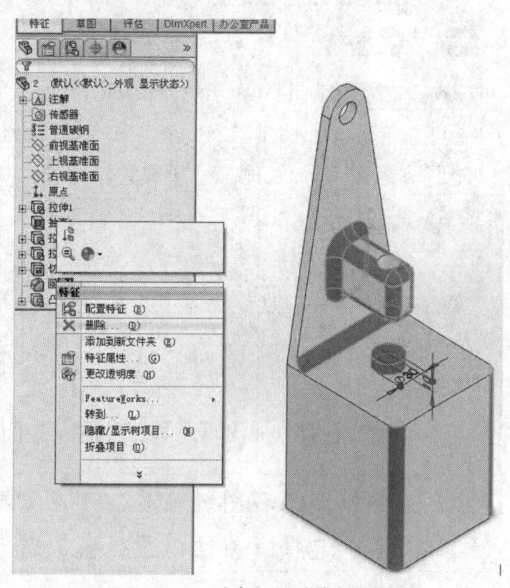

图 8-49　选择【删除】选项

4　在弹出的【确认删除】对话框中单击【全部是】按钮，如图 8-50 所示。

5　切换至工程图文件，单击【编辑】/【重建模型】命令，执行操作后，即可更新视图对象，如图 8-51 所示。

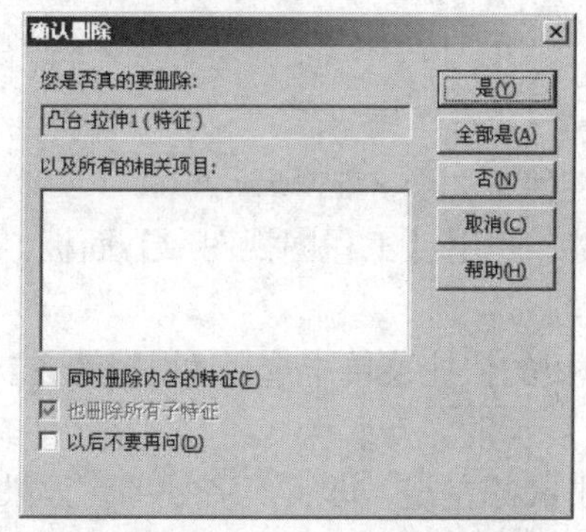

图 8-50　单击【全部是】按钮

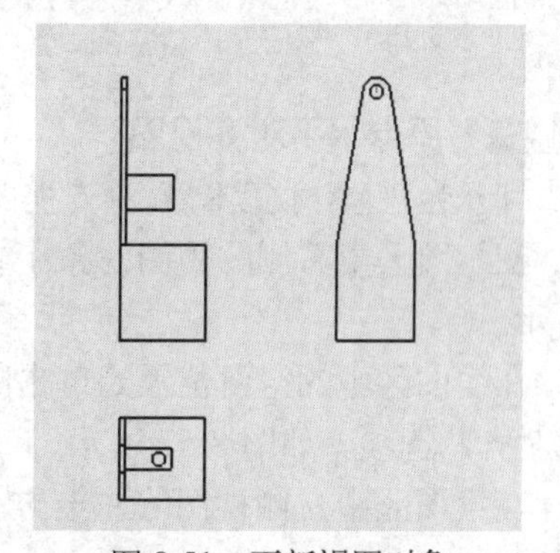

图 8-51　更新视图对象

8.4.2 移动视图

在 SolidWorks 2012 中，对创建后的视图进行移动操作，可以将视图移动至视图所需的位置。

 移动视图

1 打开光盘/素材/第 8 章/移动视图/1.SLDDRW 文件，如图 8-52 所示。

2 在绘图区中右侧的视图对象上单击鼠标，弹出【工程图视图 2】面板，如图 8-53 所示。

3 在选择的视图上按住鼠标左键，向右移动鼠标至合适位置后释放鼠标，并在相应的对话框中单击【确定】按钮，即可移动视图，如图 8-54 所示。

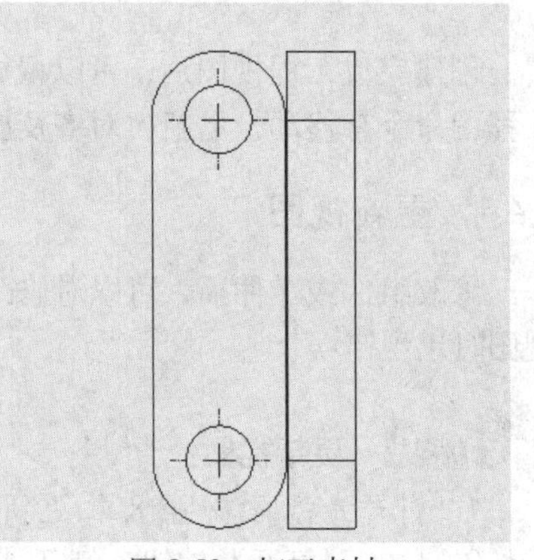

图 8-52 打开素材

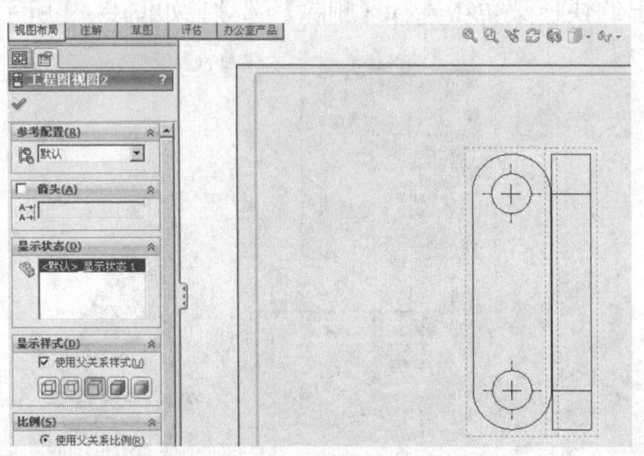

图 8-53 弹出【工程图视图 2】面板

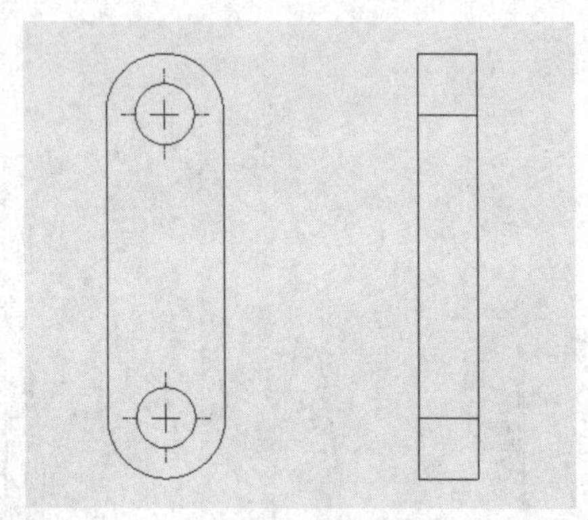

图 8-54 移动视图

提示：若要锁定工程图的位置，可在需要锁定的工程图视图上单击鼠标右键，在弹出的快捷菜单中选择【锁住视图位置】选项即可。

8.4.3 对齐视图

对于未对齐的视图，或解除了对齐关系的视图，可以更改其对齐关系，也可以将对齐返回到默认状态。对齐的方式有原点水平对齐、原点竖直对齐、中心水平对齐以及中心竖直对齐等。

上机实战 原点水平对齐视图

1 打开光盘/素材/第 8 章/对齐视图/1.SLDDRW 文件，如图 8-55 所示。

2 在绘图区中右侧的视图对象上，单击鼠标左键，弹出【工程图视图 2】面板，如图 8-56 所示。

3 在绘图区中的空白位置处单击鼠标右键，在弹出的快捷菜单中选择【视图对齐】/【原点水平对齐】选项，如图 8-57 所示。

4 在绘图区中左侧视图的左上方合适位置处单击鼠标左键，即可对齐视图，效果如图 8-58 所示。

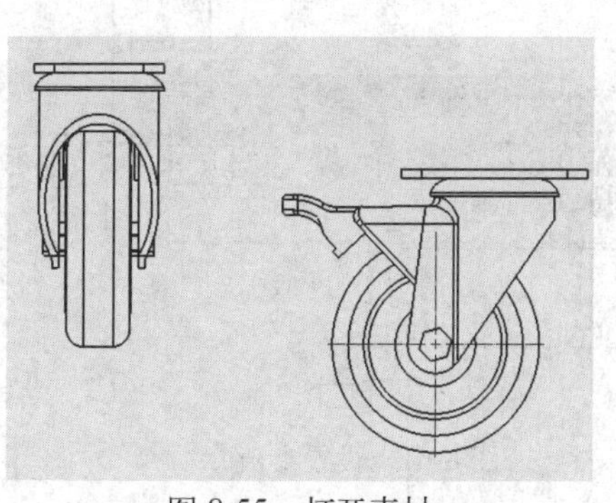

图 8-55　打开素材

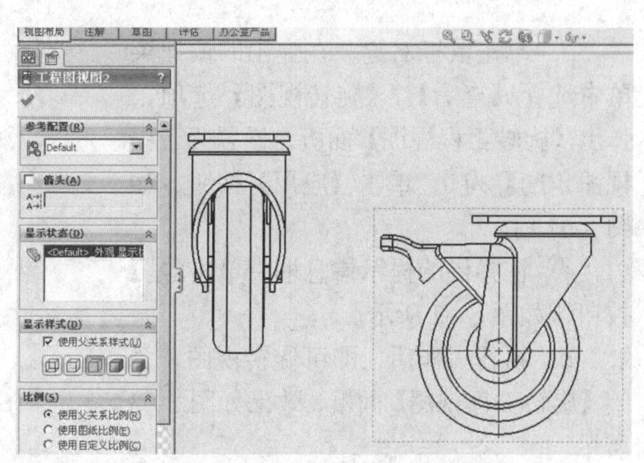

图 8-56　弹出【工程图视图 2】面板

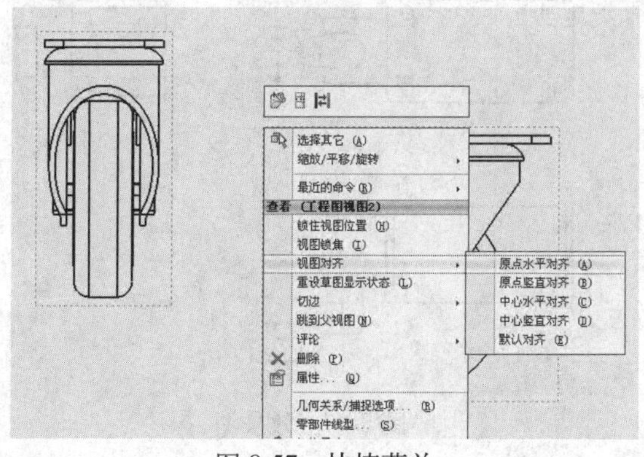

图 8-57　快捷菜单

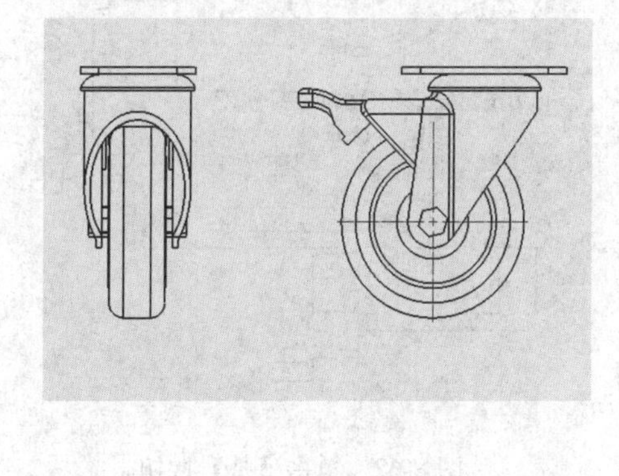

图 8-58　对齐视图

8.4.4　旋转视图

在 SolidWorks 2012 工程图中，可以旋转视图，并可将所选边线设定为水平或竖直方向。

上机实战　旋转视图

1　打开光盘/素材/第 8 章/旋转视图/1.SLDDRW 文件，如图 8-59 所示。

2　在绘图区中，选择左上方的视图对象，如图 8-60 所示。

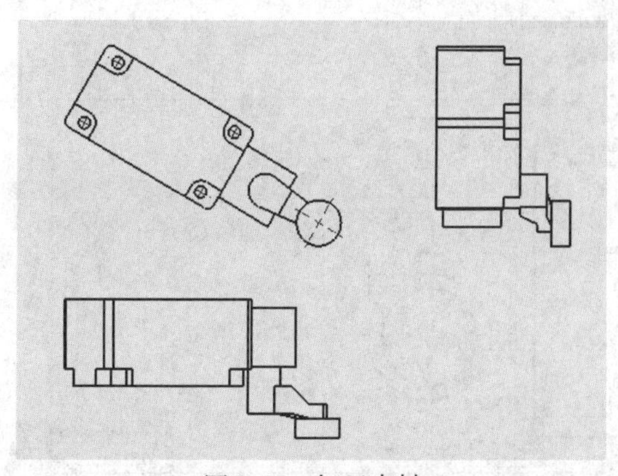

图 8-59　打开素材

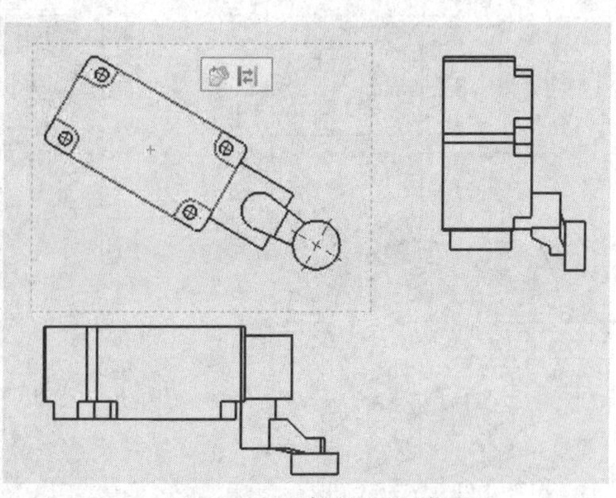

图 8-60　选择视图对象

3 单击鼠标右键，在弹出的快捷菜单中选择【查看】/【旋转视图】选项，弹出【旋转工程视图】面板，设置【工程视图角度】为0，单击【应用】按钮，如图8-61所示。

4 在弹出的提示信息框中单击【是】按钮，如图8-62所示。

5 执行操作后，即可旋转视图，关闭【旋转工程视图】面板，效果如图8-63所示。

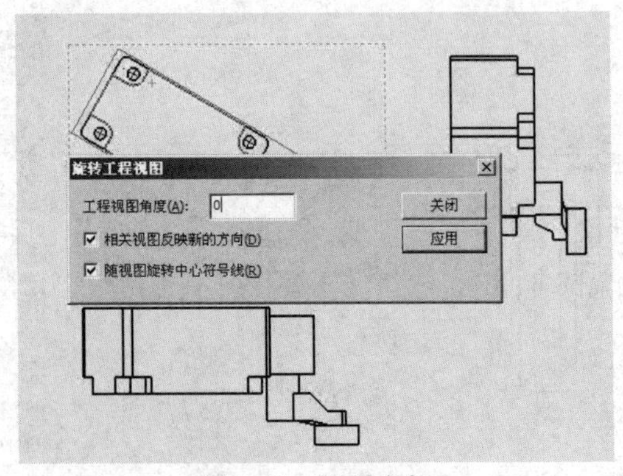

图8-61 设置参数

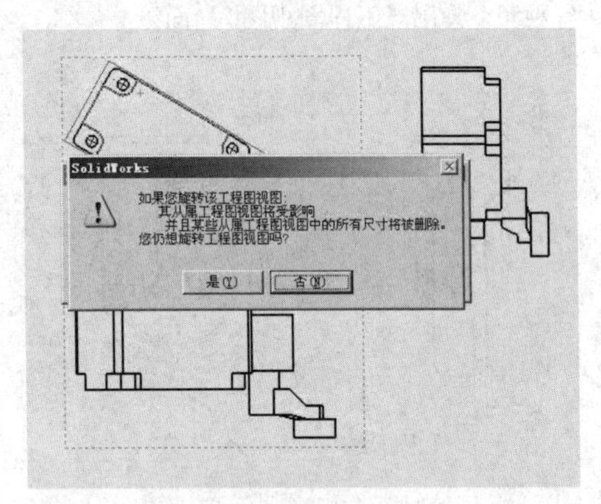

图8-62 单击【是】按钮

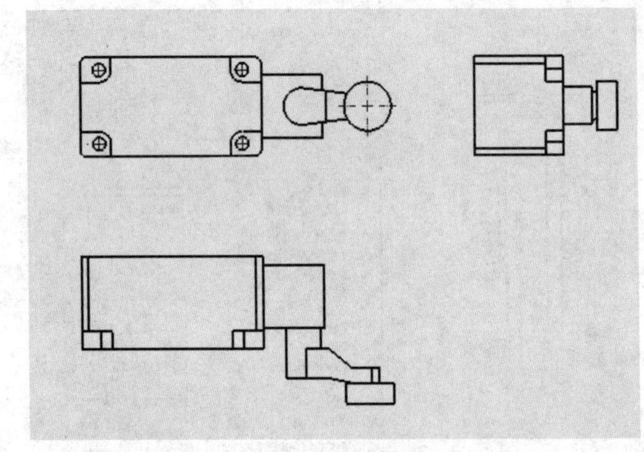

图8-63 效果图

8.4.5 隐藏和显示视图

在SolidWorks 2012工程图中，可以根据需要隐藏视图，也可以显示隐藏后的视图。

上机实战 隐藏和显示视图

1 打开光盘/素材/第8章/隐藏和显示视图/1.SLDDRW文件，如图8-64所示。

2 在【特征管理器设计树】中选择【工程视图2】选项，单击鼠标右键，在弹出的快捷菜单中选择【隐藏】选项，如图8-65所示。

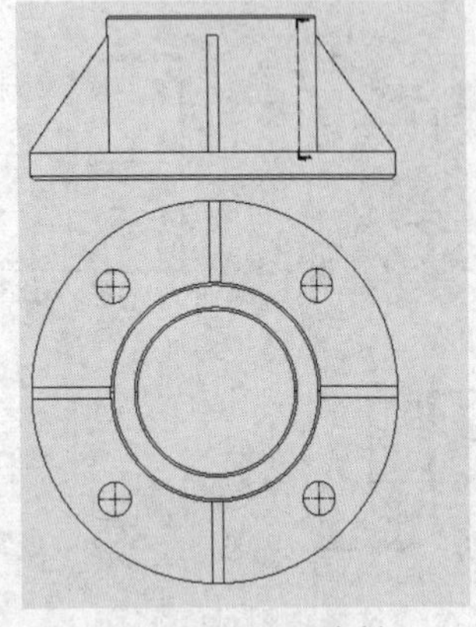

图8-64 打开素材

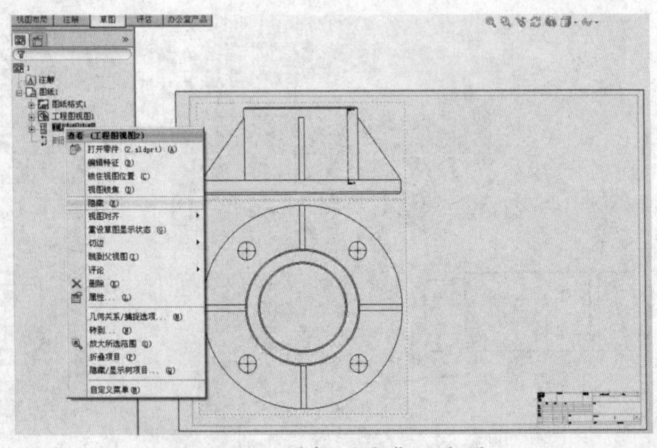

图8-65 选择【隐藏】选项

3 执行操作后，在绘图区中即可隐藏视图对象，如图 8-66 所示。

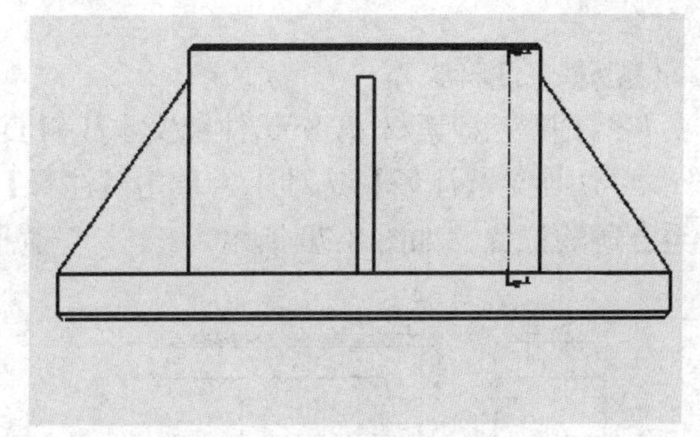

图 8-66　隐藏视图对象

4 如果需要显示隐藏的视图，可以选择相应的对象，单击鼠标右键，从快捷菜单中选择【显示】选项即可。

8.4.6　复制和粘贴视图

在 SolidWorks 2012 中的同一个工程图中，可以从一张图纸剪切、复制工程图视图，然后粘贴到另一张图纸；或从一个工程图文件剪切、复制工程图视图，然后粘贴到另一个工程图文件。

上机实战　复制和粘贴视图

1 打开光盘/素材/第 8 章/复制和粘贴视图/1.SLDDRW 文件，如图 8-67 所示。

2 选择左下方视图，单击【编辑】/【复制】命令，复制视图，单击鼠标，单击【编辑】/【粘贴】命令，执行操作后，即可复制和粘贴视图对象，效果如图 8-68 所示。

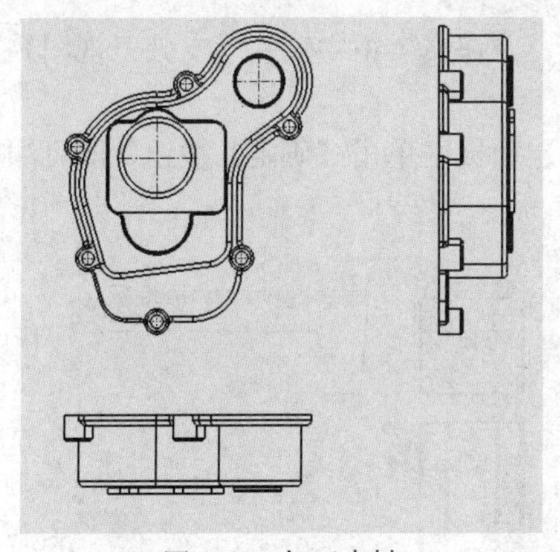

图 8-67　打开素材

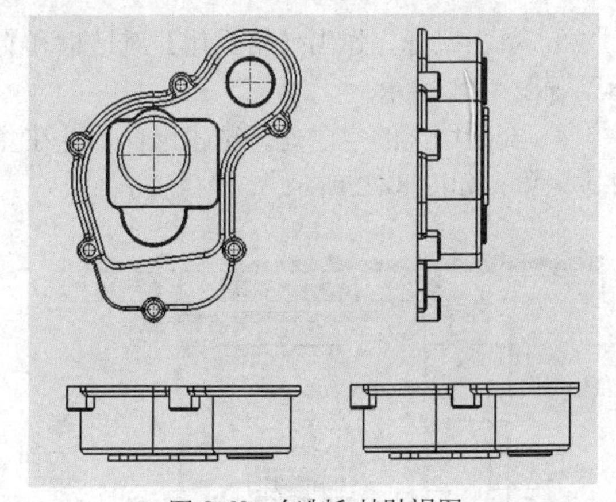

图 8-68　复制和粘贴视图

提示： 若想将局部剖面视图从一个工程图复制到另一个工程图，还必须复制父视图，在复制视图时，可以先复制父视图，也可以同时复制父视图和局部/剖面视图。

8.5　标注工程图

在 SolidWorks 工程图中，在设置好标注的各参数之后，就可以为工程图创建标注，尺寸标注是工程图创建的重要环节。

8.5.1　注释文本

在文档中，注释可以是自由浮动的或固定的，也可以是带有一条指向某项（面、边线或顶点）的引线。注释可以包含简单的文字、符号、参数或超文本链接。其中引线可以是直线、折弯线或多转折线。

上机实战　注释文本

1 打开光盘/素材/第 8 章/注释文本/1.SLDDRW，如图 8-69 所示。

2 切换至【注解】选项卡，单击【注释】按钮，弹出【注释】面板，向右移动鼠标指针至合适的位置，如图 8-70 所示。

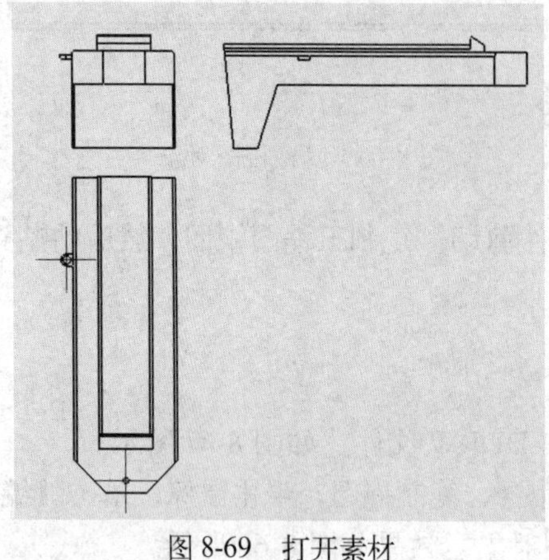

图 8-69　打开素材

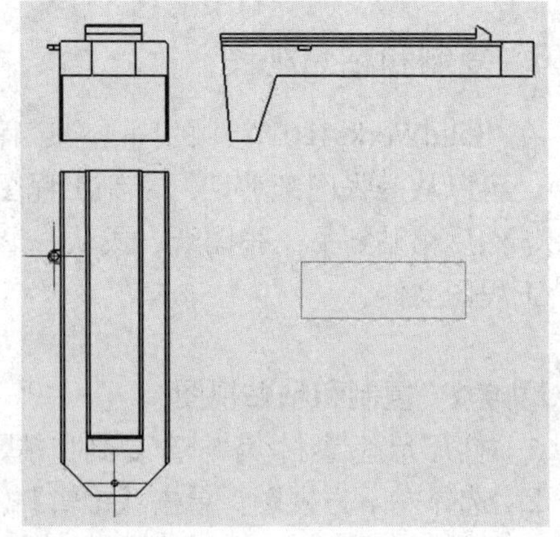

图 8-70　移动鼠标

3 单击鼠标，弹出【格式化】对话框和文本框，并在文本框中输入【支架三视图】文本，如图 8-71 所示。

4 在绘图区的空白处，单击鼠标，并在【注释】面板中单击【确定】按钮，即可注释文本对象，如图 8-72 所示。

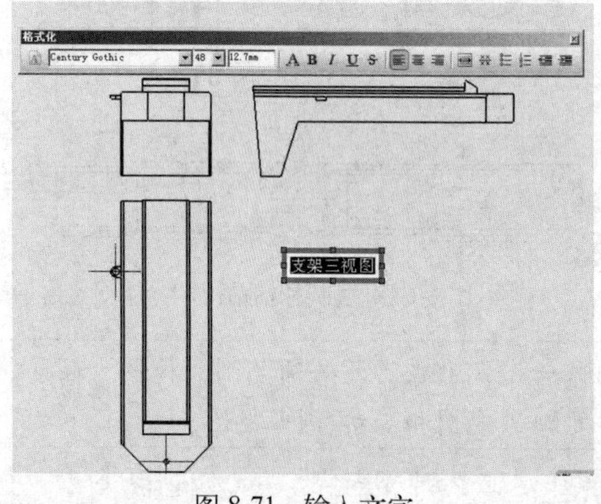

图 8-71　输入文字

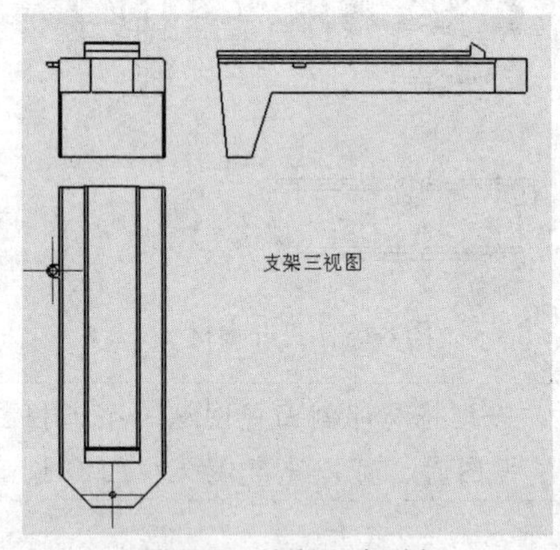

图 8-72　注释文本对象

8.5.2　注解孔标注

在 SolidWorks 工程图中，孔标注可以在工程图中使用，如果用户改变了模型中的一个孔尺寸，则标注将自动更新。

上机实战　注解孔标注

1 打开光盘/素材/第 8 章/注解孔标注/1.SLDDRW 文件，如图 8-73 所示。

2 在【注解】选项卡中单击【孔标注】按钮，在左上方视图的小圆上单击鼠标，向下

移动鼠标至合适位置，如图 8-74 所示。

3 单击鼠标，在弹出的【尺寸】面板中单击【确定】按钮，即可注解孔标注，效果如图 8-75 所示。

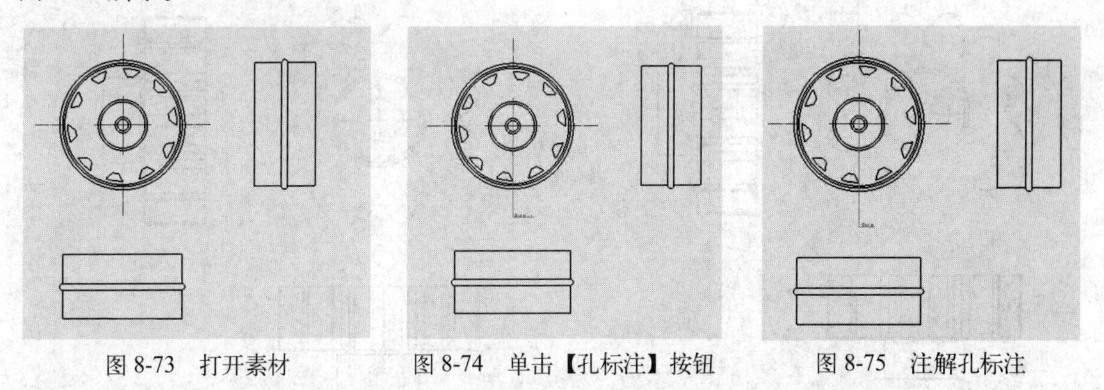

图 8-73 打开素材　　图 8-74 单击【孔标注】按钮　　图 8-75 注解孔标注

8.5.3 注解中心线

在 SolidWorks 2012 中，可以根据需要自动或手动将中心线对象插入到工程视图对象中。

上机实战 注解中心线

1 打开光盘/素材/第 8 章/注解中心线/1.SLDDRW 工程图文件，如图 8-76 所示。

2 在【注解】选项卡中单击【中心线】按钮，弹出【中心线】面板，在上方视图中选择最左侧垂直直线，如图 8-77 所示。

3 选择右侧垂直直线，单击【确定】按钮，即可注解中心线，如图 8-78 所示。

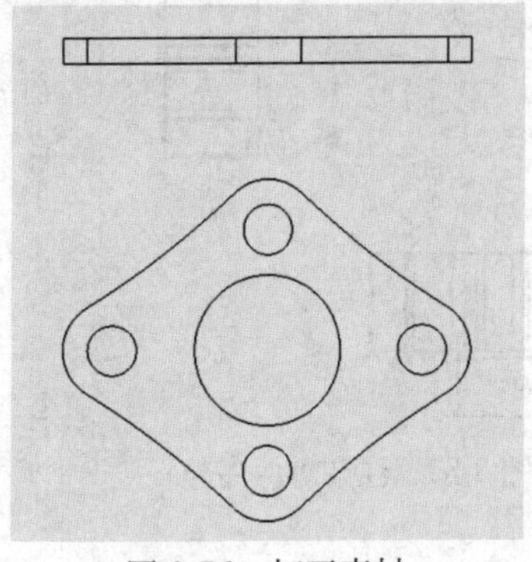

图 8-76 打开素材

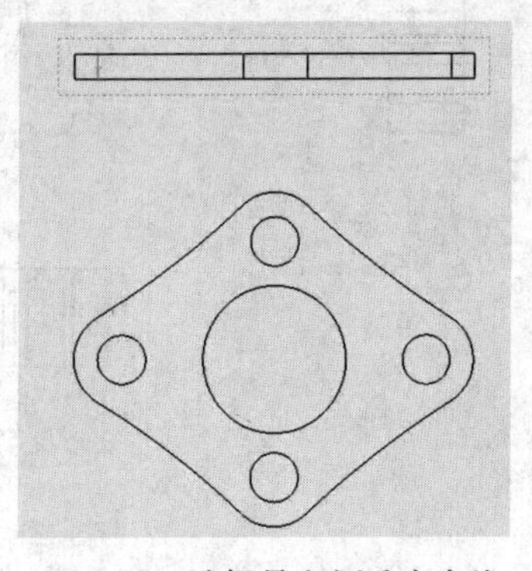

图 8-77 选择最左侧垂直直线

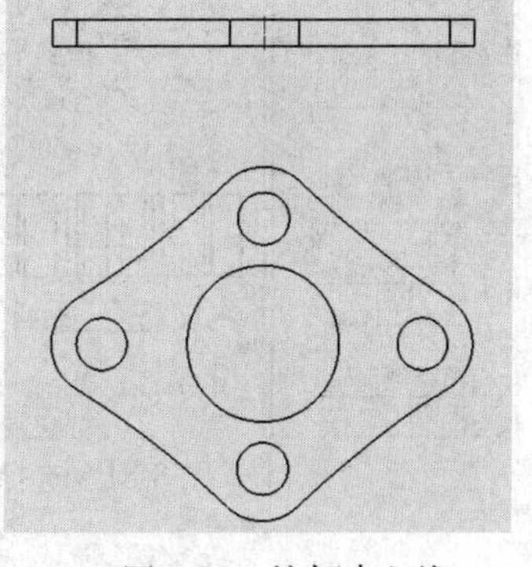

图 8-78 注解中心线

8.5.4 注解零件序号

在 SolidWorks 工程图中，可以在文档或者注释中生成零件序号。零件序号用于标记装配体中的零件，并将零件与材料明细表中的序号相关联。

上机实战 注解零件序号

1 打开光盘/素材/第 8 章/注解零件序号/1.SLDDRW 文件，如图 8-79 所示。

2 在【注解】选项卡中，单击【零件序号】按钮，如图 8-80 所示。

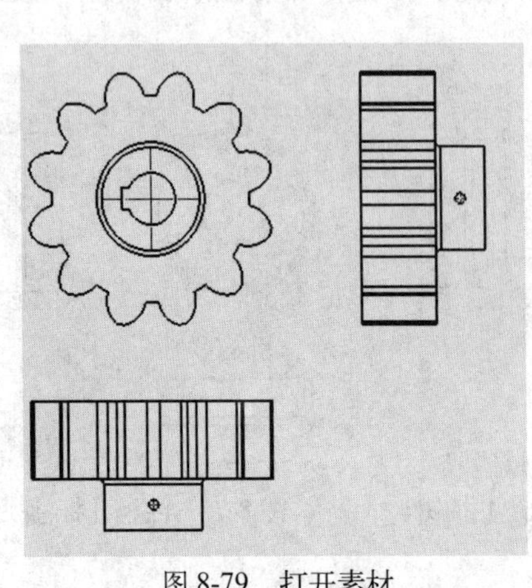

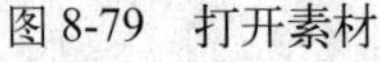

图 8-79 打开素材

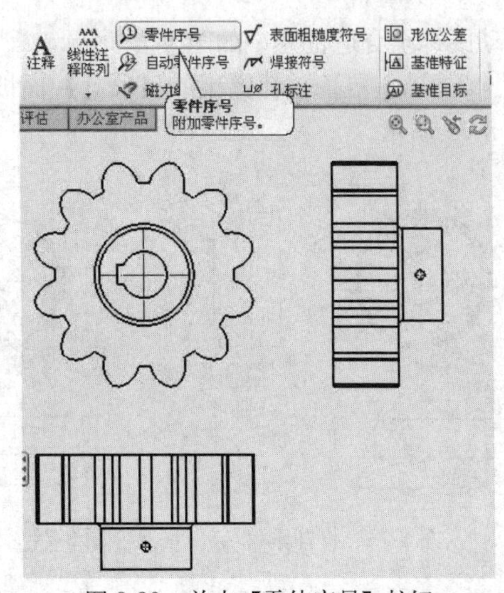

图 8-80 单击【零件序号】按钮

3 弹出【零件序号】面板，在绘图区中显示零件序号，选择右上方视图最外侧的线对象，如图 8-81 所示。

4 向下移动鼠标至合适位置，单击鼠标左键，然后单击【确定】按钮，即可注解零件序号，效果如图 8-82 所示。

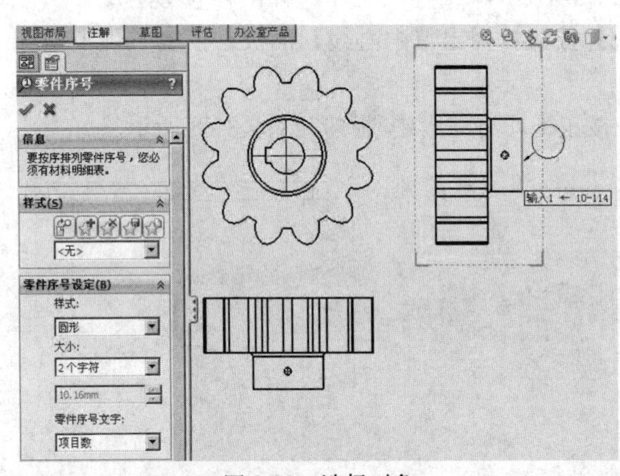

图 8-81 选择对象

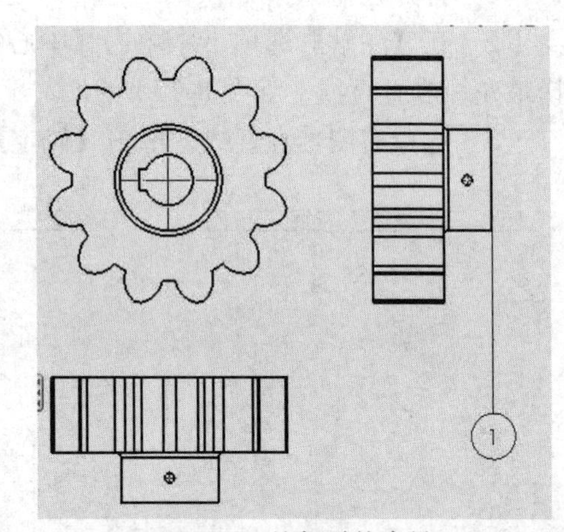

图 8-82 注解零件序号

8.5.5 注解形位公差

形位公差在机械图形中非常重要，该公差显示了特征的形状、轮廓、方向、位置和跳动的偏差等。

上机实战 注解形位公差

1 打开光盘/素材/第 8 章/注解形位公差/1.SLDDRW 文件，如图 8-83 所示。

2 单击【注解】选项卡中的【形位公差】按钮，弹出【形位公差】面板和【属性】对话框，在【属性】对话框中单击【符号】右侧的下拉按钮，在弹出的下拉面板中单击【同心】按钮，如图 8-84 所示。

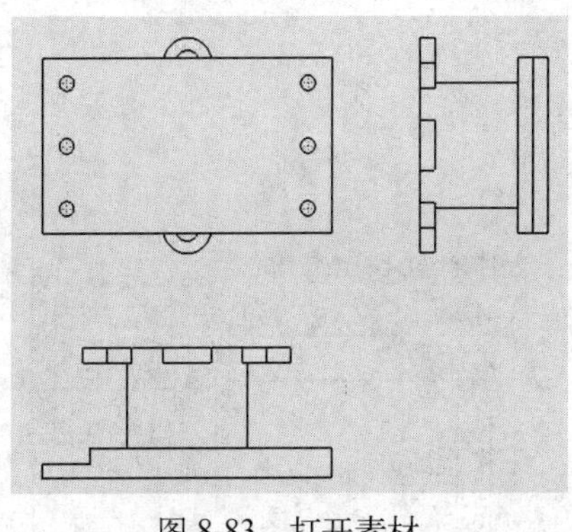

图 8-83　打开素材

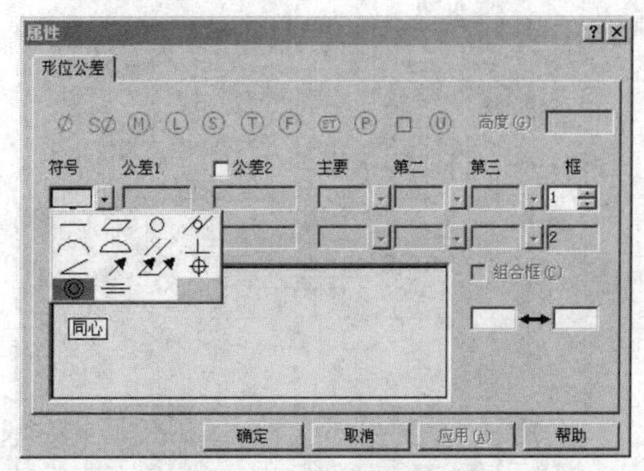

图 8-84　单击【同心】按钮

3 在【属性】对话框中，设置【公差 1】为 0.26、【主要】为 A、【第二】为 B，如图 8-85 所示。

4 单击【确定】按钮，在绘图区中将显示形位公差，在【形位公差】面板中单击【引线】按钮，创建引线，并调整形位公差至合适的位置，单击【确定】按钮，即可注解形位公差，如图 8-86 所示。

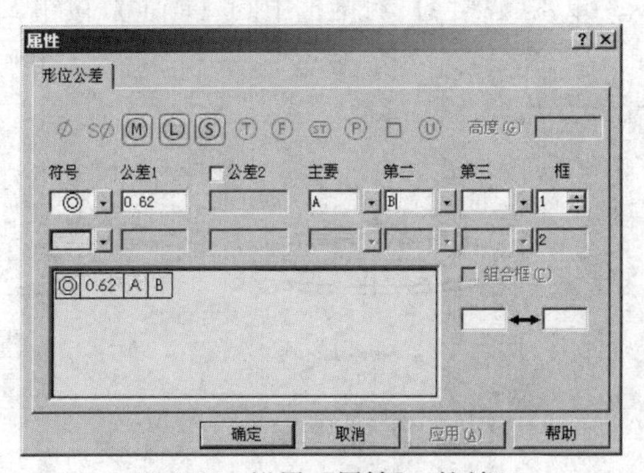

图 8-85　设置【属性】对话框

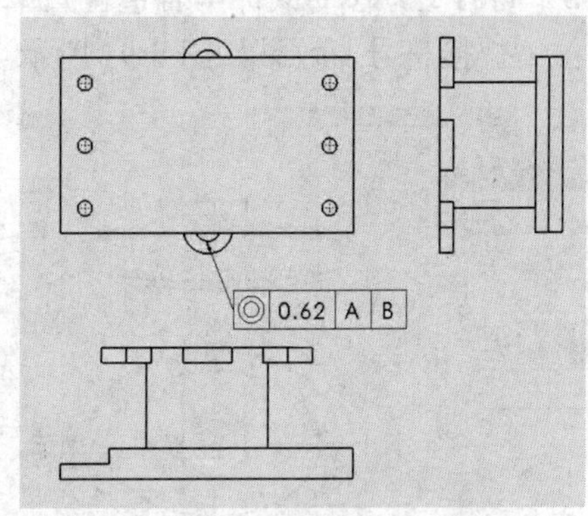

图 8-86　注解形位公差

8.5.6　注解焊接符号

在 SolidWorks 中，可以根据需要在零件、装配体或工程图文件中的实体（面或边线）上添加一个焊接符号。

上机实战　注解焊接符号

1 打开光盘/素材/第 8 章/注解焊接符号/1.SLDDRW 文件，如图 8-87 所示。

2 在【注解】选项卡中单击【焊接符号】按钮，弹出【属性】对话框和【焊接符号】面板，在【属性】对话框中单击上方的【焊接符号】按钮，如图 8-88 所示。

3 弹出【符号】对话框，在下方下拉列表框中选择【背后焊接】选项，如图 8-89 所示。

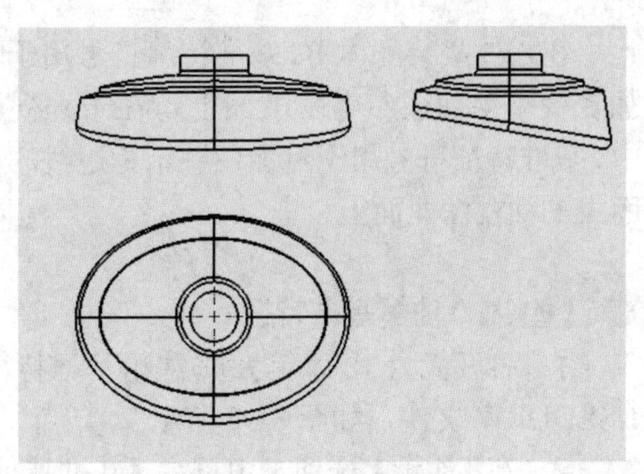

图 8-87　打开素材

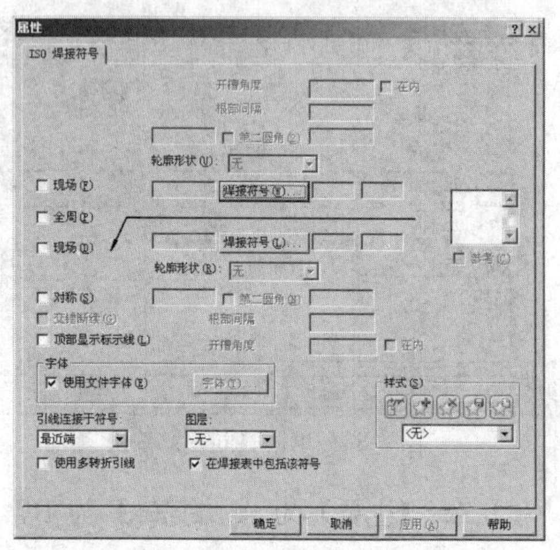

图 8-88 单击【焊接符号】按钮

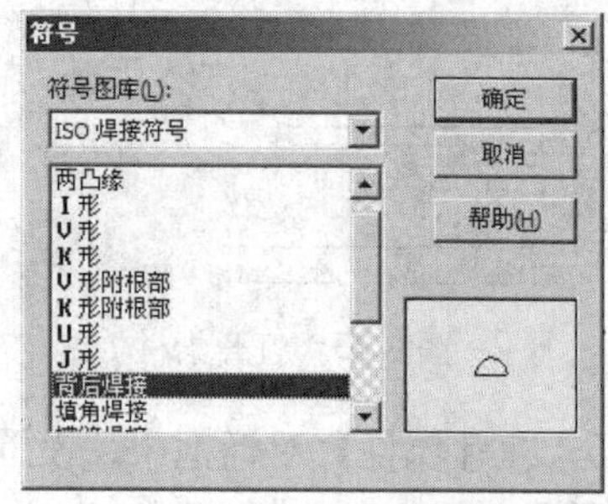

图 8-89 选择【背后焊接】选项

4 单击【确定】按钮，返回到【属性】对话框，在绘图区中选择左下方视图的小圆对象，如图 8-90 所示。

5 向右上方移动鼠标至合适位置单击鼠标，单击【属性】对话框中的【确定】按钮，即可注解焊接符号，效果如图 8-91 所示。

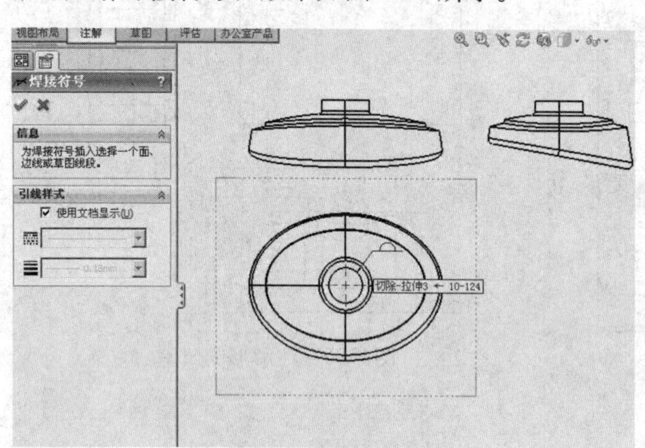

图 8-90 选择小圆对象

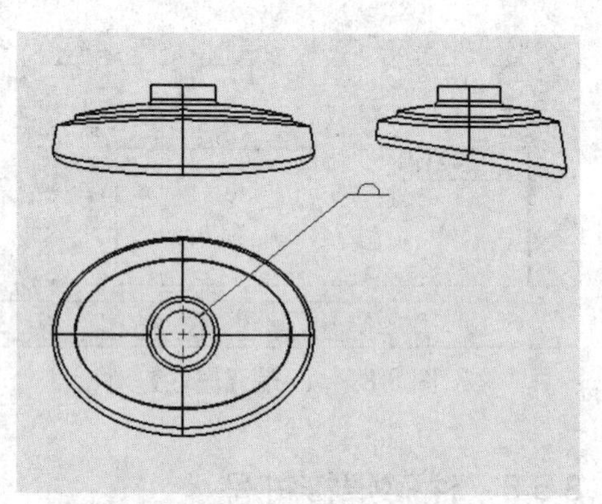

图 8-91 注解焊接符号

8.5.7 注解基准特征

在零件或装配体中，基准特征符号用于附加在模型平面或参考基准面上；在工程视图中，基准特征符号用于附加在显示为边线的曲面或剖面视图曲面上。

上机实战 注解基准特征

1 打开光盘/素材/第 8 章/注解基准特征/1.SLDDRW 文件，如图 8-92 所示。

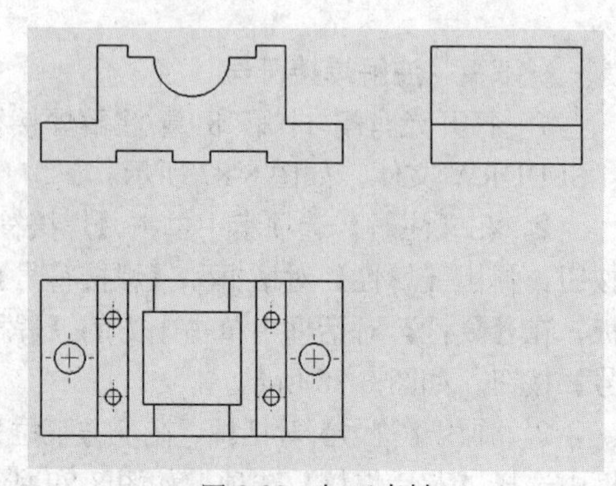

图 8-92 打开素材

2 在【注解】选项卡中单击【基准特征】按钮，弹出【基准特征】面板，并在绘图区中显示特征符号，在合适位置单击鼠标，如图 8-93 所示。

3 向右下方移动鼠标至合适位置后单击鼠标，单击【基准特征】面板中的【确定】按钮，即可注解基准特征，如图 8-94 所示。

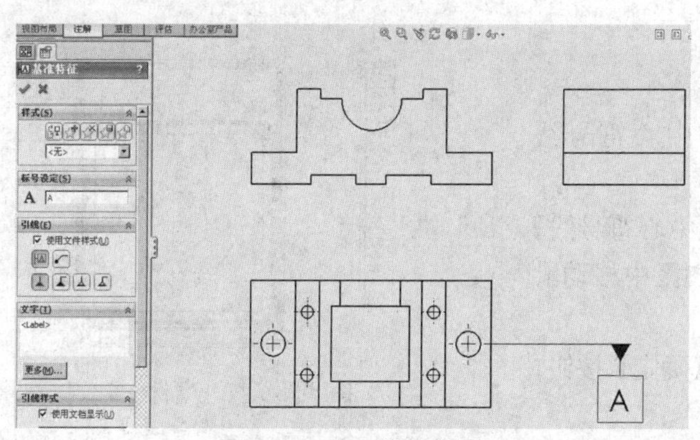

图 8-93 显示特征符号

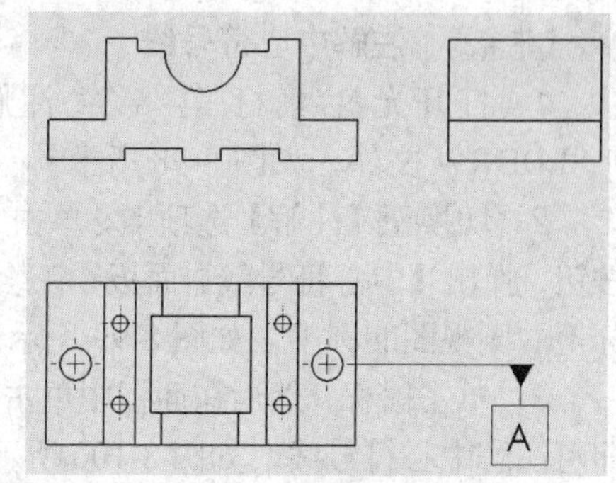

图 8-94 注解基准特征

8.5.8 注解区域剖面线

在 SolidWorks 工程图中，使用【区域剖面线／填充】命令可以对模型面、闭环草图轮廓或由模型边线和草图实体组合所邻接的区域，应用剖面线样式或实体填充，区域剖面线只可以在工程图中应用。

上机实战 注解区域剖面线

1 打开光盘/素材/第 8 章/注解区域剖面线/1.SLDDRW 文件，如图 8-95 所示。

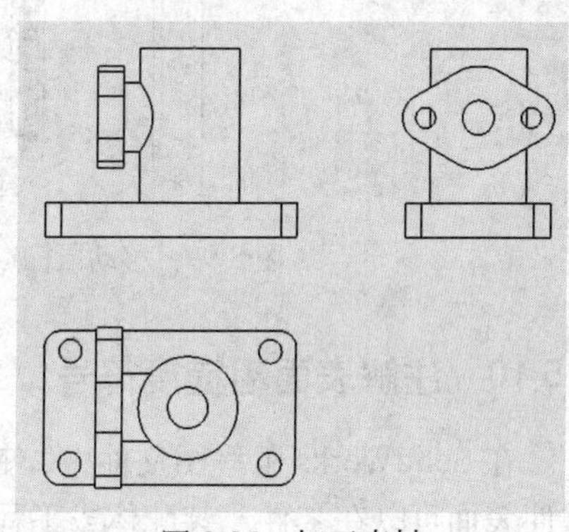

图 8-95 打开素材

2 在【视图布局】选项卡中单击【区域剖面线／填充】按钮，弹出【区域剖面线／填充】面板，选择左上方视图的合适区域，如图 8-96 所示。

3 在【区域剖面线／填充】面板中单击【确定】按钮，即可注解区域剖面线，如图 8-97 所示。

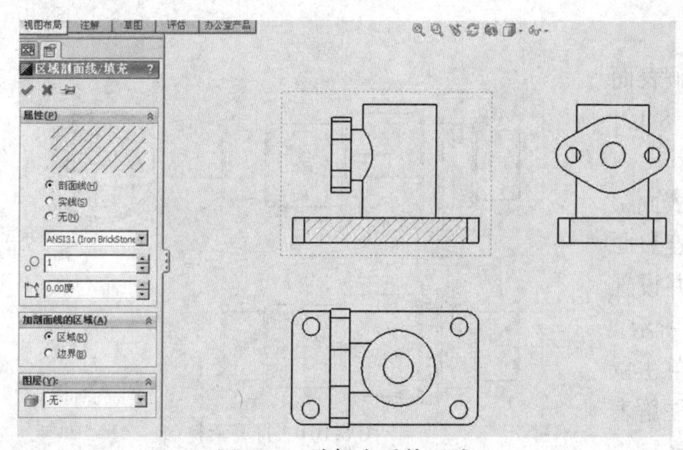

图 8-96 选择合适的区域

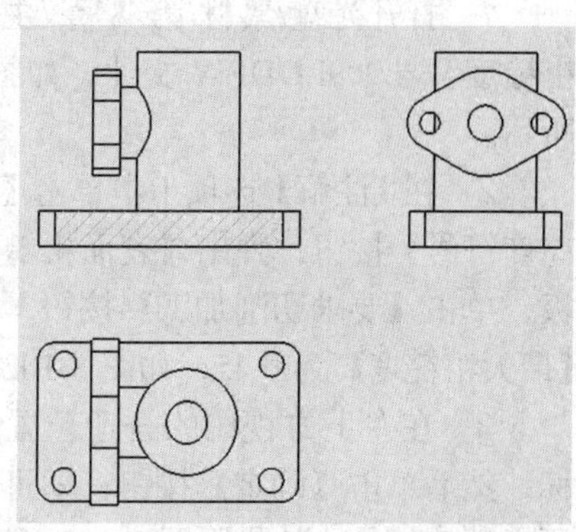

图 8-97 注解区域剖面线

8.5.9 注解中心符号线

可以在 SolidWorks 工程图文件中的圆或圆弧上添加中心符号，中心符号线可以作为尺寸标注的参考体。

上机实战 注解中心符号线

1 打开光盘/素材/第 8 章/注解中心符号线/1.SLDDRW 文件，如图 8-98 所示。

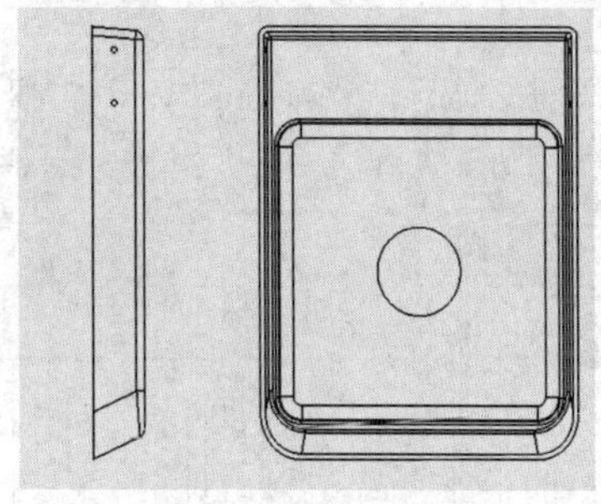

图 8-98 打开素材

2 切换至【注解】选项卡，单击【中心符号线】按钮，弹出【中心符号线】面板，在绘图区中移动鼠标至右侧视图的圆上，如图 8-99 所示。

3 单击鼠标，然后在面板中单击【确定】按钮，即可注解中心符号线，如图 8-100 所示。

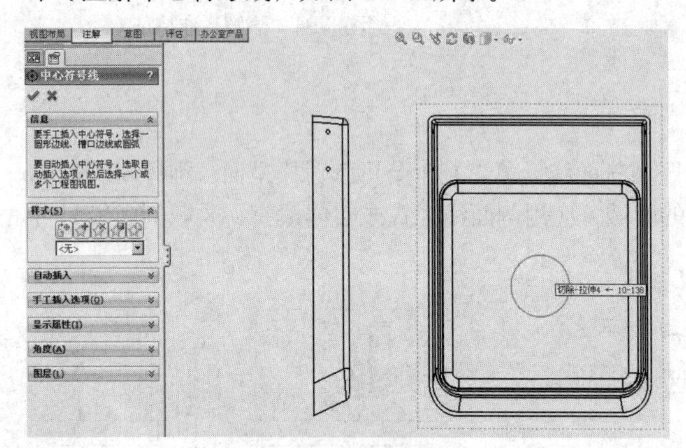

图 8-99 移动鼠标

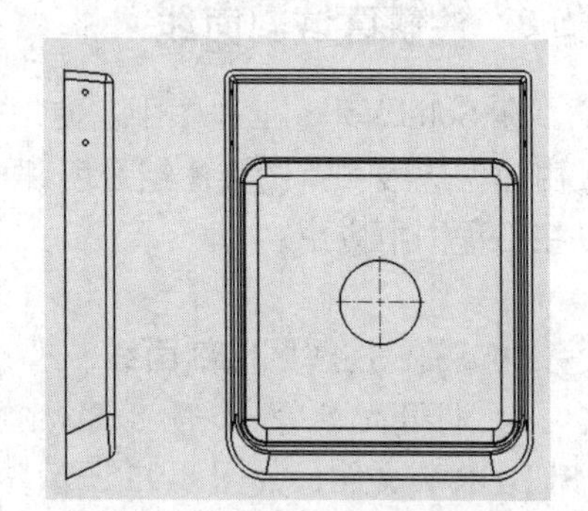

图 8-100 注解中心符号线

8.5.10 注解表面粗糙度符号

在 SolidWorks 工程图文件中，使用【表面粗糙度符号】命令可以指定零件表面的粗糙度，零件表面可以在零件、装配体或工程图文档中进行选择。

上机实战 注解表面粗糙度符号

1 打开光盘/素材/第 8 章/注解表面粗糙度符号/1.SLDDRW 文件，如图 8-101 所示。

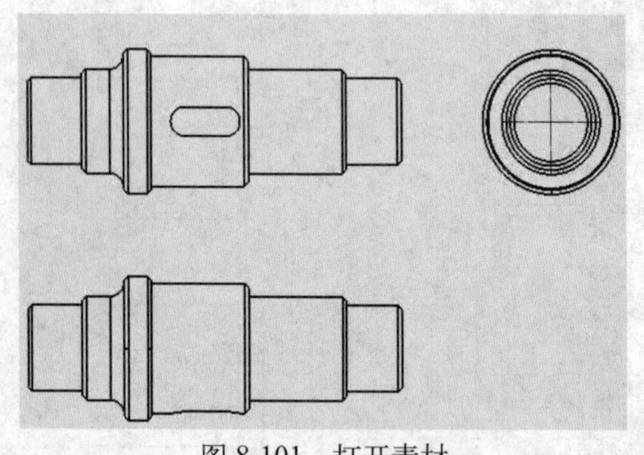

图 8-101 打开素材

2 在【注解】选项卡中单击【表面粗糙度符号】按钮，弹出【表面粗糙度】面板，单击【要求切削加工】按钮，并设置【最大粗糙度】为 0.45，如图 8-102 所示。

3 在左上方视图的合适位置单击鼠标，然后单击【确定】按钮，即可注解表面粗糙度符号，效果如图 8-103 所示。

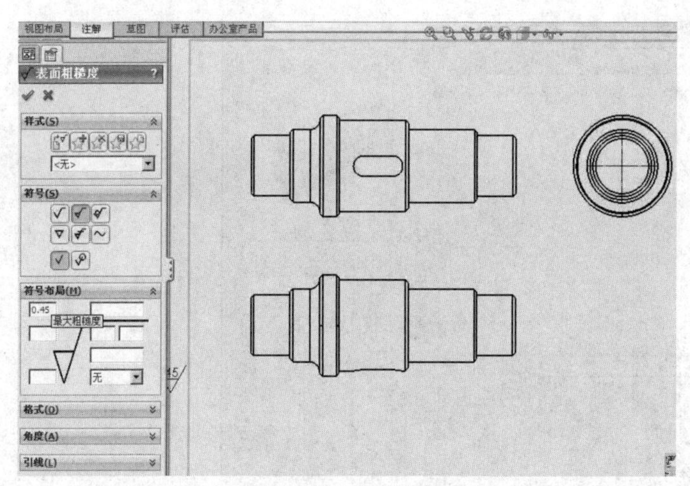
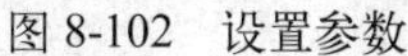

图 8-102　设置参数

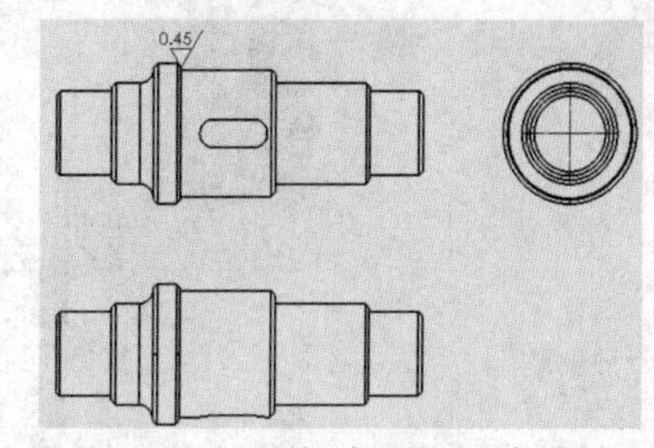

图 8-103　注解表面粗糙度符号

8.6　项目实训

下面通过制作如图 8-104 所示的柱塞，加深读者对工程图的认识。本实例在制作过程中，主要使用了创建工程图文件、插入视图、剖面视图、标注中心线、标注表面粗糙度等命令。

实训目的：熟练创建与编辑工程图。

实训要求：掌握各种视图的创建，工程图的创建与编辑。

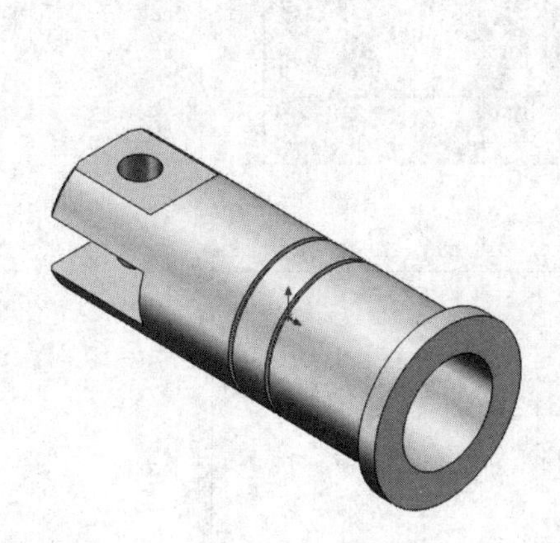

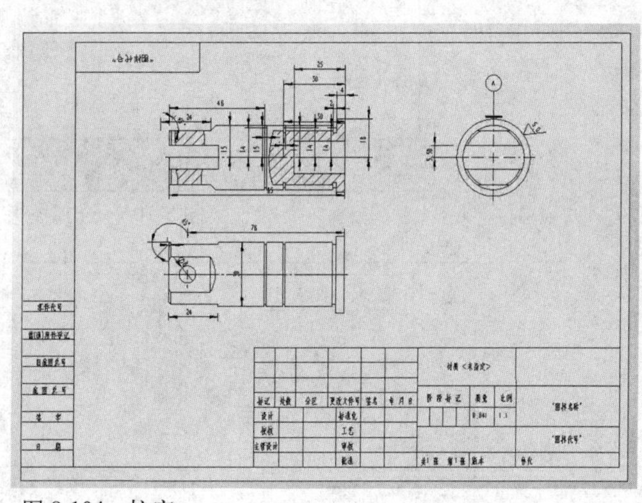

图 8-104　柱塞

操作步骤

（1）建立工程图前的准备工作

1　单击【文件】/【打开】菜单命令，在弹出的【打开】对话框中选择【柱塞.SLDPRT】，如图 8-105 所示。

2　单击【文件】/【新建】菜单命令，弹出【新建 SolidWorks 文件】对话框，单击【高级】按钮，可选择 SolidWorks 自带的图纸模板，如图 8-106 所示，本实例选取国标 A4 图纸格式，单击【确定】按钮，新建工程图文件，如图 8-107 所示。

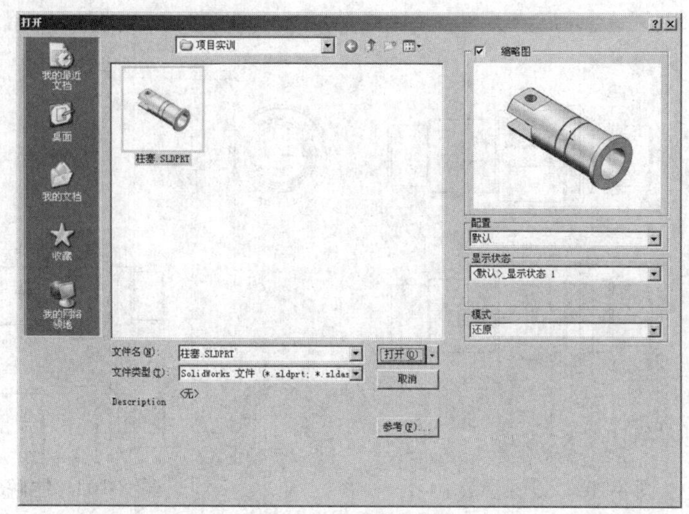

图 8-105　选择文件

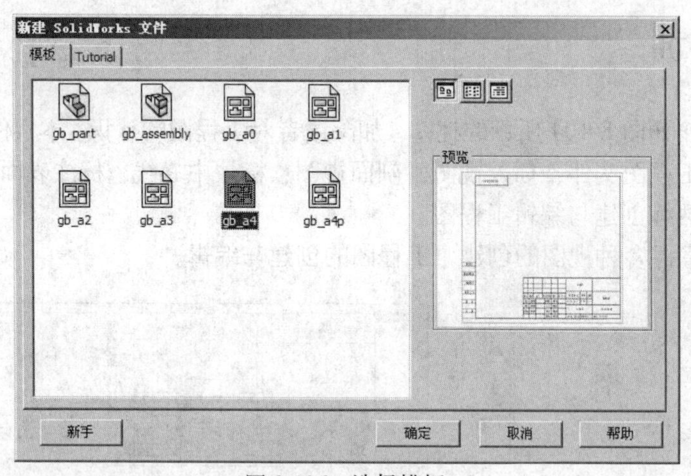

图 8-106　选择模板

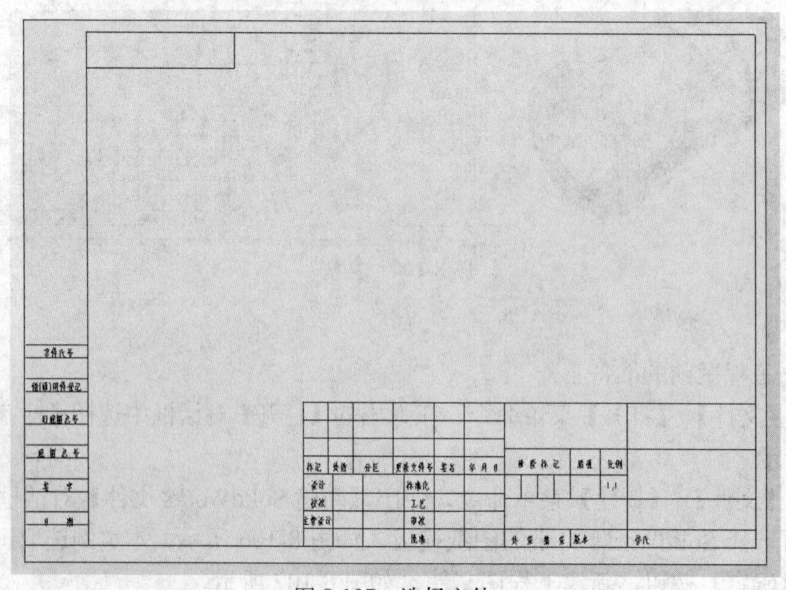

图 8-107　选择文件

(2)插入视图

3 常规的工程视图为标准的三视图，单击【插入】/【工程图视图】/【标准三视图】菜单命令，弹出【标准三视图】面板，在【打开文档】列表框中选择柱塞，如图 8-108 所示。

4 单击【确定】按钮完成设置。插入完标准三视图后，如图 8-109 所示。

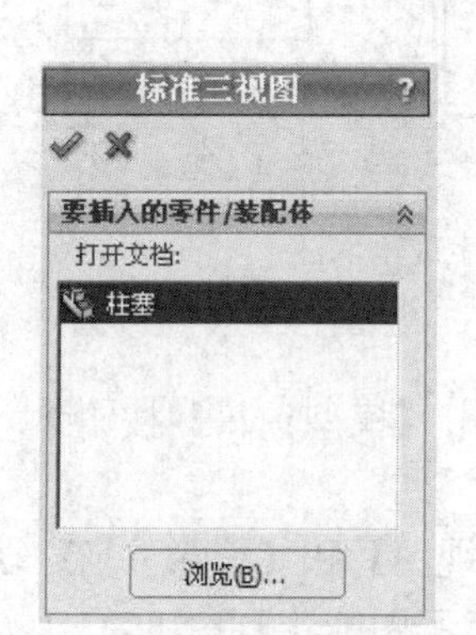

图 8-108 【标准三视图】面板

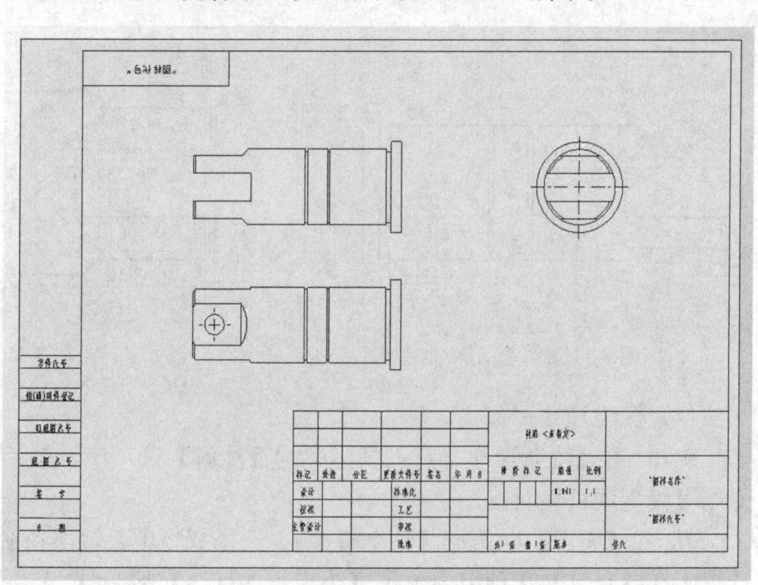

图 8-109 插入标准三视图

(3)绘制剖面图

5 单击【命令管理器】工具栏中的【草图】选项卡，单击【样条曲线】按钮，然后绘制一条闭环曲线，如图 8-110 所示。

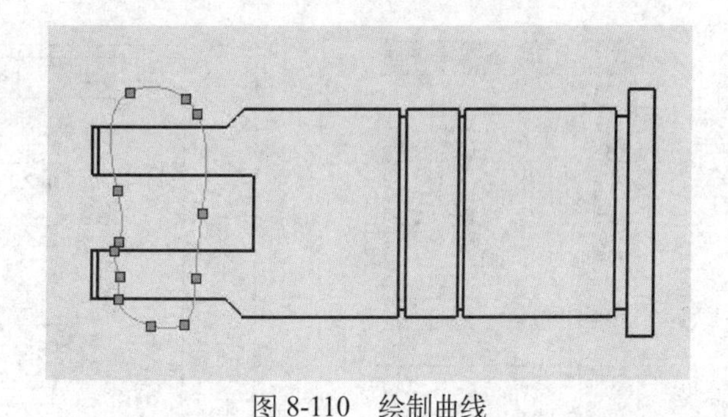

图 8-110 绘制曲线

6 选择刚刚绘制的闭环曲线，然后单击【命令管理器】工具栏中的【视图布局】选项卡，单击【断开的剖面视图】按钮，弹出【断开的剖视图】面板，选择合适的边线对象，单击【确定】按钮，创建断开剖视图，如图 8-111 所示。

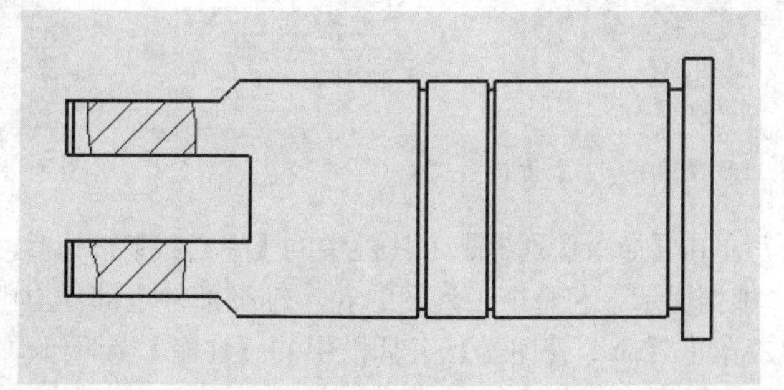

图 8-111 创建断开的剖视图

7 与绘制第一个断开剖视图一样，单击【命令管理器】工具栏中的【草图】选项卡，单击【样条曲线】按钮，然后绘制一条闭环曲线，如图 8-112 所示。

8 选择闭环曲线，然后单击【命令管理器】工具栏中的【视图布局】选项卡，单击【断开的剖面视图】按钮，弹出【断开的剖视图】面板，单击【确定】按钮完成设置。生成的剖切图如图 8-113 所示。

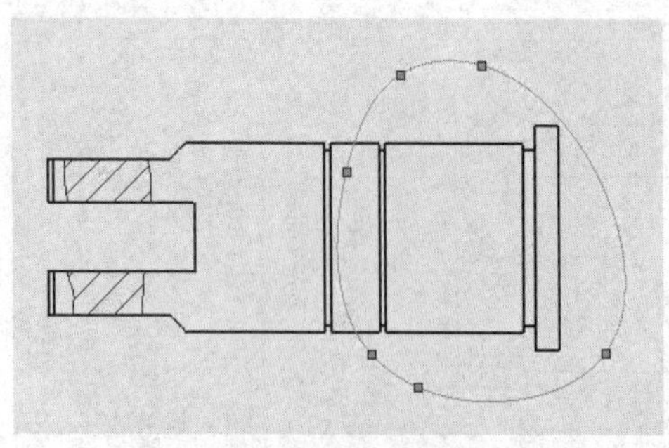

图 8-112　绘制闭环曲线

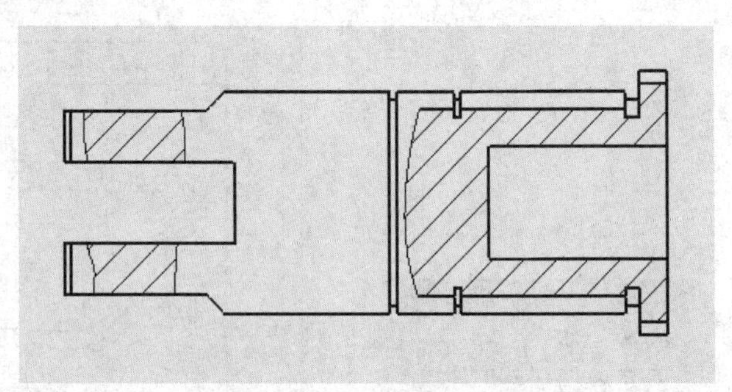

图 8-113　生成剖切图

（4）标注尺寸

9 单击【命令管理器】工具栏中的【注解】选项卡，然后单击【模型项目】按钮，弹出【模型项目】面板。

10 在【来源】中选择【整个模型】，选择【将项目输出到所有视图】和【消除重复】复选框，在【尺寸】选项组中单击【为工程图标注】按钮，【没为工程图标注】按钮，【实例/圈数计数】按钮，【异型孔向导轮廓】按钮。如图 8-114 所示。单击【确定】按钮完成设置，如图 8-115 所示。

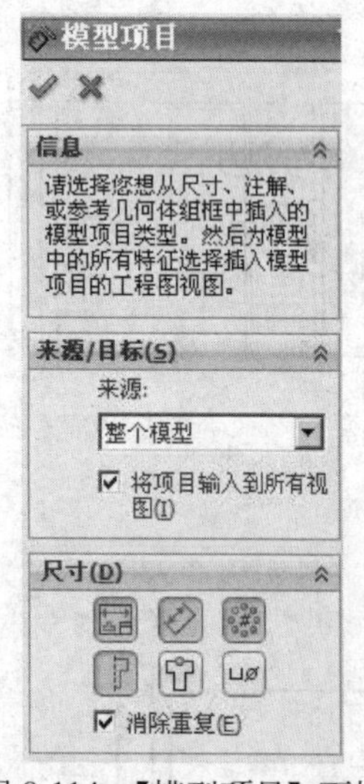

图 8-114　【模型项目】面板

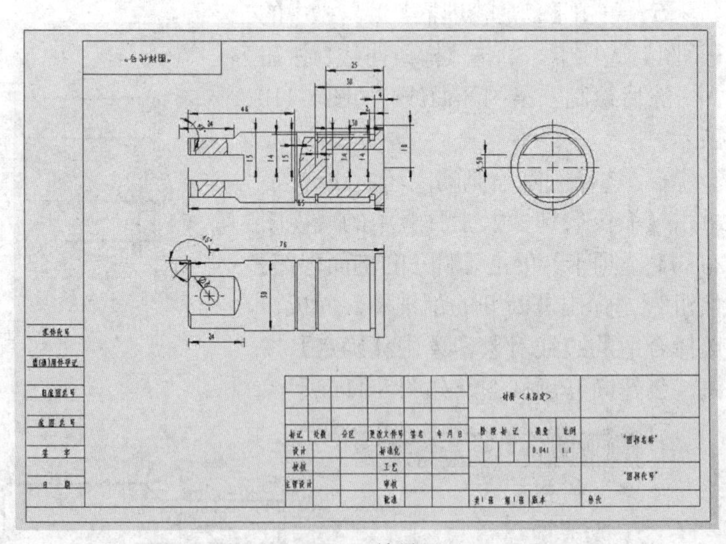

图 8-115　结果显示

11 单击【命令管理器】工具栏中的【中心线】按钮，弹出【中心线】面板，如图 8-116 所示。根据提示，将整个工程图的孔、轴类部件全部标上中心线。

12 单击【命令管理器】工具栏中的【注解】选项卡，单击【基准特征】按钮，弹出【基准特征】面板，如图 8-117 所示。

13 在【标号设定】中填写 A，在图纸上找到放置基准特征的面，单击放置。完成后的效果如图 8-118 所示。

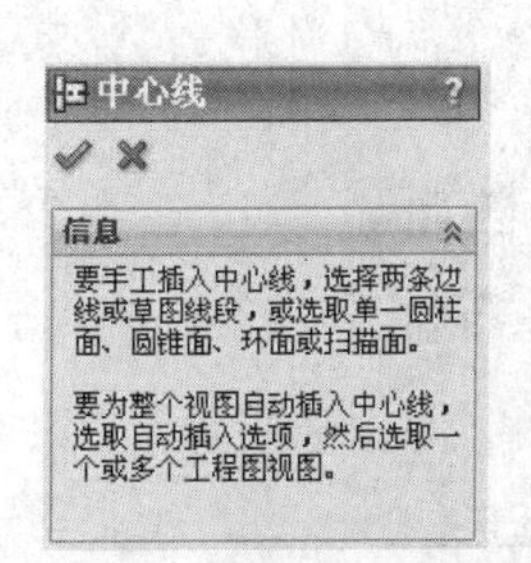

图 8-116 【中心线】面板

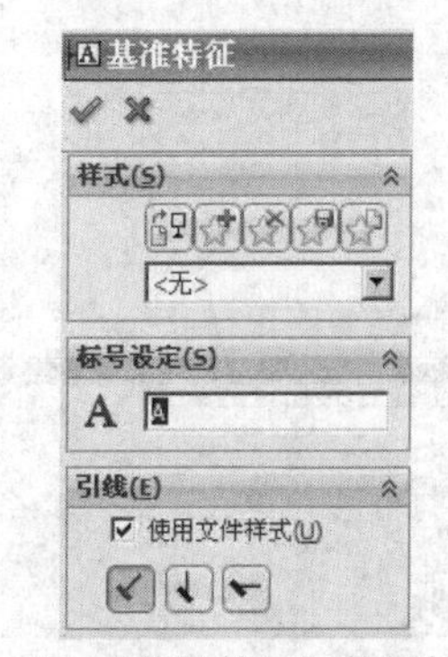

图 8-117 【基准特征】的属性设置

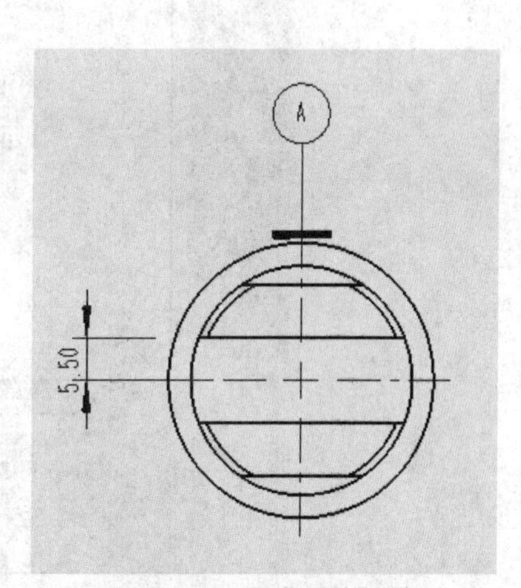

图 8-118　完成后的效果

14 单击【命令管理器】工具栏中的【表面粗糙度符号】按钮∀，弹出【表面粗糙度】面板，如图 8-119 所示。

15 在【符号】选项组中选择所需的符号，并在符号布局内填写表面粗糙度，根据标注位置调整角度大小，在图纸上需要标注的位置单击放置粗糙度符号，单击【确定】按钮完成设置，效果如图 8-120 所示。

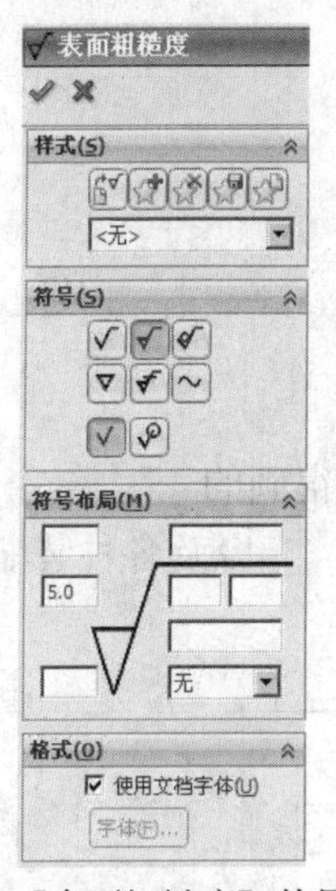

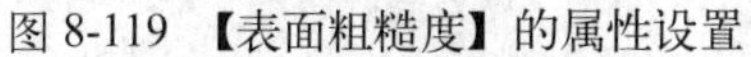
图 8-119 【表面粗糙度】的属性设置

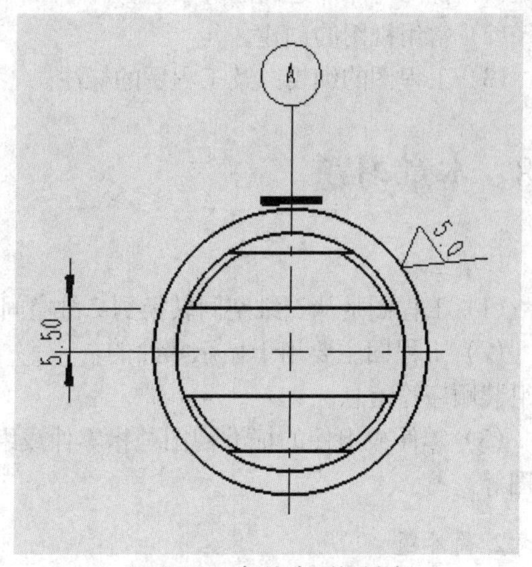

图 8-120　标注表面粗糙度

16 修改表面粗糙度对话框内填写的数字，继续在工程图中放置粗糙度标注。

（5）保存

17 常规保存，如同编辑其他的文档一样，单击工具栏中的【保存】按钮即可保存文件。

18 保存分离的工程图， 单击【文件】/【另存为】菜单命令，弹出【另存为】对话框，如图 8-121 所示。

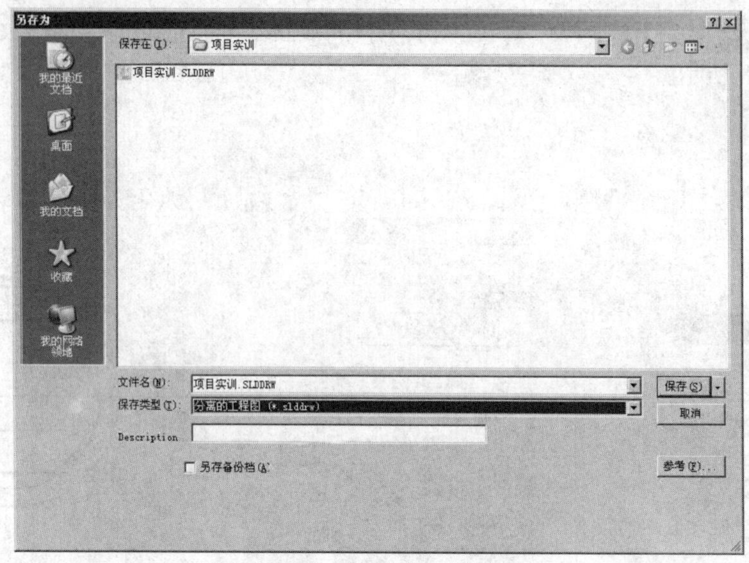

图 8-121 【另存为】对话框

19 在【保存类型】中选择【分离的工程图.slddrw】选项，单击【保存】按钮。

8.7 本章小结

本章主要学习了如何创建工程图，通过本章的学习，具体应掌握以下知识：

（1）视图与零件之间的关系。

（2）常用视图的创建。

（3）工程图的编辑以及工程图的标注。

8.8 本章习题

1. 填空题

（1）工程图是从三维空间转换到二维空间，经过投影变换得到的________。

（2）工程图主要用于显示零件的_______、_______、_______以及各种装配元件的关系和组装顺序等信息。

（3）零件或组件的标准视图是指零件或组件的_______、_______、_______以及预定义视图等。

2. 简答题

（1）什么是工程图？

（2）零件的标准视图是指什么？

（3）如何为工程图标注注释文本？

第 9 章　渲染与输入输出

教学目标

PhotoView 360 是一个 SolidWorks 插件，用于对模型进行渲染处理，渲染的图像组合包括在模型中的颜色、光源、布景及贴图等。

教学重点与难点

- 激活 PhotoView 360 插件
- 布景
- 光源
- 外观
- 贴图
- 渲染与输出
- 输入输出其他格式文件

9.1　激活 PhotoView 360 插件

在对模型进行渲染前，首先需要激活 PhotoView 360 插件。

激活 PhotoView 360 插件

1　单击【工具】/【插件】菜单命令，弹出【插件】对话框，单击【PhotoView 360】前后的方框，如图 9-1 所示。

2　单击【确定】按钮，激活 PhotoView 360 插件，在软件中将显示出此插件的相关菜单命令，如图 9-2 所示。

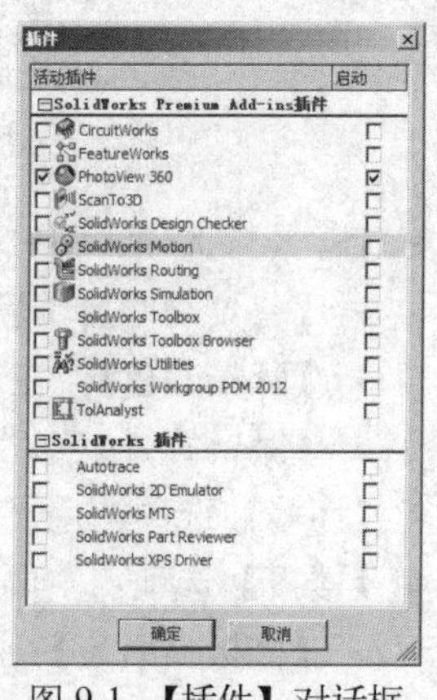

图 9-1　【插件】对话框

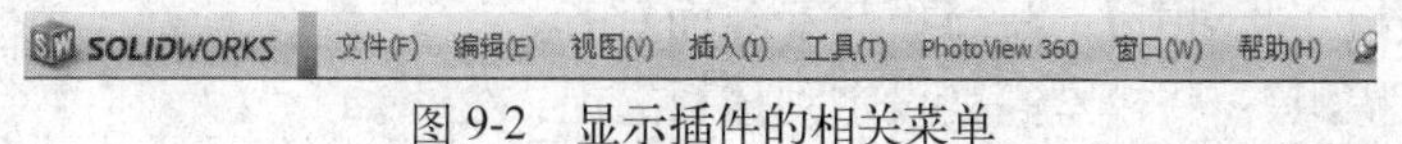

图 9-2　显示插件的相关菜单

9.2　布景

在使用该软件渲染模型前，首先需要使用布景，布景由环绕 SolidWorks 模型的虚拟框或球形组成，可以调整布景壁的大小和位置，还可以为每个布景壁切换显示状态和反射度，并将背景添加到布景。

单击【PhotoView 360】/【编辑布景】菜单命令，弹出【编辑布景】面板，如图 9-3 所示。

【编辑布景】属性的各选项意义如下：

1.【基本】选项卡

【基本】选项卡如图 9-4 所示。

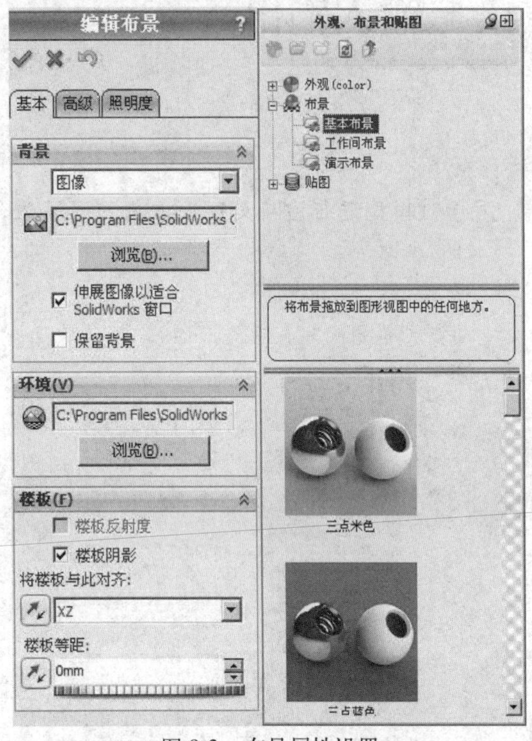

图 9-3　布景属性设置

图 9-4　【基本】选项卡

- 【背景】选项：在该选项区中主要设置布景中的背景颜色。
  - 【背景类型】：设置背景的类型。
  - 【背景颜色】：在【背景类型】设定到【颜色】时可供使用，将背景设定到单一颜色。
  - 【保留背景】在背景类型是彩色、渐变或图像时可供使用。
- 【环境】选项：用于选取任何球状映射为布景环境的图像。
- 【楼板】选项：主要设置楼板与模型的阴影与反射等。
  - 【楼板反射度】：在楼板上显示模型反射。
  - 【楼板阴影】：在楼板上显示模型所投射的阴影。
  - 【将楼板与此对齐】：将楼板与基准面对齐。
  - 【楼板等距】：将模型高度设定到楼板之上或之下。
  - 【反转等距方向】交换楼板和模型的位置。

2.【高级】选项卡

【高级】选项卡如图 9-5 所示。

- 【楼板大小/旋转】选项：调整楼板大小与旋转环境。
  - 【固定高宽比例】：当更改宽度或高度时均匀缩放楼板。
  - 【自动调整楼板大小】：根据模型的边界框调整楼板大小。
  - 【宽度】：调整楼板的宽度。
  - 【深度】：调整楼板的深度。

> 【高宽比例】：显示当前的高宽比例。
> 【旋转】：相对环境旋转楼板，旋转环境以改变模型上的反射。

- 【环境旋转】选项组：环境旋转相对于模型水平旋转环境，影响到光源、反射及背景的可见部分。
- 【布景文件】选项：对布景文件进行设置。

> 【浏览】：选取另一布景文件进行使用。
> 【保存布景】：将当前布景保存到文件。

3.【照明度】选项卡

【照明度】选项卡如图 9-6 所示。

- 【PhotoView 照明度】选项组：主要设置布景环境中的照明度。

> 【背景明暗度】：只在 PhotoView 中设定背景的明暗度。
> 【渲染明暗度】：设定由 HDRI（高动态范围图像）环境在渲染中所促使的明暗度。
> 【布景反射度】：设定由 HDRI（高动态范围图像）环境所提供的反射量。

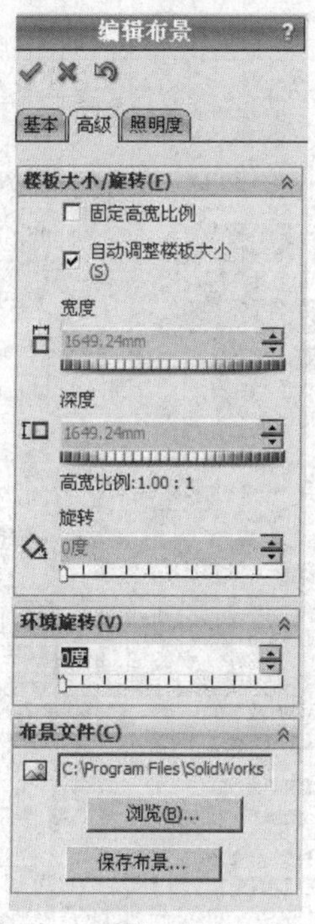

图 9-5 【高级】选项卡

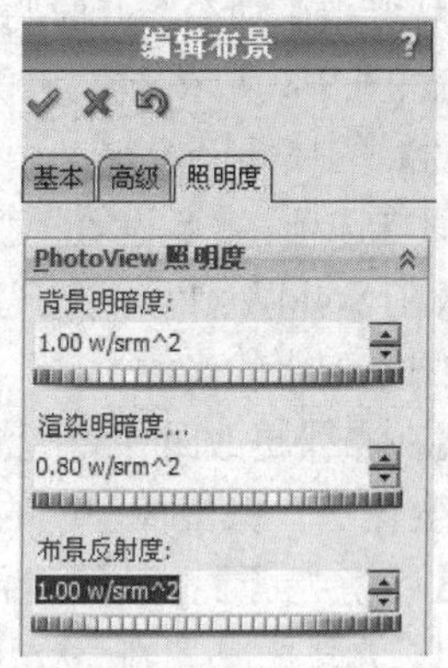

图 9-6 【照明度】选项卡

上机实战　使用布景

1　新建一个空白的零件文件。

2　单击【PhotoView 360】/【编辑布景】菜单命令，从弹出的【外观、布景和贴图】面板中选择【布景】选项。

3　在【布景】选项中有 3 个子选项，分别是【基本布景】、【工作间布景】和【演示布景】，可根据需要进行选择。如图 9-7 所示。

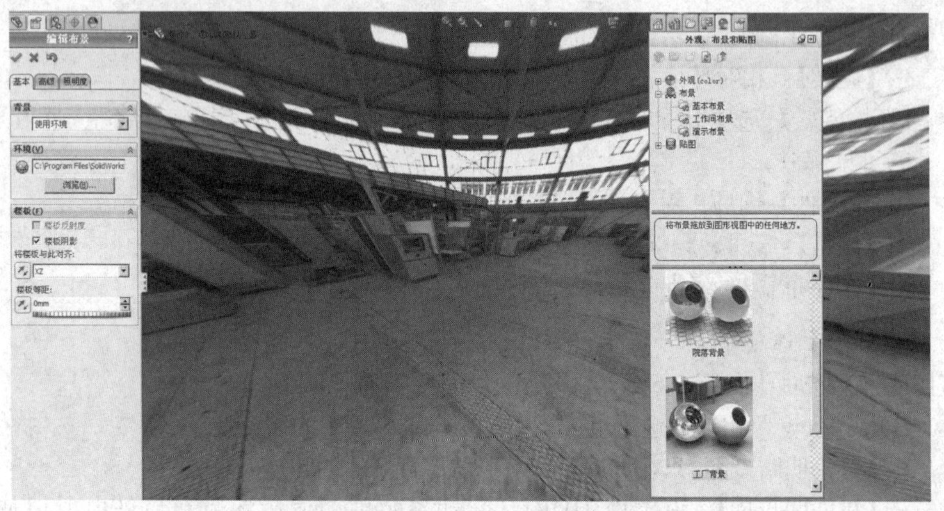

图 9-7　选择布景

9.3　光源

SolidWorks 提供 3 种光源类型，即线光源、点光源和聚光源。

9.3.1　线光源

在【特征管理器设计树】中单击【布景、光源与相机】按钮，展开属性面板，在【线光源】选项上面单击鼠标右键，在弹出的菜单中选择【编辑线光源】命令，此时将弹出【线光源】面板，如图 9-8 所示。

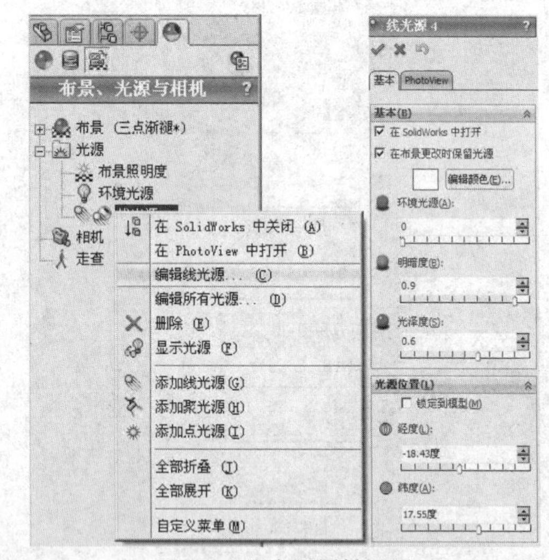

图 9-8　线光源属性设置

【线光源】的属性设置意义如下：

- 【基本】选项：主要设置模型中的光源。
  - ➢【在 SolidWorks 中打开】：打开或关闭模型中的光源。
  - ➢【在布景更改时保留光源】：在布景变化后，保留模型中的光源。
  - ➢【环境光源】：设置光源的强度，移动滑杆或者在 0～1 之间输入数值。
  - ➢【明暗度】：设置光源的明暗度，移动滑杆或者在 0～1 之间输入数值。
  - ➢【光泽度】：设置光泽表面在光线照射处显示强光的能力。
- 【光源位置】选项：设置模型中光源的位置。
  - ➢【锁定到模型】：选择此复选框，相对于模型的光源位置被保留，取消选择此复选框，光源在模型空间中保持固定。
  - ➢【经度】：光源的经度坐标。
  - ➢【纬度】：光源的纬度坐标。

9.3.2 点光源

在【特征管理器设计树】中单击【布景、光源与相机】按钮，展开属性面板，在【点光源】选项上面单击鼠标右键，在弹出的菜单中选择【属性】命令，如图9-所示。此时将弹出【点光源】面板，如图9-9所示。

【点光源】中的选项说明意义如下：

- 【基本】：该选项与【线光源】中的【基本】选项相同。
- 【光源位置】：在【坐标系】选项中可选择坐标系类型，包括【球坐标】和【笛卡尔式】坐标系。选择【锁定到模型】复选框，相对于模型的光源位置被保留；取消此复选框，则光源在模型空间中保持固定。

9.3.3 聚光源

在【特征管理器设计树】中单击【布景、光源与相机】按钮，展开属性面板，在【聚光源 1】选项上面单击鼠标右键，在弹出的菜单中选择【属性】命令，此时将弹出【聚光源】面板，如图9-10。聚光源的属性设置与点光源的属性设置类似，这里不再赘述。

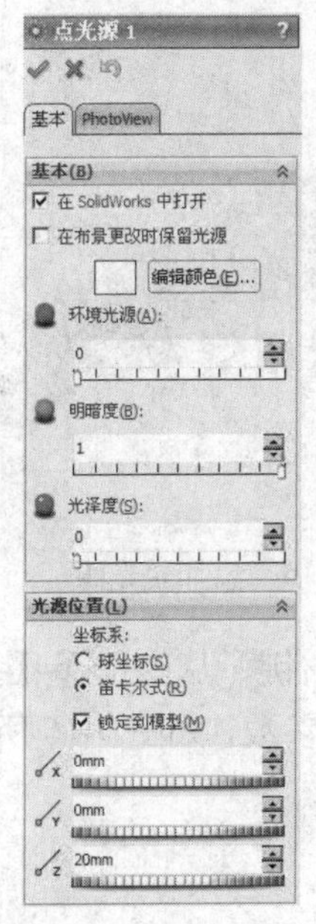

图9-9 点光源面板

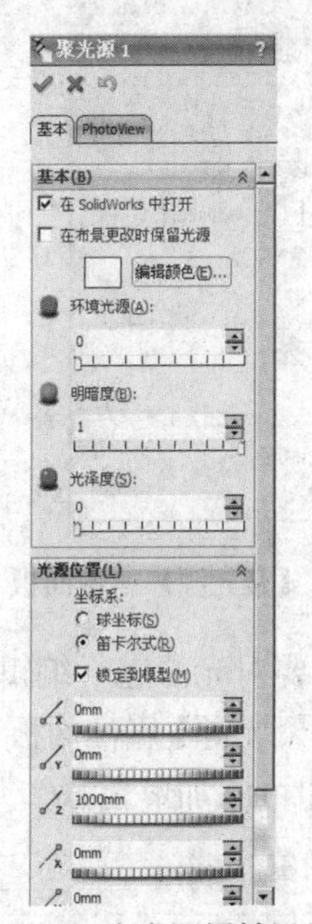

图9-10 聚光源属性设置

9.3.4 使用与编辑光源

上机实战 使用与编辑光源

1 打开光盘/素材/第 9 章/1.SLDPRT 文件，如图9-11所示。

图9-11 素材

2 在【特征管理器设计树】中单击【布景、光源与相机】按钮，展开【布景、光源与相机】属性面板，如图9-12所示。

3 在【光源】选项上面单击鼠标右键，从中选择

【添加聚光源】命令，如图9-13所示。

图9-12 【布景、光源与相机】属性面板

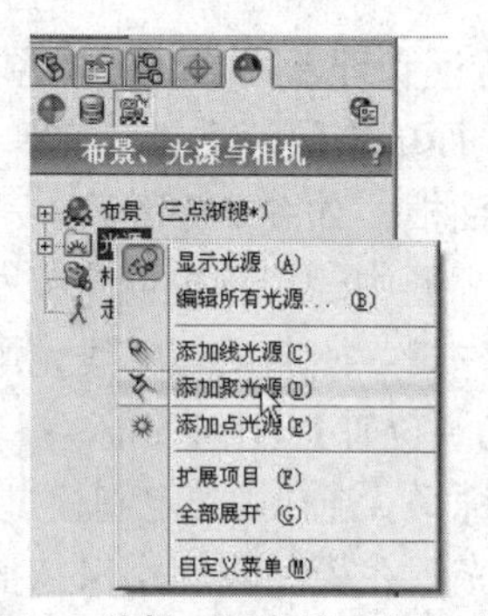

图9-13 选择【添加聚光源】命令

4 此时弹出【聚光源1】属性面板，从中设置光源的颜色与光源参数，如图9-14所示，单击【确定】按钮，即可添加聚光源，如图9-15所示。

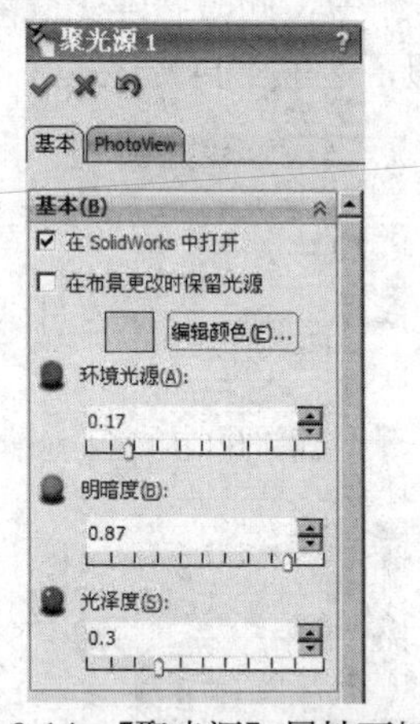

图9-14 【聚光源】属性面板

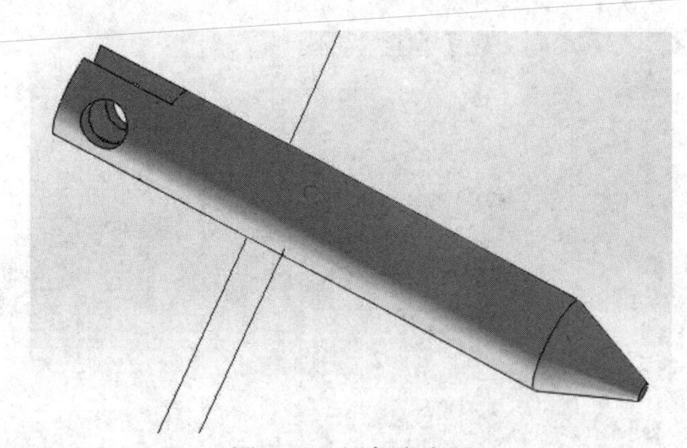

图9-15 添加聚光源

5 如果要对光源进行编辑，可在此光源上面单击鼠标右键，从中选择【编辑聚光源】命令，弹出【聚光源】属性面板，从中更改光源的颜色与光源参数，如图9-16所示，单击【确定】按钮，即可添加聚光源。

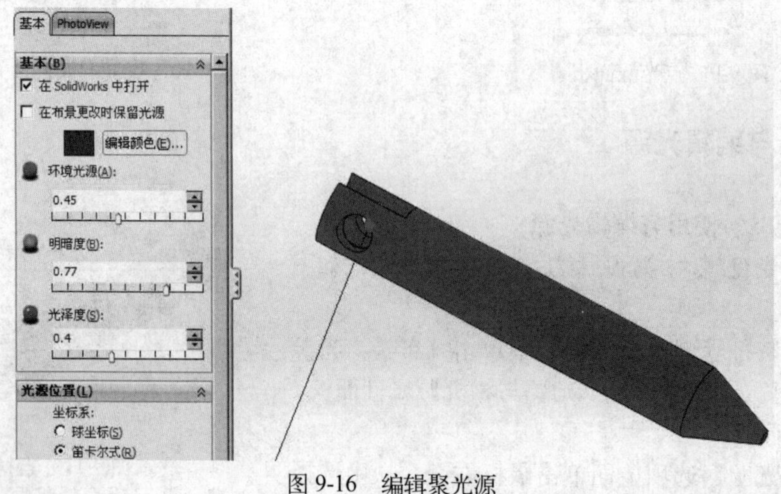

图9-16 编辑聚光源

9.4　外观

外观是模型表面的材质属性，添加外观是使模型表面具有某种材料的表面感官属性。

9.4.1　设置外观

使用【外观】对话框可以引用外观并更改其属性。单击【PhotoView 360】/【编辑外观】菜单命令，弹出【颜色】面板，如图 9-17 所示。

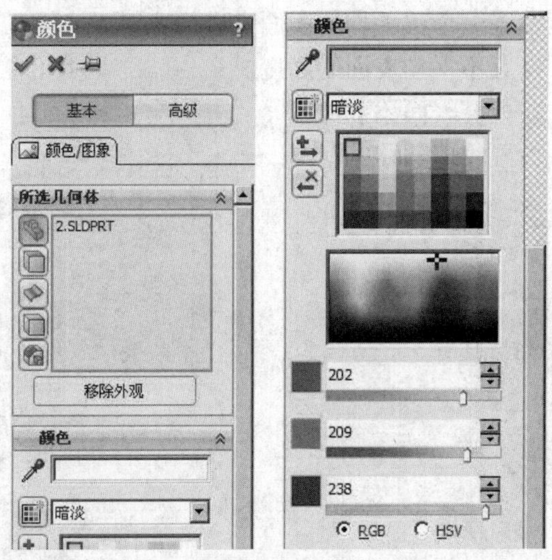

图 9-17　【颜色】属性设置

【颜色】的属性设置意义如下：

1.【颜色/图像】选项卡

- 【颜色/图像】：用来设置模型的颜色，如图 9-17 所示。
- 【所选几何体】：该选项用来选择模型要添加外观的几何体。
  - （选择零件）按钮：选择模型中的零件来设置颜色。
  - （选取面）按钮：选择模型中的面来设置颜色。
  - （选择曲面）按钮：选择模型中的曲面来设置颜色。
  - （选择实体）按钮：选择某一实体来设置颜色。
  - （选择特征）按钮：选择某一特征来设置颜色。

2.【照明度】选项卡

【照明度】选项卡如图 9-18 所示。

【照明度】选项卡中各选项说明如下：

- 【动态帮助】：显示每个特性的弹出工具提示。
- 【漫射量】：控制面上的光线强度。
- 【光泽量】：控制高亮区，使面显得更为光亮。
- 【光泽颜色】：控制光泽零部件内反射高亮显示的颜色。
- 【光泽传播】：控制面上的反射模糊度，使面显得粗糙或光滑。
- 【反射量】：以 0～1 的比例控制表面反射度。

● 【模糊反射度】：在面上启用反射模糊，模糊水平由光泽传播控制。
● 【透明量】：控制面上的光通透程度，该值降低，不透明度升高。

3.【表面粗糙度】选项卡

【表面粗糙度】选项卡如图 9-19 所示。

【表面粗糙度】选项卡中各选项说明如下：

● 【表面粗糙度】选项组：设置表面粗糙度的类型。
● 【PhotoView 表面粗糙度】选项组：主要设置表面粗糙度的纹理高度等。
  ➢ 【隆起映射】：设置一个不平均的表面来进行映射。
  ➢ 【隆起强度】：设置不平均表面的高度。
  ➢ 【位移映射】：在模型表面添加纹理。
  ➢ 【位移距离】：设置纹理位移的距离。

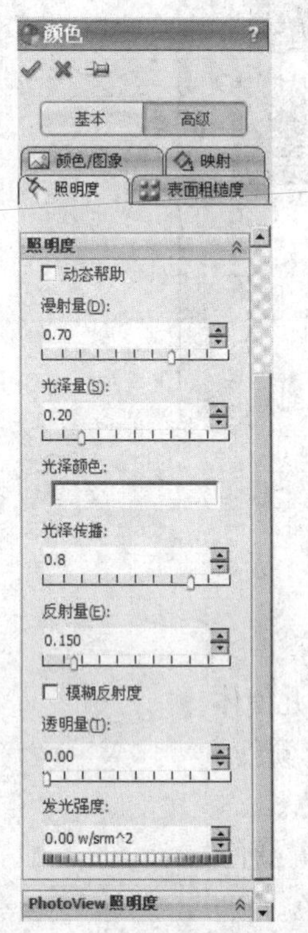

图 9-18 【照明度】选项卡

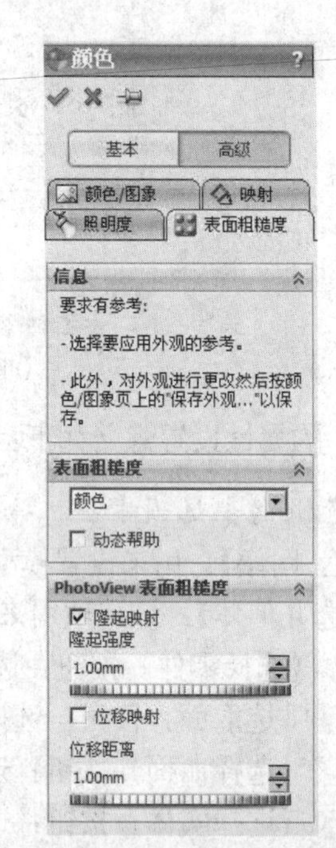

图 9-19 【表面粗糙度】选项卡

9.4.2 添加与编辑外观

应用外观会影响模型对象的直观属性，可以根据需要在 SolidWorks 或 PhotoView 中应用外观。

上机实战 添加与编辑外观

1 打开光盘/素材/第 9 章/2.SLDPRT 文件，如图 9-20 所示。

2 在【特征管理器设计树】中单击【布景、光源与相机】按钮，展开【外观】属性面板，如图 9-21 所示。

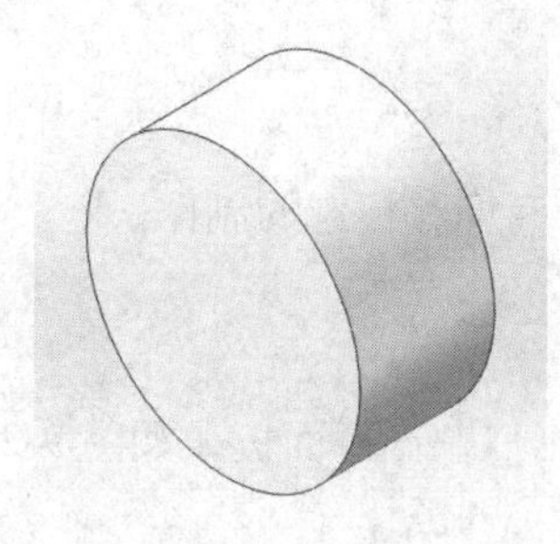

图 9-20　素材

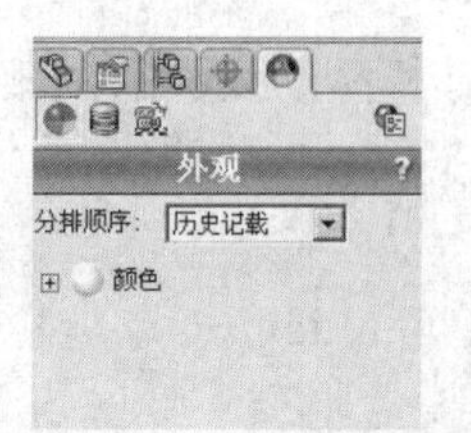

图 9-21　【外观】属性面板

3　在【颜色】选项上面单击鼠标右键，从中选择【添加外观】命令，如图 9-22 所示。

4　此时弹出【外观、布景和贴图】面板，在合适的外观选项上按住鼠标，拖曳至布景窗口中的模型上释放鼠标，即可应用外观，如图 9-23 所示。

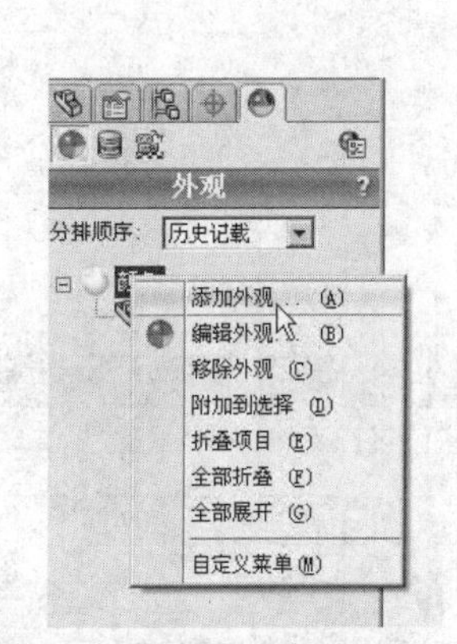

图 9-22　选择【添加外观】命令

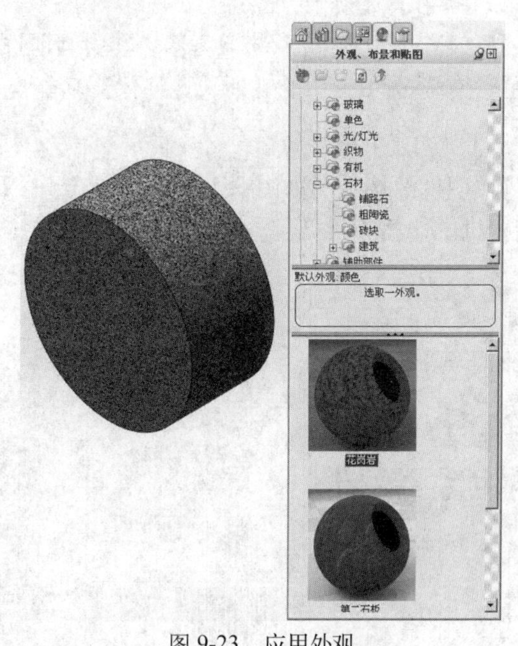

图 9-23　应用外观

5　如果需要对外观进行编辑，可单击【PhotoView 360】/【编辑外观】菜单命令，从弹出的【外观、布景和贴图】面板中重新选择所需的外观即可，如图 9-24 所示。

6　如果不需要外观了，可以在【外观】属性面板中所需的选项上面单击鼠标右键，从中选择【移除外观】命令即可，如图 9-25 所示。

图 9-24　重新选择外观

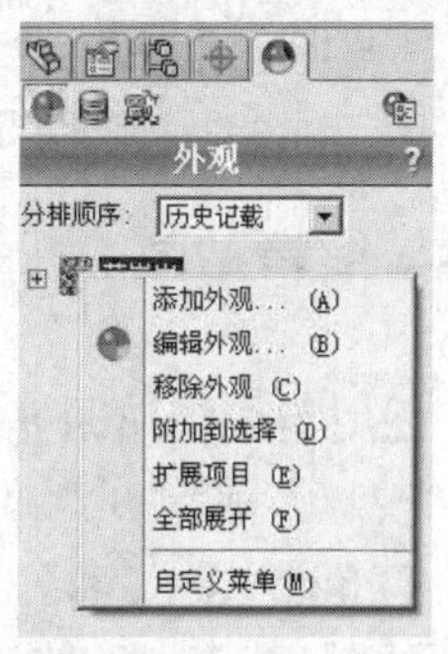

图 9-25　移除外观

9.5 贴图

贴图是在模型的表面附加某种平面图形，一般多用于商标和标志的制作。

9.5.1 设置贴图

单击【PhotoView 360】/【编辑贴图】菜单命令，弹出【贴图】面板，如图 9-26 所示。

1.【图像】选项卡

- 【贴图预览】选项组：主要用来预览图像与显示图像文件路径。
- 【图像文件路径】：显示图像的路径。
- 【浏览】：单击此按钮，选择图像文件。

2.【映射】选项卡

【映射】选项卡如图 9-27 所示。其中【所选几何体】选项组，与【外观】属性面板中的【颜色/图像】选项卡中的【所选几何体】功能类似，这里不再赘述。

3.【照明度】选项卡

【照明度】选项卡如图 9-28 所示。勾选【双边】时，对面的两侧启用上色，禁用时，未朝向相机的面将不可见。

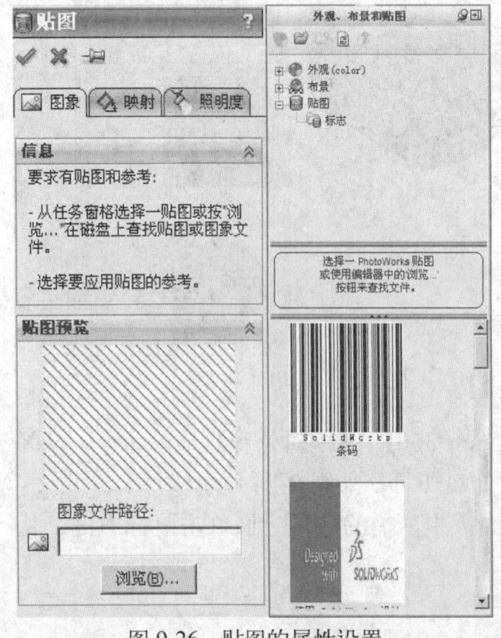

图 9-26 贴图的属性设置

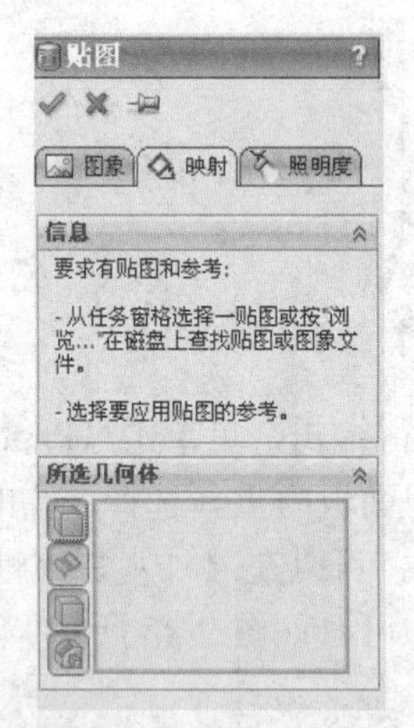

图 9-27 【映射】选项卡

图 9-28 【照明度】选项卡

9.5.2 使用与编辑贴图

上机实战 使用与编辑贴图

1 打开光盘/素材/第 9 章/3.SLDPRT 文件，如图 9-29 所示。

2 单击【PhotoView 360】/【编辑贴图】菜单命令，从弹出的【外观、布景和贴图】面板中选择合适的贴图，如图 9-30 所示。

图 9-29　素材

图 9-30　选择贴图

3　拖放贴图到模型上面，然后调整贴图的位置及大小，如图 9-31 所示。

4　在【贴图】属性面板中单击【确定】按钮，应用贴图，如图 9-32 所示。

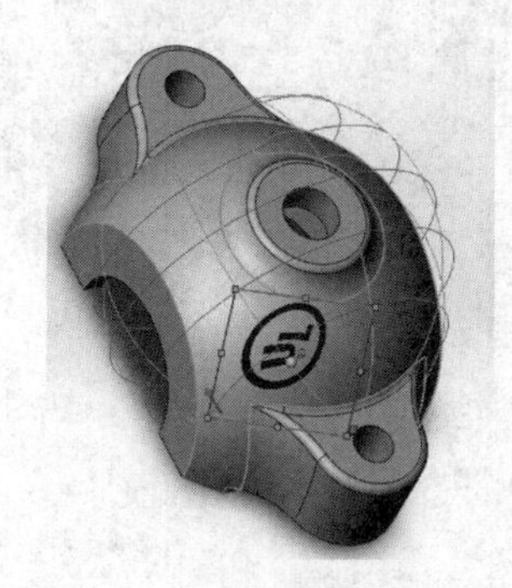

图 9-31　拖放贴图到零件上面

图 9-32　应用贴图

9.6　渲染与输出图像

渲染后的图像最终是为了输出，下面以一个实例来系统讲解渲染与输出图像，最终效果如图 9-33 所示。

图 9-33　轮胎

上机实战 渲染与输出图像

（1）设置光源

1 打开光盘/素材/第 9 章/渲染与输出素材.SLDASM 文件，如图 9-34 所示。

2 在【特征管理器设计树】中单击【编辑外观】按钮，展开【外观】属性面板，单击【查看布景、光源和相机】按钮，展开【布景、光源与相机】属性面板，在【线光源】选项上面单击鼠标右键，在弹出的菜单中选择【添加线光源】命令。

3 在【线光源】属性面板中按照如图 9-35 所示进行设置，在中侧绘图区也将显示出虚拟的线光源灯泡位置。

图 9-34 素材文件

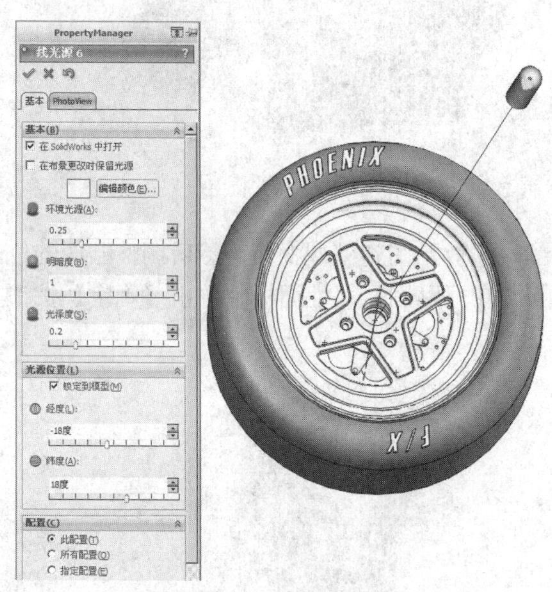

图 9-35 设置线光源

4 在【线光源】属性面板中单击【确定】按钮，完成光源设置。

（2）设置模型外观

5 单击【PhotoView 360】/【预览渲染】菜单命令，弹出预览窗口，预览渲染后的效果，如图 9-36 所示。

图 9-36 预览渲染后的效果

6　关闭预览窗口。单击【特征管理器设计树】中的【编辑外观】按钮，弹出【外观】属性面板及材料库，如图 9-37 所示。

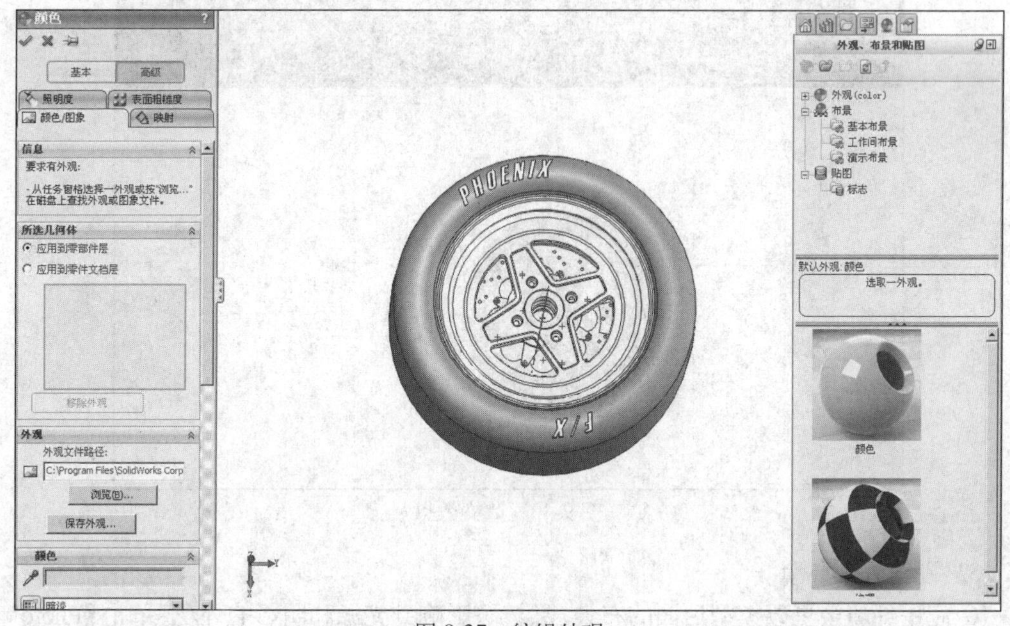

图 9-37　编辑外观

7　在【外观、布景和贴图】面板中列举了各种类型的材料，以及它们所附带的外观属性特征，从中选择【外观】/【橡胶】/【纹理】/【轮胎花纹】，在绘图区中单击要渲染的部位，如图 9-38 所示。

8　单击【确定】按钮完成设置。使用同样的方法在材质库中选择【外观】/【金属】/【钢】/【抛光钢】，为其添加外观，如图 9-39 所示。

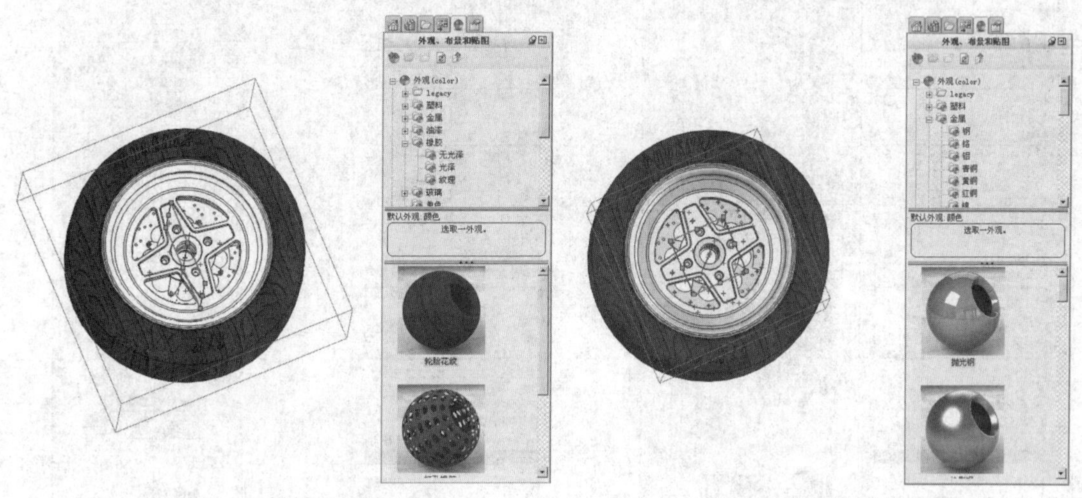

图 9-38　选择轮胎外观　　　　图 9-39　选择抛光钢外观

9　单击【确定】按钮完成设置。单击【PhotoView 360】/【最终渲染】菜单命令，对先前得到的外观效果进行渲染，经过软件的渲染后，得到了初步的渲染效果，如图 9-40 所示。

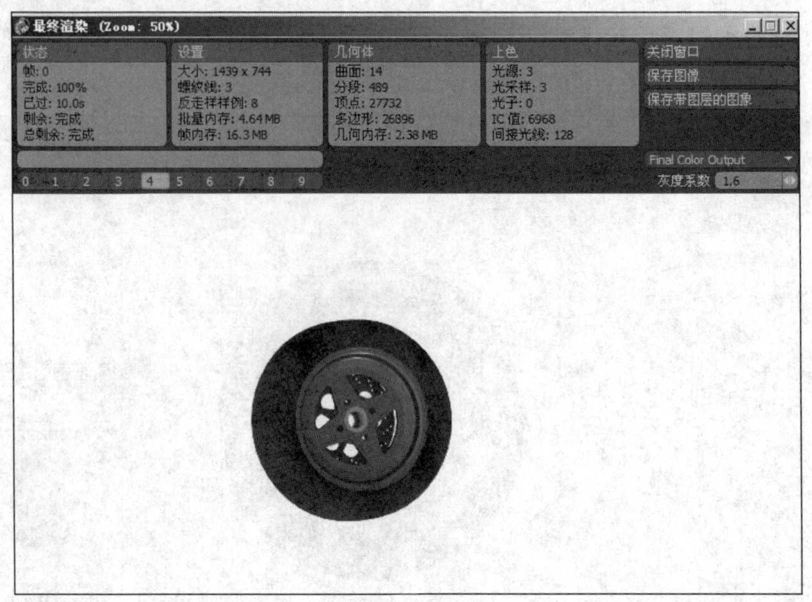

图 9-40　渲染效果

（3）设置外部环境

10 应用环境会更改模型后面的布景，环境可影响到光源和阴影的外观。单击【PhotoView 360】/【编辑布景】菜单命令，弹出布景的相关选项，如图 9-41 所示。

11 在【基本】选项卡设置中设置背景为【使用环境】，选择楼板背景与【XZ】轴对齐，勾选【楼板阴影】复选框，设置楼板等距数值，如图 9-42 所示。

12 在【高级】选项卡设置中选择【自动调整楼板大小】复选框，设置【环境旋转】为 108，如图 9-43 所示。

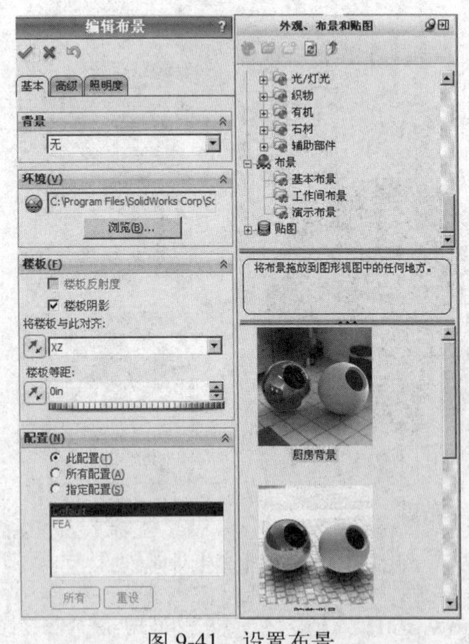

图 9-41　设置布景

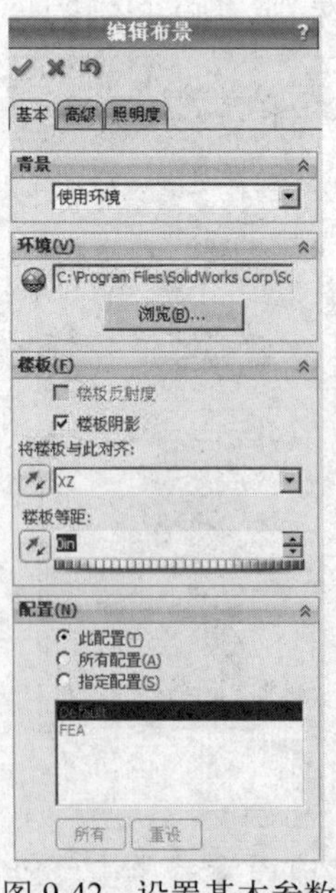

图 9-42　设置基本参数

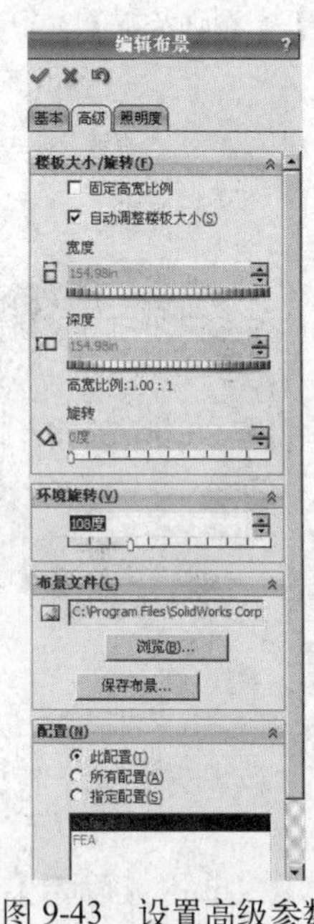

图 9-43　设置高级参数

13 单击【PhotoView 360】/【最终渲染】菜单命令，对效果再次进行渲染并查看结果，

此时得到的是添加了环境之后对外观影响以后的总图，如图 9-44 所示。

图 9-44 再次进行渲染并查看结果

（4）完善其他设定

14 单击【PhotoView 360】/【选项】菜单命令，弹出【PhotoView 360 选项】面板，调整渲染品质，启用光晕等项来完善渲染效果，如图 9-45 所示。

15 单击【最终渲染】按钮，对效果再次进行渲染并查看结果，如图 9-46 所示。

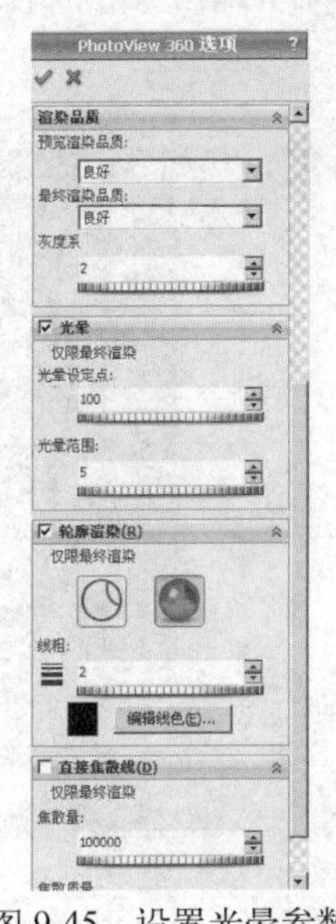

图 9-45 设置光晕参数

图 9-46 调整明暗度后的渲染效果

16 此时，渲染效果的添加基本完成，如果还需要添加其他的设置可以进行自定义调整。

提示： 在进行预览渲染最终渲染前，可用透视图或增加相机来增加逼真感。在【视图】菜单栏中单击【光源与相机】，选择【添加相机】，弹出【相机】的属性，通过设置相机位置、相机旋转、相机视野等项目来调整视图中显现的画面，如图 9-47 所示，

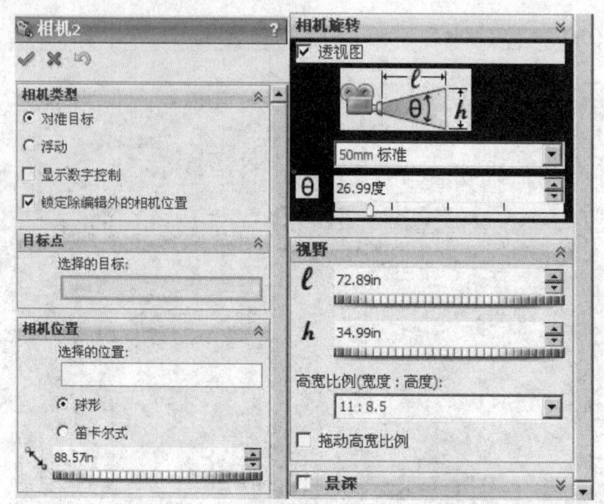

图 9-47 【相机】的属性高设置

（5）输出图像

准备输出结果图像，首先需要对输出进行必要的设置。

17 在 PhotoView 360 菜单栏中单击【选项】菜单命令，弹出【PhotoView 360 选项】面板。

18 在【输出图像大小】选项组中设置【帧宽度】和【帧高度】；在【图像格式】下拉列表中选择【JPEG】，如图 9-48 所示。

19 在菜单栏中单击【最终渲染】命令，在完成所有设置后对图像进行渲染，查看得到的效果。

20 在最终渲染结果的窗口中单击【保存图像】按钮，为其指定保存的路径以及名称。指定保存类型为 PEG，并输入文件名，如图 9-49 所示。

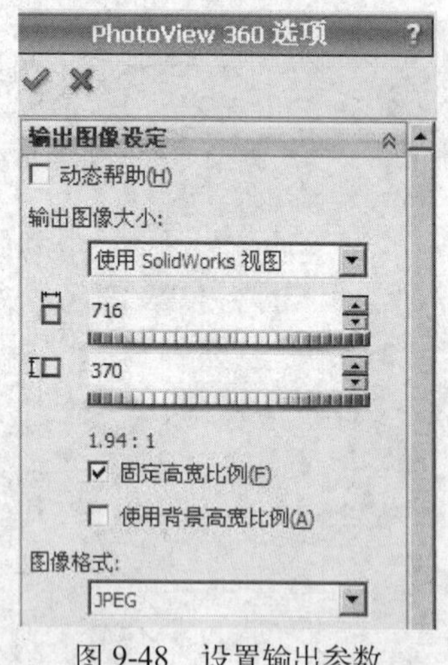

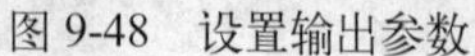
图 9-48 设置输出参数

图 9-49 保存图像

21 至此，渲染过程全部完成，得到图像结果后，可以通过图像浏览器直接查看。

9.7 输入输出其他格式的文件

在 SolidWorks 中，可以从其他应用程序输入文件到 SolidWorks 软件中，还可以用多种格式输出 SolidWorks 文档，以供其他应用程序使用。

9.7.1　输入 DWG 文件

在 SolidWorks 中，可以输入整个 DWG 图纸为原本格式（只读）的 SolidWorks 工程图图纸，还可允许原有的 DWG 实体在 SolidWorks 工程图文件内直接显示和打印。

上机实战　输入 DWG 文件

1　在菜单栏中单击【文件】/【打开】命令，弹出【打开】对话框，选择 DWG 文件类型，选择光盘/素材/第 9 章/4.dwg 文件，如图 9-50 所示。

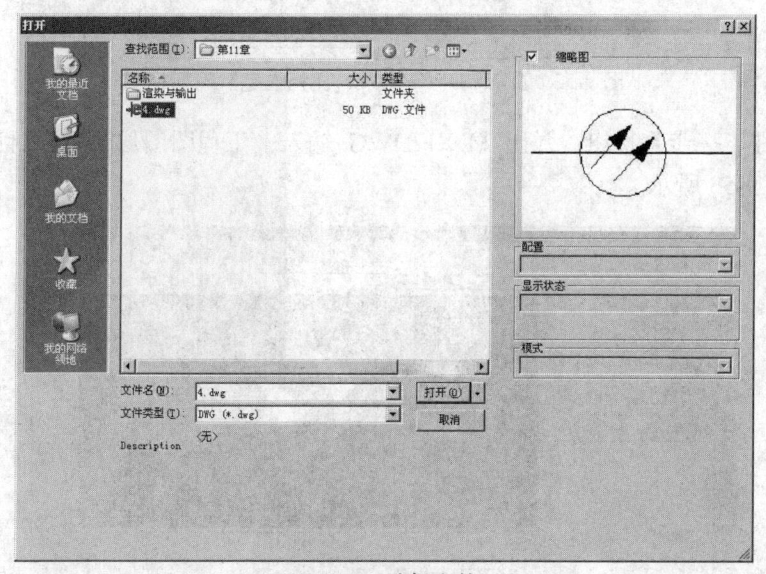

图 9-50　选择文件

2　单击【打开】按钮，弹出【DXF/DWG 输入】对话框，选中【输入新零件】单选按钮，如图 9-51 所示。

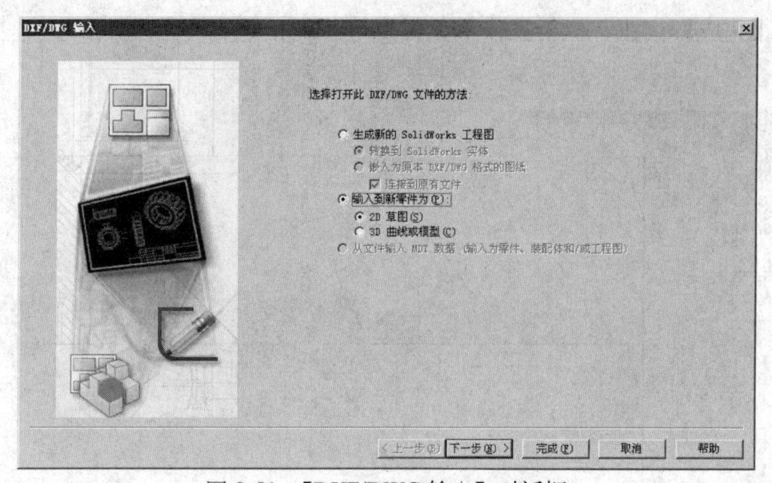

图 9-51　【DXF/DWG 输入】对话框

3　单击【下一步】按钮，弹出【DXF/DWG 输入—文档设定】对话框，如图 9-52 所示。

图 9-52 【DXF/DWG 输入．文档设定】对话框

4 单击【下一步】按钮，弹出【DXF/DWG 输入—工程图图层映射】对话框，保持默认选项，如图 9-53 所示。

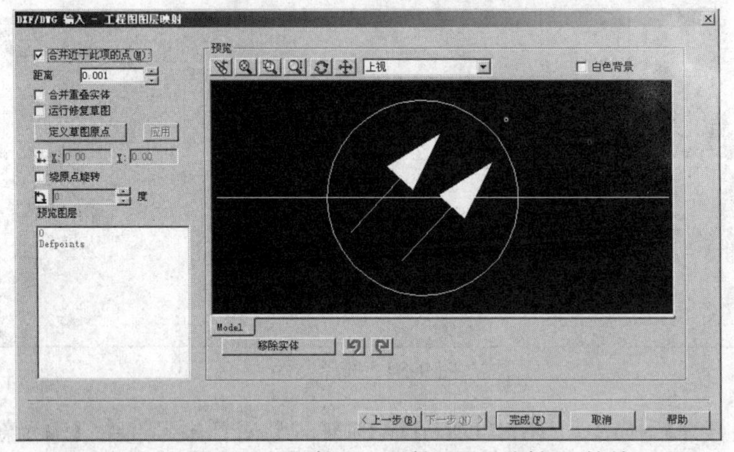

图 9-53 【DXF/DWG 输入．工程图图层映射】对话框

5 单击【完成】按钮，执行操作后，弹出进度对话框，即可输入 DWG 文件，效果如图 9-54 所示。

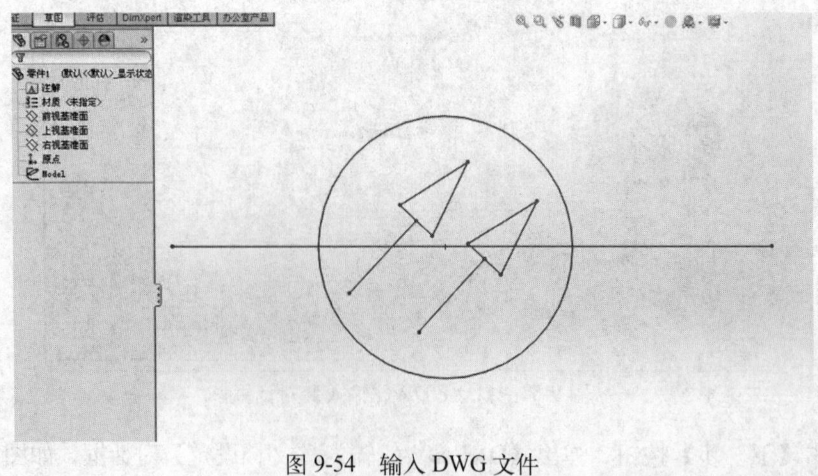

图 9-54 输入 DWG 文件

9.7.2 输入 PRT 文件

使用 Pro/ENGINEER 转换程序可以输入 Pro/ENGINEER 文件，Pro/ENGINEER 在其文件名中只接受 ASCII 字符。

上机实战　输入 PRT 文件

1 打开光盘/素材/第 9 章/5.prt 文件，如图 9-55 所示。

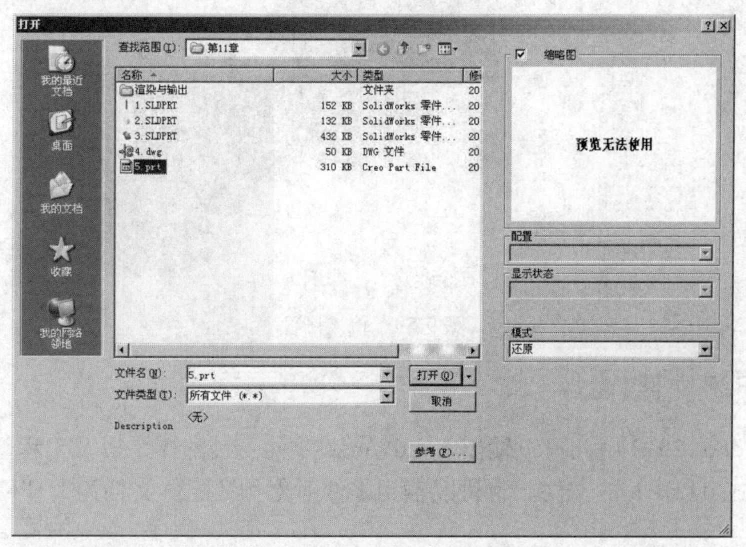

图 9-56 【Pro/ENGINEER 至 SolidWorks 转换器】对话框

2 单击【打开】按钮，弹出【Pro/ENGINEER 至 SolidWorks 转换器】对话框，如图 9-56 所示。

3 单击【确定】按钮，弹出【进度】对话框，完成进度后，弹出【Pro/ENGINEER 至 SolidWorks 转换器】对话框，如图 9-57 所示。

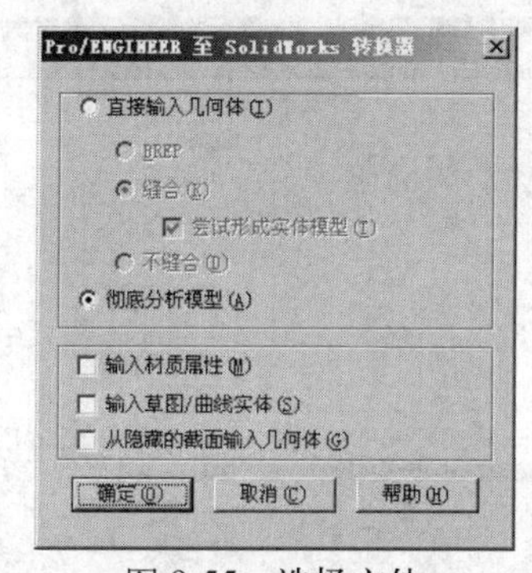

图 9-55　选择文件

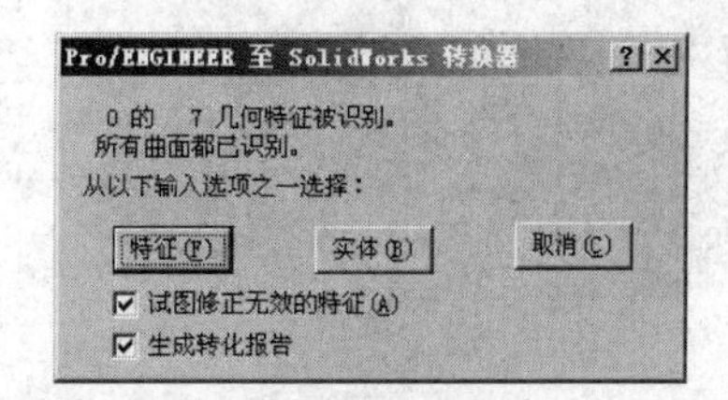

图 9-57 【Pro/ENGINEER 至 SolidWorks 转换器】对话框

4 在对话框单击【实体】按钮，将弹出【进行中】对话框，如图 9-58 所示。

图 9-58 【进行中】对话框

5 完成后即可在 SolidWorks 2012 中输入 PRT 文件，效果如图 9-59 所示。

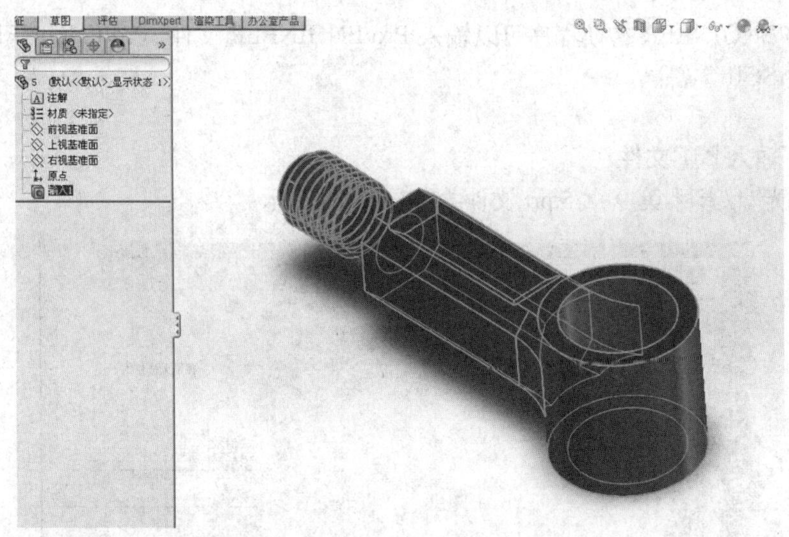

图 9-59 输入图像

9.7.3 输出 PDF 文件

在 SolidWorks 2012 中，可以输出 SolidWorks 零件、装配体，以及工程图文档为 Adobe 便携式文档格式（PDF）的文件，也可以输出零件对象和装配体文档为 D PDF 或 U3D 格式的文件。

上机实战 输出 PDF 文件

1 打开光盘/素材/第 9 章/6.SLDPRTt 文件，如图 9-60 所示。

2 单击【文件】/【另存为】命令，弹出【另存为】对话框，设置文件名、保存路径及输出类型，如图 9-61 所示，然后单击【保存】按钮，即可输出 PDF 文件。

图 9-60 素材文件

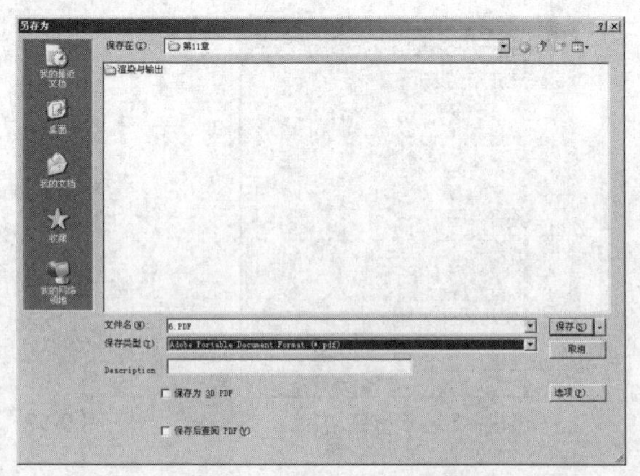

图 9-61 【另存为】对话框

9.8 本章小结

本章主要学习了使用 PhotoView 360 插件，对零件进行各种渲染和输出设置的方法，包括布景、光源、外观、贴图、输出设置等，掌握好这些知识，使读者能够对模型的后期处理全面的把握并设置出独特的效果。

9.9　本章习题

1. 填空题

（1）PhotoView 360 是一个 SolidWorks 插件，用于对模型进行________。

（2）布景由环绕 SolidWorks 模型的________或________组成。

（3）SolidWorks 提供三种光源类型，即________、________和________。

(4) 贴图是在模型的表面附加某种平面图形，一般多用于________和________的制作。

2. 简答题

（1）如何激活 PhotoView 360 插件？

（2）布景的含义是什么？

（3）如何给零件表面赋予材质？

（4）图片渲染的品质是否能改变？

习题参考答案

第 1 章

1. 填空题

(1) 三维 CAD SolidWorks

(2) 机械设计

(3) 当前执行命令

2. 简答题（略）

第 2 章

1. 填空题

(1) 封闭 不封闭

(2) 几何形状 几何关系 尺寸标注

(3) 基准面

2. 简答题（略）

3. 上机操作（略）

第 3 章

1. 填空题

(1) 角度 距离 直线

(2) 对称

(3) 相交 相交趋势

2. 简答题（略）

3. 上机操作（略）

第 4 章

1. 填空题

(1) 拉伸 旋转 切除 扫描 放样

(2) 轮廓之间

(3) 零件边角

(4) 圆角 倒角 拔模 抽壳

2. 简答题（略）

3. 上机操作（略）

第 5 章

1. 填空题

(1) 镜向 组合 分割 阵列 弯曲 变形 缩放

(2) 面 点 边线

(3) 一个 多个

(4) 圆角 倒角 拔模 抽壳

2. 简答题（略）

3. 上机操作（略）

第 6 章

1. 填空题

(1) 不规则

(2) 螺纹 弹簧 发条

(3) 几何体

2. 简答题（略）

3. 上机操作（略）

第 7 章

1. 填空题

(1) 产品零件 配合

(2) 装配体零部件 几何

(3) 间隙 干涉 质量

(4) “旋转”

2. 简答题（略）

3. 上机操作（略）

第 8 章

1. 填空题

(1) 二维图形

(2) 三视图 尺寸 尺寸公差

(3) 标准三视图 模型视图 相对视图

2. 简答题（略）

第 9 章

1. 填空题

(1) 渲染处理

(2) 虚拟框 球形

(3) 线光源 点光源 聚光源。

(4) 商标 标志

2. 简答题（略）

读者回函卡

亲爱的读者：

感谢您对海洋智慧IT图书出版工程的支持！为了今后能为您及时提供更实用、更精美、更优秀的计算机图书，请您抽出宝贵时间填写这份读者回函卡，然后剪下并邮寄或传真给我们，届时您将享有以下优惠待遇：

- 成为"读者俱乐部"会员，我们将赠送您会员卡，享有购书优惠折扣。
- 不定期抽取幸运读者参加我社举办的技术座谈研讨会。
- 意见中肯的热心读者能及时收到我社最新的免费图书资讯和赠送的图书。

姓 名：________ 性 别：☐男 ☐女 年 龄：________

职 业：________ 爱 好：________

联络电话：________ 电子邮件：________

通讯地址：________ 邮编：________

1 您所购买的图书名：________ 购买地点：________

2 您现在对本书所介绍的软件的运用程度是在：☐初学阶段 ☐进阶／专业

3 本书吸引您的地方是：☐封面 ☐内容易读 ☐作者 价格 ☐印刷精美

☐内容实用 ☐配套光盘内容 其他________

4 您从何处得知本书：☐逛书店 ☐宣传海报 ☐网页 ☐朋友介绍

☐出版书目 ☐书市 ☐其他________

5 您经常阅读哪类图书：

☐平面设计 ☐网页设计 ☐工业设计 ☐Flash 动画 ☐3D 动画 ☐视频编辑

☐DIY ☐Linux ☐Office ☐Windows ☐计算机编程 其他________

6 您认为什么样的价位最合适：

7 请推荐一本您最近见过的最好的计算机图书：________

8 书名：________ 出版社：________

9 您对本书的评价：________

____

您还需要哪方面的计算机图书，对所需的图书有哪些要求：

____

社址：北京市海淀区大慧寺路 8 号 网址：www.wisbook.com 技术支持：www.wisbook.com/bbs

编辑热线：010-62100088 010-62100023 传真：010-62173569

邮局汇款地址：北京市海淀区大慧寺路 8 号海洋出版社教材出版中心 邮编：100081

海洋出版社